A Series of Food Science & Technogy Textbooks

食品科技系列

普通高等教育"十三五"规划教材

"十二五"江苏省高等学校重点教材（编号：2015-2-015）

食品物性学

姜　松　赵杰文　等编著

化学工业出版社

·北京·

全书共分10章，主要包括绪论，食品的基本物理特征，食品的流变力学特性，食品质地及其评价，散粒食品的力学特性，食品的流体动力学特性，食品的热特性，食品的光学特性与颜色，食品的电磁学特性，食品的声特性。

本书可以作为高等学校食品科学与工程、食品质量与安全、粮食工程、乳品工程、酿酒工程、葡萄与葡萄酒工程、食品营养与检验教育、烹饪与营养教育等食品科学与工程类专业学生的教材，也可以作为食品行业科技人员的参考书。

图书在版编目（CIP）数据

食品物性学/姜松等编著. —北京：化学工业出版社，2015.6（2024.1重印）
ISBN 978-7-122-23595-4

Ⅰ.①食…　Ⅱ.①姜…　Ⅲ.①食品-物性学-高等学校-教材
Ⅳ.①TS201.7

中国版本图书馆CIP数据核字（2015）第070168号

责任编辑：赵玉清	文字编辑：魏　巍
责任校对：吴　静	装帧设计：关　飞

出版发行：化学工业出版社（北京市东城区青年湖南街13号　邮政编码100011）
印　　装：涿州市般润文化传播有限公司
787mm×1092mm　1/16　印张20　字数522千字　2024年1月北京第1版第5次印刷

购书咨询：010-64518888　　　　　　　售后服务：010-64518899
网　　址：http://www.cip.com.cn
凡购买本书，如有缺损质量问题，本社销售中心负责调换。

定　　价：68.00元

判天地之美，析万物之理。

——古代著名哲学家庄子：《庄子·天下》

前　言

食品物性学与食品生物化学、食品微生物学、食品化学等课程一样，是食品科学与工程专业的专业基础课程，是物理学在食品科学与工程学科的延伸。是判食品之美和析食品之理的重要基础学科。

食品物性学是一门食品工程的材料物理学，又称食品物理学。

本书内容包括：绪论，食品的基本物理特征，食品的流变力学特性，食品质地及其评价，散粒食品的力学特性，食品的流体动力学特性，食品的热特性，食品的光学特性与颜色，食品的电磁学特性，食品的声特性。

本书的特色是全书框架结构比较全面，与经典物理学的力学、热学、光学、电磁学、声学等相呼应。在绪论中系统地阐述了食品物性学作用、地位、发展历史和研究方法，并引入黑箱法、食品超常物性等概念。根据食品力学特性内容的丰富性和独立性，分成了流变力学特性、食品质地及其评价、散粒体力学特性、流体动力学特性。引入了一些最新科研成果，如禽蛋体积估算方法、挂面抗弯能力和弹性模量的后屈曲检测方法、禽蛋（散粒体）大小头定向方法等。为了进一步帮助学生理解理论知识，培养学生运用知识的能力，拓宽学生的视野和思路，弥补因教材篇幅限制而造成的局限，在各章最后增设了"阅读与拓展"、"思考与探索"栏目，提供了与章节内容相衔接的参考文献和思考题，并在附录中增加了食品行业（加工业和制造业）分类、食品工业基本术语、食品专业主要学术期刊，供学习参考。

本书可以作为高等学校食品科学与工程、食品质量与安全、粮食工程、乳品工程、酿酒工程、葡萄与葡萄酒工程、食品营养与检验教育、烹饪与营养教育等食品科学与工程类专业学生的教材，也可以作为食品行业科技人员的参考书。

本书第一章由姜松、赵杰文（江苏大学）编写，第二章、第五章由姜松、孙宗保、朱帜、张磊（江苏大学）编写，第三章、第六章由姜松、蒋振晖、朱帜（江苏大学）编写，第四章、第七章由姜松、张海晖、朱帜（江苏大学）编写，第八章由林颢、赵杰文、陈斌（江苏大学）编写，第九章由周家华（华南农业大学）编写，第十章由徐斌（江苏大学）编写，附录由姜松、赵杰文、朱帜（江苏大学）编写。全书由姜松、赵杰文统一定稿。由于作者水平有限，书中的错误和不足在所难免，恳请读者批评指正。

编著者

2015 年 1 月于江苏大学静湖

目　录

第一章　绪论 /1

第二章　食品的基本物理特征 /14

第三章　食品的流变力学特性 /33

第四章　食品质地及其评价 /77

第五章　散粒食品的力学特性 /128

第六章　食品的流体动力学特性 /149

第七章　食品的热特性 /167

第八章　食品的光学特性与颜色 /196

第九章　食品的电磁学特性 /241

第十章　食品的声特性 /277

参考文献 /295

附录 /297

第一章 绪论

第一节 食品物性学的定义和地位

食品物性学是以食品（包括食品原料及中间产品）为研究对象，研究食品系统的物理结构、性质和变化及其机理的一门科学。食品物性学是物理学领域中的一个分支学科，在课程性质上与食品化学相对应，所以又称为食品物理学。

食品的性质由其组织结构和材料的组成成分所决定，对于食品原料（农产品）的性质来说，影响因素还有生理活动，因此，食品的性质可分为生物学特性、化学特性和物理特性等。食品物性学是食品科学与工程领域的基础学科，主要研究各种食品带有共性的物理特性，研究内容主要属于物理学范畴。

长期以来，人们总是认为化学组成是决定食品性质的主要因素，这一点现在也是不可否认的，但是这并不是说研究化学组成能使人类完全或很好地认识食品的所有性质，这主要是因为食品的物理结构是基本的、也是复杂多变的。人们要想正确地表述观察到的表象，解释这些表象，并探求发生这些表象的机理，从而控制这些变化，得到消费者接受和喜爱的产品，没有物性学的科学知识和手段是做不到的。食品物性学是从物理学角度研究食品的组成、成分的结构、物理性质及其在食品加工、贮藏、品质检测、运销中的变化和品质控制的科学，它是食品科学以及与食品有关的各学科的重要理论基础。

食品化学、食品物性学和营养生理学被称为食品加工利用研究领域非常重要的三大基础学问。食品物性学着重于探讨和刻画不同化学组成、不同构造的食品所表现的物理性质，借此为食品加工、检测、分级、品控、储运、管理乃至消费等各环节提供科学的技术数据，并为食品设备的研究和设计提供直接的基础信息。

物性学研究涉及所有的学科专业领域，可以把物料理解为所有学科专业领域的研究对象（广义物料），由此形成不同学科专业领域的物性学（物理学），如生物材料物性学（生物材料物理学）、无机材料物性学、工程材料物性学、石油物性学和地质物理学等；而且也可以把物性广义地理解为物理特性、化学特性和生物学特性等（广义物性）；因此，可以统称为（广义）物料物性学。

第二节 食品物性学研究的特点和内容

一、食品物性学研究的特点

1. **食品对象的复杂性、多样性** 食品是一个非常宽泛的概念和非常复杂的物质系统。从加工上来看，食品包括初级原料（如粮食、水果和蔬菜等）、中间产品、半成品和成品等类；从形态来看，有液体、凝胶状、固态和半固态等各类食品；从组成上来看，大部分食品都属于复杂的混合物，包括有机物、无机物，还有细胞结构的生物体，且多为非均质结构。因此，食品、生物材料，以及一般非生物材料在物性方面存在很大差异，其研究方法亦不相同。

2. 食品全生命周期内存在多变性及外在作用的多样性　食品从其最初的原料收获开始直至被人们所消费的全生命周期里，都存在着两方面的作用：一是来自食品内部生物体的各种生理作用及与环境的交互作用；二是来自人们对其处理所施加的各种机械的、热的或其他物理的作用。这两方面的作用都影响或改变着食品的物性。因此，食品物性研究具有全局性特点，相对食品工程中不同的单元操作，物性研究应区别其主次性质。

3. 食品物性中人的感官评定　食品的终极目的是满足人们的物质需求，人作为食品的生产和消费主体，食品的感觉性质构成食品物性的一个重要方面。因此，有关感觉性质的仪器量化、科学重现、信息交流与共享方面的研究也构成食品物性学研究的重要内容。

4. 食品物性学是一门牵涉多学科领域的科学　研究时应掌握一定物理学、物理化学、食品生物化学、高分子化学及食品工程原理等基础知识。同时它也涉及生物学、生理学和心理学等学科内容，所以应注意综合运用这些知识。

5. 食品物性学是一门实践性比较强的科学　研究学习时，要求对食品加工有较多的实践经验。食品物性学研究往往没有现成的模型或测试仪器，需要自己设计测试装置或由实验结果建立模型。只有这样才能真正掌握这门科学，并做到善于应用它去解决食品开发中的各种问题。

6. 食品物性学的理论体系有待于进一步完善　有许多领域的研究还仅仅是一些初步的试验，系统的结论还需在今后长期的研究成果中提炼。所以，研究学习时要善于综合联想、大胆创新、举一反三并开拓新的研究思路，不仅真正掌握它的研究方法，而且能对食品物性学体系的形成作出贡献。

二、食品物性学的主要内容

尽管食品物性研究具有复杂的个性和鲜明的特色，但科学研究的重要方法就是去粗取精，求同存异。食品物性学研究的主要内容包括如下几大方面。

1. 食品的基本物理特征　食品的基本物理特征包括形状、尺寸、粒径、粒度分布、体积、孔隙率、形状系数；重心、重量、密度；面积、表面特征；宏观和微观结构等。

2. 食品的力学性质　研究食品及原料在力的作用下产生变形、流动、振动和破断等规律。食品的力学性质是食品品质感官评价和质地仪器评价的重要内容，是食品生化变化的外部体现，是食品机械设计和食品工程设计的重要基础，包括流变特性、一般力学特性、质地检测与评价、散粒体力学特性和流体动力学特性。

3. 食品的热学性质　研究食品在热加工过程（如干燥、熟化、冷冻等）中，所表现出来的比热容、潜热、相变规律、传热规律及与温度有关的热膨胀规律等。食品的热物性不但是食品冷、热加工中的主导物性，而且也是研究食品微观结构的重要手段。当前，冷热操作除作为食品工程的一些基本单元外，还用于食品的品质改良中。

4. 食品的电磁性质　指食品及其原料的导电特性、介电特性以及其他电磁物理特性。电磁学性质的研究领域主要在食品品质状态的监控（尤其是食品的非破坏性检测方面）和电磁物理加工两方面。前者是利用食品电磁性质与其成分、状态变化的互动规律，用电测传感器方法来检测和评定食品质量或状态；后者是用电磁物理技术（静电场技术、电磁波技术、电热技术、电渗脱水技术、磁处理技术等）对食品进行加工处理。在电磁物理加工中，一方面要研究被处理对象的物性，另一方面要研究改变对象物性的电磁物理参数。

5.食品的色光学性质　研究食品物质对光的吸收、反射以及其对感官反应的性质。其研究及应用的领域主要在以下两方面：即通过光学性质测定食品成分和食品色泽的研究与利用。食品成分的变化可引起其光学性质的变化，而光学性质的测定具有快速、准确、简单、无破坏等特点，所以无论在仪器分析还是生产加工的在线检测方面，光学性质正日益受到重视；在光学性质应用方面最具有代表性的装置是色选机，该装置通过物料（各类种子、加工后的大米、水果等）的色度差异来分选物料，已被广泛应用。

6. 食品的声学性质　食品的声学品质检测和声波加工技术是建立在食品声学性质上的一门应用技术，尤其是超声波技术不但广泛用于食品性质检测中（比如非破坏检测芒果成熟度，非接触检测挤出机筒内物料特性等），而且在利用超声波的机械能方面，诸如超声雾化、超声均质、超声杀菌、超声辅助萃取、超声食品质量检测等技术和装备也普遍得到应用。

由上可见，食品物性学研究内容包罗广泛、涉及基础学科多。正如唐代王勃说："天下之理不可穷也，天下之性不可尽也"。中国古代著名哲学家庄子说："判天地之美，析万物之理"。食品物性学研究正是在做这两方面的研究，而且是永无止境的。

随着高新技术的不断涌现，对食品的物性研究和物性利用会越来越得到加强。可以说，食品物性研究的内容体现在两个层面：一是客观地认识和表征食品对象，对其信息进行科学的量化、管理和评定；二是物性的分析综合及其利用方面，使食品在生命全过程中所受到的外部物理作用充分有效地适应，并利用所面向的对象的属性，为食品工程和设备设计提供基础数据。

第三节　食品物性学的发展历程

根据闻诗编著的《物性学》一书和物理学名词解释，物性学是物理学的内容之一，是研究有关物质的气、液、固三态的力学和热学性质的科学。物性学原是研究物质三态的力学性质和热性质的学科。随着对物质性质的深入研究，逐渐由力学和热学扩展到电磁学和光学等方面，物性学所涉及的范围越来越广，已不再作为一门单独的学科，而将其内容分别纳入其他有关的学科。

食品物性学是研究食品物理特性的学科，即食品物理学。它是一门新兴的科学，同许多其他学科物理学一样，如农业物理学、生物物理学、材料物理学、医学物理学、心理物理学、环境物理学等，都是随着现代科学技术的发展逐渐形成的，是物理学在具体学科领域的延伸。食品物性学发展的初始基础主要是食品黏弹性理论的建立和发展，较后是热物理理论、电磁理论和色光理论等在食品学科领域应用，使之逐步形成了框架比较完整的一门学科。随着食品生产向规格化、规模化、标准化、精确化和工业化方向发展，食品物性的研究才逐渐受到重视，尤其是近40年来取得了很大发展。

食品物性学最早起源于对食品黏弹性理论的研究。而黏弹性理论的发展，如果从虎克、牛顿等人奠定的弹性理论和流体力学理论算起，距今已有300多年历史。然而，作为食品物性的黏弹性研究，却是20世纪初随着面包制作工业化的发展，在欧美等国开始的。尤其是第二次世界大战后，西方国家劳力短缺，属于家庭劳作的主食加工迅速走向工业化和社会化生产。这一巨大变革，使食品物性学的研究同其他食品科学分支一样，迅速建立并发展起来。

在食品物性学中，发展最早的是食品力学方面的研究，食品力学的中心是食品流变学。对物料受到外力作用后会发生形变和流动（流变）这一现象，古人在劳动实践中早有观察和认识。希腊哲学家 Heraclitus 称之为"万物皆流",即一切皆流、一切皆变的意思。我国先哲孔子也说过"逝者如斯夫",意即"一切都在流动",与希腊哲学家表达了同样的意思。所有这些可看作是对物料流变行为宏观、感性上的认识,还不能看作等同于现代科学意义上的流变学概念。流变学(rheology)一词来源于古希腊的动词"流动",它最早出现于 1879 年,当时英国测量流体黏度的小型黏度计称为微流变仪(microrheology)。1901 年德国出现了"rheologie"一词,仅指研究水的流动的科学,其目的在于与水的静力学分开。这时候都还没有给出"流变"或"流变学"明确的科学定义。这个词在当时的出现和使用可看作是偶然的,还不能看作流变学作为一门学科已经建立。

1920 年美国物理化学家宾汉(E. C. Bingham)对油漆、黏泥浆和印刷油墨的流动性进行研究,并指出物料的流动与形变的关系十分重要。在流体力学和黏弹性理论两大理论的基础上,提出了"rheology",即"流变学"的概念。"reo"出自希腊语,是流动的意思。1929 年他倡导在美国创立流变学学会(the Society of Rheology),根据应力、应变和时间来研究物料的流动和形变的规律,这一学科被称为流变学,并肯定它是物理学的一个分支。同年,《流变学家协会会志》创刊。1932 年,荷兰皇家科学院成立黏度协会,1950 年改称荷兰流变学学会。1940 年,英国成立流变学家俱乐部,也于 1950 年改称英国流变学学会。此后,德国、法国、日本、瑞典、澳大利亚、捷克、意大利、比利时、奥地利、以色列、西班牙、印度等国先后成立各自的国家流变学学会。为进行国际间的学术交流,首届国际流变学会议于 1948 年 9 月在荷兰召开。以后每隔五年,在不同的会员国召开一次会议。到 1961 年,《国际流变学学报》创刊(1975 年下半年又从季刊改为月刊)。Truesdell 在 1963 年的第四届国际流变学会议上介绍了流动和变形的理性力学(rational mechanics),奠定了现代流变学的理论基础,认为客观性公理和熵增(含熵的负增长)公理是物体本构关系应满足的最一般原理。随着理性力学从小形变理论到有限形变理论、从物性的线性理论到非线性本构理论、从宏观模型理论到微结构理论。流变学相应地从连续介质观点研究材料流变性质的宏观流变学发展到应用统计物理学方法研究材料内部微结构的介、微观流变学。1968 年在日本召开的第五届国际流变学会议上,决定以后每隔四年召开一次会议。在 2000 年英国剑桥和 2004 年韩国汉城召开的第十三、第十四届会议上,与会代表来自 50 多个国家,人数近 700 名。2008 年在美国加利福尼亚召开第十五届会议。北美洲流变学联合委员会、欧洲流变学联合委员会和泛太平洋地区流变学联合委员会也先后成立。国际上关于流变学的研究十分活跃,几乎每一两年就有一次国际流变学会议。亚太地区流变学国际学术会议(PRCR),于 1994 年在日本京都召开首届会议(PRCR1),2001 年罗迎社教授代表中国流变学会在加拿大温哥华召开的第三届亚太地区流变学国际学术会议(PRCR3)上成功申请到举办权,2005 年 8 月在我国上海成功地召开了 PRCR4。此外,国家之间也召开了双边国际会议,如 1991 年在我国北京召开的中日双边流变学国际会议。还有定期或不定期的流变学分支学科国际会议,例如 1997 年国际理论与应用力学联合委员会(IUTAM)在中国北京举行了"带缺陷物体流变学(RBD'97)"专题研讨会;2003 年 2 月在瑞士苏黎克召开了"第三届国际食品流变学及其结构"专题研讨会;2003 年 8 月在波兰召开了"第二届工程流变学国际会议(ICER2003)"等。

最早将流变学引入食品加工研究的是荷兰人 Scott Blair,1953 年他写了《Foodstuffs the Plasticity, Fluidity and Consistency》一书,引起了科学家对食品物性研究的关注。20 世纪 60 年代初,国外食品专业杂志出现了食品流变学方面的许多论文。1963 年 Szczesniak 在研究了食品质地特性分类、建立标准和测定仪器的基础上,第一个定义了食品"texture",即"质地"的概念。直到 20 世纪 60 年代末,研究食品物性的学者才建立了有关学术组织，形成了一个学术领域。

1969 年由 Dr. P. Sherman 等倡导，研究食品质地的学者在荷兰的 Reidel 出版公司支持下创办了《Journal of Texture Studies》专业杂志。从此关于食品物性的论文大量发表。其中，研究最多的是植物组织（蔬菜、水果等）的评价；其次是食品力学性质测定中，感官评价与仪器测定的比较和相关关系。在理论方面研究得比较系统的是食品流变学，它包括了对肉类、面团、果汁、果酱的流变性质研究。1973 年，B. Muller 集以上研究之大成，编著出版了《Introduction to Food Rheology》一书，对推动食品流变科学的发展和应用起了重要作用。该书出版后，工业流变学的许多理论才为研究食品物性所应用，同时，也明确了食品物性学的研究方向和任务。还有 P. Sherman 于 1979 年编著出版了《Food Texture and Rheology》。

Malcolm C. Bourne 于 1982 编著出版了《Food Texture and Viscosity：Concept and Measurement》，2002 年出版了修订版，作者根据多年对食品质地和黏度的科研经验和研究体会编成此书。该书给出了质地和黏度测定领域的历史和有关的基本概念，如何测定食品质地和黏度，人们如何评价与质地相关的产品质量，描述了质地测定的客观方法以及最先进的质地测定仪器设备等众多内容。J. Prentice 于 1984 年编著出版了《Measurement in the Rheology of Foodstuffs》一书。该书以食品物料为对象，较系统地阐述了食品流变特性的测量原理和方法，同时还从微观结构的角度分析了影响食品流变性质的因素和机理。M. A. Rao、S. S. H. Rizvi 等于 1986 年编著出版了《Engineering properties of foods》一书，并分别于1995 年、2005 年再版，该书主要对食品的力学、热学、光学和电学性质进行了较为系统的论述。还有 Howard R. Moskowitz 于 1987 年编著出版了《Food Texture：Instrumental and Sensory Measurement》；J. M. V. Blanshard 和 P. Lillford 于 1987 年编著出版了《Food Structureand Behavior》；R. Borwankar 和 C. F. Shoemaker 于 1990 年编著出版了《Rheology of Foods》，Serpil Sahin 等于 2006 年编著出版了《Physical Properties of Foods》，Ludger O. Figura 和 Arthur A. Teixeira 于 2007 年编著出版了《Food Physics：Physical Properties-Measurement and Applications》等。

1989 年種谷真一编著了《食品的物理》一书。该书吸收了前人研究的成果，重点对各种状态食品的物性进行了分析论述。其特点是从物理学的角度，分析各种状态的食品物料在加工、烹调、发酵等过程中物性变化的机理。同年出版的由川端晶子编著的《食品物性学》一书主要从食品的流变性质和质地两个方面论述了食品的胶体体系特征，以及凝胶状食品、凝脂状食品、细胞状食品、纤维状食品和多孔状食品的物理特性。同年出版的由林弘通著的《食品物理学》一书主要从食品基本物理特征、食品力学特性、粉体食品力学特性、食品热特性、食品电磁特性等方面进行了论述。并于 1996 年種谷真一、林弘通和川端晶子三人合作编写了《食品物性用语辞典》。

流变学所研究的问题非常广泛，几乎涉及所有的物料以及金属、矿物等，所以流变学又可看作是一门边缘学科。它包括的范围很广，除黏性流体如蜂蜜、浆饲料等，塑性液体如食品中的黄油等，黏塑性流体如乳酪、果子酱、番茄酱、鱼酱等以外，还包括纤维、橡胶、塑料、油漆、涂料、沥青、土壤、泥浆、有机和无机肥料等。此外还包括一些中间状态的物料，如具有较高温度尚未凝成固体的铁液、钢液和其他金属、化工熔液等。其中钢铁、木材等弹性物料的流变性属于材料力学的研究范畴，一般不在流变学中重复。

从 20 世纪 40—50 年代以来，国外开始进行农业物料的流变学研究，主要研究内容包括土壤（主要是水田泥土）、种子、肥料、农药，农作物的茎、叶、根，农产品如谷粒、水果、蔬菜、饲料，畜产品如蛋、肉、蜂蜜以及食品如乳脂、奶油、乳酪、果酱、鱼酱等的流动与形变，以及流变学在农业工程中的应用。1956 年起美国纽约的卜洛克林工业科技学院

（Polytechnic Institut of Brooklyn N. Y.）陆续出版《流变学理论和应用》论文集，1975 年出版第五卷。1957 年 Scott Blair 和 Markus Reiner 发表了《农业流变学》一书，第一次详细、系统地阐述了农业流变学的研究内容和应用前景，它标志着农业流变学已发展得比较成熟，成为流变学中一个比较完整的独立分支。1970 年 Mohsenin 的专著对此作了更为深入的讨论，进一步奠定了农业流变学的基础。

在农产物料的物性研究领域，Nuri N. Mohsenin 的研究成果引人注目。他编著的《Physical Properties of Plant and Animal Materials》，作为大学教材分上、下两集，分别于 1966 年和 1968 年出版。由于颇受欢迎，1978 年修订再版，该书主要对农产物料（谷类、水果、蔬菜等）的力学、热学、光学和电学性质进行了较为系统的论述。继此书之后 1980 年 Mohsenin 又出版了《Thermal Properties of Food and Agricultural Materials》一书。该书主要论述了包括粮食、饲料和木材在内的农产物料的热物理特性。其内容除了介绍农产物料的热学测定、热传导的基本知识外，也论及食品冷却、冷冻、干燥、热处理、呼吸及热膨胀的有关知识。还有 1983 年宋玉升编译了由中川鹤太郎著的《流动的固体》，1983 年吉林工业大学编译了由山下律也编著的《农产品的物理特性》讲义。1987 年赵学笃、陈元生、张守勤等编写了《农业物料学》，1994 年周祖锷编写了《农业物料学》。1998 年孙骊编写了《农产品物理特性及测量》。

从 20 世纪 50 年代开始，国内的少数学者开始注意到流变学这门新的学科，翻译和编写了一些流变学方面的著作，系统地向我国读者介绍流变学的知识和研究进展情况，起到了先驱作用。我国在 20 世纪 60 年代开始有流变学的自发研究者，如袁龙蔚的《流变学概论》在 1961 年由上海科技出版社出版；江体乾于 1962 年在《物理学报》上发表了"关于非牛顿流体边界层的研究"文章，1965 年中国科学院岩土力学研究所的研究人员翻译出版了雷纳（Reiner）著的《理论流变学讲义》。上述研究人员是开创我国流变学研究领域的奠基者和创始人之一。1978 年在北京制订全国力学规划时包括流变学的发展规划，规划指出流变学是必须重视和加强的薄弱领域。之后，各地纷纷成立流变学的专门研究机构，如湘潭大学和华东化工学院分别于 1980 年和 1982 年成立了流变学研究室。2005 年罗迎社教授在中南林业科技大学组建成立了一个专门从事流变学的研究机构流变力学与材料工程研究所。1985 年，由北京大学陈文芳教授和湘潭大学袁龙蔚教授等人发起成立了中国流变学专业委员会，仿效国际做法，该委员会隶属于中国化学会和中国力学学会领导，对外称中国流变学会，并于当年在长沙召开了第一届全国流变学学术会议，每 3 年 1 次，第八届全国流变学学术会议于 2006 年 9 月在泉城济南举行。

我国农业流变学的研究开展要稍晚一些。1981 年北京农业工程大学首先开始编写《农业流变学导论》（讲义），并于 1984 年首次为研究生讲授农业流变学课程，开展了液体农业物料如植物油、蜂蜜、番茄酱等流变特性的研究，建成了比较完整的农业流变学实验室。李翰如和潘君拯于 1990 年编著《农业流变学导论》。江苏工学院也在同一时期组织人力研究水田土壤的流变特性，先后发表了一系列有关这方面的论文。这些工作为我国农业流变学的研究和应用起了一个很好的先锋作用。

其他领域流变学研究，如袁龙蔚在国际上开创了流变断裂学和缺陷体流变学新分支学科，流变断裂学理论被成功地应用到湖南柘溪水库大坝的裂纹成因分析和加固处理中去，从而多次获得省部级奖和国家科技进步奖，发表学术论文近 100 篇，1986 年编著《流变力学》，1992 年编著《流变断裂学基础》，1994 年编著《缺陷体流变学》，2001 年编著《含缺陷流变性材料破坏理论及其应用》。江体乾对于化工工业流变学的研究，特别是在非牛顿流体边界层和墙滑移方面的研究较为突出，1995 年编著《工业流变学》，2004 年编著《化工流变学》等。孙钧、刘毅和章根德在岩土流变学方面，徐僖在高分子流变学方面，陈克复在食品流变学及其测量方面，1989年编著《食品流变学及其测量》，金日光在高聚物流变学及其加工方面。韩式方在非牛顿流体及其计算流变学方面，许元泽在复杂高分子结构流变学方面，周持兴在聚合物加工特别是熔体振动流变学方面，杨挺青在黏弹性理论及其应用方面，张淳源在黏弹性断裂力学方面，黄筑平在考虑界面和表面效应的细观流变学方面，赵晓鹏和黄宜坚在电-磁流变学方面，解孝林在高分子共混纳米复合材料的流变特性方面，亢一澜在聚合物材料力学性能的时间效应和湿度影响方面，罗迎社在材料特别是金属的流变加工、黏性测量、本构模型及其工程应用方面，张家泉在合金固液共存结构黏弹塑性流变特性研究等方面持续不断地开展研究，均取得了可喜的进展。1985年王启宏编著《材料流变学》；1987年陈文杰主编《血液流变学》；1994年刘雄著《岩石流变学概论》；1997年王鸿儒主编《血液流变学》；2000年顾国芳和浦鸿汀编著《聚合物流变学基础》；2000年胡金麟主编《细胞流变学》；2002年吴其晔和巫静安《高分子材料流变学》；2003年徐佩弦编著《高聚物流变学及其应用》。

随着食品物性研究的深入，基于食品物性理论的食品无损检测技术和加工技术得到了快速的发展，特别在多技术融合无损检测技术方面取得可喜成果。2004年陈斌等编写的《食品与农产品品质无损检测新技术》，2005年应义斌等编写的《农产品无损检测技术》，2005年赵杰文主编的《现代食品检测技术》，2011年赵杰文等编写的《现代成像技术及其在食品、农产品检测中的应用》，2010年张佳程编写的《食品质地学》，2000年马海乐编著的《生物资源的超临界萃取》，2005年陈复生主编的《食品超高压加工技术》，2005年李勇等编写的《食品冷冻加工技术》，尚永彪等编写的《膨化食品加工技术》，汪勋清等编写的《食品辐照加工技术》，陈少洲等编写的《膜分离技术与食品加工》，张德权等编写的《食品超临界CO_2流体加工技术》，张峻等编写的《食品微胶囊超微粉碎加工技术》等现代食品新技术丛书，这些书籍的出版总结了前人的研究成果，丰富了食品物性学的内容，同时使读者看到了物性学应用研究的实例和前景。

国内在食品物性以及相关的教材，例如：1991年金万浩等编著的《食品物性学》；1998年、2001年李里特分别编写的《食品物性学》；2005年李云飞和殷涌光等编写的《食品物性学》；2006年屠康等编写的《食品物性学》。

综上所述，虽然食品物性学研究取得了很大进步，但作为一个科学体系尚处于逐步形成阶段。这一方面是因为比起食品科学的其他领域，食品物性学研究起步较晚；另一方面，作为此门科学所研究的对象——食品是一个十分复杂的分散体系。也就是说，大多数食品不仅是混合物，而且是不均匀混合状态的物质。它既含有简单的无机物，又含有像蛋白、糖、脂肪这样的高分子有机物，甚至还有细胞组织。因此，对如此复杂物质的物性作系统的了解，还需要今后作大量的研究。

随着我国食品加工向工业化、现代化的发展，开展食品物性学的研究将变得越来越迫切。食品物性学已经成为指导食品工程，发展食品工业不可缺少的一门学科。

第四节　食品物性学研究的目的和方法

一、食品物性学研究的目的

食品物性学是食品科学与工程学科专业的基础理论之一，是食品科学的重要研究内容，也是物理学学科在工程领域的一个分支。它从物理学角度研究食品的物理特性以及在处理过程中的特性变化规律。它不仅为食品加工提供理论指导，而且也为食品品质的检测和控制提供理论指导。研究的主要目的如下。

1. 为从物理学角度认识食品提供理论依据 从基本物理特性、力学特性、热特性、光和电磁特性等角度科学地认识食品的物理特性，使人类对食品的认识更全面。

2. 为食品单元操作提供物理特性参数 在单元操作和加工设备设计中，需要了解食品的物理性质。在分级、分选中，需要了解物料的尺寸，在物料流体输送设计时，了解食品物料的流体动力特性；在物料热、冷处理时，需要了解物料的热特性等。

3. 为食品品质的仪器评价提供理论基础 人的感官评价法缺乏客观性，寻找可以近似替代感官评价的仪器测定方法显得越来越重要，实现对食品物性感官评价的模拟，例如，肉的嫩度测定，水果的硬度测定，食品的黏性测定，凝胶的强度测定，食品的脆性测定，食品的色泽测定等。

4. 为食品内部组织结构和生化变化提供物理检测方法 食品的组织结构、化学成分有时测定起来非常复杂，甚至是不可能的。这些内部组织状态的变化往往反映在物性的变化上。因此，通过对物性动力学的研究，用物性测定的方法分析内部组织状态及其变化往往是简单、准确的可行方法。例如，利用计算机图像技术测定物料的形态、色泽变化，利用近红外技术测定内部组分的变化，利用软 X 射线测定物料组织结构变化，利用力特性分析仪测定硬度、脆性、嫩度、弹性和咀嚼性的变化，利用电导率仪测定物料生理变化等。

5. 为改善食品的物理风味，发挥食品的嗜好功能提供科学依据 随着生活水平提高，人们嗜好要求越来越高，食品的物理风味（质地、色、形、口感）特性在食品的嗜好品质评价中所占比重越来越大。而人的感官评价往往在信息交流、定量表征、科学再现性等方面不能满足现代食品工业的要求。因此，以仪器测定的指标表现食品的物理风味特性，并以此为依据，保证和提高食品的嗜好性品质，成为当前食品开发的重要方面。例如，面条和馒头的"筋道"感、饼干的酥脆性、膨化食品的脆性、冷饮的滑顺感、果冻的弹性、凝胶的强度等，可以利用食品力学特性研究的方法，用物性分析仪对这些嗜好性指标进行定量地表达，将对产品的开发起到关键的作用。这些嗜好特性大多都是模糊的概念，以往都依靠评价员判断把握。随着食品工业向现代化、标准化方向发展，更需要对物理风味特性用科学客观的仪器方法进行检测与控制。

6. 为研究食品分子论提供实验依据 由于对食品品质研究的深入，食品内部分子结构的研究已成为食品科学的重要组成部分。尤其是近年来对功能性肽的研究，乳化剂界面活性作用的研究，蛋白、淀粉等食品材料变性的研究等，越来越引起食品科技界的重视。然而，以上这些研究中，分子水平的结构变化，很难用化学分析的方法了解，甚至先进的电子显微镜也观察不到。用物性测定的方法，往往成为以上研究唯一有效的试验手段。

7. 为超常物性的技术化、工程化提供理论指导 近年来，非常规条件下的食品物性研究已成为热点，如：食品功能因子的超临界萃取技术，食品超高压加工技术，食品超微粉碎加工技术，食品的冷冻干燥技术等。超常物性的研究将为这些技术的应用奠定理论基础。

食品物性学的研究已经成为食品科学与工程学科的研究领域之一。由于食品物性学知识在现代食品工业中发挥着十分重要的作用，因此，它也和食品化学、生物化学一样，是食品科学与工程领域技术人才必须掌握的专业基础知识。

二、食品物性学研究方法

1. 食品物性知识的发现方法与研究方法

食品物性知识的发现方法与研究方法，包括常规方法和非常规方法，常规方法又包括经典方法和现代方法。经典方法包括观察实验方法，逻辑思维方法，数学方法。现代方法包括控制论方法，系统论方法，信息论方法，耗散结构论方法，协同论方法和突变论方法。非常规方法包括直觉与灵感，机遇，科学想象与猜想，物理美学思想，失误与悖论。图 1-1 是食品物性学研究的方法体系。下面就控制论方法中的黑箱方法作以介绍。

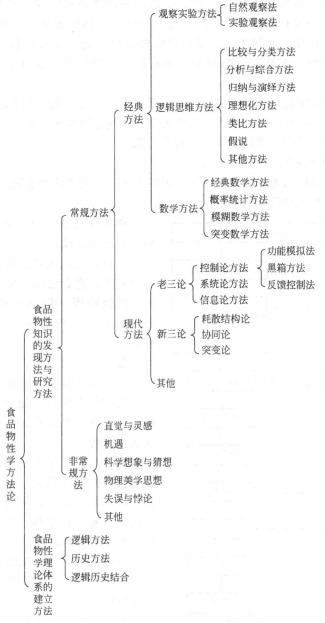

图 1-1　食品物性学研究的方法体系

　　黑箱方法是通过观测外部输入黑箱的信息和黑箱输出的信息的变化关系，来探索黑箱的内部构造和机理的方法。"黑箱"指内部构造和机理不能直接观察的事物或系统。黑箱方法注重整体和功能，兼有抽象方法和模型方法的特征。1945 年，控制论的创始人维纳写道："所有的科学问题都是作为'黑箱'问题开始的"。黑箱方法应用非常广泛，从工程技术到社会领域，从无生命到有生命系统，从宏观世界到微观世界，黑箱方法都有其用武之地。在黑箱方法（理论）创立之前，黑箱的方法已得到广泛应用。如人才测评黑箱方法，诸葛亮在《心书》中，提出了测试人的基本的方法论原则：问之以是非而观其志，穷之以辞辩而观其变，咨之以计谋而观其识，告之以祸难而观其勇，醉之以酒而观其性，临之以利而观其廉，期之以事而观其信。诸葛亮是把人当作一个"黑箱"来处理的，利用不同的输入条件，来考察它的输出反应，从而对人作出评价。中医诊断黑箱方法，中医黑箱方法是将人体看作一个黑箱，通过四诊获取黑箱的输出信息（即症状、体征等病史资料）进行辨证分析，判断疾病的本质，得出诊断结果，并制订相应的治疗方法（输入信息），将其输入到黑箱中，观察其输出反应，来推断诊断与治疗的正确性。黑箱方法实际上也广泛应用于食品物性的研究中。

食品物性学研究常见的创新思维方法，包括逻辑思维与非逻辑思维，发散思维与集中思维，求同思维与求异思维，正向思维与逆向思维，纵向思维与横向思维，平面思维与立体思维，迂回思维与直达思维，理性思维与非理性思维。

2. 食品物性学理论体系的建立方法

食品物性学理论体系的建立方法包括：逻辑方法，历史方法和逻辑历史结合。

3. 食品物性学研究的基本过程

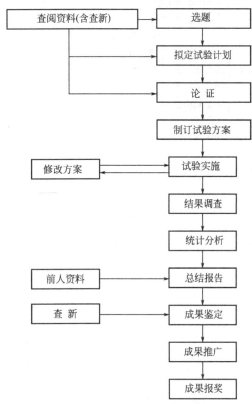

图 1-2　科学研究的基本过程

科学研究是一项系统工程，各个过程可划分为三个阶段。

准备阶段：包括选择研究课题、拟订试验计划书、查新论证、制订试验方案等。

实施阶段：包括试验的实施、试验管理、试验数据的调查、试验结果的统计分析等。

总结及应用阶段：包括论文编写、研究工作的总结与验收、鉴定及推广应用等。

科学研究的基本过程如图1-2所示。图中每一个环节都关系到科研工作的成败，必须认真对待。

选题：科研工作能否取得成功，能否推动科技与生产的发展，很大程度上取决于能否正确选题。应选择科研、生产中亟待解决的问题，要有科学性、创新性、实用性，还要考虑实现的可能性。

拟定试验计划：试验计划书是科学研究全过程的蓝图。应具有先进性、预见性和切实可行性。

论证：由项目主管部门或资助方组织专家论证，确定课题是否立项。并对试验计划

进行把关，避免课题研究出现偏差。

制订试验方案：根据试验目的、要求，按照试验设计原理确定试验的内容、方法、调查项目和具体实施计划。

试验实施：将试验方案具体实施。

结果调查：利用合理的取样技术，对试验处理的结果及时调查、测定、记载。

第五节　食品物性学的研究方向及应用

一、食品物性学研究的方向

食品物性学的主要研究方向，包括食品自身的物理性质，环境因子对食品各种性质的影响，食品加工的物理方法及设备开发，食品检验的物理方法及仪器开发，食品物性对加工的影响，食品物性对消费者感官嗜好及选购的影响。例如，方西瓜物性研究的内容将涉及到很多方面。图1-3是日本生产的方西瓜。

图1-3　日本生产的方西瓜

食品物性学研究的是在常规条件下的食品物料物理学特性，同时也包含食品物料处于超常环境因子下的物理特性问题。物料在超常条件下的物理特性有着很大的差异，有时存在完全不同的特性。所谓超常环境因子是指非常规的外界作用条件，诸如超高温、超高压、超低温、超微粉碎、超声、超强光、超常规电场和磁场等以及其他超越常规的环境因子。研究超常环境因子对食品物性的影响是现代食品工程提出的新课题，对它的研究与开发具有十分重要的现实意义和学术意义，将对发展现代食品工业产生巨大的作用和深远的影响。

二、食品物性学的应用

食品物性学基本知识和基本理论的运用，形成了许多应用技术，这里仅仅以食品无损检测技术为例说明。

食品无损检测技术是目前研究的热点，特别是快速无损检测技术，如农畜产品快速无损检测技术，该技术综合应用食品物性学基本理论，在计算机视觉、电子嗅觉、近红外光谱分析、声特性等多种单一检测技术的基础上，引入信息科学领域中的融合技术，将多种检测信息有机融合，对农产品品质进行较全面的无损检测。

无损检测技术的内涵非常丰富，它是以食品物性学、食品化学和生理学的基本理论为基础，融合计算机技术、传感器技术、信息技术和化学分析等技术，对食品品质进行无损检测。图1-4是无损检测技术的分类及学科基础。

利用食品物性形成了各种仪器分析方法（物理分析法），如光学仪器分析方法：辐射的放射（发射光谱法，火焰光度法，荧光光谱法，磷光光谱法，放射化学法），辐射的吸收（分光光度法，原子吸收法，核磁共振波谱法，电子自旋共振波谱法），辐射的散射（浊度法，拉曼光谱法），辐射的折射（折射法，干涉法），辐射的衍射仪器分析方法（X射线衍射法，电子衍射法），辐射的旋转（偏振法，旋光色散法，圆二色谱法）；电化学仪器分析法：半电池电位（电位分析法，电位滴定法），电导法，电压电流特性的极谱分析法，电量库仑法；色谱仪器分析法：GC，HPLC，GC-MS，薄层色谱法（TLC）；热仪器分析方法：热导法，热熔法；质量仪器分析法：质谱法，密度法；电泳仪器分析方法；力学仪器分析法：流变力学分析法，黏弹性分析法，静力学分析法，动力学分析法。

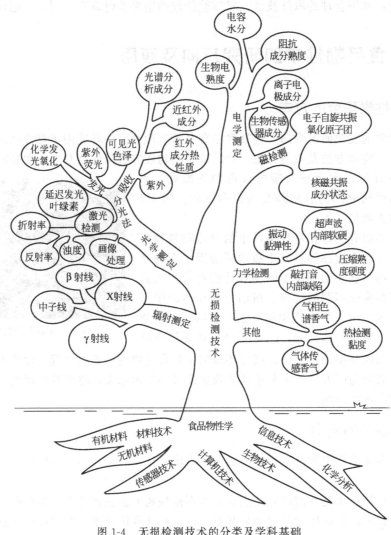

图 1-4　无损检测技术的分类及学科基础

阅读与拓展

◇姜松等．加强食品专业食品物性学课程建设的思考［J］．中国轻工教育，2008，3：49-51．

◇陈元生，姜松，徐圣言等．超常环境因子对农业物料物性的影响［J］．农业工程学报，1996，12（3）：32-37．

◇马海乐，周存山，曲文娟等．食品物理加工技术研究进展［J］．食品科学，2011，33（Z1）：103-109．

◇刘邻渭，叶立扬，高荫榆等．食品化学学科的作用和现状与发展前景［J］．浙江农业大学学报，1997，23（S）：11-15．

◇祁鲲．亚临界溶剂生物萃取技术的发展及现状［J］．粮食与食品工业，2012，19（5）：5-8．

◇王荣春，卢卫红，马莺．亚临界水的特性及其技术应用［J］．食品工业科技，2013，34（8）：373-377．

◇张荔，吴也，肖兵等．超临界流体萃取技术研究新进展［J］．福建分析测试，
  2009，18（2）：45-49.
◇杨春时．系统论信息论控制论浅说［M］．北京：中国广播电视出版社，1987.
◇段续，张慜，朱文学．食品微波冷冻干燥技术的研究进展［J］．化工机械，2009
  （3），178-184.
◇周林燕，廖红梅，张文佳等．食品高压技术研究进展和应用现状［J］．中国食品学
  报，2009（04）：165-169.
◇周林燕，廖红梅，张文佳等．食品高压技术研究进展和应用现状（续前）［J］．中
  国食品学报，2009（05）：165-176.
◇曹小红．食品高压处理后组分变化及关键技术分析［J］．中国食品学报，2011
  （09）：26-31.
◇李云飞．食品高压冷冻技术研究进展［J］．吉林农业大学学报，2008（04）：590-595.

思考与探索

◇广义物料、广义物性、物料物性的普遍性。
◇"天下之理不可穷也，天下之性不可尽也"的内涵。
◇"判天地之美，析万物之理"的内涵。
◇"问之以是非而观其志，穷之以辞辩而观其变，咨之以计谋而观其识，告之以祸难而观
  其勇，醉之以酒而观其性，临之以利而观其廉，期之以事而观其信"的内涵及原理。
◇了解食品物性学研究的进展。
◇了解物理学在各专业中的应用。
◇超常物性在食品加工中的应用。

第二章 食品的基本物理特征

食品的基本物理特征，主要包括物料的单元素尺寸、综合尺寸、外观形状、表面积、体积、密度、孔隙比等。这些物理特征在食品工业中应用甚广。例如，水果涂蜡处理前，须知水果的表面积大小；果蔬、粮食和种子质量往往可以通过密度的不同检测出来；为精确建立冷却和干燥过程中热量和质量转换模型，人们必须了解固体的体积和表面积，了解孔隙率影响气流穿过大量固体时的阻抗；食品颗粒，如：奶粉颗粒既不能太大也不能太小，太小不能防止颗粒结块，太大不能迅速溶解；确定筛孔直径以区分种子级别时，须知种子的粒度分布；枣子或桃子自动去核，以及水果的自动分级时，须了解其外形特征等。

第一节 形状、大小和分布

物料的形状、大小及其分布数据，需要经过大量的测量才能获得。历史上最早采用的方法是筛分法，如米、面的筛分。此外，农产品及食品加工中的风选，一直延续至今。自显微镜于 18 世纪出现后，开始将显微镜应用于测定一些微小物料的大小、形状及其分布。近年来，随着科学技术的进步，此类测量得到了极大的发展，出现了各种各样的测试方法，如沉降法、库尔特法、激光衍射法、激光全息法、质谱法以及在显微镜法基础上发展的计算机图像分析技术等。

在物料的物理特征测量中，首先遇到的是粒度测量。粒度测量不只是测量单个颗粒的尺寸，而且包括测量粒子群的粒度分布。

一、尺寸和形状

物体的大小常以尺寸来描述，而各方向的尺寸可表示该物体的形状。因而，同一物体的尺寸和形状是不可分割的两个参量。

在食品和农产品物料中，例如各种水果和谷物种子，它们的大小形状是十分复杂的，有的是规则体形，但大多数是不规则的，无法用单独一个尺寸确切地表达。形状规则的物体，如球、立方体、圆锥体等可用相应的尺寸来表示。一般情况下，物体可用三个相互垂直的轴向尺寸来表示，即由长（l）、宽（b）、厚（t）来度量。长指平面投影图中的最大尺寸，宽指垂直于长度方向的最大尺寸，厚指垂直于长和宽方向的直线尺寸。

严格地说，世界上不存在两个绝对相同的物体。由于作物生长条件的不同，即使是同一品种，其大小和形状也不尽相同。为了表示某个品种全部颗粒的尺寸，可随机取 1000 粒样品，分别测量其各向尺寸，并绘制其分布曲线。

物体的计算直径简称粒径，是表示物体各向尺寸的综合指标。它是利用已测定的物体的某些尺寸或参数推导出来的直径。用得最多的是当量球径，因为圆球的直径能表征其大小、体积和表面积。对于不同形状的物体粒子，必须按一定的方法确定其粒径。边长为 1 的正立方体，其体积等于直径为 1.24 的圆球体积。所以 1.24 就是推导出来的等体积球直径。

因为粒径是物体各向尺寸的综合指标，所以并不体现其具体形状。对于不规则形状的物体，一般用查表的方法来定义其标准形状。将物体的纵剖面和横剖面的外形轮廓绘在图面上，然后用实物图形与标准图形相对照，利用标准图表定义该物体的形状。

物体的很多性能与物体的形状有关，定性的形状术语，可用来表明某些形状的物体的性质。

大多数水果的形状是近于球状的，称为类球体。在类球体中，又有各种形状定义，如扁球形、椭球形、卵形等。类球体常用圆度或球度来定量描述（图 2-1）。

类球体的圆度表示其棱角的锐利程度，用下式计算。

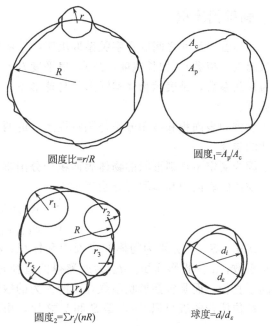

图 2-1　类球体的圆度和球度

$$圆度_1 = A_p/A_c \tag{2-1}$$

式中，A_p 为类球体在自然放置稳定状态下的最大投影面积，该面积可用投影法或描图法取得；A_c 为 A_p 面积的最小外接圆面积。圆度还可以用以下另外两种方法表示。

$$圆度_2 = \frac{\sum\limits_{i=1}^{n} r_i}{nR} \tag{2-2}$$

$$圆度比 = \frac{r_{\min}}{R_p} \tag{2-3}$$

式中，r_i 为类球体最大投影面积图形上棱角的曲率半径；R 为类球体最大投影面积图形的最大内接圆半径；n 为棱角的总数；$r_{\min}$ 为最大投影面积图上类球体的最小曲率半径（最大锐角的曲率半径）；R_p 为最大投影面积图上类球体的平均半径。

类球体的球度表示物体的球形程度，定义为等体积球体投影圆的周长与物体最小外接球体投影圆的周长之比。

$$球度_1 = \frac{\pi d_\varepsilon}{\pi d_s} = \frac{d_\varepsilon}{d_s} \tag{2-4}$$

式中，d_ε 为与类球体体积相同的球体的直径；d_s 为类球体的最小外接球体直径或者物体的最大直径。

球度的另一种表达式为

$$球度_2 = \frac{d_i}{d_\varepsilon} \tag{2-5}$$

式中，d_i 为类球体的最大投影面积图形的最大内接圆直径；d_ε 为类球体的最大投影面积图形的最小外接圆直径。

除了以上所列的圆度和球度的表示方法外，尚有其他几种表示法。

二、面积和体积

物体各向尺寸之间的数字关系取决于物体的形状。物体各向尺寸之间的无量纲组合称为形状因素（指数），如长宽度，l/b，扁平度 b/t。物体各种尺寸与其面积或体积之间的关系称为形状系数，是表示物体实际形状与球形不一致程度的尺度，如面积形状系数、体积形状系数等。

物体的表面积和体积分别与某特性尺寸的两次方和三次方成正比，比例常数取决于特性尺寸的选择。

因为测定不规则形状的物体表面积十分困难，所以采用投影方法求出。

物体的表面积和体积可分别表示为：

$$S = \alpha_{S,a} d_a^2 = x_S^2 \tag{2-6}$$

$$V = \alpha_{V,a} d_a^3 = x_V^3 \tag{2-7}$$

式中，S、V 分别为物体的表面积和体积；α_S、α_V 分别为物体的面积形状系数和体积形状系数；a 为投影面积；d_a 为所测得的直径是投影面积直径；x 为物体粒子的尺寸，它不同于直径，而是包括形状系数在内的人为的数值。

单位体积的表面积 S_V，是 S 和 V 之比，由以上两式得

$$S_V = \frac{\alpha_{sV,a}}{d_a} = \frac{1}{x_{SV}} \tag{2-8}$$

式中，$\alpha_{SV,a}$ 为物体的体面积形状系数，又称比表面积形状系数，x_{SV} 为物体的体面积尺寸。

由式(2-8) 得

$$\alpha_{SV,a} = \alpha_{Sa}/\alpha_{Va} = S d_a/V \tag{2-9}$$

对于球体，面积形状系数等于 π，体积形状系数等于 $\pi/6$，所以体面积形状系数 $\alpha_{SV,a}=6$。

因为凸状物体的投影面积随投影方向的变化而变化，所以采用平均投影面积。平均投影面积是指物体在三个互相垂直的投影面上投影面积的平均值，即

$$A_c = (A_1 + A_2 + A_3)/3 \tag{2-10}$$

式中，A_c 为平均投影面积，A_1、A_2、A_3 分别为在三个相互垂直视图上的投影面积。

凸状物体存在下列关系。

$$V^2/S^3 \leqslant 1/36\pi \tag{2-11}$$

当物体为球体时，取等号。

式中，V 为凸状物体的体积；S 为凸状物体的表面积。

根据统计资料，凸状物体的表面积一般为平均投影面积的 4 倍，即

$$S = 4A_c$$

因此 $$A_c \geqslant \left(\frac{9\pi}{16}\right)^{1/3} V^{2/3}$$

或者 $$A_c \geqslant k V^{2/3} \tag{2-12}$$

式中，k 为无因次常数，当物体为球体时取等号，且 $k=1.21$。

有关农产品形状的研究成果，在不少场合得到了应用，例如干燥过程中谷粒形状的变化，成熟过程中种子粒形的变化，米粒形状与品质的关系，用计算机解析方法进行形状分选，果蔬的形状规格分级等。

叶面积是植物材料进行光合作用能力和生长速度的基数，根据其叶片面积及组成可用来

划分并预测其蒸发、呼吸及光合作用的速度。水果和蔬菜的表面积可用来研究其在贮藏过程中的呼吸速率、浸泡过程中以及涂蜡后的吸水率，同时果蔬的加热或冷却速率也受到其体积与表面积之比的影响。光反射率及颜色的光学测定作为食品品质划分及分类方法也需要表面积测定。

表面积会影响谷物、种子及其他物质在干燥过程中的水分流失。Bakker-Arkema 给出了具体表面积与干燥速率之间的关系。表面积对不同物质的干燥速率的影响可通过表面积与体积之比来实现。由于颗粒内的水分分布影响了干燥速率，大颗粒的干燥速率要小于相同形状的小颗粒。饱满的颗粒由于表面积与体积之比比较小，因而干燥过程中需要比不饱和颗粒更多的能量。

烟叶等产叶作物的叶面积，标志着产量的多少。在果品加工、涂蜡处理和喷雾距离的确定中，水果的表面积是重要数据。果蔬的热传导、呼吸强度、光吸收、光反射等性质均与其表面积有关。

下面举几个农产品物料表面积的测定方法。

1. 茎叶表面积的测量

茎叶表面积的测量方法有多种。①把被测物体放在感光纸上接触晒印，用求积仪求出；②将被测物体放在方格纸上，画出外形轮廓，计算方格数；③投影照相测量；④光遮断法，用光电管测量；⑤按叶面轮廓图形剪纸，并将所剪纸片称重计算；⑥用气流求积仪测出气体压力的大小，换算成阻挡气流的叶面积（图 2-2）；⑦统计某尺寸与面积的相互关系，测量尺寸后推算出面积。

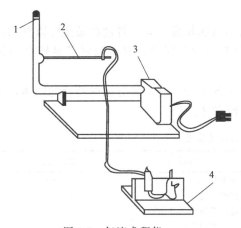 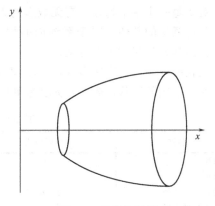

图 2-2　气流求积仪

图 2-3　旋转体图例

1—支撑试样的筛网；2—毕托管；3—风扇；4—微压计

2. 水果表面积的测量

水果的表面积较难精确地测出。一般将果皮削成窄条，然后将全部窄条铺平，画出图形，按图形求面积；或者统计水果的表面积与某一尺寸或重量的相互关系，用该法可快速求得水果表面积的大小。在有些情况下，可按旋转体图形计算表面积。如图 2-3 所示，水果的体积为

$$V = \int_a^b \pi y^2 \, \mathrm{d}x \tag{2-13}$$

表面积为

$$S = \int_a^b 2\pi y \sqrt{1 + \left(\frac{\mathrm{d}y}{\mathrm{d}x}\right)^2} \, \mathrm{d}x \tag{2-14}$$

3. 鸡蛋表面积测量

新鲜鸡蛋的表面积可用称重法算出，其经验公式为

$$S = KW^m \tag{2-15}$$

式中，K、m 为常数，一般取 $K = 4.56 \sim 5.07$；$m = 0.66$；S 为鸡蛋表面积，cm^2；W 为称出的鸡蛋重量，g。

另一种方法是用投影或光遮断法先画出鸡蛋的轮廓外形，然后微分计算其表面积总和。或用纸带覆盖鸡蛋的表面，再用上述纸片称重法求出。

三、粒径

如前所述，粒径是表示物体各向尺寸的综合指标。在食品加工中，许多食品原料和产品的比表面积、营养价值、吸附和功能特性等性能均和物料粒径直接相关。比如巧克力生产中，浆料精磨后的粒径大小对最终产品的质构和口感特性有决定性的影响。因此在食品工业中对粒径的有效测量和控制显得非常重要。实际测量中因为球体的表面积与体积之比最小，理论分析容易，并且球形粒子无方向性，实验结果容易再现，所以常用当量球径表示粒径。实际上，食品和农产品物料颗粒体几乎都不是球形，而是不规则形，所以理论计算与实际现象常常不相符合，需将理论计算结果加以修正。

物料的粒径分为代表单个粒子的单粒体粒径和代表系统内不同尺寸的粒子群的平均粒径。

对于不规则形状的物体，物体的尺寸取决于测定的方法。因此，选用的方法应尽可能地反映物料的加工工艺。

对于每一个单个物体，有无数多的不同方向的直线长度，只有将这些长度加以平均，才能得到有意义的数值。对于系统内的粒子群，也是如此。因此，只有测定了足够多的粒子数，得出其统计规律才有意义。

粒径的定义方法有很多种，用不同的方法求出的粒径不同。具有相同粒径的物体，可能具有非常不同的形状。表 2-1 所示为单粒体的粒径定义。

表 2-1 单粒体的粒径定义

名称	计算公式	名称	计算公式
长轴径	l	圆等值径	$(4f/\pi)^{1/2}$
短轴径	b	几何平均值	$(lbt)^{1/3}$
二轴算数平均径	$(l+b)/2$	圆柱体等值径	$(ft)^{1/3}$
三轴算数平均径	$(l+b+t)/3$	立方体等值径	$V^{1/3}$
调和平均径	$3\left(\dfrac{1}{l} + \dfrac{1}{b} + \dfrac{1}{t}\right)^{-1}$	球体积等值径	$(6V/\pi)^{1/3}$
表面积平均径	$(2lb + 2bt + 2lt)^{1/2}/6$	定向径	d_g
体积平均径	$3lbt(lb + bt + lt)^{-1}$	定向面积等分径	d_m
外接矩形等值径	$(lb)^{1/2}$	斯托克斯径	$\left(\dfrac{18\mu u_t}{\gamma_s - \gamma_a}\right)^{1/2}$
正方形等值径	$f^{1/2}$		

注：f 表示投影面积，V 表示粒子体积，μ 表示流体黏度，u_t 表示粒子沉降速度，γ_s 表示粒子重度，γ_a 表示流体重度。

表 2-1 所列的粒径定义中，实际上经常采用的是算术平均径、圆等直径和定向径。对于微小粒子，也可用重力沉降法测定，通过理论计算，得出斯托克斯径。定向径是指粒子投影图上任意方向的最大距离。定向面积等分径，是指按一定方向将投影面积分割成二等分时的直线长度。

粒子群的平均直径是指试样系统中单粒体粒径的平均值。根据不同的用途，采用不同的

计算方法。平均粒径的计算方法如表 2-2 所示。若将同一种物料试样进行计算，差值较大，其排列规律为 $d_3 < d_2 < d_1 < d_7 < d_8 < d_4 < d_5 < d_6$。

表 2-2　平均粒径的计算方法

名称	计算公式	说　明
算术平均值	$d_1 = \sum(nd)/\sum n$	粒径的算术平均值
几何平均径	$d_2 = (d_1' d_2' \cdots d_n')^{\frac{1}{n}}$	n 个粒径的乘积的 n 次方根
调和平均径	$d_3 = \sum n / \sum n/d$	各粒径的调和平均值
面积长度平均径	$d_4 = \sum(nd^2)/\sum nd$	表面积总和除以直径总和
体面积平均径	$d_5 = \sum(nd^3)/\sum(nd^2)$	全部粒子的体积除以总面积
重量平均径	$d_6 = \sum(nd^4)/\sum(nd^3)$	重量等于总重量、数目等于总个数的等粒子粒径
平均表面积径	$d_7 = [\sum(nd^2)/\sum n]^{1/2}$	将总表面积除以总个数、取其平方根
平均体积径	$d_8 = [\sum(nd^3)/\sum n]^{1/3}$	将总面积除以总个数、取其立方根
比表面积径	$d = 6/(\gamma_s S)$	由比表面积 S（单位体积料层具有的总表面积）计算的粒径，γ_s 是重度
中径	d_{50}	以粒径分布的累积值为 50% 时的粒径表示
多数径	d_{mod}	以粒径分布中频率最高的粒径表示

实际应用中，应根据物料的用途选择合适的粒径计算方法。表 2-3 给出了主要的物理化学现象与相应的最为合适的平均粒径计算方法。同时粒子颗粒大小不同相应的粒径计算方法不同。

表 2-3　不同的物理化学现象所采用的平均粒径

符号	名称	物理化学现象
d_1	算术平均值	蒸发,各种尺寸的比较
d_4	面积长度平均径	吸附
d_5	体面积平均径	传质、反应、粒子填充层的流体阻力、填充材料的强度
d_6	重量平均径	气力输送、重量效率、燃烧、平衡
d_7	平均表面积径	吸收
d_8	平均体积径	光的散射、喷雾的质量分布比较
d	比表面积径	蒸发、分子扩散
d_{50}	中径	分离、分级装置性能表示

1. 粗粒子平均粒径计算

粒子大到可以一粒一粒地拣出的程度时，可以采用这种方法。首先从试样中随机地采集 n 个（$n=200$，越多越好）粒子。用普通天平测定其总重量 W_{sn}。设粒子的真实重度为 γ_s，则平均粒径可用下式计算

$$d_s = \sqrt[3]{\frac{6W_{sn}}{\pi \gamma_s n}} \tag{2-16}$$

由式（2-16）计算出的粒径 d_s，相当于把所有粒子均看作等体积球形粒子时的平均直径。

2. 细粉的平均粒径计算

对于粒子细到无法一粒一粒数的粉状物料，例如面粉，常采用调和平均径的计算方法。设在一定量粉料中各成分的比例如下。

直径为 d_1 的粒子占总重量的百分数为 x_1；

直径为 d_2 的粒子占总重量的百分数为 x_2；

……

直径为 d_m 的粒子占总重量的百分数为 x_m；全部粒子的调和平均粒径 d_s 为

$$d_s = \frac{1}{\sum\limits_{i=1}^{m}\left(\dfrac{x_i}{d_i}\right)} \qquad (2-17)$$

如果简单地用算术平均值计算，则

$$d_s = \sum\limits_{i=1}^{m}(x_i d_i) \qquad (2-18)$$

各成分百分数的测定可用筛分法。将一定数量的粉料（约 $50\sim100g$），用筛孔分别为 $d'_1,d'_2,\cdots,d'_{m+1}$ 的 $m+1$ 个筛子进行分级。设：

d'_1 至 d'_2 的平均粒径为 d_1，占总重量的百分比为 x_1；

d'_2 至 d'_3 的平均粒径为 d_2，占总重量的百分比为 x_2；

……

d'_m 至 d'_{m+1} 的平均粒径为 d_m，占总重量的百分比为 x_m，则

$$d_1 = \sqrt{d'_1 d'_2}$$
$$d_2 = \sqrt{d'_2 d'_3}$$
$$\vdots$$
$$d_m = \sqrt{d'_m d'_{m+1}}$$

由此求得 d_1，d_2，…，d_m 和由筛分出的各部分粒子群的重量百分比（又称个别产率） x_1，x_2，…，x_m 后，可按式(2-17)或式(2-18)计算调和平均粒径或算术平均粒径。

四、粒度分布和测量

粒度分布，是以粒子群的重量或粒子数百分率计算的粒径频率分布曲线或累积分布曲线表示的，是食品和农产品物料分级的原始资料。频率分布曲线通常符合正态分布规律。频率分布最高点的粒径，称为多数径 d_{mod}。在累积分布曲线 50% 处的粒径，称为中径 d_{50}。以重量百分率为基准的粒度分布曲线见图 2-4 和图 2-5。图 2-6 是马铃薯淀粉的粒度分布情况。

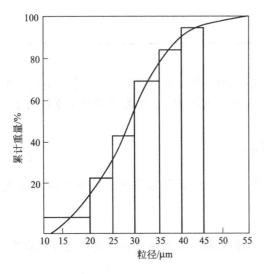

图 2-4　粒度累积分布曲线

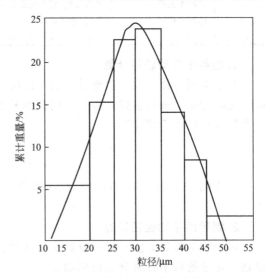

图 2-5　粒度频率分布曲线

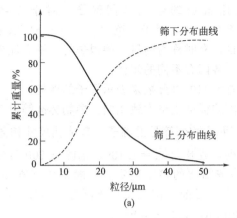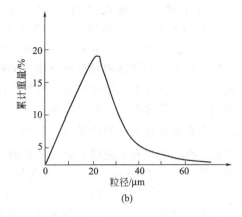

图 2-6　马铃薯淀粉的粒度分布

如果粒度分布是正态分布，可用概率密度函数表示。检验粒度分布是否正态分布，可利用正态概率纸，看各点是否具有直线性。

利用粒度分布曲线，可以求出谷物精选的精确程度。在饲料加工中，根据禽畜的种类和生长期，要求有较严格的粒度控制范围。

有时，将累积分布曲线分为筛上分布曲线和筛下分布曲线。设大于任意粒径的粒子重量占总重量的百分数为 $R\%$，小于该粒径的粒子重量占总重量的百分数为 $D\%=100\%-R\%$，则 R 曲线称为物料的筛上分布曲线，D 曲线称为筛下分布曲线。

粒度的测量有很多方法，如筛分法、显微镜法、电感应法、光学显微镜法、电子显微镜法、沉降法、光线散射法、激光全息法、质谱法、图像分析法等，表 2-4 列出了粒度测量的主要方法。测量时应当根据物料的种类、粒径的大小、颗粒的形状及其物理性质的不同采用相应的测量方法。在生产实践中，常常不是用昂贵的仪器花费很多时间来测定，而是采用简易的方法确定粒径，以提高设计速度。

表 2-4　粒度测量的主要方法

测量方法		测量装置	测量结果
直接观察法		放大投影器，图像分析仪(与显微镜相连)	粒度分布、形状参数
筛分法		电磁振动式，声波振动式	粒度分布直方图
沉降法	重力	比重计、比重天平、沉降天平光透过式、X 射线透过式	粒度分布
	离心力	光透过式、X 射线透过式	粒度分布
激光法	光衍射	激光粒度仪	粒度分布
	光子相干	光子相干粒度仪	粒度分布
电感应法		库尔特粒度仪	粒度分布、个数计量
流体透过法		气体透过粒度仪	比表面积、平均粒度
吸附法		BET 吸附仪	比表面积、平均粒度

下面对几种测定方法作简单介绍。

1. 筛分法

筛分法花费的时间较短，人为误差也较小，得到的平均粒径接近于个别产率最大时的粒子尺寸。所以，筛分法是粒径测量中最简单快速的方法，应用很广，但手工劳动居多。

用筛分法将物料按粒度分级时，通常使用普通的金属丝网筛子。对于 1 英寸（25.4mm）以上的开孔，直接以开孔的尺寸表示孔的大小，对于 1 英寸（25.4mm）以下的孔，用 1 英寸长度上的孔数表示孔的大小，称为目，有时称为网目。德国是将每平方厘米中的孔数编为筛号。金属网的材料和金属丝的粗细，各国有不同的规格。

通常以筛子孔隙率，即开孔部分面积占筛网总面积的百分数来表示筛子的性能。

我国常用泰勒标准筛，它与日本、美国、英国的标准规格大致相同。泰勒标准筛有两个序列。一个是基本序列，筛比是 $\sqrt{2}=1.414$，即每两个相邻筛号的筛子，其筛孔尺寸相差 $\sqrt{2}$ 倍，因此，筛孔面积相差两倍；另一个是附加序列，筛比是 $\sqrt[4]{2}=1.189$。基筛是 200 目的筛子，筛孔尺寸为 0.074mm。其他的筛孔尺寸，均按筛比的倍率决定。一般采用基本序列，在要求具有更窄的粒级时，可插入附加序列的筛序。目前我国已使用国际标准（ISO）筛，它基本上沿用泰勒筛系。常用的标准筛直径为 200mm，高度为 50mm。

2. 沉降法

光透过原理与沉降法结合，产生一大类粒度仪，称为光透过沉降粒度仪。根据光源不同，可细分为可见光、激光、X 射线几种类型；按力场不同又细分为重力场和离心力场两类。

当光束通过装有悬浮液的测量容器时，一部分光被反射或有吸收，一部分到达光电传感器，后者将光强转变成电信号。根据 Lambert-Beer 公式，透过光强与悬浮液的浓度或颗粒的投影面积有关。另一方面，颗粒在力场中沉降，可用斯托克斯定律计算其粒径大小，从而得到累积粒度分布。

本方法在测量过程中伴随着颗粒的分级过程，即大颗粒先沉降，小颗粒后沉降，因此，测量结果的分辨率高，特别当粒度分布不规则，或微分分布出现"多峰"的情况，本方法的优点更加突出。

（1）重力场光透过沉降法其测量范围在 $0.1\sim1000\mu m$。光源为可见光、激光、X 射线。沉降速度与颗粒与悬浮介质（例如水）的密度差有关，当密度差大时沉降速度快。反之沉降速度慢。

（2）离心力场光透过沉降法离心光透过法在离心力场中，颗粒的沉降速度明显提高，可测量 $0.007\sim30\mu m$ 的颗粒，若与重力场沉降结合，则可将测量上限提高到 $1000\mu m$。

3. 显微镜法

显微镜法是另一种测定颗粒粒度的常用方法。根据晶体粒度的不同，既可采用一般的光学显微镜，也可以采用电子显微镜。光学显微镜测定范围为 $0.8\sim150\mu m$，大于 $150\mu m$ 者可用简单放大镜观察，小于 $0.8\mu m$ 者必须用电子显微镜观察，透射电子显微镜常用于直接观察大小在 $0.001\sim5\mu m$ 范围内的颗粒。显微镜法有可能查清在制备过程中颗粒产品结合成聚集体以及破碎为碎块的情况，因此在测量过程中有可能考虑颗粒的形状，绘出特定表面的粒度分布图，而不只是平均粒度的分布图。但是在用电子显微镜对超细颗粒的形貌进行观察时，由于颗粒间普遍存在范德华力和库仑力，颗粒极易凝聚形成球团，给颗粒粒度测量带来困难，克服颗粒凝聚的方法是加分散剂和实施外力分散。不同的样品选用不同的分散介质，分散介质要纯净无杂质，且不能与样品发生物理变化和化学变化。一般分散剂与介质的百分比浓度为 $0.1\%\sim0.5\%$，浓度过高或过低都会影响分散效果。外力分散效果最好的是超声波分散。在实际应用中，往往这两种方法同时使用。

4. 电感应法

采用电感应法测定颗粒粒度和数目时，使悬浮于电解质溶液中的被测颗粒通过一小孔，在小孔的横截面上施加电压，当颗粒通过小孔时，小孔两边的电容发生变化，产生脉冲电压，且脉冲电压振幅与颗粒的体积成正比。这些脉冲经放大、甄别和计算后，从数据处理结果可以获得悬浮于电解质溶液中颗粒的粒度分布。电感应法的测量下限一般在 $0.5\mu m$ 左右，美国库尔特公司生产的 MULTISIZES II 电感应法粒度分析仪上限已达 $1200\mu m$。根据电感应法测量颗粒粒度的原理，电压脉冲主要与颗粒体积有关，颗粒的形状、粗糙度和材料的性质对测量结果的影响应该很少，然而，大量的证据表明，电感应法所测得的粒度参数是颗粒的包围层尺寸。对于球形颗粒来说，电感应法与其他方法相比较有较好的一致性，但对于非球形颗粒来说则其结果不一致，尤其对多孔性材料，电感应法所测得的体积可能是骨架体积的几倍，因此对多孔性材料，由于不知道其有效密度，不宜采用本法。此外，由于电感应法要求所有被测颗粒都悬浮在电解质溶液中，不能因颗粒大而造成沉降现象，因此对于粒度分布较宽的颗粒样品，电感应法难以得出准确的分析。

5. 激光法

激光法是近 20 年发展的颗粒粒度测量新方法，常见的有激光衍射法和光子相干法。

20 世纪 70 年代末，出现了根据夫朗和费衍射理论研制的激光粒度仪，其优点是重复性好、测量速度快。这种仪器的测量下限为几微米，上限为 $1000\mu m$。其缺点是对几微米的试样，该仪器的误差仍然较大。

20 世纪 80 年代中期，王乃宁等人提出综合应用米氏散射和夫朗和费衍射的理论模型，即在小粒径范围内采用米氏理论，在大粒径范围内仍采用夫朗和费衍射理论，从而改善小粒径范围内测量的精度。

激光粒度仪的测量范围一般为 $0.5\sim1000\mu m$。其优点是适合在线检测，一般而言，激光法的分辨率不如沉降法。

6. 计算机图像分析法

计算机图像分析法（基于计算机视觉的粒度检测方法）主要依据显微观察原理，直接将显微镜与 CCD 相连，利用计算机图像处理装置采集数字图像，并对图像进行处理，得到样本真实粒度的分布。其测量范围为：电子显微镜（$0.001\sim10\mu m$），光学显微镜（$1\sim100\mu m$）。若采用体视显微镜则可以对大颗粒进行测量。

摄像机得到的图像是具有一定灰度值的图像，需按一定的阈值转变为二值图像。颗粒的二值图像经补洞运算、去噪声运算和自动分割等处理，将相互连接的颗粒分割为单颗粒。通过上述处理后，再将每个颗粒单独提取出来，逐个测量其面积、周长及各形状参数。由面积、周长可得到相应的粒径，进而可得到粒度分布。

由此可见，图像分析法既是测量粒径的方法，也是测量形状的方法。其优点是具有可视性，可信程度高。但由于测量的颗粒数目有限，特别是在粒度分布很宽的场合，其应用受到一定的限制。

除了上述几种测定方法外，粒度的测量还包括基于颗粒布朗运动的粒度测定方法、电泳法、质谱法等。一般来说，颗粒粒度既取决于直接测量（或间接测量）的数值尺寸，也取决于测量方法。综上所述，由于各种颗粒粒度测量方法的物理基础不同，同一样品用不同的测量方法得到的粒径的物理意义甚至粒径大小也不同，如筛分法得到的是筛分径；显微镜法、光散射法得到的是统计径；沉降法、电感应法和质谱法得到的是等效径。此外，不同的颗粒粒度测量方法的适用范围也不同。根据被测对象、测量准确度和测量精度等选择合适的测量方法是十分重要和必要的。

第二节　密度

食品物料的密度、重度在许多场合都有应用。例如，粮仓计算、气体输送、贮运箱计算，以及密度分离等都需要这方面的资料。比如，乳品工业中根据密度的不同来进行分离乳脂和脱脂乳；含有石头、玻璃、金属以及较轻谷物的谷物中可根据它们密度及重度的不同通过重力台来进行分离等。

物料的密度可分为真实密度和容积密度两种。

一、真实密度

真实密度是物料的质量与其实际体积之比值。所谓实际体积，是指不包括粒子间空隙体积的体积。真实密度的测定方法有以下几种。

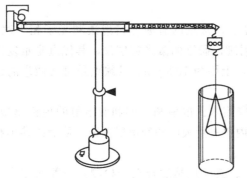

图 2-7　比重天平

1. 浮力法（又称比重天平法）

对于较小的物料，可用比重天平（图 2-7）测定物料的体积。测定时，将物料分别置于空气中和液体中称重。设称得的重量分别为 $m_s g$ 和 $m_s' g$，则粒子在液体中受到的浮力 F_a 为

$$F_a = m_s g - m_s' g$$

设液体的密度为 ρ_1，则

$$F_a = V_s \rho_1 g \tag{2-19}$$

所以物料的体积 V_s 为

$$V_s = (m_s - m_s')/\rho_1 \tag{2-20}$$

物料的密度为

$$\rho_s = m_s \rho_1/(m_s - m_s') \tag{2-21}$$

再根据气体的密度 ρ_g 对浮力进行修正，得

$$\rho_g = m_s(\rho_1 - \rho_g)/(m_s - m_s') + \rho_g \tag{2-22}$$

当物料的密度比液体密度小时，可用附加砝码使物体沉入液体中进行测量，并按下式计算密度：

$$\rho_g = m_s(\rho_1 - \rho_g)/(m_s - m_s' + \Delta m_s) + \rho_g$$

式中，Δm_s 为附加砝码质量。

若在 500cm^3 的蒸馏水中加入 3cm^3 的湿润剂溶液，将可减少由于表面张力和在水中浸没造成的误差。

对于水果等比较大些的物料，可用台秤称重法测定其密度（图 2-8）。先将待测物料放在台秤上称重，设称得的重量为 m_s；再将充满一定容量水的杯子放在台秤上称重，称得水和量杯的重量为 m_1。然后将物料沉没于水中（若物料密度比水小，须用玻璃棒将物料强制浸没于水中），将浸沉物料的容器在台秤上称重，得 m_2。则物料的体积 V_s 为

$$V_s = \frac{m_2 - m_1}{\rho}$$

式中，ρ 为水的密度。

物料的密度 ρ_s 为

$$\rho_s = \rho m_s/(m_2 - m_1) \tag{2-23}$$

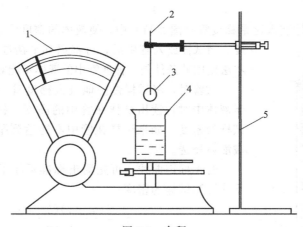

图 2-8 台秤

1—台秤；2—沉锤杆或吊线；3—试样；4—量杯；5—支架

2. 比重瓶法

比重瓶法适合测定细小颗粒或粉末物料的密度。比重瓶的体积为 $15\sim30\,\mathrm{cm^3}$（图 2-9）。

设比重瓶的质量为 m_0，体积为 V_0，内部充满密度为 ρ_1 的液体，则总质量为

$$m_1 = m_0 + \rho_1 V_0$$

当向比重瓶中加入质量为 m_s，体积为 V_s 的物料后，则充满液体时的总质量 m_2。为

$$m_2 = m_0 + \rho_1 (V_0 - V_s) + m_s$$

因此，物料的体积 V_s 为

$$V_s = (m_1 - m_2 + m_s)/\rho_1$$

物料的密度 ρ_s 为

$$\rho_s = \frac{m_2}{m_1 - m_2 + m_s}\rho_1 \tag{2-24}$$

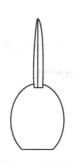

图 2-9 比重瓶

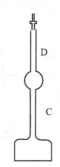

图 2-10 细颈瓶

有时用刻有体积刻度的细颈瓶（图 2-10）进行测量。先将液体加到刻度管 C 处的中部，在恒温槽中保持一定的温度后，根据刻度，确定其体积 V_1。将经精确称量的质量为 m_s 的物料加入瓶内，靠减压或振动去除气泡，再放到恒温槽内，等到一定温度后，由刻度 D 读出此时的体积 V_2。

根据测定结果，可按下式计算出密度

$$\rho_s = \frac{m_s}{V_2 - V_1} \tag{2-25}$$

3. 比重梯度法

将密度不等的液体装入比重梯度管（图 2-11）中，使液体的密度沿其高度具有一定的梯度。当试样放入管中后，可根据其平衡位置确定试样的密度。本法使用的条件是，梯度管中的液体不能对试样有渗透作用。

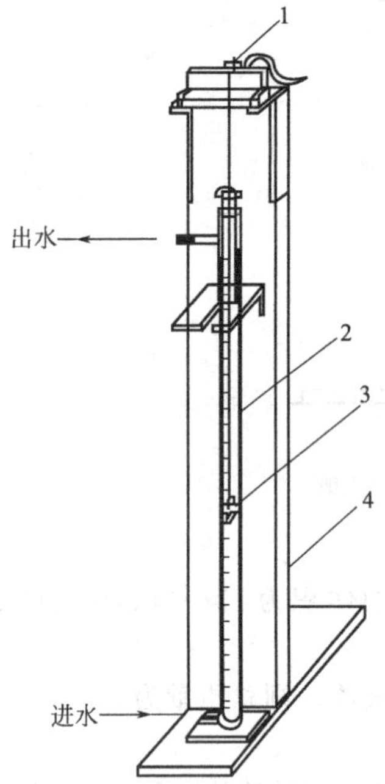

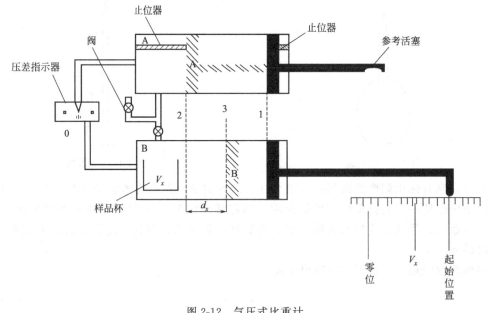

试验时，将试样慢慢地放入梯度管中。待试样稳定悬浮于液体中时，读出试样在管中的高度。根据标定曲线，确定试样的密度。如果试样在管中不能达到平衡，则说明样品已被液体浸透。

若无标定曲线，可先测出标准浮子的平衡高度，而后按下式计算试样的密度。

$$\rho_s = \frac{(x-y)(b-a)}{z-y} + a \qquad (2\text{-}26)$$

式中，a、b 为两种标准浮子的密度；y、z 为两种标准浮子（a 和 b）的平衡高度；x 为试样的平衡高度。

比重梯度法的测量精度，取决于每毫米液柱高度的比重梯度。

4. 气比法

气比法是利用气压式比重计测量物料密度的一种方法。比重计有两个活塞室、两个活塞、活塞室连接阀，压差指示器以及用于标定读数的数字计量器等部分组成（图 2-12）。因为两个活塞室的容积相等，因此当连接阀关闭时，一个活塞移动任意距离，另一个活塞必须移动相同距离才能使压差指示器的指针保持平衡不动，即两个活塞室保持相同的压力。若在测量活塞室中放入试样，连接阀保持关闭状态，并且使两个活塞推进相同的量到给定的位置，则由于此时活塞室的气体容积不相等，两个活塞内的压力不同。为了使两室中的压力差为零，必须把测量活塞退回一定的距离。这时，退回的距离是和所测试样的体积成正比的。

图 2-11　比重梯度管
1—微电机；2—水套；
3—吊篮；4—立架

图 2-12　气压式比重计

此外，还可采用定容积压缩法测定物料的体积。

5. 液体食品密度测定

按国家标准 GB/T 5009.2—2003《食品的相对密度的测定》规定方法操作。

二、容积密度

容积密度分为虚表密度和最终虚表密度两种。

求容积密度时，物料的体积为视在体积，即物料的实际体积加上粒子间的孔隙体积。测量视在体积时，可将物料浸在熔蜡池中，将孔隙填满后，再通过求真实密度的方法求出视在体积。也可将试样装入容器内（最好用试样装填厚度与容器直径之比为 6 的容器），使其由某一高度下落到地板上受到冲击震实，测出此时的虚表容积 V_a 和质量 m_s 后，即可求得虚表密度 ρ_a。

$$\rho_a = m_s/V_a \tag{2-27}$$

虚表密度的倒数称为虚表比容积。

如果将装填好的容器继续敲打，直至获得最紧密状态的物料，则此时的虚表密度称为最终虚表密度或称为充填密度 ρ_t。

$$\rho_t = m_s/V_t \tag{2-28}$$

式中，V_t 为物料的最终充填容积。

通常 $\rho_t > \rho_a$ 物料的粒子形状愈不规则，$\rho_t - \rho_a$ 的值愈大。令 $\eta = \dfrac{\rho_t - \rho_a}{\rho_a}$，则称 η 为虚表密度变化率。一般流动性较好或内摩擦角较小的物料，虚表密度变化率较小。

表 2-5 是一些食品的容积密度。

表 2-5　一些食品的容积密度

物料	容积密度/(kg/m³)	物料	容积密度/(kg/m³)	物料	容积密度/(kg/m³)	物料	容积密度/(kg/m³)
辣椒	200～300	玉米粒	680～770	可可	400	砂糖	800
茄子	330～430	花生米	500～630	速溶咖啡	330	粉糖	480
番茄	580～630	大豆	700～770	玉米粉	660	小麦面粉	480
洋葱	490～520	蚕豆	670～800	玉米淀粉	560	乳清粉	560
胡萝卜	560～590	土豆	650～750	明胶粉	680	大豆蛋白（沉淀出的）	280
桃子	590～690	地瓜	640	燕麦粉	430		
蘑菇	450～500	甜菜块茎	600～770	洋葱	510	牛奶粉	610
刀豆	640～650	面粉	700	盐粒	960	微晶纤维素	680
豌豆粒	700～770	鸡蛋	340	盐粉	950		

第三节　孔隙率

物料粒子间存在空隙，粒子之间的空隙体积与包含空隙的物料的整个体积之比称为孔隙率。粒子之间的空隙体积与粒子实际体积之比称为孔隙比。粒子的实际体积与包含空隙体积在内的物料的整个体积之比，称为堆积体的体积实体系数。它们之间存在如下的关系。

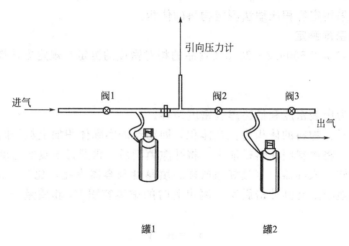

图 2-13　孔隙率测定仪

$$e = \frac{\varepsilon}{1+\varepsilon} \qquad (2\text{-}29)$$

$$\varepsilon = \frac{e}{1-e} \qquad (2\text{-}30)$$

$$\kappa = \frac{1}{1+\varepsilon} = 1 - e \qquad (2\text{-}31)$$

式中，e 为孔隙率；ε 为孔隙比；κ 为体积实体系数。

若已知物料的真实密度 ρ_s 或重度 γ_s 和虚表密度 ρ_a 或容积重度 γ_a，则孔隙率可按下式计算

$$e = 1 - \rho_a/\rho_s = 1 - \gamma_a/\gamma_s \qquad (2\text{-}32)$$

真实密度和重度对一定的物料是定值，所以孔隙率随虚表密度或容积重度的变化而变化。一般情况下，容重均采用松散充填时的数值，但在计算料仓强度时，应采用真实密度的数值。

同样大小的球形粒子的孔隙率，可由几何方法计算。根据堆积方式的不同，孔隙率不同，一般在 0.2595～0.4764 之间。随机充填时，孔隙率约等于 0.4。

粒度不均匀的物料，因为细粒子可以嵌入粗粒子之间，孔隙率减少。粗粒占 65% 左右时，孔隙率最小。

对于由大小不同的粒子混合而成的粉料，平均粒径越大，空隙容积越小；当超过某一粒径时，大致趋于定值。该平均粒径称为临界粒径。

图 2-13 是测量物料孔隙率的测定仪，由两个体积相等的罐组成。操作时，在罐 2 中装满物料。关闭阀 2，将罐 2 抽成真空。关闭阀 3 再向罐 1 供气，当压力表指针达到适当数值时，关闭阀 1，此时记下压力值 P_1；再打开阀 2，使罐 1 中的空气充满罐 2 中的物料空间，并使罐中的压力平衡，测得此时的压力 P_3。此时 $P_3 < P_1$。

根据理想气体定律

$$P_1 V_1 = M R_1 T_1$$
$$M = M_1 + M_2$$

设

$$R_1 T_1 = R_2 T_2 = RT$$
$$\frac{P_1 V_1}{RT} = \frac{P_3 V_1}{RT} + \frac{P_3 V_2}{RT}$$

因此，孔隙率为

$$e=\frac{V_2}{V_1}=\frac{P_1-P_3}{P_3}$$

式中，P_1、P_3 分别为前后两次测得的绝对压力；V_1、V_2 分别为罐 1 和罐 2 中的空气体积；M_1、M_2、M 分别为空气在罐 1 和罐 2 中的质量以及空气的总质量；R 为空气的气体常数；T 为绝对温度。

表 2-6 是几种粉体食品孔隙率和密度的关系。

表 2-6　几种粉体食品孔隙率和密度的关系

食品名称	平均粒径 /μm	容积密度/(kg/m³)		体积减少率/%	孔隙率 e_{max}	孔隙率 e_{min}	真实密度 /(kg/m³)
		疏松	压实				
面粉	120	484	606	20	0.652	0.567	1400
乳糖粉末	100	586	812	28	0.614	0.465	1520
砂糖	400	660	880	25	0.580	0.440	1578
全脂乳粉	110	589	710	17	0.435	0.316	1039
脱脂乳粉	105	589	746	21	0.517	0.389	1224
速溶脱脂乳粉	300	284	312	9	0.768	0.744	1224
可溶性淀粉	55	810	966	16	0.420	0.310	1400

第四节　基本物理特征在食品工程中的应用

食品和农产品物料的基本物理特征，广泛应用于食品和农产品的品质评价和分选、分级以及水力或气力输送中。

例一：谷物的品质评价

稻谷等种子的品质评价往往用千粒重、整粒率、形状质量等判断。容积密度大的谷物，真实密度也大，整粒率高，形状质量也好。但按粒度分布，其中可能混杂有相当数量的次粒。根据三轴尺寸，可以用筛选或风选进行分级。但判断种子的发芽率用比重清选比较合适，如稻种采用盐水（相对密度 1.05）选种比机械选种的精度高得多。

大米中的碎米含量是评判米质的指标之一。碎米与完整米粒的密度相同，因此不能采用密度分选法，只能利用米粒长轴径的不同采用窝眼选粮筒进行选别。

例二：新鲜果蔬的评价

苹果常按平均粒径和形状进行分级，柑橘按果径分级，葡萄、柿子、梨、桃子等水果多按单果重量进行分级。胡萝卜一类蔬菜按形状分选比较困难，由于胡萝卜的重量与长度和直径之间存在一定的函数关系，故可按重量分级。

例三：新鲜牛奶的鉴别

正常牛奶的密度为 $_{20}d_4=1.030$。$_ad_b$ 符号中的注脚 a 和 b 表示牛奶在 a℃时的质量与同体积水在 b℃时的质量之比。把刚挤出的新鲜牛奶放置 2～3h，其相对密度约升高 0.001。因此，可利用牛奶密度来判断牛奶存放时间的长短，以便测其新鲜的程度。

例四：功能性食品基料加工的控制

食品中尤其是一些功能性食品中常常添加某些微量活性物质（如硒），以实现保健功能。为避免添加物带来毒副作用，一般严格控制添加量，因此需对添加物进行微粉碎（10～1000μm）或超微粉碎（0.1～10μm）控制其粒度大小。而且原料加工成超微粉后特别容易被人体吸收。另外，有一类以蛋白质微粒为基础成分的脂肪替代品，就是利用超微粉碎（微粒化）将蛋白质颗粒粉碎至某一粒度。因为人体口腔对一定大小和形状颗粒的感知程度有一阈值，小于这一阈值时，颗粒就不会被感觉出来，于是呈奶油状、滑腻的口感特性。通过对加工颗粒粒度的检测实现对食品基料加工的控制以实现其特有功能。基于计算机视觉的粒度检测技术（即图像分析技术）可以较好实现这一目标。运用显微图像分析系统进行食品超微粉体的粒度检测具有使用方便，测定速度快，结果稳定可靠等诸多优点，而且不会因为测量仪器和操作人员等因素的变化而使测量结果出现严重的偏差，是颗粒检测发展的趋势。

例五：在利用计算机图像处理技术进行农产品品质检测及分类中的应用

农产品品质检测及分类，尤其是利用计算机图像处理技术进行农产品品质检测和分类中，农产品的表面颜色、形状、大小、纹理等基本物理特征参数起着非常重要的作用。例如，在颜色方面，可以通过研究西红柿的颜色来判定它的成熟度；在形状方面，运用计算机图像处理技术根据黄瓜长度、弯曲度来分选黄瓜；在苹果的自动分级中，可以利用苹果的尺寸特征（包括横径、纵径、纵横径比、面积、周长、圆形度、当量半径等）、颜色特征以及缺陷特征的提取实现苹果的自动分级；在薯条的分选中可以根据薯条的长度、宽度、曲率以及颜色特征来进行分选；同样也可以根据烟叶的形状、颜色以及纹理等不同结合计算机图像处理技术建立烟叶的自动分级系统。

例六：形状指数在品质评价的中应用

果形指数是水果外观品质的重要标志之一，果形指数是指果实纵径与横径的比值。以苹果为例，通常果形指数是0.8～0.9为圆形或近圆形，0.8～0.6为扁圆形，0.9～1.0为椭圆形或圆锥形，1.0以上为长圆形。品种特性和环境条件都影响其果形指数。应用不同生长调节剂可使之改变，以美观果形适应市场，也是机械加工与分级包装的需要。

蛋形指数是蛋的外观品质的重要标志之一，蛋形指数是蛋宽与蛋长的比值。合格种蛋应为卵圆形，蛋形指数为0.72～0.75，以0.74最好。

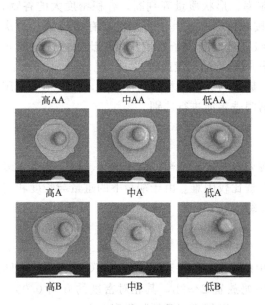

图2-14 美国农业部鸡蛋等级划分标准

例七：鸡蛋新鲜度检验与基本特征

蛋黄指数和哈夫单位是鸡蛋新鲜度检测的主要指标。蛋黄指数是表示蛋黄形态变化的程度，用蛋黄高度与蛋黄直径的比值表示。新鲜蛋蛋黄指数为0.4以上；普通蛋蛋黄指数为0.35～0.4，合格蛋蛋黄指数为0.3～0.35。哈夫单位是表示浓厚蛋白稀薄化程度的单位，用蛋的质量（W）和浓厚蛋白高度（H），通过哈夫公式 $Hu = 100\lg(H - 1.7W^{0.37} + 7.6)$ 得到，优质蛋的哈夫单位为 72 以上，中等蛋的哈夫单位为 60～70，次质蛋的哈夫单位为 31～60。也可以用 SANOVO 鸡蛋品质测试仪检测。图 2-14、表 2-7 是美国农业部对鸡蛋等级划分标准。

表 2-7　美国农业部对鸡蛋等级划分标准

形态				
等级	AA	A	B	C
外观	面积小	面积适中	面积较大	面积最大
蛋白	透明，坚实者（Hu72 或以上）	透明，相当坚实者（Hu60～72）	透明，可稍软弱者（Hu31～60）	可为软弱或稀薄化，可有小血斑者（Hu31 以下）
气室	深度 1/8 英寸以下，位置一定者	深度 3/16 英寸以下，位置一定者	深度 3/16 英寸以上，位置有若干移动或含有气泡者	深度 3/8 英寸以上，位置有移动或含有气泡者
蛋黄	稍可见轮廓，无缺点者	轮廓明显，无缺点者	轮廓明显，呈稍膨大、扁平，稍有缺点者	轮廓明显，膨大或扁平，可见胚体发育而无血丝，或有其他明显缺点者
蛋壳	清洁，无破损，正常者		清洁，极小污染，无破损，可稍有异常者	清洁，稍污染，无破损，可有异常者

例八：禽蛋基本特征参数

禽蛋的质量、长径和短径均基本服从正态分布，图 2-15 为洋鸡蛋质量、长径和短径分布直方图。利用称重法测定禽蛋质心位置，禽蛋质心均位于禽蛋长径中点处，相对于长径与短径交点的偏移量一般在 3～5mm 之间。用标准椭球体体积计算方法（$\pi LB^2/6$，即约为 $0.524LB^2$）估算禽蛋体积，草鸡蛋、洋鸡蛋、鸭蛋的估算体积与排水法实测体积的相关系数分别为 0.9824、0.9498、0.9647。用标准椭球体体积计算方法估算的体积再估算禽蛋的质量，草鸡蛋、洋鸡蛋、鸭蛋的回归方程分别为 $m = 1.0640V$、$m = 1.0700V$、$m = 1.0937V$，相关系数 r 分别为 0.9749、0.9503、0.9594（样本 200 枚）。

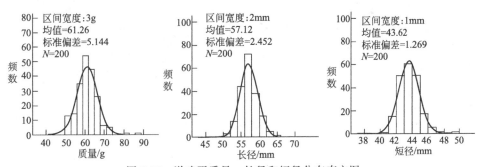

图 2-15　洋鸡蛋质量、长径和短径分布直方图

例九：面包、馒头体积测定

采用种子（菜籽）置换法。取一个待测面包样品，称量后放入一定容积（应大于待测样品）的容器中，将小颗粒填充剂（小米或油菜籽）加入容器中，完全覆盖面包样品并摇实填满，用直尺将填充剂刮平，取出面包，将填充剂倒入量筒中测量体积，容器体积减去填充剂体积得到面包体积。

阅读与拓展

◇周平，赵春江，王纪华等．基于机器视觉的鸡蛋体积与表面积计算方法 [J]．农业机械学报，2010，41（5）：168-171.

◇饶秀勤，岑益科，应义斌．基于外形几何特征的鸡蛋重量检测模型 [J]．中国家禽，2007，29（5）：18-20.

◇Narushin V G. Theavian egg：geometrical description and calculation of parameters [J]．Journal of Agricultural Engineering Research，1997，68（3）：201-205.

◇Narushin V G. Egg geometry calculation using the measurements of length and breadth [J]．Poultry Science，2005，84（3）：482-484.

◇Rush S A，Maddox T，Fisk A T，et al. A precise water displacement method for estimating egg volume [J]．Journal of Field Ornithology，2009，80（2）：193-197.

◇姜松，漆虹，王国江等．禽蛋基本特性参数分析与试验 [J]．农业机械学报，2012，43（04）：137-142.

◇席兴军，刘俊华，刘文．国内外农产品质量分级标准对比分析研究 [J]．农业质量标准，2005（6）：19-24.

思考与探索

◇查阅农产品质量等级规格的相关标准，了解基本物理特征的应用和该类标准制定的规范。

◇试制订一个农产品质量等级规格标准。

◇表2-6中物料体积减少率如何计算。

第三章 食品的流变力学特性

物料在受到外力作用时，便会发生形变。当形变不断扩展时便成为流动。形变和流动的产生和发展总要有一定的时间历程。因此，在流变学中，物料的流变行为用力、变形和时间三个参数来表示。

材料的流变特性指材料的应力-应变-时间之间的关系，或者说是材料受力后的变形、流动随时间的变化。材料的力学性质指它的应力-应变或力-变形之间的关系，不考虑时间因素。因此，力学性质是流变特性的一种特殊情况。

流变学为物理学中最接近于力学的一个分支，与许多学科如物理学、数学、化学、力学、生物学、工程学等有关，仍属于古典力学的范畴。流变学是研究物料在外力作用下形变、流动以及时间效应的科学。因此，研究材料流变特性的理论称之为流变学。物料的流变学分类如图 3-1 所示。

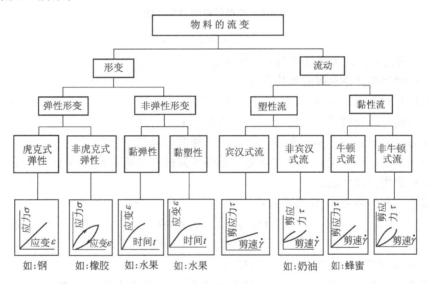

图 3-1　物料的流变学分类

据不完全统计，由它所衍生的分支学科有 20 多个。按它所研究的流变对象划分有：非牛顿流体流变学、黏弹性流变学、高聚物流变学、多相流变学、含缺陷物体流变学、石油流变学、生物流变学、地质流变学、悬浮液流变学、润滑剂流变学、涂料流变学、土壤流变学、化学流变学、岩土流变学、食品流变学、化妆品和药品流变学、血液流变学、电-磁流变学，甚至还有心理流变学等；按物质的流变过程划分有：流变断裂学、流变冶金学、铸造流变学和材料加工流变学；按研究方法划分有：理论流变学、计算流变学、实验流变学；按行业划分有：工业流变学、农业流变学、食品流变学；按流变物质的尺度划分有：宏观流变学，细、微观流变学，纳米流变学以及跨尺度流变学等。

在研究食品物料的任何一种生产、加工、装卸、运输及贮存过程中，食品物料的流变特性都是需要的。

第一节 理想材料的力学性质

理想弹性材料（体）的力-变形或应力-应变关系如图 3-2(a) 所示。它的力学性质有下述特点。

（1）加载的同时，应变立即达到相应的最大值，这叫做瞬态弹性应变。

（2）若应力不变，应变不随时间延长而发生变化。

（3）取消载荷的同时，应变立即全部消失，且卸载历程与加载历程重合。

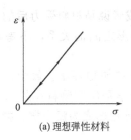 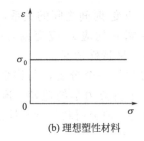 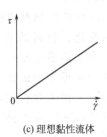

(a) 理想弹性材料　　　　　(b) 理想塑性材料　　　　　(c) 理想黏性流体

图 3-2　理想材料的力学性质

$$\sigma = E\varepsilon \tag{3-1}$$

式中，σ 为应力；E 为弹性模量；ε 为应变。

式(3-1) 称为理想弹性体的本构方程。

理想塑性材料的力-变形或应力-应变关系如图 3-2(b) 所示。它的力学性质有下述特点。

（1）应力超过一定值后才会有应变，该临界应力称为屈服值（应力）。

（2）应力达到一定值后不再升高，而应变却随时间延长不断增加。

（3）应力取消后，应变完全不能恢复。不能恢复的应变称为残余应变或永久变形。塑性变形有时也称之为塑性流动。

理想塑性材料的应力-应变关系为：

$$\begin{cases} \sigma \leqslant \sigma_0 \ \text{时}, & \varepsilon = 0 \\ \sigma > \sigma_0 \ \text{时}, & \varepsilon > 0 \end{cases} \tag{3-2}$$

式中，σ_0 为屈服值；σ 为应力；ε 为应变。

理想塑性材料的力学性质类似于物体的静摩擦。当外力小于静摩擦力时，物体不能运动；外力大于静摩擦力后，物体运动，但物体的运动状况却与静摩擦力无关。

经过长期的大量研究已经证明，没有任何一种实际材料是理想弹性的或理想塑性的。即使像钢铁这样的工程材料，也只在小应力和小应变时才可以用理想弹性体来描述它们在常温下的力学性质，而且这种描述仍带有一定的近似性。当应力或应变较大、或温度较高时，它们的力学性质与理想弹性体有明显的差异。这就是说，理想弹性材料的力学性质只是某些材料在小应力或小应变条件下的力学模型。理想塑性材料与此类似，它也只是一种力学模型。

人们还要用到的另外一种材料的力学模型，是理想黏性流体。它的本构方程为

$$\tau = \eta \dot{\gamma} = \eta \frac{\mathrm{d}\gamma}{\mathrm{d}t} \tag{3-3}$$

式中，τ 为剪应力；η 为流体的黏度；$\dot{\gamma}$ 为应变速度。

理想黏性流体的应力-应变速度关系见图 3-2(c)。

绝大多数食品物料的力学性质用理想材料作为其力学模型会带来相当大的误差，为了在设备和装置的设计中作一些大致估算，这样做当然是允许的。但是，对认识各种力学过程的机理来说，这样做就远远不够了。

第二节　黏弹性材料的流变特性

由于很多食品物料都是活的有机体，因此它们与工程材料在力学性质上有明显的差异。或者说，它们的流变特性不能用理想材料作为力学模型。

由实验知，苹果果肉、马铃薯果肉、玉米粒角质胚乳、小麦粒淀粉胚乳、小麦秸秆等固体物料，其应力-应变关系都有如图 3-3 所示的特征：加载的同时立即产生弹性变形；随后，变形随着时间延长而逐渐增加，但变形的速度却逐渐减小，取消载荷的同时；有一部分变形立即恢复，有一部分则在载荷取消后随着时间的延长逐渐恢复；时间趋于无穷大时，有的材料仍保留一部分变形，有的材料则可全部恢复。这就是说，不论是承受载荷时还是卸载后，材料的变形都与时间有关，或者说变形是时间的函数。具有这种特征的材料，称为黏弹性材料。除食品物料外，塑料、木材、天然和合成纤维、混凝土、高温时的金属、岩石、陶瓷、玻璃等也是黏弹性材料。

黏弹性材料有两种重要的流变特性：蠕变和应力松弛。

所谓蠕变，是在材料所受的力（或应力）不变时，材料的变形（或应变）随时间延长而不断增加的一种现象。具有蠕变特性的材料，当外力取消后，变形也不立即恢复，而是随时间延长逐渐恢复。图 3-4 是黏弹性材料的蠕变特性曲线。

一般说来，黏弹性材料的蠕变有三个阶段：第一阶段是开始蠕变，这时应变速度不断减小；第二阶段是继续蠕变，这时应变速度基本不变；第三阶段，应变速度不断增加，直至破坏为止（图 3-4）。

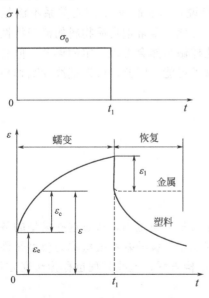

图 3-3　黏弹性体的应力-应变关系

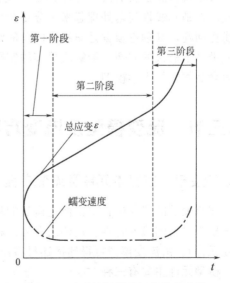

图 3-4　黏弹性材料的蠕变特性曲线

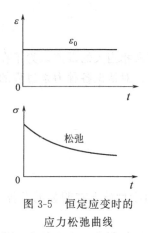

图 3-5 恒定应变时的
应力松弛曲线

所谓应力松弛，是在材料所受的应变（或变形）不变时，其应力（或保持该变形所需的外力）随时间延长而逐渐减小的一种现象。图 3-5 是恒定应变时的应力松弛曲线。

在实际条件下，可能只产生蠕变，也可能只产生松弛，或者同时产生蠕变和松弛。

当一种材料的应力-应变有下述关系时，就说这种材料的流变特性是线性的。

$$\varepsilon[c\sigma(t)] = c\varepsilon[\sigma(t)] \qquad (3\text{-}4)$$
$$\varepsilon[\sigma_1(t) + \sigma_2(t - t_1)] = \varepsilon[\sigma_1(t) + \varepsilon\sigma_2(t - t_1)] \qquad (3\text{-}5)$$

式（3-4）和式（3-5）可以用图 3-6 来说明。这两个公式称为叠加原理具有线性性质的黏弹性材料，称为线性黏弹性体。本书中将只限于讨论有关线性黏弹性体的一些理论。

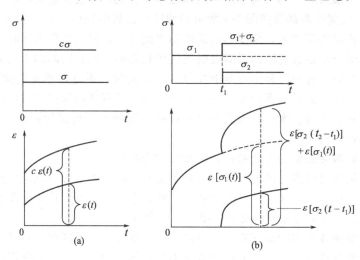

图 3-6　叠加原理

大多数食品物料的流变特性都是非线性的，或者说，它们的应力-应变关系不满足叠加原理。但是非线性问题处理起来十分复杂而又困难，因此，常常把食品物料的流变特性简化为线性问题，其理论根据是非线性问题的线性化。这样做当然会带来一定的误差，但它在理论上带来了极大的方便，给解决更多的实际问题提供了可能。因此，可以把线性黏弹性材料作为食品物料的力学模型。

第三节　流变模型及流变方程

一、流变模型的基本元件及流变方程

在流变学的研究中，是把前边讲过的理想材料作为基本模型的，通过这些模型的各种组合来模拟材料的流变特性。这些组合称为材料的流变模型，各种基本模型称为模型元件（或流变元件）。由流变模型可得到描述材料流变特性的本构方程，这些方程也称为流变方程。

模型元件主要有三种。

（1）虎克体（Hook's Body）　代表理想弹性体，其本构方程为式（3-1），力学常数

为 E。

（2）圣维南体（St. Venant Body） 代表理想塑性体，其本构方程为式(3-2)。

（3）牛顿体（Newton's Body） 代表理想黏性流体，其本构方程为式(3-3) 力学常数为 η。

这些模型元件分别用图 3-7 的符号表示。

这些模型元件也称为：弹簧、摩擦块和阻尼器。

由圣维南体的本构方程知，它是非线性的。在线性黏弹性理论中，将不使用这种模型元件。

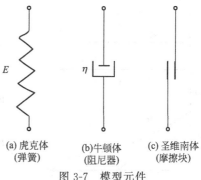

图 3-7　模型元件

二、麦克斯韦模型及流变方程

麦克斯韦模型（Maxwell Model）是用一个弹簧和一个阻尼器串联起来的两元件模型（图 3-8）。在该模型中，弹簧的应力和应变用 σ_1 和 ε_1 表示，阻尼器的应力和应变用 σ_2 和 ε_2 表示。于是，$\sigma_1 = E\varepsilon_1$，$\sigma_2 = \eta\,\dot{\varepsilon}_2\ \left(\dot{\varepsilon} = \dfrac{\mathrm{d}\varepsilon}{\mathrm{d}t}\right)$。由图 3-8 可知

$$\sigma_1 = \sigma_2 = \sigma \tag{3-6}$$
$$\varepsilon = \varepsilon_1 + \varepsilon_2 \tag{3-7}$$

式中，σ、ε 为麦克斯韦模型的总应力和总应变。

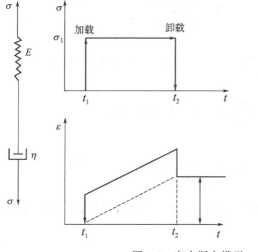

图 3-8　麦克斯韦模型

将式(3-7) 两边微分后得

$$\dot{\varepsilon} = \dot{\varepsilon}_1 + \dot{\varepsilon}_2 \tag{3-8}$$

于是，由上述诸关系可得到下式

$$\dot{\varepsilon} = \frac{\dot{\sigma}}{E} + \frac{\sigma}{\eta}\left(\dot{\sigma} = \frac{\mathrm{d}\sigma}{\mathrm{d}t}\right) \tag{3-9}$$

这就是麦克斯韦模型的本构方程。求解该微分方程，可得到一定应力条件下的应变-时间关系，或得到一定应变条件下的应力-时间关系。

下面研究麦克斯韦模型承受恒定应变时情形，此时应变图 3-9(a) 所示。因为 $\varepsilon = \varepsilon_0 =$ 常数，所以 $\dot{\varepsilon} = 0$。于是方程(3-9) 的解为

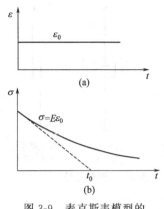

图 3-9 麦克斯韦模型的
应力松弛

$$\sigma = \sigma_0 \exp\left(-\frac{E}{\eta}t\right) = E\varepsilon_0 \exp\left(-\frac{E}{\eta}t\right) \qquad (3\text{-}10)$$

该解的图形见图 3-9(b)。

$$令 \quad E(t) = E\exp\left(-\frac{E}{\eta}t\right) \qquad (3\text{-}11)$$

则方程(3-10) 可写成

$$\sigma = E(t)\varepsilon_0 \qquad (3\text{-}12)$$

$E(t)$ 称为松弛模量，是麦克斯韦模型的流变特性参数。

$$令 \quad T_{rel} = \frac{\eta}{E}$$

T_{rel} 称为松弛时间。松弛时间也是麦克斯韦模型的流变特性参数。当 $t_1 = T_{rel}$ 时，$\sigma(t_1) = \sigma_0 e^{-1} = 0.37\sigma_0$。由此可见，$T_{rel}$ 的物理意义是应力减小到初始应力的 e^{-1} 倍时所需的时间。

三、开尔文模型及流变方程

开尔文模型 (Kelvin's Model) 是用一个弹簧和一个阻尼器并联而成的 (图 3-10)。这两个元件被强制做相同的位移，即 $\varepsilon = \varepsilon_1 = \varepsilon_2$。这两个元件共同承受的外部载荷为 $\sigma = \sigma_1 + \sigma_2$，于是，可以得到

$$\sigma = E\varepsilon + \eta\dot{\varepsilon}$$

或改写为

$$\dot{\varepsilon} + \frac{E}{\eta}\varepsilon = \frac{\sigma}{\eta} \qquad (3\text{-}13)$$

这就是开尔文模型的本构方程。

当开尔文模型承受恒定应力，即 $\sigma = \sigma_0 = $ 常数时，若在 $t = 0$ 时有 $\varepsilon_0 = 0$，则方程(3-13) 的解为

$$\varepsilon = \frac{\sigma_0}{E}(1 - e^{-\frac{E}{\eta}t}) = D(t)\sigma_0 \qquad (3\text{-}14)$$

式中，$D(t)$ 称为蠕变柔度。

$$D(t) = \frac{1}{E}\left(1 - e^{-\frac{E}{\eta}t}\right) \qquad (3\text{-}15)$$

令 $T_{rel} = \frac{\eta}{E}$，T_{rel} 称为延迟时间。蠕变柔度和延迟时间都是开尔文模型的流变特性

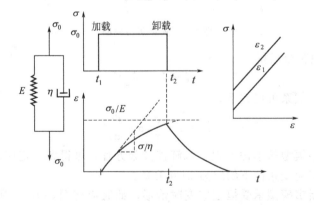

图 3-10 开尔文模型

参数。

如在 $t=t_1$ 时取消应力，$t>t_1$ 时的应变可用叠加原理求得。求法如下。

假设在 $t>t_1$ 时原来所加的应力继续起作用，但在 $t=t_1$ 时又加了一个与 σ_0 独立的应力 $-\sigma_0$，如图 3-11（a）中的虚线所示，则后加上的这个应力所产生的应变可由式（3-14）得到

$$\varepsilon' = -\frac{\sigma_0}{E}\left[1-e^{-\frac{E}{\eta}(t-t_1)}\right]$$

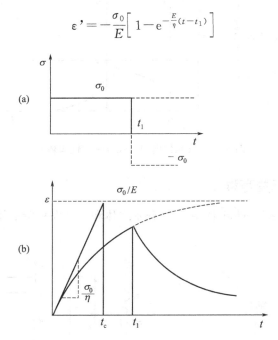

图 3-11　开尔文模型的蠕变性能

根据叠加原理式（3-5）$t>t_1$ 时的总应变应是 σ_0 和 $-\sigma_0$ 产生的应变和，即

$$\varepsilon = \frac{\sigma_0}{E}\left(1-e^{-\frac{E}{\eta}t}\right) - \frac{\sigma_0}{E}\left[1-e^{-\frac{E}{\eta}(t-t_1)}\right] = \frac{\sigma_0}{E}e^{-\frac{E}{\eta}t}\left(e^{-\frac{E}{\eta}t_1}-1\right) \tag{3-16}$$

把式（3-14）和式（3-16）作在同一图上，便可得到开尔文模型的蠕变和恢复曲线（图 3-11）。

四、三元件模型

三元件模型由开尔文模型和一个弹簧串联而成（图 3-12），当它受外力拉伸时，串联的弹簧立刻伸长，然后开尔文模型作缓慢地有限的伸长。它说明物料受拉力后立即伸长，然后缓慢地伸长到一定的限度为止。拉力卸除后，它立即收缩，然后缓慢地收缩到完全恢复原状。

三元件模型所产生的蠕变和应力松弛与前两个模型所产生的有所不同。当它受到拉力 σ_0 作用的瞬间，弹簧 E_1 立即伸长，其形变量为 $\varepsilon=\sigma_0/E_1$，然后 Kelvin 模型产生蠕变 $\varepsilon=\sigma_0/E_2$。外力卸掉后，模型产生应力松弛，弹簧 E_1 首先复原，然后开尔文模型松弛复原。这需要经过很长的时间。

另有一种由阻尼器与开尔文模型串联而成的三元件模型（图 3-13）。

它在受到外力作用发生蠕变时，应变可达到很大，甚至无限大，首先成曲线，经过长时间后成为斜直线。卸去外力，产生应力松弛时，应力也不会完全消失。

可见。前一种串联代表黏弹性固体，后一种串联代表黏弹性液体。

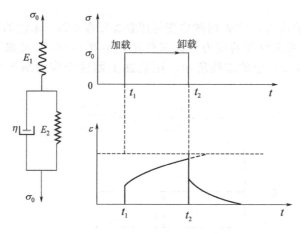

图 3-12　三元件模型（代表黏弹性固体）

五、巴格斯模型及流变方程

巴格斯模型（Burger's Model）由一个开尔文体和一个麦克斯韦体串联而成，是一个四元件模型（图 3-14）。

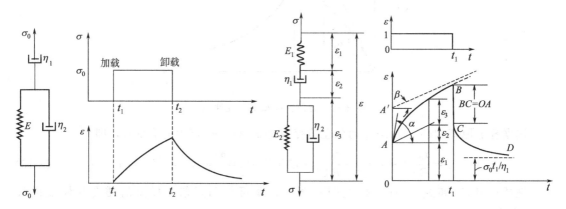

图 3-13　三元件模型（代表黏弹性液体）　　　图 3-14　巴格斯模型

下面将研究巴格斯模型的蠕变和松弛性能。把麦克斯韦体中的弹簧和阻尼器分开考虑，作为两个元件，把开尔文体作为一个元件。由图 3-14 知，巴格斯模型的总应力和总应变分别为

$$\varepsilon = \varepsilon_1 + \varepsilon_2 + \varepsilon_0$$
$$\sigma = \sigma_1 = \sigma_2 = \sigma_3 \tag{3-17}$$

其中 $\dot{\varepsilon}_1 = \dfrac{\sigma}{E_1}$，$\dot{\varepsilon}_2 = \dfrac{\sigma_2}{\eta_1}$，$\dot{\varepsilon}_3 + \dfrac{E_2}{\eta_2}\varepsilon_3 = \dfrac{\sigma_3}{\eta_2}$。

根据上述条件，可以用多种方法求出巴格斯模型的本构方程，结果为

$$\sigma + \left(\frac{\eta_1}{E_1} + \frac{\eta_2}{E_2} + \frac{\eta_1}{E_2}\right)\dot{\sigma} + \frac{\eta_1 \eta_2}{E_1 E_2}\ddot{\sigma} = \eta_1 \dot{\varepsilon} + \frac{\eta_1 \eta_2}{E_2}\ddot{\varepsilon} \tag{3-18}$$

若巴格斯模型受阶跃应力 $\sigma = \sigma_0 u(t)$ 且在 $t=0$ 时有

$$\varepsilon = \varepsilon_1 = \frac{\sigma_0}{E_1}, \quad \varepsilon_2 = \varepsilon_3 = 0, \quad \dot{\varepsilon} = \frac{\sigma_0}{\eta_1} + \frac{\sigma_0}{\eta_2}$$

这时，式(3-18) 的解为

$$\varepsilon = \frac{\sigma_0}{E_1} + \frac{\sigma_0}{\eta_1}t + \frac{\sigma_0}{E_2}(1 - e^{-\frac{E_2}{\eta_2}t}) \tag{3-19}$$

该式表示的是巴格斯模型的蠕变曲线。由该式知，巴格斯模型的蠕变柔度为

$$D(t) = \frac{1}{E_1} + \frac{1}{\eta_1}t + \frac{1}{E_2}(1 - e^{-\frac{E_2}{\eta_2}t}) \tag{3-20}$$

可以用叠加原理（叠加一个 σ_0）求得在 $t = t_1$ 时取消应力后巴格斯模型的应变恢复。巴格斯模型的蠕变和恢复曲线如图 3-14 所示。

把式(3-19) 微分后得

$$\dot{\varepsilon} = \frac{\sigma_0}{\eta_1} + \frac{\sigma_0}{\eta_2}e^{-\frac{E_2}{\eta_2}t}$$

所以，$t = 0_+$ 时的应变速度是

$$\dot{\varepsilon}(0_+) = \left(\frac{1}{\eta_1} + \frac{1}{\eta_2}\right)\sigma_0$$

这就是图 3-14 中蠕变曲线在 $t = 0$ 时的斜率。令该曲线在 $t = 0$ 时的切线与时间轴的夹角为 α（图 3-14），则有 $\tan\alpha = \dot{\varepsilon}(0_+)$。蠕变曲线渐近线的斜率为

$$\dot{\varepsilon}(\infty) = \frac{\sigma_0}{\eta_1}$$

令渐近线与时间轴的夹角为 β，则有 $\tan\beta = \dot{\varepsilon}(\infty)$。令蠕变曲线与应变轴的交点为 A，由式(3-19) 可知，图 3-14 中的 $OA = \sigma_0/E_1$。令渐近线与应变轴的交点为 A'，则可得到 $AA' = \sigma_0/E_2$。所以在理论上，只要得到了材料的蠕变曲线，并已确定可用巴格斯模型描述，那么常数 E_1、E_2、η_1、η_2 就可以完全确定。

从图 3-14 可看到，巴格斯模型的应变，在蠕变阶段由瞬时弹性应变 ε_1，黏性流动 ε_2 和延迟弹性 ε_3 组成，在恢复阶段由瞬时弹性恢复 BC、延迟恢复 CD 和永久变形组成。

由式(3-18) 还可得到巴格斯模型的松弛性能。此时巴格斯模型受阶跃应变 $\varepsilon = \varepsilon_0 u(t)$ 作用，式(3-18) 的解为

$$\sigma = \frac{p_2}{A}\varepsilon_0\left[(q_1 - q_2 r_1)e^{-r_1 t} - (q_1 - q_2 r_2)e^{-r_2 t}\right] \tag{3-21}$$

$$p_1 = \frac{\eta_1}{E_1} + \frac{\eta_2}{E_2} + \frac{\eta_1}{E_2}, \quad p_2 = \frac{\eta_1 \eta_2}{E_1 E_2}, \quad q_1 = \eta_1$$

式中，$q_2 = \dfrac{\eta_1 \eta_2}{E_2}$；$\quad A = \sqrt{p_1^2 - 4p_2^2}$；$\quad r_1 = \dfrac{p_1 - A}{2p_2}$。

$$r_2 = \frac{p_1 + A}{2p_2}$$

所以，巴格斯模型的松弛模量为

$$E(t) = \frac{p_2}{A}\left[(q_1 - q_2 r_1)e^{-r_1 t} - (q_1 - q_2 r_2)e^{-r_2 t}\right] \tag{3-22}$$

由式(3-19) 和式(3-21) 知，巴格斯模型有一个延迟时间和两个松弛时间（分别是 r_1 和 r_2）。

巴格斯模型还有几种其他相当的联结或组合，如图 3-15 所示。

六、宾汉模型

宾汉模型由阻尼器与摩擦块并联后再与弹簧串联而成（宾汉模型-1）（图 3-16），或仅由

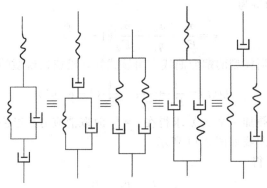

图 3-15　巴格斯四元件模型及其相当的模型图示

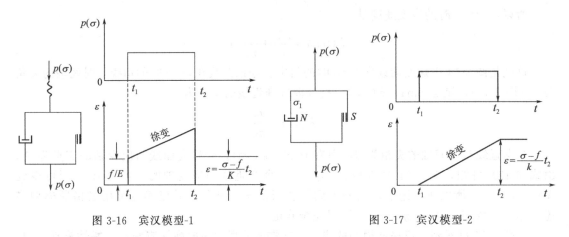

图 3-16　宾汉模型-1　　　　　　　　　　图 3-17　宾汉模型-2

黏阻尼器与摩擦块并联而成（宾汉模型-2）（图 3-17）。

　　用拉应力 σ 作用于宾汉模型-1。当 σ 小于摩擦块摩擦力的临界值，或临界应力 f 时，摩擦块不会产生形变，与之并联的阻尼器也不会伸长。只有上端的弹簧伸长、即模型表现出弹性固体的性质。

　　当 $\sigma > f$（f 为摩擦块的摩擦，代表其临界应力值），作用于阻尼器的力 $\sigma_1 = \sigma - f$ 将使阻尼器伸长。这是一种蠕变模型，表现出液体的性质。此临界应力 f，就是宾汉体的屈服应力 τ_y。

　　如果宾汉模型的应变保持常值，便会出现应力松弛（图 3-17）。经过很长时间后，应力衰减至 f。

　　在宾汉模型-2，若 $\sigma > f$，$\sigma_1 = \sigma - f$ 将使阻尼器伸长，出现蠕变。如果将其应变保持常值，不会出现应力松弛。卸去拉力后，两个模型保持的形变是相同的，均为 $\varepsilon = (\sigma - f)t/k$。式中 k 为阻尼器中与黏液的黏性有关的常值 $\sigma / \dot{\gamma}$ 之比值。

　　食物如果酱、黄油、乳酪，农田黏泥，建材如油漆，生活日常用品如牙膏，均具有塑性和流动性。当作用的外力（包括重力）小于其塑性的屈服应力时，它们不会流动。但当外力大于或克服其屈服应力时，它们便会流动。对于这类物料，可用宾汉模型来解释。

七、几点说明

　　（1）前面既研究了巴格斯模型的蠕变性能，又研究了它的松弛性能。但对麦克斯韦模型和开尔文模型只研究了一种性能。其实，麦克斯韦模型也有蠕变性能，开尔文模型也有松弛性能。同样，麦克斯韦模型也有蠕变柔度和延迟时间，开尔文模型也有松弛模量和松弛时间。上述各项结果见表3-1。

表 3-1　几种流变模型的性质

模型	虎克体	牛顿体	麦克斯韦体	开尔文体	巴格斯模基
本构方程系数	$p_0=1$ $q_0=E$ 其余均为零	$p_0=1$ $q_1=\eta$ 其余均为零	$p_0=1$　$p_1=\dfrac{\eta}{E}$ $q_1=\eta$ 其余均为零	$p_0=1$ $q_0=E$　$q_1=\eta$ 其余均为零	$p_0=1$　$p_1=\dfrac{\eta_1}{E_1}+\dfrac{\eta_1}{E_2}+\dfrac{\eta_2}{E_2}$ $p_2=\dfrac{\eta_1\eta_2}{E_1E_2}$ $q_1=\eta_1$　$q_2=\dfrac{\eta_1\eta_2}{E_2}$ 其余均为零
蠕变柔度	$\dfrac{1}{E}$	$\dfrac{t}{\eta}$	$\dfrac{1}{E}+\dfrac{t}{\eta}$	$\dfrac{1}{E}\left(1-\mathrm{e}^{-\frac{E}{\eta}t}\right)$	$\dfrac{1}{E_1}+\dfrac{1}{E_2}\left(1-\mathrm{e}^{-\frac{E_2}{\eta_2}t}\right)+\dfrac{t}{E_1}$
松弛模量	E	$\eta\delta(t)$	$E\mathrm{e}^{-\frac{E}{\eta}T}$	$E+\eta\delta(t)$	$\dfrac{p_2}{A}\left[(q_1-q_2r_1)\mathrm{e}^{-r_1t}-(q_1-q_2r_2)\mathrm{e}^{-r_2t}\right]$ $r_1,r_2=(p_1\mp A)/2p_2$ $A=\sqrt{p_1^2-4p_2}$
复柔度 实部	$\dfrac{1}{E}$	0	$\dfrac{1}{E}$	$\dfrac{E}{E^2+\eta^2\omega^2}$	$\dfrac{1}{E_1}+\dfrac{E}{E_2^2+\eta_2^2\omega^2}$
复柔度 虚部	0	$\dfrac{1}{\eta\omega}$	$\dfrac{1}{\eta\omega}$	$\dfrac{\eta\omega}{E^2+\eta^2\omega^2}$	$\dfrac{1}{\eta_1\omega}+\dfrac{\eta_2\omega}{E_2^2+\eta_2^2\omega^2}$
复模量 实部	E	0	$\dfrac{\eta^2\omega^2/E}{1+\eta^2\omega^2/E^2}$	E	$\dfrac{p_1q_1\omega^2-q_2\omega^2(1-p_2\omega^2)}{p_1^2\omega^2+(1-p_2\omega^2)^2}$
复模量 虚部	0	$\eta\omega$	$\dfrac{\eta\omega}{1+\eta^2\omega^2/E^2}$	$\eta\omega$	$\dfrac{p_1q_1\omega^3+q_1\omega(1-p_2\omega^2)}{p_1^2\omega^2+(1-p_2\omega^2)^2}$

另外，这可求出上述各模型的应力-应变关系。图 3-18 是麦克斯韦模型和开尔文模型的应力-应变关系。由图可见，这两个模型的应力-应变关系都与应变速度有关。

（2）蠕变柔度、松弛模量、松弛时间和延迟时间都是黏弹性材料本身固有的，不随外部应力、应变条件发生变化。它们与工程材料弹性模量、剪切模量、泊松比等的不同之处，只在于它们所描述的材料的流变特性是时间的函数。

（3）以蠕变性能为例，巴格斯模型具有瞬时弹性应变、黏性流动和延迟弹性，但这些特征在麦克斯韦模型和开尔文模型中并不全部存在。因而巴格斯模型可以描述更多实际材料的流变特性，它是黏弹性理论中最常见的一种模型。

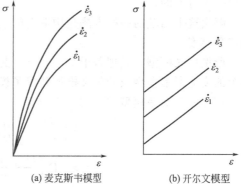

(a) 麦克斯韦模型　　(b) 开尔文模型

图 3-18　应力-应变关系

八、构造流变模型的方法

从麦克斯韦模型、开尔文模型和巴格斯模型中，已经可以领会到，构造一个流变模型就像组成一个电路一样，是把各种元件通过串联和并联的方式联结在一起。元件的数目可多可少，联结的方式可各种各样。

图 3-19 就是用这种方法构造的几种流变模型。需要说明的是，这些模型中有些是等效的，例如第三组就全部是巴格斯模型的等效形式，或者说它们实际上都是巴格斯模型，只是模型的图形稍有不同而已。

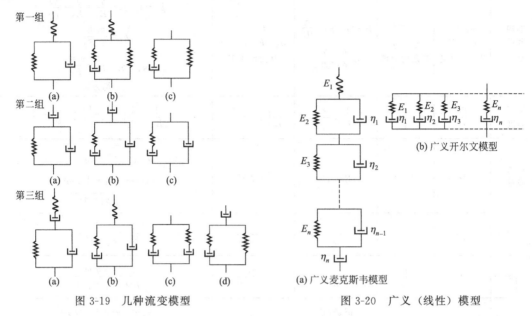

图 3-19　几种流变模型　　　　　　　图 3-20　广义（线性）模型

那么，究竟用一个什么样的模型来描述一种实际食品物料的流变特性呢？需要通过对实际材料的流变特性测量来确定。

九、广义（线性）模型和黏弹性材料本构方程的一般形式

实际材料是多种多样的，企图用前边讨论过的少数几种模型来代表一切食品物料的流变特性是不可能的。

解决这个问题的一种方法是构造新的模型，甚至建立新的模型元件，另外一种方法是使用广义模型。

所谓广义模型，是把若干个（n 个）麦克斯韦模型或开尔文模型串联或并联起来，这时单个的麦克斯韦模型或开尔文模型就成了模型元件。图 3-20 是两种广义模型。

广义麦克斯韦模型的本构方程为

$$
\sigma \left[\left(\frac{D}{E_1} + \frac{1}{\eta_1} \right) \left(\frac{D}{E_2} + \frac{1}{\eta_2} \right) \cdots \left(\frac{D}{E_n} + \frac{1}{\eta_n} \right) \right]
$$
$$
= \varepsilon \left[D \left(\frac{D}{E_2} + \frac{1}{\eta_2} \right) \left(\frac{D}{E_3} + \frac{1}{\eta_3} \right) \cdots \left(\frac{D}{E_n} + \frac{1}{\eta_n} \right) \right.
$$
$$
+ D \left(\frac{D}{E_1} + \frac{1}{\eta_1} \right) \left(\frac{D}{E_3} + \frac{1}{\eta_3} \right) \cdots \left(\frac{D}{E_n} + \frac{1}{\eta_n} \right) + \cdots
$$
$$
\left. + D \left(\frac{D}{E_1} + \frac{1}{\eta_1} \right) \left(\frac{D}{E_2} + \frac{1}{\eta_2} \right) \cdots \left(\frac{D}{E_{n-1}} + \frac{1}{\eta_{n-1}} \right) \right]
\tag{3-23}
$$

式中，$D = \dfrac{\mathrm{d}}{\mathrm{d}t}$ 称为微分算子。

广义开尔文模型的本构方程为

$$[(D\eta_1+E_1)(D\eta_2+E_2)\cdots(D\eta_n+E_n)]\varepsilon$$
$$=\sigma[(D\eta_2+E_2)(D\eta_3+E_3)\cdots(D\eta_n+E_n)$$
$$+(D\eta_1+E_1)(D\eta_3+E_3)\cdots(D\eta_n+E_n)+\cdots$$
$$+(D\eta_1+E_1)(D\eta_2+E_2)\cdots(D\eta_{n-1}+E_{n-1})] \tag{3-24}$$

在广义模型中，n 的数值可大可小，E_i 和 η 的值可在很大范围内变动，因此可很好地描述实际材料的流变特性。

到目前为止，已详细讨论过五种流变模型及其本构方程。从中可以看出，线性黏弹性材料的本构方程，是应力 σ、应变 ε 和它们各阶时间微分的线性方程，即

$$f=(\sigma,\dot{\sigma},\ddot{\sigma},\cdots;\varepsilon,\dot{\varepsilon},\ddot{\varepsilon}\cdots)=0 \tag{3-25}$$

方程(3-25) 可写成更紧凑的形式

$$P\sigma=Q\varepsilon \tag{3-26}$$

式中，$P=\sum\limits_{r=0}^{a}p_r\dfrac{\partial'}{\partial t'}$，$Q=\sum\limits_{r=0}^{b}q_r\dfrac{\partial'}{\partial t'}$

也就是说

$$P\sigma=p_0\sigma+p_1\dot{\sigma}+p_2\ddot{\sigma}+\cdots+p_a\frac{\partial^a}{\partial t^a}\sigma$$

$$=q_0\varepsilon+q_1\dot{\varepsilon}+q_2\ddot{\varepsilon}+\cdots+q_b\frac{\partial^b}{\partial t^b}\varepsilon=Q\varepsilon \tag{3-27}$$

式中，$p_0,p_1,p_2,\cdots,q_0,q_1,q_2\cdots$ 为常数。

适当选择各常数的值，可以得到不同的本构方程。表 3-1 是几种流变模型的性质。从表中可以看到讨论过的几种流变模型上述常数的取值。

式(3-26) 是 (线性)黏弹性材料本构方程的一般形式。这是微分形式的一般本构方程，另外还有积分形式的一般本构方程。

十、线性黏弹性材料在交变载荷下的性能

对线性黏弹性材料的物体施加交变载荷

$$F=F_0\cos\omega t$$

式中，F_0 为一载荷的幅值；ω 表示圆频率。

物体将做强迫振动。达到稳定状态后，物体承受的交变应力为

$$\sigma=\sigma_0\cos\omega t \tag{3-28}$$

式中，σ_0 为应力的幅值。

由于

$$e^{i\omega t}=\cos\omega t+i\sin\omega t \tag{3-29}$$

式中，$i=\sqrt{-1}$，虚数单位，所以式(3-28) 是下述虚数的实部。

$$\sigma=\sigma_0 e^{i\omega t} \tag{3-30}$$

根据线性振动系统的性质（请参见振动理论），稳定状态时的输入和输出是同频率的振动。线性黏弹性材料可看作是一种线性系统，如果把应力看作输入，应变就可看作输出。线性黏弹性材料受式(3-28)的应力作用时，应变为

$$\varepsilon=\varepsilon_0\cos(\omega t-\delta) \tag{3-31}$$

式中，ε_0 为应变幅值，δ 为相角（图 3-21）。

根据式(3-29)，式(3-31) 是下式的实部。

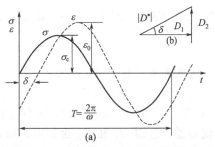

图 3-21　交变应力、交变应变和相角

$$\varepsilon = \varepsilon_0 e^{i(\omega t - \delta)} \tag{3-32}$$

相角 δ 也称为损耗角，因为它的大小体现了材料的内摩擦。为了得到 ε 和 δ 之间的关系，先把式(3-32)改写如下。

$$\varepsilon = \varepsilon_0 e^{i(\omega t - \delta)} = (\varepsilon_0 e^{-i\delta}) e^{i\omega t} = \varepsilon^* e^{i\omega t} \tag{3-33}$$

式中，$\varepsilon^* = \varepsilon_0 e^{-i\delta}$ 称作复应变幅值。

将式(3-30)和式(3-32)代入式(3-27)得

$$[p_0 + (i\omega) p_1 + (i\omega)^2 p_2 + \cdots] \sigma_0 e^{i\omega t}$$
$$= [q_0 + (i\omega) q_1 + (i\omega)^2 q_2 + \cdots] \varepsilon^* e^{i\omega t}$$

所以

$$\frac{\varepsilon^*}{\sigma_0} = D^*(\omega) = \frac{p_0 + (i\omega) p_1 + (i\omega)^2 p_2 + \cdots}{q_0 + (i\omega) q_1 + (i\omega)^2 q_2 + \cdots} \tag{3-34}$$

$D^*(\omega)$ 称为复蠕变柔度，也叫复柔度（complex compliance）。

同理可得线性黏弹性材料受交变应变作用时的应力

$$\sigma(t) = \sigma_0 e^{i(\omega t + \delta)} = (\sigma_0 e^{i\delta}) e^{i\omega t} = \sigma^* e^{i\omega t} \tag{3-35}$$

式中，σ^* 称作复应力幅值。还可得到下述关系。

$$\frac{\sigma^*}{\varepsilon_0} = E^*(\omega) = \frac{q_0 + (i\omega) q_1 + (i\omega)^2 q_2 + \cdots}{p_0 + (i\omega) p_1 + (i\omega)^2 p_2 + \cdots} \tag{3-36}$$

$E^*(\omega)$ 称为复松弛模量，亦称为复模量（complex modulus）。

复柔度和复模量都是复数，都是振动频率 ω 的函数，并且都是黏弹性材料本身固有的，是黏弹性材料流变特性的一种描述。

将 $\varepsilon^* = \varepsilon_0 e^{-i\delta}$ 和 $\sigma^* = \sigma_0 e^{-i\delta}$ 分别代入（3-34）和式(3-36)得

$$D^*(\omega) = \frac{\varepsilon^*}{\sigma_0} = \frac{\varepsilon_0}{\sigma_0} e^{-i\delta} = \frac{\varepsilon_0}{\sigma_0} (\cos\delta - i\sin\delta) = D_1 - iD_2 = |D^*(\omega)| e^{-i\delta} \tag{3-37}$$

$$E^*(\omega) = \frac{\sigma^*}{\varepsilon_0} = \frac{\sigma_0}{\varepsilon_0} e^{-i\delta} = \frac{\sigma_0}{\varepsilon_0} (\cos\delta + i\sin\delta) = E_1 + iE_2 = |E^*(\omega)| e^{i\delta} \tag{3-38}$$

式中，D_1 和 E_1 分别为复柔度和复模量的实部，分别称为贮存柔度（storage compliance）和贮存模量（storage modulus）；D_2 和 E_2 分别是复柔度和复模量的虚部，分别称为损耗柔度（lose compliance）和损耗模量（lose modulus）。

由式(3-37)知

$$D_1 = \frac{\varepsilon_0}{\sigma_0} \cos\delta$$

$$D_2 = \frac{\varepsilon_0}{\sigma_0} \sin\delta$$

$$|D^*(\omega)| = (D_1^2 + D_2^2)^{\frac{1}{2}} = \frac{\varepsilon_0}{\sigma_0}$$

它们三者的关系见图 3-21(b)，图中 δ 为相角。

$$\tan\delta = \frac{D_2}{D_1} \tag{3-39}$$

这些关系对复模量也类似。

由此可见，只要测得 ε_0，σ_0 和 δ 就可得到 D_1 和 D_2，并进而得到 D^*。（或得到 E_1，E_2 和 E^*）。另外，D_1 和 D_2 与 D 之间（以及 E_1，E_2 和 E 之间）还有一定的数学关系，也就是说，已知 D_1 和 D_2 后，可以求得 D。测量 ε_0，σ_0 和 δ 已有一套成熟而快捷的方法，在某种意义上要比测量 $\sigma(t)$，$\varepsilon(t)$ 简单。这就给研究食品物料的流变特性提供了很多方便。

第四节 固体食品的流变力学特性及其测定

关于食品物料流变特性的测定，目前不仅没有一套比较成熟和普遍适用的方法，而且就是对某一特定的食品物料，或某一特定的流变特性的测定来说，也没有统一的标准。这里介绍的各种测试方法，只是前人使用过的一些方法，对它们的可靠性和准确性尚难以评述。这里介绍的各种数据，与其测量方法和实验条件等有关，读者引用时请加以注意。

一、试验样品及其制备

由于食品物料在运输、加工等过程中，一般是在其自然状态下承受外力作用的，因此在自然状态下进行力学测试很有价值。只有这样测得的结果，才会给工程分析和计算提供有意义的客观依据。例如，为了研究苹果在运输过程中产生的机械损伤而测试苹果的流变特性时，正确的方法是从苹果中选取有代表性的样品（例如不同成熟度的），用整个苹果做压缩或冲击实验。

迄今为止，还没有一种理论和实验可以证明整个果实或整棵作物的抗机械损伤能力，可以用这些材料新鲜时取得的标准样品（指经过加工的）的试验结果来预测。这是因为用完整的材料制备样品时（例如，从一个完整的马铃薯上切下来一个长方体作为压缩试验的样品），所施加的任何一种加工，都会使材料的性质发生一定的变化，从而使试验结果不能完全反映实际情况。

然而，有时对实验材料的加工是不可避免的。例如，要确定苹果皮和果肉流变特性的差异，就必须把苹果切开。这时就要格外小心，尽量少改变材料的性质，使经制备得到的样品能比较可靠地代表材料本身。

由于生物材料的含水率、温度、品种等对流变特性有比较明显的影响，因此，严格控制实验条件就显得十分必要。特别是测试时间较长时，应充分注意环境条件的变化。这就要求报告自己的实验结果时，要详细说明实验条件，引用别人的试验结果时，要考虑其试验条件。

实验时，还应特别注意固定试样的方法。若固定方法不好，会在实验过程中使一部分材料的流变特性发生相当大的变化，这是很多实验失败的最直接原因。

很多食品物料的流变特性随部位不同而不同。例如，茎秆的根部和梢部的流变特性有明显差异。这点在实验时也应充分注意。

食品物料复杂多变，即使只对一种特定的食品物料来说也是如此。因此，如何用少量样品的实验结果总结出所试材料的一般规律，是十分重要的问题。为此，试验中经常要用到数理统计中的有关理论，如抽样理论、试验设计、回归分析等。

很多食品物料，新鲜时的流变特性与贮存一段时间后相比，会有相当大的变化。例如，为了设计马铃薯收获机而测定马铃薯的流变特性时发现，试验样品不能用贮存一段时间的马铃薯。

总之，影响食品物料流变特性的因素很多，尽管前面已列举了不少，但并不详尽。另外，各种因素对不同物料的影响程度也不相同。

二、常规力学实验

这里所讲的常规力学实验，是指应用工程材料力学中定义过的参数及测试方法，测量食品物料的力学性质（流变特性的特殊情况）。实际上，发表的有关食品物料流变特性的数据，主要是这种结果。前面已经指出过，这样做会产生相当大的误差，特别是加载时间长就更是如此。考虑到它还有一定的实用性，因此下面予以介绍。

1. 几个概念

（1）生物屈服点　如图 3-22 所示，在应力-应变或力-变形曲线上的 Y 点以后，尽管力没有增加，甚至还减小了，但变形却增加了。该点就是生物屈服点。对某些农产品来说，该点的出现说明其细胞结构开始被破坏。使用生物屈服点这一术语，是为了把生物材料的上述现象与工程材料的屈服现象加以区别。生物屈服点可发生在超过点 LL 的任何点处。在 LL 点，曲线开始偏离开始的直线段。

（2）破裂点　破裂点亦为力-变形曲线上的一点，在该点上，承受轴向载荷的材料被破坏。对生物材料来说，破裂可由扎破表皮或外壳，表面裂口或破碎引起。可以认为，生物屈服点对应于材料微观结构的破坏，破裂点对应于宏观结构的破坏。在图 3-22 的力-变形曲线上，超过生物屈服点后的任何点，都可能成为破裂点。"脆"性材料的破裂点出现的会早些，"韧"性材料可能经过一段塑性流动后才会出现破裂点，例如在 R 点才破裂。

（3）刚度　刚度或刚性是指力-变形曲线（图 3-22）起始直线段的斜率。在这个区域内，应力与应变的比值称为"弹性模量"或"杨氏模量"。若应力-应变关系不是直线，刚度或"表观模量"可以用切线模量、割线模量、起始切线模量等术语来定义（图 3-23）。

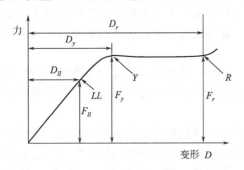

图 3-22　农产品的力-变形曲线

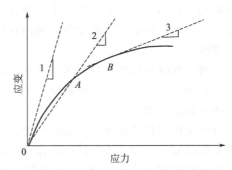

图 3-23　在非线性应力-应变曲线上定义各种模量的方法

（4）弹性度　样品上施加一定的载荷，然后再把载荷全部取消，弹性变形与总变形（塑性变形和弹性变形之和）的比值（图 3-24），称为弹性度。

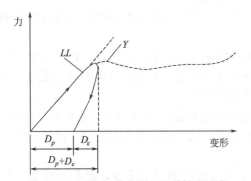

图 3-24　加载-卸载曲线上的弹性变形度

D_ε—弹性变形；D_p—塑性变形；弹性变形度 $= \dfrac{D_\varepsilon}{D_\varepsilon + D_p}$

（5）生物屈服强度　对应于生物屈服点的应力，称为生物屈服强度。如果没有清晰的生物屈服点，那么与工程材料残余应变类似的任何应变对应的应力，都可定义为生物屈服强度。

（6）回弹能　在弹性变形范围内，材料有贮存应变能的能力。在图 3-22 的曲线上，到 LL 点为止的一段曲线与应变轴之间所包围的面积，可作为材料回弹性的度量。

（7）力学滞后　材料在加载-卸载循环中吸收的能量。可以用加载-卸载曲线（图 3-24）之间的面积估算。力学滞后可作为阻尼能力的度量，或者作为材料把应变能转化为热能而耗散的能力。

2. 单轴压缩实验

压缩实验与拉伸实验所加的应力方向相反。采用哪种实验，取决于材料实际承受的载荷形式、拉伸和压缩时材料性能上的差异、试验中和样品制备中的问题等。

由于食品物料的机械损伤大多是由压缩载荷造成的，所以人们对压缩实验比较感兴趣。

把工程材料的单轴压缩实验方法用于生物材料时，最基本的要求是：施加一个真正同轴或轴向的载荷，以避免产生弯曲应力；避免由于样品膨胀而在样品两端面和试验机支承板间产生摩擦，样品的长度和直径比要合适，以保证样品的稳定性，并避免产生弯曲。

常把水果和蔬菜等加工成圆柱形样品以测量其弹性模量，此时把试样放在两块平行平板之间后施加单轴压力。用这种方法先后做过苹果、白薯、干酪、奶油等的单轴压缩实验。做谷粒的单轴压缩实验时，把玉米，蚕豆，小麦等颗粒进行加工，从而得到其中心部位的试样。试样的横断面积用千分尺或测量显微镜测得。弹性模量用下式计算。

$$E = \frac{F}{A}\frac{L}{\Delta L}$$

式中，F 为力；A 为样品的初始横断面；ΔL 为受力后引起的长度变化；L 为样品的初始长度。

事实上，即使应变非常小，也总有一部分变形不能恢复。于是就出现了一个问题，用生物材料的应力-应变曲线上的哪一点计算上述比值呢？有些人提出，若应力-应变曲线接近直线，就取其斜率。但这样得到的只是表观弹性模量。另外一些人，则主张通过反复加载、卸载 2～3 次，直到卸载后观察不到残余形变为止，然后再确定材料的弹性范围。小麦粒的实验表明，加载-卸载一次就会达到上述状态，这时，第一次卸载时的曲线就可用来计算弹性模量。如果卸载曲线不是直线，就用切线模量或割线模量来表示。图 3-25 所示是茎秆压缩实验装置示意图（在平行于牧草茎秆轴向方向上施加压力的装置及测力装置）。

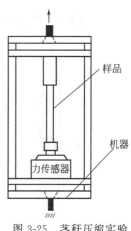

图 3-25 茎秆压缩实验
装置示意图

样品

机器

力传感器

3. 单轴拉伸实验

生物材料拉伸实验中，最困难的问题是试样的夹持。夹持装置应既能牢固地夹紧试样端部，又不使活组织受力过大。由于生物材料的形状和尺寸不规整，其中含有水分和有的很软等，给解决夹紧、定位、与垂直轴线对称、应力集中、避免弯曲应力以及那些工程材料试验中也存在的问题变得相当困难。

图 3-26 是专门设计用于测量马铃薯果肉的拉力计，使用的样品形状也示于图中。

图 3-27 是做苜蓿茎秆拉伸实验的夹紧装置。这种装置既能把茎秆牢牢夹住，又不会把茎秆夹碎。用茎秆断裂时的最大负载和茎秆的原始横截面计算极限强度。由于茎秆的横断面积不一致，一般用投影法测其平均横断面积。这种方法在纺织业中常见。首先在强反差相纸上印出茎秆的痕迹，然后用测量显微镜测出茎秆的平均直径。

有人做了完整大米粒的单轴拉伸实验。把长约 3cm 的塑料管，如图 3-28 那样黏结在米粒两端。黏结剂是 Eastman910，使用的拉力仪是 Inston 万能试验机，断裂面的面积用立体显微镜测量。用米粒断裂时的最大拉力除以断面积得到拉伸强度。米粒的拉伸强度和加载速度有关，因此试验时需规定加载速度。

4. 剪切实验

食品物料的剪切实验报告中，有不少是切割而不是剪切。下面举几个剪切实验的例子。

为了研究水果的成熟程度，测量了梨、苹果等果肉的剪切强度。方法是从一片水果果肉

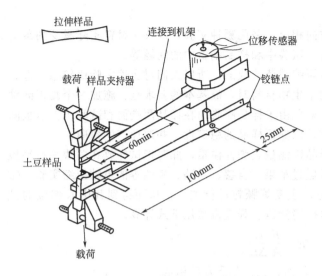

图 3-26 马铃薯的拉伸实验装置及试样

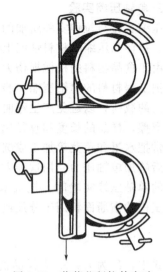

图 3-27 苜蓿茎秆拉伸实验用的夹紧装置

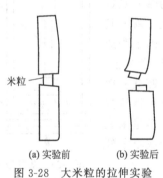

(a) 实验前   (b) 实验后

图 3-28 大米粒的拉伸实验

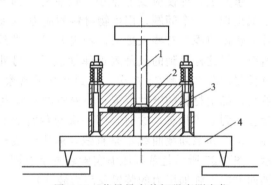

图 3-29 苹果果肉剪切强度测定仪
1—钢冲头；2—压板；3—果肉；4—底座

上冲剪下来一个圆柱体，实验装置如图 3-29 所示。这是一种正剪切实验。若已知剪切力 F，实心冲头直径 d，果肉厚度 f，则剪切强度 S 为

$$S = \frac{F}{\pi d t}$$

图 3-29 所示的装置，也可用于测定水果皮的剪切强度。

也有人用类似的装置从扁平位置的豌豆、蚕豆、小麦和玉米粒等谷粒上冲孔。做后两种谷粒试验时，尽管使用了直径 1.5mm 的冲头，仍会把谷粒压碎而冲不出孔来，因而得不到满意的结果。

用图 3-30 所示的装置，测定了苜蓿茎秆节间的极限剪切强度。强度值在 0.41～18.35MPa 间变化。极限剪切强度变化大的原因，主要是横截面积测量不准。

图 3-31 是测量小麦粒剪断力的装置。把小麦粒放在两个刀刃之间，上刀刃缓慢下移将麦粒剪断。剪断力可用来评价小麦粒的"脆度"。

5. 弯曲试验

和工程材料的弯曲实验一样，某些食品物料也能用简支梁或悬臂梁的方法做弯曲实验，计算表观刚度或表观弹性模量。计算时可以假定物料是一个实心物体，也可测出其内径、外径后按空心梁处理。图 3-32 是牧草茎秆的弯曲试验装置。

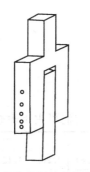

图 3-30　苜蓿茎秆的直接剪切装置

图 3-31　评价小麦"脆度"的
单粒小麦剪切装置

三、接触问题

很多食品物料，如谷粒、鸡蛋、苹果、西红柿等，都是凸形物体。这些材料在装卸、运输、贮存等过程中，大多数是以完整形式承受压力的。这时，物体内部的应力分布相当复杂，难以用拉伸、压缩、弯曲等简单受力条件来描述。这类问题属于接触问题。

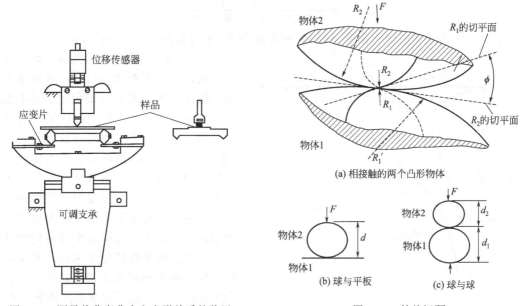

图 3-32　测量牧草弯曲力和变形关系的装置

图 3-33　赫兹问题

1896 年赫兹提出了光滑接触的两各向同性弹性体的接触应力的解。图 3-33 是一般情况，物体 1 和物体 2 的最大和最小曲率半径分别是 R_1、R_2'、R_2、R_2'，它们被外力 F 压在一起，两个物体的接触面是椭圆。赫兹已经证明，最大接触压应力 $S_{\max}$ 位于接触表面中心处，且

$$S_{\max} = \frac{3}{2}\left(\frac{F}{\pi ab}\right) \tag{3-40}$$

式中，a、b 为接触面椭圆的长轴和短轴，可用下式计算。

$$a = m\left[\frac{3FA}{2\left(\dfrac{1}{R_1}+\dfrac{1}{R_1'}+\dfrac{1}{R_2}+\dfrac{1}{R_2'}\right)}\right]^{\frac{1}{3}}$$

$$b = n\left[\frac{3FA}{2\left(\dfrac{1}{R_1}+\dfrac{1}{R_1'}+\dfrac{1}{R_2}+\dfrac{1}{R_2'}\right)}\right]^{\frac{1}{3}}$$

$$A = \frac{1-\mu_1^2}{E_1}+\frac{1-\mu_2^2}{E_2}$$

E 和 μ 是两个物体的弹性模量和泊松比，m、n 是常数，它们可由下表查出。

θ	30°	35°	40°	45°	50°	55°	60°	65°	70°	75°	80°	85°	90°
m	2.731	2.397	2.136	1.926	1.754	1.611	1.486	1.378	1.284	1.202	1.128	1.061	1.000
n	0.493	0.530	0.567	0.604	0.641	0.678	0.717	0.759	0.802	0.846	0.893	0.944	1.000
k	0.726	0.775	0.818	0.855	0.887	0.914	0.938	0.957	0.973	0.985	0.993	0.998	1.000

表中 θ 用下式求出

$$\cos\theta = \frac{M}{N}$$

$$M = \frac{1}{2}\left\{\left[\left(\frac{1}{R_1}-\frac{1}{R_1'}\right)^2+\left(\frac{1}{R_2}-\frac{1}{R_2'}\right)^2+2\left(\frac{1}{R_1}-\frac{1}{R_1'}\right)\left(\frac{1}{R_2}-\frac{1}{R_2'}\right)\cos2\phi\right]\right\}^{\frac{1}{2}}$$

$$N = \frac{1}{2}\left(\frac{1}{R_1}+\frac{1}{R_1'}+\frac{1}{R_2}+\frac{1}{R_2'}\right)$$

式中，ϕ 为两接触体主曲率半径 R_1 的方向和 R_2 的方向间的夹角（图 3-33）。

当 R_1 和 R_1' 均为无穷大时，物体 1 成为平板，如果还有 $R_2=R_2'$，问题就变成用平板压缩球。图 3-34 是假定平极不发生任何变形的条件下，用平板压缩球时球内的应力分布。显然，此时接触面是一个圆（半径为 a）。由该图可知，最大压应力在接触面中心处，方向垂直于平板；最大剪应力位于球体内部，深度等于接触面半径的一半左右。假如苹果的破坏由最大剪应力引起，且把苹果近似看作各向同性的弹性球，那么用平板压缩苹果时，苹果的破坏不发生在表面而在内部。这个结论，无疑可推广到用苹果压缩苹果的现象中去。

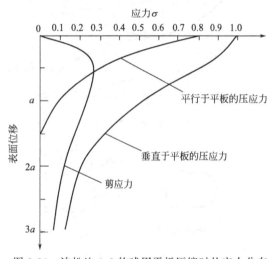

图 3-34　泊松比 0.3 的球用平板压缩时的应力分布

如果受外力的凸形体不是球体，需实测 R_1 和 R_1'。图 3-35 是测量水果等尺寸较大的物体时用的曲率半径测量仪。尺寸较小的物体，可以用图 3-36 所示的方法得到 R_1 和 R_1' 的近似值。

用钢板或钢球对食品物料加载时，所试材料的弹性模量用下式计算（假定食品物料是弹性体）。

$$E = \frac{0.338k^{\frac{3}{2}}F(1-\mu^2)}{D^{\frac{3}{2}}}\left(\frac{1}{R_1}+\frac{1}{R_1'}\right)^{\frac{1}{2}} \tag{3-41}$$

$$E = \frac{0.338k^{\frac{3}{2}}F(1-\mu^2)}{D^{\frac{3}{2}}}\left(\frac{1}{R_1}+\frac{1}{R_1'}+\frac{4}{d_2}\right)^{\frac{1}{2}} \tag{3-42}$$

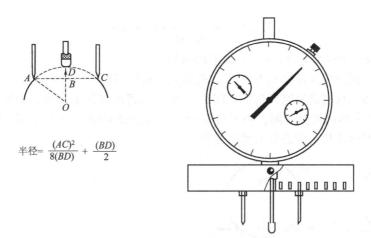

$$半径 = \frac{(AC)^2}{8(BD)} + \frac{(BD)}{2}$$

图 3-35　凸形体表面曲率半径测量仪

式(3-41)是用钢板压凸形体的计算公式，式(3-42)是用直径为 d_2 的钢球压缩凸形体的计算公式。式中 D 是接触点处沿负载方向两物体的综合变形。

平板压球时

$$D = 1.04\left(\frac{F^2 A^2}{d}\right)^{\frac{1}{3}}$$

两个球体接触时

$$D = 1.04\left[F^2 A^2\left(\frac{1}{d_1} + \frac{1}{d_2}\right)\right]^{\frac{1}{3}}$$

式中，k 为常数，和 m、n 列在上述的同一表中供查。

上述内容是有关接触问题的弹性理论。

黏弹性体的解，可由对应的弹性解推导出来（用拉普拉斯对应原理）。用光滑的刚性球压黏弹性材料的半空间体（厚度和表面积均为无限大的平板称为半空间体）时，接触正（压）应力为

$$P(r,t) = \frac{4}{\pi R}\left(\frac{G}{1-\mu}\right) Re\left[\frac{2}{a(t)} - r^2\right]^{\frac{1}{2}} \tag{3-43}$$

式中，r 为所求材料内的点距坐标原点的距离（图 3-37）；R 为钢球直径；G 为剪切模量；$a(t)$ 为时刻 t 时接触面的半径（图 3-38）；Re 为表示平方根的实部。

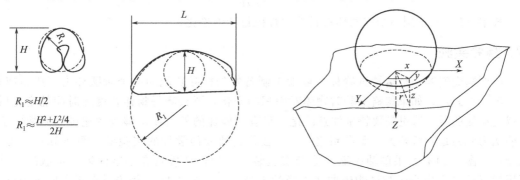

图 3-36　小麦粒曲率半径估计方法　　　图 3-37　用钢球压黏弹性半空间体

当用钢球以不变载荷压入各向同性的线性黏弹性材料的半空间体时，钢球压入深度 $H(t)$ 由下式确定。

$$[H(t)]^{\frac{3}{2}} = \frac{3}{16\sqrt{R}} \cdot D(t)Fu(t) \tag{3-44}$$

式中，$D(t)$ 为蠕变柔度；$u(t)$ 为阶跃函数。

由该式知，测得压入深度和力 F 后，就可求出蠕变柔度。

若半空间体的材料是麦克斯韦体，用式(3-43)求得的正压力分布，如图 3-38 所示。图中 T_0 是麦克斯韦体的松弛时间。由图可以看出，若加载时间小于 T_0，应力分布十分类似于弹性体，随时间延长，应力分布发生变化。

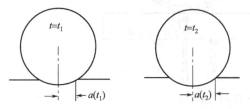

(a) 刚性体压在黏弹性半空间体上时接触面积的变化

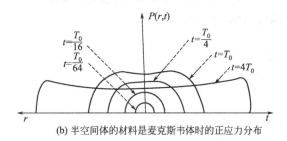

(b) 半空间体的材料是麦克斯韦体时的正应力分布

图 3-38　黏弹性体的接触正应力

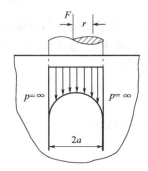

图 3-39　模具加载时的应力分布

图 3-39 是用模具加载时的应力分布。当模具的半径为 a，以力 F 压在弹性半空间体时，距模具中心 r 处的应力由 Boussines 解给出

$$p = \frac{F}{2\pi a \sqrt{a^2 - r^2}} \tag{3-45}$$

可见最小压应力位于中心处，最大压应力位于边缘处。当 $r = a$ 时，$p = \infty$，这只是理论上的结果，实际上 p 不可能是无穷大。模具压下的高度 H 为

$$H = \frac{F(1-\mu^2)}{2aE} \tag{3-46}$$

式中，E、μ 分别为半空间体材料的弹性模量和泊松比。

四、蠕变实验

所谓蠕变实验，是给被试物体（或加工制备好的样品）施加一个阶跃外力（压力或拉力）$F = F_0 u(t)$。如果忽略实验时物体断面积的变化，那么测得物体长度随时间的变化后，可得到蠕变曲线。这里需要特别注意的是，只有当施加的外力以足够高的速度达到额定值，才能认为外力是阶跃外力。要做到这一点，往往需要专门设计的实验机，例如 Inston 万能试验机。图 3-40 是水果单轴压缩的蠕变实验装置。为保证模具在半空间体上加载的条件，所用模具的半径应小于被试物体曲率半径的十分之一。图 3-41 是用模具在半空间体上做土壤蠕变试验的装置。

得到蠕变曲线后，可根据蠕变曲线的形状判断用什么样的流变模型，并进而求出模型的各常数。图 3-42 是 McIntosh 苹果的蠕变曲线。凭直观就可看出，它可以用巴格斯模型表

示。用图 3-14 及其有关说明可求得常数 E_1、E_2、η_1、η_2。表 3-2 是几种苹果的试验结果。表中也列出了用厚 0.71mm，宽 2.5mm，长 19.8mm 苹果皮做的单轴拉伸蠕变试验结果。

Shpoly Anskaya（1952 年）提出，小麦粒的变形可用下式表示。

$$S = a + \frac{F_0}{\eta}t$$

式中，S 为总变形；a 为常数，变形-时间曲线上的截距；F_0 为载荷；t 为时间；η 为比黏度（因为 S 是长度而不是应变）。

表 3-3 是用蠕变曲线算得的黏度。可见，小麦粒是麦克斯韦体。

如果蠕变曲线不能用简单的模型表示，就需建造新的模型，或使用广义模型。由图 3-20（b）和式（3-24）可知，广义开尔文模型的蠕变曲线可用下式表示。

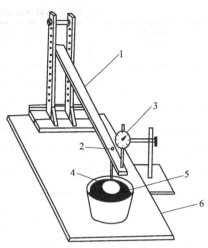

图 3-40 用快凝石膏模做水果单轴压缩蠕变实验的装置

1—横梁；2—加载模具；3—模具压入深度测量仪；4—水果；5—快凝石膏模；6—底座

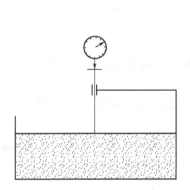

图 3-41 土壤蠕变试验装置

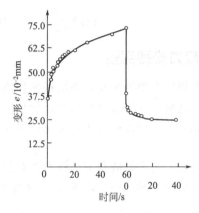

图 3-42 McIntosh 苹果的蠕变曲线

表 3-2 苹果果肉 Burger's 模型的参数

品种	力/N	E_1	η_1	E_2	η_2
Winessp	6.9×10^{-2}	1.045	1.839	0.985	0.0766
	10.3×10^{-2}	1.082	1.855	1.039	0.0784
	13.9×10^{-2}	1.621	1.829	1.142	0.0832
	16.8×10^{-2}	1.604	1.966	1.186	0.0822
金冠苹果	6.9×10^{-2}	1.029	1.585	0.784	0.0673
	10.3×10^{-2}	0.999	1.807	0.818	0.0640
	13.9×10^{-2}	1.315	1.576	0.918	0.0724
	16.8×10^{-2}	1.693	2.283	1.138	0.0842
红元帅	6.9×10^{-2}	0.945	1.694	0.690	0.0552
	10.3×10^{-2}	0.759	0.279	2.734	0.555
	13.9×10^{-2}	0.687	3.486	2.145	0.465
	16.8×10^{-2}	1.073	1.809	0.991	0.0733
苹果皮	0.091×10^{-2}	0.130	11.17	0.397	0.079

表 3-3　Lyutestsens62 小麦的变形和黏度（含水率 11.7%）

实验号	载荷/N	变形/%	黏度/(10^{-4}Pa·s)
1	10	0.75	4167
2	30	0.75	3567
3	42	0.81	4383
4	52	1.00	5417
5	63	1.24	3583
6	70	1.42	3067
平均	—	—	4067

$$\varepsilon = \sigma_0 \sum_{i=1}^{n} \varphi_i \left[1 - \exp\left(-\frac{t}{T_{ret}^{(i)}} \right) \right] \tag{3-47}$$

式中，$\varphi_i = 1/E_i$；$T_{ret}^{(i)}$ 为第 i 个开尔文体的延迟时间。因为广义开尔文模型有 n 个延迟时间，所以把 $T_{ret}^{(i)}$ 称为延迟时间谱。

式(3-47)是一个指数函数多项式，如已知该曲线，可以用计算机（或其他方法）求得该多项式中的各个常数。所取的项数多少，按需要的精度确定。下式是用这种方法得到的某种苹果的蠕变方程。

$$\varepsilon(t) = \left[1.28 \times 10^3 + 0.77 \times 10^3 \left(1 - e^{-\frac{1}{6.57}} \right) \right] \sigma_0$$

五、应力松弛实验

所谓应力松弛实验，是给被测物体施加一个阶跃变形，测量并记录物体的应力和时间的关系。这里，同样需要注意的是加载速度。

如果应力松弛曲线在对数坐标纸上是一条直线，那么由式(3-10)知，该物体是麦克斯韦体。

然而，大多数情况下，应力的对数和时间的关系并不是线性的。这时，需用其他模型。由图 3-20(a) 和式(3-23) 知，广义麦克斯韦模型的应力松弛曲线为

$$\sigma(t) = \varepsilon_0 \sum_{i=1}^{n} E_i \exp\left(-\frac{t}{T_{ret}^{(i)}} \right) \tag{3-48}$$

式中，$T_{ret}^{(i)}$ 为第 i 个麦克斯韦体的松弛时间，称为松弛时间谱。由该式知，若使用广义麦克斯韦模型，需用形如 $A \exp\left(-\frac{t}{n} \right)$ 的若干项的和拟合实验记录曲线。

经测定，苜蓿草在含水率 40% 时，应力松弛曲线可用下式表达。

$$\sigma(t) = 2(e^{-\frac{t}{790}} + 42e^{-\frac{t}{16.4}} + 5.5e^{\frac{t}{2.9}} + 9.9e^{\frac{t}{0.47}})$$

含水率 18.5% 的豌豆，应力松弛曲线可用下式表达。

$$\sigma(t) = 109.5e^{-\frac{t}{14.76}} + 25.8e^{-\frac{t}{0.54}}$$

六、动态实验

一般说来，蠕变和松弛实验比较简单。但它们有下述一些缺点。

（1）为了获得材料的黏弹性性能的全部信息，测量的时间有时很长（最少 10s，长者达几小时、几天，直至几年），这就有可能引起材料的物理和化学变化；以及水分、温度等的变化。

（2）不能真正做到瞬间加载或瞬间变形。

（3）要求比较精确的测量。

这些缺点可由动态实验解决。

所谓动态实验，是给材料施加交变应力（或交变应变），然后得出材料的复应变幅值、复蠕变柔度等。

动态实验的方法很多，下面仅简单介绍几种。

1. 谐波应力-应变法

图 3-43 是低频动态黏弹性测试装置原理图。激振装置通过力传感器给材料施加交变外力，安装在样品上的位移传感器测出样品某处的位移。若施加的外力按余弦波变化，测得的位移将是滞后一段时间的同频率谐波。实验时要同步记录外力和位移。

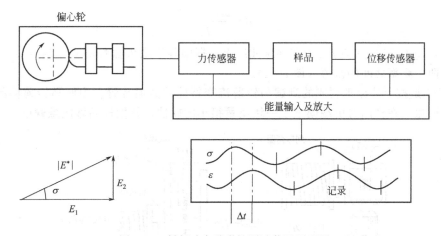

图 3-43　低频动态黏弹性测试装置原理图

在记录曲线上量得 ϵ_{max} 和 σ_{max} 后，用下式求得复模量和相角。

$$\frac{\sigma_{max}}{\epsilon_{max}} = |E^*| = |E_1^2 + E_2^2|^{\frac{1}{2}}$$

$$\delta = \omega \Delta t$$

式中，ω 为激振频率；Δt 为应力波和应变波峰值之间的时间间隔（图 3-43）。

激振装置有多种，大致可分为两类：机械式和电磁式。偏心轮是一种机械式激振装置，电磁振动台是一种电磁式激振装置。机械式的优点是改变频率时可保持振幅不变，缺点是频率不能很高。电磁式不易保持振幅不变，但频率却可很高。

2. 共振法

图 3-44 是共振法测试原理。测量时，连续不断地改变激振器的频率（频率扫描），使样品以不同频率振动。信号探测器测出样品的位移（振幅）。样品最大位移所对应的频率，就是共振频率。

若样品是弹性材料，其弹性模量和共振频率存在下述关系。

$$E = K_2 f_r^2$$

式中，E 为弹性模量；K_2 为常数；f_r 为共振频率。

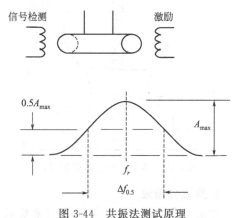

图 3-44　共振法测试原理

若把样品做成悬臂梁，则

$$k_2 = \frac{38.3\rho L^4}{d^2}$$

式中，ρ 为密度；L 为样品的自由长度；d 为样品的厚度（在振动方向上测量）。

如样品是柱状，做轴向振动，则

$$k_2 = 4\rho L^2$$

若样品是黏弹性材料，用上述各式求得的是复模量的实部，即贮存模量 E_1。相角用下式计算。

$$\tan\delta = \frac{\Delta f_{0.5}}{f_r \sqrt{3}}$$

或者

$$\tan\delta = \frac{\Delta f 0.707}{f_r}$$

式中，$\Delta f 0.5(\Delta f 0.707)$ 为在共振曲线上，振幅等于最大振幅的 0.5 倍（$\sqrt{2}/2$ 倍）时所对应的两个频率之间的差值（图 3-44）。

图 3-45 是按上述原理制成的测试马铃薯流变特性的共振装置。为使马铃薯样品能用电磁振荡器激振，在样品自由端固定了一块质量很小的软铁，并把样品做成悬臂梁。

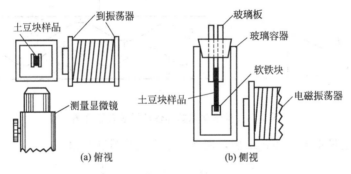

(a) 俯视　　　　　　　　(b) 侧视

图 3-45　测马铃薯的共振仪

图 3-46 是整个苹果的共振测试仪。这种装置也可用于其他材料的柱状样品。图 3-47 是用该装置测得的两种材料的共振曲线。

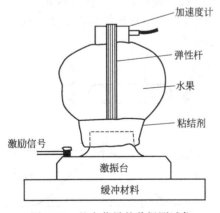

图 3-46　整个苹果的共振测试仪

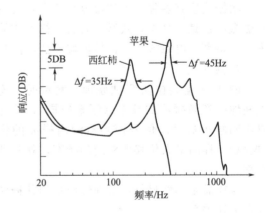

图 3-47　180g 苹果和 200g 西红柿的共振曲线

3. 声波传播法

如果一个物体的尺寸足够大（波长远小于试样尺寸），且足够重，内部产生弹性波时，波就会在固体内传播，引起剪切和压缩作用。压缩引起轴向波或压缩波，剪切引起横向波或剪切波。这些波的传播速度与固体的流变特性和密度有关。压缩波的传播速度最大，可用压电晶体精确测出波的到达时间。如果传播距离已知，则可测得波速，并求得弹性材料的弹性模量或黏弹性材料的贮存模量

$$E = \rho V^2$$

式中，E 为弹性模量；ρ 为密度；V 为波速。

材料的衰减作用可通过测量相邻波的对数衰减求得（图3-48）。

$$\tan\delta = \frac{1}{\pi}\ln\frac{A_1}{A_2} = \frac{E_2}{E_1}$$

式中，A_1、A_2 为相邻两波的振幅；E_1 为贮存模量；E_2 为损耗模量；δ 为相角。

也可用超声波进行测量，图3-49说明了这种方法的原理。来自脉冲发生器的脉冲信号，经转换器转换为超声波，超声波通过样品后又转换为电信号。把这两个转换器的信号分别送入示波器的两个通道后，可得到图3-49下部的记录曲线，在该曲线上量得 t 和 t_p 后，可求得波速。

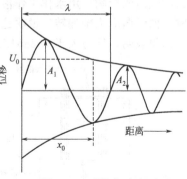

图3-48 对数衰减法

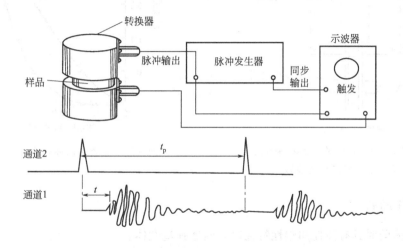

图3-49 超声脉冲法测试原理图

七、体积应力-应变关系

物体在各个方向上都有相等的应力时，它的形状不变，只是体积发生变化。可以用水或其他液体的静压力，测定食品物料的这种体积应力-应变特性。这种测定无需任何加工，可以在食品材料的自然状态下进行，因此人们对其给以极大的注意。

模拟单轴实验，把体积模量定义为

$$K = \frac{\Delta P}{\Delta V/V} \tag{3-49}$$

式中，K 为体积模量；ΔP 为静液压力变化；ΔV 为体积变化；V 为初始体积。

K 的倒数称为体积柔度。根据实验时压力保持不变，或体积保持不变，分别称为体积蠕变实验或体积应力松弛实验。

图3-50是一种同时测量和记录食品物料体积应力和体积应变的装置。该装置压力室中

的压力，由柱塞挤压液体提供，压力可高达 30MPa。柱塞横截面与其位移的乘积等于食品物料体积的变化与液体体积变化之和，这实际上是对装置进行标定。测玉米粒的体积模量时，压力室内的工作液体是硅酮。这种液体不会被玉米粒吸收，且浸润性很好，可消除表面张力和气泡的影响。用水作工作液体测得的马铃薯的体积应力-应变关系（图 3-51）。压力较高时，曲线向应力轴偏转，说明这时马铃薯变硬。用该装置做 McIntosh 苹果的体积压缩实验，结果表明，压力大于 0.28MPa 时，苹果损伤。

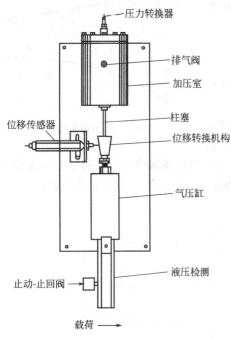

图 3-50　测量并记录食品物料体积
应力和体积应变的装置

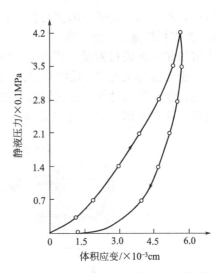

图 3-51　马铃薯的体积应力-应变关系

八、弹塑性特性

一个物体同时具有弹性和塑性特征时，叫做弹塑性体。

实验表明，很多生物材料经多次加载-卸载循环后，永久变形减小，呈现弹塑性性能（图 3-52）。另外，很多生物材料还有弹塑性滞后。不论是弹性滞后。还是塑性滞后，都会造成能量损耗，即滞后损失。

九、黏弹性体

一个物体同时具有弹性和黏性特征时，叫做黏弹性体。绝大部分固态食品都具有黏弹性。

黏弹性材料有两种重要的流变特性：蠕变和应力松弛。关于黏弹性体的描述可参见本章第二节和第三节内容。

十、机械损伤

1. 机械损伤的重要性

机械损伤的最大危害是使产品质量下降，带来巨大的经济损失。除此之外，它还带来一系列问题：谷粒损伤后会给细菌侵入以可乘之机，进而造成霉烂变质，给贮藏带来很大困难；即使种皮上只有很小的裂纹，也会导致种子发芽能力下降，影响幼苗的发育、生长；含油种子损伤后，含油碎片会堆积在收获、加工设备的重要部位，影响机器正常工作；在水果加工线上，为剔除损伤、变质的果肉，会使生产率下降等。

现在，人们对机械损伤越来越重视了。

2. 机械损伤的原因

食品物料的机械损伤，是由外部的静力或动力，或由内部的作用力造成的。

由外部作用力造成的机械损伤有水果、蔬菜、种子、谷粒、蛋壳、家禽骨头等的机械伤害。这种损伤大部分是可见的，但也有不少是不可看的。例如梨的褐斑，苹果果肉变成"软木"状，在外部就不可见。

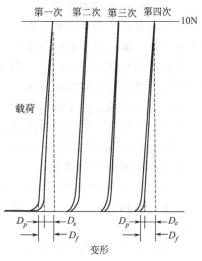

图 3-52 Sencea 小麦粒（含水率 10%）的加载-卸载曲线

造成机械损伤的内部作用力，由物理、化学或生物变化引起。例如温度变化会形成热应力，含水率变化会引起湿应力，西红柿等在雨后由于代谢性吸湿而使细胞内膨压升高，导致表皮破裂。

农产品的破坏，通常表现为材料内部或表皮细胞结构的破裂。

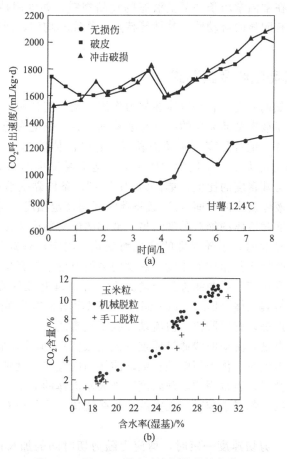

图 3-53 用 CO_2 呼出速度评价机械损伤

3. 机械损伤的检查和评价

检查机械损伤最简单和最常用的方法是目测。用这种方法检查机械损伤，只能做出一些简单的评价。例如根据损伤的尺寸和形状，分成大的、中等的、小的、轻微的、严重的等。

若损伤很小或不可见，可采用着色法（例如用 P-甲酚检查玉米粒的小裂纹）、X 射线、声技术、光透射等非破坏性方法。

发芽试验是测定种子损伤率的最可靠方法，即使有影响种子发芽的其他因素也如此。

活的植物受伤，它的呼吸速度会增加，据此可对机械损伤做出定量评价。用红外气体分析仪（IRGA）测量了甘薯块根和玉米粒排出 CO_2 的量随时间的变化，结果如图 3-53 所示。

4. 影响机械损伤的因素

造成食品物料机械损伤的外载形式，有静载荷和动载荷，造成的机械损伤分别称为静载荷损伤和动载荷损伤。由跌落、碰撞等造成的损伤属于动载损伤，由压缩引起的损伤属静载损伤。

目前，还不完全清楚食品物料机械损伤的机理，在此只能用一些例子说明影响机械损伤的一些因素。

第五节　液体食品的流变力学特性及其测定

液体食品物料指在常温常压条件下呈液态的食品物料，如食用植物油、蜂蜜、各种酱、蛋清等。这类物料具有明显的流动性、黏性等特点，往往不均匀，而且各种特性随时间、温度等变化。

一、食品黏度和流动曲线及其形式

黏度表示液体的黏稠程度，它是液体在外力作用下发生流动时，分子间所产生的内摩擦力。黏度的大小是判断液态食品品质的一项重要物理参数。黏度有绝对黏度、运动黏度、条件黏度和相对黏度之分。绝对黏度也叫动力黏度，它是液体以 1cm/s 的流速流动时，在每 $1cm^2$ 液面上所需切向力的大小，单位为"Pa·s"；运动黏度也叫动态黏度，它是在相同温度下液体的绝对黏度与其密度的比值，单位为"m^2/s"，条件黏度是在规定温度下，在指定的黏度计中，一定量液体流出的时间（s）或将此时间与规定温度下同体积水流出时间之比；相对黏度是在一定温度时液体的绝对黏度与另一液体的绝对黏度之比，用以比较的液体通常是水或适当的液体。黏度的大小随温度的变化而变化，测定液体黏度可以了解样品的稳定性，亦可揭示干物质的量与其相应的浓度。黏度的数值有助于解释生产、科研的结果。

流体的应力和应变速度关系曲线称为流动曲线。图 3-54 是几种流体的流动曲线。

准塑性流体又称为宾汉体（Bingham Body），可以用图 3-17 的宾汉模型-2 表示。

准塑性流体的特点是，有屈服值，但流动曲线不是直线。

准黏性流体的特点是，流动曲线通过原点（无屈服值），但流动曲线不是直线。

流动曲线凸向应力轴时，称为假塑性；流动曲线凸向应变速度轴时，称为胀流性。

流动曲线为非线性时，通常用"表观黏度"来表示流体的流动阻力。

上述各种流动曲线，都属于与时间无关的非牛顿流体。另外还有两种与时间相关的非牛顿流体。

（1）胶变性流体　剪切速度一定时，剪应力随剪切时间的加长而增加，它又称为震凝流体；

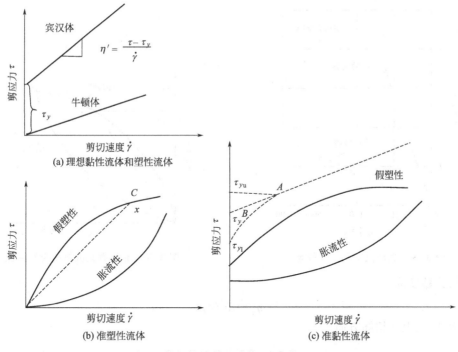

图 3-54　几种流体的流动曲线

（2）触变性流体　剪切速度一定时，剪应力随剪切时间的加长而减小，它又称为摇溶流体。

二、液体食品物料中的黏性流——牛顿式流和非牛顿式流

液态食品物料中一部分黏性较低的流体如脱脂牛奶，全脂牛奶和蜂蜜（图 3-55）等，其流变行为服从牛顿的黏性定律。称之为牛顿式食品流体。其本构方程可表示为

$$\tau = \eta \dot{\gamma} \tag{3-50}$$

它的黏度仅受温度和压力的影响而起变化，与剪速的变化无关，即不受剪速变化的影响。牛顿行为的存在可以这样解释：由于液体中比较小的分子的相互撞击而使其黏性消失。一切分子的液体和溶液以及气体都属于这一类。只有大分子的胶体悬浮液和聚合物溶液例外，这些液体与牛顿式流体的行为有极大的差别。

如果液体物料的剪应力 τ 和剪速 $\dot{\gamma}$ 的关系曲线虽然通过坐标原点，但它不是直线而是曲线，则这种液体或流体称为非牛顿式液体或流体，又称为类黏性流体（图 3-56）。它大部分由长链分子组成，如胶体悬浮物、微粒悬浮物，液体中的不混溶物如蛋黄酱、奶油、酸奶油、巧克力奶油、炼乳、人造黄奶油、酸奶酪，冰激凌，菜果肉糜和液浆等。其黏性或剪应力 τ 与剪切速度 $\dot{\gamma}$ 之比 $\dfrac{\tau}{\dot{\gamma}}$ 在某一定的温度和压力之下不是一个常值，而是随剪应力和剪速的变化而变化。虽然可以通过测定其某一剪速 $\dot{\gamma}_N$ 下的剪应力 τ_N 而求其比值 η_N，但此值与牛顿式流体的黏度意义不同。若改变剪速 $\dot{\gamma}$，可以得到无数个不同的 η_a 值。这些不同的黏度称为某一剪速或剪应力下的表观黏度 η_a，即

$$\eta_a = \frac{\tau_N}{\dot{\gamma}_N} = \frac{1}{\tan\varphi} \tag{3-51}$$

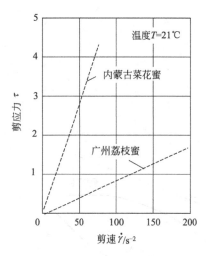

图 3-55　黏性流实例——蜂蜜

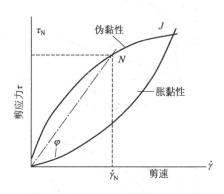

图 3-56　非牛顿式液体或类黏性流

其微分黏度为

$$\eta_d = \mathrm{d}\tau / \mathrm{d}\dot{\gamma} \tag{3-52}$$

代表 N 点上的切线方向。

表 3-4　几种液体食品黏度

名　称	黏度 $/\times 10^{-3} \mathrm{Pa \cdot s}$	名　称	黏度 $/\times 10^{-3} \mathrm{Pa \cdot s}$	名　称	黏度 $/\times 10^{-3} \mathrm{Pa \cdot s}$
水(20℃)	1.002	椰子油(37.8℃)	27.5	稀奶油 20%脂肪(3℃)	6.2
橄榄油(20℃)	84	葵花(籽)油(37.8℃)	30.7	稀奶油 30%脂肪(3℃)	13.8
大豆油(30℃)	40	脱脂牛奶(25℃)	1.4	花生油(16.5℃)	75.0
棉籽油(20℃)	70	牛奶(20℃)	2	猪油(37.8℃)	40.6
菜籽油(20℃)	164	棕榈油(37.8℃)	28.4	20%蔗糖溶液(20℃)	2
葡萄汁(27℃) 20°Brix	2.5	苹果汁(27℃) 20°Brix	2.1	40%蔗糖溶液(20℃)	6.2
				60%蔗糖溶液(20℃)	58.9
葡萄汁(27℃) 60°Brix	110	苹果汁(27℃) 60°Brix	30	啤酒(0℃)	1.3
				蜂蜜(25℃)	6000

用液体的某一表观黏度不能判定液体在其他剪速 $\dot{\gamma}$ 下的流动性。图 3-56 中流动曲线代表两种不同的流体。两者有一交点 J。这一点的表观黏度虽然相同，但这两种液体的流动特性或流变行为却完全不同。非牛顿流体在被搅动时或搅动后，其表观黏度也是变化的。

类黏性流体还可分为两种（图 3-56）：一种是剪应力-剪速曲线的弯曲口向下（向剪速 $\dot{\gamma}$ 轴），称为伪黏性的。其黏性或表观黏度随剪速的增加而降低，如酸奶油和酸乳酪等，只是在某一极高的剪速时，其流动曲线段成为直线段。此极限坡度称为无限剪切时的黏度 η_∞。另一种是其流动曲线的弯曲口向上（向剪应力 τ 轴内），称为胀黏性的或具有胀黏性。胀黏性流体在静止时或在低剪速时有相对低的黏度。当剪速增加时，流体变黏，而表观黏度增加。某些淀粉糊就是很好的例子，流沙和泥浆也有这种性质。

要列出非牛顿式流体的黏性系数非常困难，但是在对数纸上画出它的实验数据，可以得到 τ-$\dot{\gamma}$ 关系线为一直线，其坡度在 θ 与 1 之间。其实验或经验的函数关系成为幂律关系，被广泛地用来说明其流变行为。它原来由 Ostwald 提出，随后被 Reinor 写成方程。

$$\tau = k\dot{\gamma}^n \tag{3-53}$$

式中，k 为常数，表示流体的稠度的量度，k 值越高，表示流体愈稠；n 为常数，表示非牛顿流体行为程度的量度，n 值离开 1 越远，真非牛顿流体行为的性质愈明显。其中伪黏性流体，n 在 1 与 0 之间，胀黏性流体 n 在 1 与 ∞ 之间。

非牛顿流体的表观黏度 η_a，因各种液料的结构、组成和性质等的不同而异。若外力搅动速率或剪切速率不同，便会有不同的改变（图 3-57）。有的搅动速率或剪速愈高，其表观黏度 η_a 反而下降，表现出剪稀性；有些液料的 η_a 反而增高，表现出稠剪性；有些液料的 η_a 则不变。

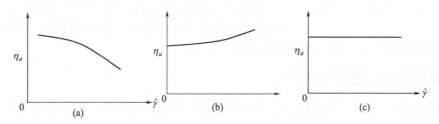

图 3-57 表观黏度 η_a 与剪切速度 $\dot{\gamma}$ 的关系

表 3-4 列出了一些食品物料的黏度。

三、液体食品物料的塑性流

实际物料的塑性体介于固体和液体之间，而且具有固体与液体的性质。食物中的苹果酱和番茄泥等属于塑性流物料，其流变行为曲线大约如图 3-58 所示。用 Casson 方程描述为

$$\sqrt{\tau} = \sqrt{\eta\dot{\gamma}} + \sqrt{\tau_y} \tag{3-54}$$

由方程（3-54）可绘成直线（图 3-59）。

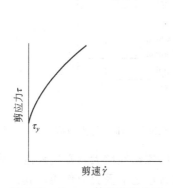

图 3-58 Casson 体的流变曲线

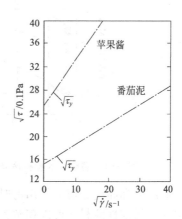

图 3-59 塑性流体（Casson 体）

上式中黏度 η 和屈服应力 τ_y 为常值，这种塑性体又称为 Casson 体。

另外还有塑性流可用以下方程来描述。

$$\left.\begin{array}{ll} \dot{\gamma} = \dfrac{1}{k}(\tau - \tau_y)^n & (\tau > \tau_y) \\[2mm] = 0 & (\tau < \tau_y) \end{array}\right\} \tag{3-55}$$

式中，k 为塑黏性系数，n 为指数。

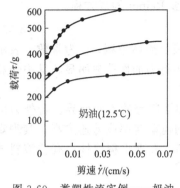

图 3-60 类塑性流实例——奶油

又如干酪、食物浓浆、糕点上绘制的乳酪花样也是塑性体。由植物油料加工配制的油漆、湿泥、可塑性黏土、窗玻璃腻子、陶瓷坯泥等也都是。坯泥加工成陶瓷坯就是利用它的塑性和范性。

奶油（俗名黄油）是一种类塑性流体。对它进行的实际剪切速度，以 cm/s 计，超过某一定值而再升高时，其黏度和剪应力增加缓慢（图 3-60）。番茄酱、果酱、蛋黄酱、食料浓浆、某些蜂蜜和非食品物料，如人的血液、高分子物质的熔解物与溶液和某些油漆也都是塑性流体。

淀粉糊（稠淀粉悬浮液）受到压力或搅动时，其颗粒间空隙增多而整个体积胀大。又如橘花蜜、荞麦蜜以及湿沙和流沙等也是如此。它们表现出塑性行为（图 3-61）。

四、胶变性流体与触变性流体

非牛顿流体（包括非宾汉流体），根据时间对它们的有无影响，又分为倚时的（即与时间有关系的）非牛顿流体和不倚时的非牛顿流体两种。

倚时性的非牛顿流体其表观黏度不仅依剪速、剪力作用的时间长短而定。在某一定的剪速和温度情况下，其剪应力 τ 不是一个常数，而是随剪力持续的时间而变。如果在一定的剪速情况下、剪应力（通过搅拌或摇动）随剪力作用持续的时间而增加，这种物料称为胶变性流体，又称触稠性或震凝性流体。对图 3-61 磨碎的玉米粉与少量水拌和而成的稠液，图中曲线 1 通过搅动剪切作用的时间长达 340min，其剪切应力 τ 最大。曲线 2、3 剪切作用的时间分别减少至 130min 和 20min，其剪应力 τ 也相应减小。

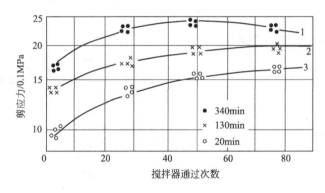

图 3-61 磨碎玉米粉稠液高的料水比的果胶性（rheopectic）行为剪应力

如果剪应力和黏度随剪力作用的时间增加而减小，即流动性增大，则这种液料称为触变性或触稀性、摇溶性液料。可以理解为它在静止后，在常速之下受剪力作用，其结构逐渐受到破坏的缘故。它属于分散性胶体液或胶体分散液。当搅动停止时，流体便恢复原来的黏度。如磨碎的玉米粉与水拌和的中等料水比稀液（图 3-62）、食物中的番茄酱、生面团、脂肪颗粒浮悬在水中所构成的牛奶、化妆用的乳液以及沼泽地和池塘的黏泥浆和多种油漆涂料等都属于这种液体。这些物料当受到搅动或极大的摇动时能松解。放置不动时，其胶体粒子逐渐形成链接结构［图 3-63（a）］。用力搅动时，其结构被破坏，成为分散状态［图 3-63（b）］。剪应力和黏性减少变为易于流动。在常温和常压下，触变状态是可逆的。图 3-62 为对玉米粉稀液进行搅动试验的结果。以搅动器常速转动搅动时，其搅动力矩逐渐减小。对于

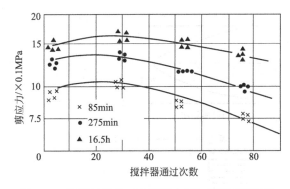

图 3-62　磨碎玉米粉（中等料水比）稀液的触变性
（thixo-tropic）行为剪应力

(a) 静止形成结构　　(b) 搅拌破坏结构

图 3-63　具有触变性的胶体分散液

这种稀液，在用浆液泵输送它以前，要充分搅动。又如拖拉机陷入沼泽地或泥泞中后，宜用木石垫底加固，而不应前后摇动试冲，以免愈陷愈深。

有些学者认为，从严格意义上讲，胶变性流体和触变性流体并非流变物质，因为它们无永久变形。

五、牛顿式流体和非牛顿式流体在管道中的流态

在管道中，牛顿式流体（如水）在其雷诺数 $Re < 2300$ 时，出现层流，当 $Re > 2300$ 时，出现湍流。图 3-64 所示为 1956 年 Metner 在管道试验中各种流体的流速截面和剪速—剪应力图解。其中 [图 3-64(a)] 即是牛顿式流体的。非牛顿式流体虽然也可出现层流和湍流，然而多数具有明显的非牛顿行为的流体有极高的稠度和黏度，很难产生湍流。在食品加工业中，稠黏食料在管道中流动常常是层流。它在管壁处的流速为零，而在管中心处最大。如图 3-64(b) 所示的胀黏性流体，在管中心其速度坡降成平线，即其速度曲线的切线相对于半径为零坡。由于 $dv/dr = 0$，中心处的流体不受剪切，因此无剪应力。管内流体的剪应力从中心处的零增加到管壁处的最大值。图中 n 为流动行为指数。

伪塑性流体在管道中的流速截面比较平坦 [图 3-64(c)]，不像牛顿流体构成抛物线截面。它在管中心处具有较高的表观黏度，而在接近管壁处具有较低的表观黏度。在稠度极高的极端情况下，伪塑性流体成为栓流 [图 3-64(d)]。除了靠近管壁处形成一个薄层外，流速截面为一完全的平坦面。流体像栓塞一样沿管流动，如膨润土悬浮液。

由于牛顿式流体、非牛顿式流体、塑性流体、黏弹性流体等均受温度压力、剪应力（有时受屈服应力）、倚时性等因素的影响。要在定量的基础上来表示它们的流动特性，必然会出现一些未知量。但是仍然可以用一个简单的通用的塑性模型或通用式来处理大多数的流体问题。如果将实验的剪应力和剪速数据绘在对数坐标纸上，就会发现这些数据将构成一条直线。这一纯粹的试验结果可用幂律方程或指数方程表示为

$$\tau = C(-\dot{\gamma})^n \tag{3-56}$$

即流体的行为由一个系数或稠度指数 C 和流动行为指数 n 来表示。在牛顿流体的极限情况中，幂或指数 $n = 1$，系数 C 便是黏度 η。幂或指数 n 是非牛顿流行为的程度的指标。当：

$n = 0$ 时，流体呈高伪塑性；

$1 > n > 0$ 时，呈伪塑性，水果、蔬菜泥（酱）和浓缩汁的 n 值约为 $0.2 \sim 0.5$。$n > 1$ 时，呈胀塑性和胀黏性；

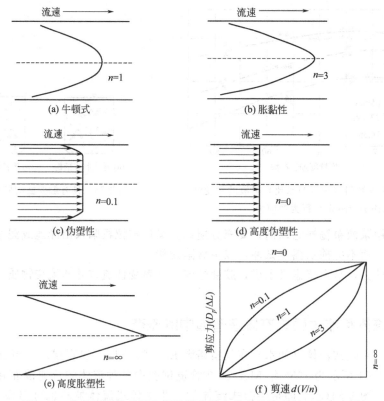

图 3-64　各种不同流动行为指数的流体在管内的流速剖面和应力图解

$n=\infty$ 时，呈高度胀塑性和胀黏性 [图 3-64(e)]。

流体在管道中流动时，可用通用式来表示。

$$\tau = C \left(\frac{\mathrm{d}v}{\mathrm{d}r} \right)^n \tag{3-57}$$

图 3-64 所示 1956 年 Metrner 在管道试验中各种流体的流速截面和剪速-剪应力图解。

六、食品物料的黏弹性（时间效应）

任何实际物料与前述的理想物料的性质和行为有很大差别。液体食品物料大多数为非牛顿式流体。按照：Ferry（1961 年）的观点，这些差别可以分为两类。第一，液体的应力、应变速率关系远比牛顿液体复杂；第二，应力、应变关系可能随应变速率和应变的时间导数而变。这种倚时性所产生的行为称为黏弹性行为。它是类液体和类固体特性的相互结合。也可以说，食品物料中既包含着有液体性质的固体，又包含着有固体性质的液体。例如，饴糖是固体，但如存放的时间较长，它会悄悄地流变而黏在一起。棉纤维制品受压的时间长，会出现皱纹，因为纤维能"流变"（如液体的性质）。如果纤维是完全的弹性体，则其皱纹就会由于本身的弹性而消失，恢复原状。又如黏液、蛋清、芋头、山药汁、果子冻、鳝鱼和蜗牛的黏液、海藻表面上的黏液以及人的唾液、痰、鼻涕等都是黏弹性液体，而不是纯粹的黏液。

表现出黏弹性的液体大多是链状高分子液体和溶液。

线性黏弹性物料的应力与应变之比，仅仅是时间的函数，即

$$\frac{\sigma}{\epsilon} = f(t), \quad \frac{\tau}{\gamma} = f(t) \tag{3-58}$$

而不是应力的函数。

有些黏弹性食品物料的力学性质还受温度 T 变化的影响，其应力与应变之比是时间 t 与温度 T 的函数，即：

$$\frac{\sigma}{\epsilon} = f(t \cdot T)$$

许多黏弹性物料，如果其变形的应力保持足够小，其线性黏弹性反应可成功地从实验中获得。如果应力较大，在卸载后，应变通常不能复原，则应力、应变之比，不仅为应力的函数，同时也是时间的函数，即

$$\frac{\sigma}{\epsilon} = f(\sigma \cdot t), \quad \frac{\tau}{\gamma} = f(\sigma \cdot t) \tag{3-59}$$

例如有些物料（已知的有沥青），其弹性变形部分与永久变形部分之比，取决于应力 σ、载荷时间 t 和温度 T。如果只发生小量形变而载荷时间又短，其形变以弹性为主。反之，若产生大量变形而载荷时间又长，则以黏性变形为主。

有些黏弹性是非线性的。对于某些物料，这种非线性的黏弹性行为正规地被列入黏塑性范围内考虑。另外一种非线性黏弹性的类型可从橡胶和类橡胶物料观察到。其非线性黏弹性是由于大的有限应变而产生，与弹性理论中所考虑的无限小的应变形成鲜明的对照。

实验证明，多数食品物料为黏弹性体。从现有的非常有限的数据来看，其黏弹性行为是非线性的。因为至今还没有适合于非线性黏弹性体的普遍理论，在解释食品物料的流变行为时，不得已要采用简化的假设应用于某些工程材料的线性黏弹性理论。

一般认为黏弹性液体有以下三个特点。

（1）当液体突然发生应变时，若应变保持一定，则相应的应力将随时间的增加而下降。这种现象称为应力松弛。

（2）若将应力保持一定，物体的应变随时间的增加而增大，这种现象称为蠕变。

（3）如对液体或物体做周期性的加载和卸载，则加载时的应力-应变曲线与卸载时的应力-应变曲线不重合，这种现象称为滞后，与机械滞后类似。

七、黏弹性流体的其他流变性

高黏弹性流体还具有韦松堡效应（Weissenberg）（图 3-65），射流胀大效应（图 3-66）（又称 Barns 效应或 Merrington 效应）、二次流动和反向流动以及拉伸黏度的无管虹吸现象。

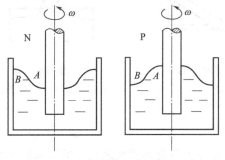

图 3-65　韦松堡效应-"爬杆"现象

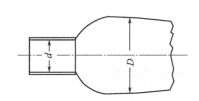

图 3-66　射流胀大效应

1. 韦松堡效应

当黏弹性液体在容器（如杯）内旋转流动时，如向杯中心插入一根圆棒，旋转着的黏弹性液体会围着圆棒盘绕。由于其弹性的"回缩"作用，对棒产生一种向里勒紧的力。被勒压在棒壁上的液体无处可走，便沿着圆棒向上爬升。这是一般纯黏性液体所没有的现象。在设计黏弹性液体的混合器时要考虑到韦松堡效应的影响。

2. 射流胀大效应

当黏弹性流体被迫从一个大容器流进细管，再由细管流出时，将会发现射流的直径比细管的直径大。胀大率（射流直径 d 与毛细管直径 D 之比）是流动速率与细管长度的函数，即

$$\frac{D}{d} = f(v, L, \cdots)$$

这种现象有两种解释：一种认为黏弹性流体有记忆特性。当它刚流出细管时，仍保留着在大容器中的记忆，倾向于恢复它原先的状态，从而出现胀大。细管越长，胀大越小，表示这种流体没有完全而良好的记忆，只有衰退的记忆。另一种解释是由于它具有法向应力差的缘故。

射流胀大效应在挤压膨化食品和高分子聚合物熔体输送管的口模设计中非常重要。当熔体从矩形截面的管口流出时，管截面长边处的胀大比短边处的胀大更显著，而且在长边中央胀得最大［图 3-67(a)］。因此，如果要求聚合物成品的截面成为矩形，则口模的形状必须像图 3-67(b) 所示的对称细腰形。

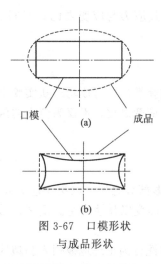

图 3-67　口模形状与成品形状

3. 二次流动和反向流动现象

由于法向应力差的存在，黏弹性流体通过椭圆形截面管子流动时，不可能出现纯粹的直线流动，而出现对于椭圆两轴线对称的环流（图 3-68）。又如在锥板流变仪里，若锥和板之间的缝隙不很小时，将出现二次流动（图 3-69），其流线方向与牛顿流体相反。

4. 拉伸黏度的无管虹吸现象

黏弹性流体在流经孔隙管道时，经过一系列收缩和扩张流动，使其本身在流动的方向上有较大的伸长，因而产生较大的拉伸黏度，以致在管道中造成阻力增加。拉伸黏度可以利用无管虹吸来近似地决定，即将一管浸没在静止的黏弹性流体中，将流体吸入管中。在流动过程中，将管子徐徐地从液面拔起，便可看到虽然管子已不在流体内，但流体仍然继续流进管里（图 3-70）。大约从 1966 年开始，无管虹吸在生产中已得到应用。

图 3-68　黏弹性流体产生环流

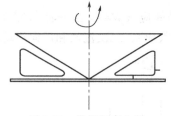

图 3-69　锥板间产生的二次流动

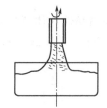

图 3-70　黏弹性流体无管虹吸所显示的拉伸黏度

八、黏度的测量

液体的黏度是用黏度计测量的。由于黏度是剪应力与剪切速度之比，所以如果测得了不同剪切速度时的剪应力，即可求得黏度。黏度计就是据此原理设计的。需要说明的是，若剪应力和剪切速度是非线性关系，这样测得的是表观黏度 η。

黏度计主要有两种，下面分别给以介绍。

1. 毛细管黏度计

图 3-71 是一种毛细管黏度计，其工作原理是，流体的黏度与流体在管中的流动阻力有关，因而黏度可根据流量、压力和管子的几何形状确定。如图 3-72 所示，在半径为 R，长

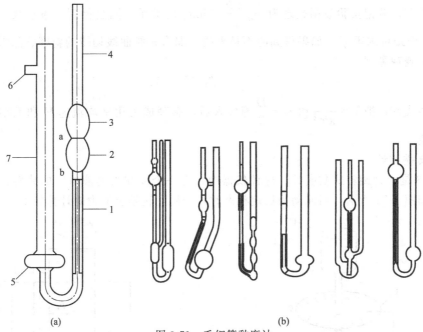

(a)   (b)

图 3-71 毛细管黏度计

1—毛细管；2,3,5—扩张部分；4,7—管身；6—支管；a,b—标线

L 的管中有牛顿（或非牛顿）流体流过时，若不计管壁效应和端部效应，且流动是稳定的层流，则有下述力平衡方程。

$$2\pi rL\tau = \pi r^2 \Delta p$$

式中，r 为液柱的半径；Δp 为液柱两端的压力差；τ 为液柱与外层液体间的剪应力。

上式可简化为

$$\tau = \Delta pr/2L \qquad (3-60)$$

该式就是毛细管黏度计的工作方程。

根据式(3-60)不难证明，若液体为牛顿流体，则有下述关系（泊肃叶定律）。

$$q = \frac{\pi R^4 \Delta p}{8\eta L}$$

式中，q 为体积流量；R 为毛细管半径；Δp 为毛细管两端压力差；L 为毛细管长度；η 为液体的黏度。

对塑性流体来说，有下述关系。

$$\frac{\Delta pR}{2L} = \frac{4}{3}\tau_y + \eta' \frac{4q}{\pi R^3}$$

如果在较大的压力范围内，测得不同压力差 Δp 时的流量 q，则可得到一条 Δp-q 直线，直线的斜率为 η'，截距就是 $\frac{4}{3}\tau_y$。

对于准黏性流体，存在下述关系。

$$q = \frac{\pi}{\eta''}\left(\frac{\Delta p}{2L}\right)^{\frac{1}{n}}\left(\frac{n}{3n+1}\right)R^{\frac{3n+1}{n}}$$

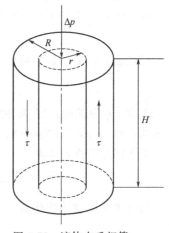

图 3-72 液体在毛细管中层流时的受力平衡

由该式知，若把实验数据整理为 $\log \dfrac{\Delta p}{L}$ 和 $\log q$ 的关系，则会得到一条直线，直线的斜率是 n，由截距可求得 η''。如果得到的不是直线，那么 n 是曲线切线的斜率。已知 η'' 后，可用下式求得表观黏度。

$$\eta_a = \eta'' \tau^{1-\frac{1}{n}}$$

上述各式都可把 $V = \dfrac{q}{\pi R^2}$ 和 $R = \dfrac{D}{2}$ 等代入后，整理成为用平均流速 V 和毛细管直径 D 表示的关系。

2. 旋转黏度计

图 3-73 是一种旋转式黏度计。这种仪器中，有一个浸在被测液体中的旋转体，它以匀速旋转。如图 3-74 所示，当流动为稳定状态时，作用在转轴上的力矩计算如下。

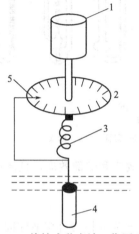

图 3-73　旋转式黏度计工作原理图

1—同步电机；2—刻度圆盘；3—游丝；4—转子；5—指针

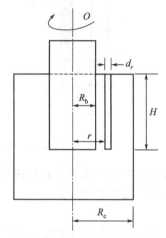

图 3-74　旋转式黏度计
（同心圆柱式）的工作原理

$$M = 2\pi R_b^2 h \tau_b = 2\pi R_c^2 h \tau_c$$

可以证明，液体是牛顿体时

$$\eta = \frac{M}{4\pi h \Omega}\left(\frac{1}{R_b^2} - \frac{1}{R_c^2}\right)$$

式中，η 为黏度；M 为外加力矩；h 为内圆柱浸入被测液体的高度；Ω 为内圆柱的旋转角速度，R_b 为内圆柱的半径；R_c 为外圆柱（杯）的半径。

当液体是塑性流体时

$$\Omega = \frac{1}{\eta'}\frac{M}{4\pi h}\left(\frac{1}{R_b^2} - \frac{1}{R_c^2}\right) - \frac{\tau_y}{\eta'}\ln\left(\frac{R_c}{R_b}\right)$$

当液体是准黏性流体时

$$\Omega = \frac{n}{2\eta''}\left(\frac{M}{2\pi h}\right)^{\frac{1}{n}}\left(\frac{1}{R_b^{\frac{2}{n}}} - \frac{1}{R_c^{\frac{2}{n}}}\right)$$

3. 圆锥平板黏度计

圆锥平板黏度计的构造如图 3-75 所示，锥角很大的圆锥顶点与水平平板接触，圆锥轴与平板保持垂直，圆锥与平板间的小楔角内充满被测液体。当圆锥和平板中的一个以恒角速度旋转时，测量另一个受到的力矩 M 可计算被测液体的黏度。

$$\eta = \frac{3\alpha}{2\pi R^3}\frac{M}{\omega} \tag{3-61}$$

式中，α 为楔角，R 为液体接触部分平板半径。对非牛顿流体，测得流动曲线后，可计算有关参数。

圆锥平板黏度计除具有测量范围大，试样用量少、容易清洗等优点外，最大的优点是楔角内被测液体中切变率处处相等，因此最适宜测量触变性流体的滞后环和应力衰减曲线。它的缺点是调整比圆筒黏度计困难，转速较高时惯性力、二次流和温度等因素可能引起误差。

除了圆锥平板形式外还有圆锥-圆锥，环-环等形式的黏度计，原理相似。

4. 落球黏度计

刚性圆球在黏性流体中匀速运动时阻力可用斯托克斯公式计算，相应的黏度为

$$\eta = \frac{W}{3\pi dv} \tag{3-62}$$

式中，d 为圆球直径，W 为圆球重量，v 为运动速度。落球黏度计就是根据此原理设计的，方法简单易行，但精度较低，一般用于黏度较大的流体（图 3-76）。

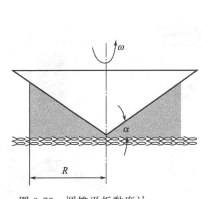

图 3-75　圆锥平板黏度计

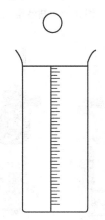

图 3-76　落球黏度计

5. 塑性锥（针入度仪）

以上介绍的几种黏度计适用于黏度比较小的流体。对于黏度很大的物料，如西红柿酱、黄油等，测量误差很大，甚至不能测量。用金属或有机玻璃制成的圆锥体，可以测定这类物料的极限剪切应力（图 3-77、图 3-78）。测量时将锥体放在待测材料中。锥体在压力作用下，逐渐下沉到一定深度 H，然后在极限剪切应力、正应力等共同作用下处于平衡状态（图 3-77）。由力的平衡条件可得

$$P = \frac{\tau_0 \pi H \tan \dfrac{a}{2} \dfrac{H}{\cos \dfrac{a}{2}}}{\cos \dfrac{a}{2}} \tag{3-63}$$

整理后可得

$$\tau_0 = \frac{\cos^3 \dfrac{a}{2}}{\pi \sin \dfrac{a}{2}} \frac{P}{H^2} = m \frac{P}{H^2} \tag{3-64}$$

式中，m 为仪器常数，只与塑性锥的顶角有关。例如当顶角为 30°、45°、60°时，m 分别为 1.11、0.658、0.413。

图 3-79 是各种常用的黏度计。

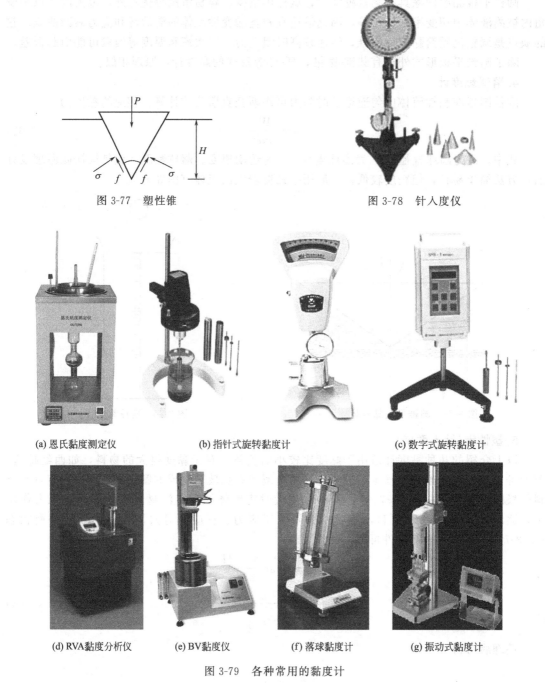

图 3-77　塑性锥

图 3-78　针入度仪

(a) 恩氏黏度测定仪　　　　(b) 指针式旋转黏度计　　　　(c) 数字式旋转黏度计

(d) RVA黏度分析仪　　(e) BV黏度仪　　(f) 落球黏度计　　(g) 振动式黏度计

图 3-79　各种常用的黏度计

6. 黏度测量在食品工程中的应用

（1）淀粉恩氏黏度测定

恩氏黏度°E：恩氏黏度是一种相对黏度，它仅适用于液体。恩氏黏度值是被测液体与水的黏度的比较值。其测定方法是：将 200mL 的待测液体装入恩氏黏度计中，测定它在某一温度 T（℃）下通过底部 2.8mm 标准小孔口流尽所需的时间 t_1（s），再将 200mL 的蒸馏水加入同一恩氏黏度计中，在 20℃ 标准温度下，测出其流尽所需时间 t_2（约为 50s），时间 t_1 与 t_2 的比值就是该液体在该温度下的恩氏黏度。即 $°E_T = t_1/t_2$。当测定试样的 25℃ 的黏度时，以恩氏黏度 $°E_{25}$ 表示。

（2）淀粉旋转黏度计测定（GB/T 22427.7—2008）

将测定筒和淀粉乳液的温度通过保温装置分别同时控制在 45℃，50℃，55℃，60℃，65℃，70℃，75℃，80℃，85℃，90℃，95℃。在保温装置到达上述每个温度时，从准备的淀粉乳液烧瓶中吸取淀粉乳液，加入到黏度计的测量筒内，测定黏度，读各温度时的黏度值。

以黏度值为纵坐标，温度为横坐标，根据所测得的数据作出黏度值与温度变化曲线图。从所作的曲线图中，可得最高黏度值及其温度值即为样品的黏度。

（3）淀粉布拉班德黏度仪测定（GB/T 22427.7—2008）

利用布拉班德（Brabender）黏度仪测量并绘制淀粉黏度曲线，从而确定不同温度时的淀粉和变性淀粉的黏度。黏度仪的测定参数为 75r/min，测试范围为 700cmg，黏度单位 BU（或 mPa·s）；测定程序：以 1.5℃/min 的升温速率从 35℃ 加热至 95℃，在 95℃ 保温 30min，再以同样的速率降温至 50℃，保温 30min。图 3-80 是样品固形物含量的质量分数为 8％，由 Viscograph-E 型黏度仪测定的玉米淀粉黏度曲线，玉米淀粉黏度曲线的评价表见表 3-5。

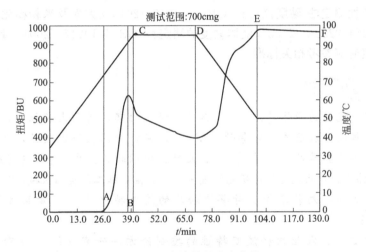

图 3-80　玉米淀粉的黏度曲线

表 3-5　玉米淀粉黏度曲线的评价表

关键点	评价指标	时间（HH：MM：SS）	扭矩（黏度）/BU	温度/℃
A	成糊温度	00：25：55	13	73.7
B	峰值温度	00：37：40	630	91.1
C	95℃ 开始保温时的温度	00：40：00	587	94.8
D	95℃ 保温结束后的温度	01：10：00	397	95.0
E	50℃ 开始保温时的温度	01：40：00	977	50.1
F	50℃ 保温结束后的温度	02：10：00	967	50.0
B-D	降落值	—	233	—
E-D	回生值	—	579	—

澳洲的快速黏度分析仪（rapid viscosity analyzer，RVA）既用于测定面粉 α-淀粉酶活性的降落值测定仪，也可用于淀粉和变性淀粉的黏度测定。图 3-81 为 RVA 快速黏度分析仪淀粉糊化测定曲线示意图。

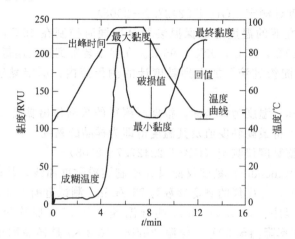

图 3-81　RVA 快速黏度分析仪淀粉糊化测定曲线示意图

由于行业和领域的不同，对物料黏度的测定方法有不同的规定，例如 GB/T 1449《谷物及淀粉糊化特性测定法 黏度仪法》，GB/T 24852—2010《大米及米粉糊化特性测定 快速黏度仪法》，GB/T 22235—2008《液体黏度的测定》，GB/T 10247—2008《黏度测量方法》。因此，具体测定时应参考相关标准。

阅读与拓展

◇中川鹤太郎．流动的固体［M］．宋玉升，译．北京：科学出版社，1983.
◇李翰如，潘君拯．农业流变学导论［M］．北京：中国农业出版社，1990.
◇陈克复．食品流变学及其测量［M］．北京：中国轻工业出版社，1989.12.
◇周宇英，唐伟强．食品流变特性研究的进展［J］．粮油加工与食品机械，2001（8）：7-9.
◇谭洪卓，谷文英，刘敦华等．甘薯淀粉糊的流变特性［J］．食品科学，2007，28（01）：58-63.
◇王泽南，尹安东．农业物料流变特性的控制论方法研究［J］．安徽工学院学报，1997，16（1）12-18.
◇邓云，吴颖，李云飞．果蔬在贮运过程中的生物力学特性及质地检测［J］．农业工程学报，2005，21（4）：1-6.
◇张洪霞，李大勇，陶桂香．果蔬的力学——流变学特性的研究进展［J］．黑龙江八一农垦大学学报 2005，17（3）：51-54.

思考与探索

◇用简单的器材构建一个两元件模型实验装置。
◇运用流变流变，解释生活中常见物品的流变行为。
◇"一切在流，一切在变"的内涵，了解流变的普遍性。

第四章　食品质地及其评价

第一节　食品的品质与质地

食品的主要品质：质地、外观、风味、营养价值，即食品的主要品质包括感官品质和内在品质两个方面。感官品质主要是指食品的色、香、味、形和质地；内在品质主要指营养价值，包括碳水化合物、脂肪、蛋白质、维生素和矿物质等营养成分的质和量。其中质地被认为是最为重要的食品品质。描述食品品质的术语有350多种，大约有25％与流变特性有关。如：硬度、柔软度、脆度、嫩度、成熟度、咀嚼性、胶黏性、砂性、面性、酥性、黏度、滑爽性等。

食品质量是食品品质的表现，食品质量是食品满足规定或潜在要求的特征和特性总和，反映食品品质的优劣。食品质量包括3个方面：食品的特征、消费者和社会对食品的要求、食品满足消费的程度。

食品的特征，指食品本身固有的、相互区分的各种特征。食品的特征包括：①外观特征，包括大小、粗细、长短等形态，黑白、黄绿、青红等颜色；②内在特征，包括老嫩、口感、纯度等；③适用性，包括使用范围，食用方法、食用条件等；④质量特征，包括营养成分、保健性能、保质期限、有毒有害物质含量等。食品特征有些是可以通过人的感觉，如嗅觉、触觉、味觉、视觉、听觉等识别；有些只能通过仪器设备检测才能发现，如对人的生理影响或有关人身安全的特性；有些食品特性通过定性描述就很清楚，有些则需要定量说明。为表示食品质量，食品包含的一些成分不仅要说明有无，而且还要说明有多少。

消费者和社会对食品的要求，包括明示的要求和隐含的期望，它可由不同的相关方提出。①明示的要求，是指在文件中明确规定的要求，如社会关于食品生产加工及其食品本身的安全、环境、自然资源等方面的法律、规章、条例等规定；国家、行业或者地方关于食品的标准、规范和技术要求；市场对食品的要求，如市场准入条件，标识包装特点。②隐含的要求或期望，是指社会、消费者和其他相关方惯例或一般做法所考虑的需求或期望是公认的、不言而喻的，是合理的要求或期望。隐含的要求或期望，是人们的意愿和期盼，是消费者对某类或某种食品长期形成的理解和要求，并没有文件规定。如消费者一般认为，芹菜是绿色、细长、具有特有清香气味、多纤维的一种蔬菜，否则，就不是芹菜。生产者为市场提供的芹菜不能脱离消费者对芹菜的这些基本理解。

食品满足消费的程度，指食品满足明示要求和隐含期望的情况，它既包括满足规定要求的客观水平，也包括消费者对满足预期使用目的的主观评价。质量是一种客观状态，其本身既不表示人们在主观比较意义上所作的优良程度评价、在定量意义上所作的技术评价、在效果意义上所作的适用性能评价，也不表示人们的主观质量要求。

第二节 食品质地定义与分类及研究方法

一、食品质地定义

质地（又称质构，texture），原用来表示织物的编织组织、材料构成等情况的概念。如纺织品的质地，木材、岩石等的纹理，皮肤的肌理，文艺作品的结构，计算机芯片的晶体组织。但随着对食品物性研究的深入，人们需要对食品从入口前到接触、咀嚼、吞噬时的总感觉用一个词汇进行表征，于是就借用了"质地"这一用语。食品质地（food texture）一词目前在食品物理分析与评价中已被广泛用来表示食品的组织状态、口感及美味感觉等。对食品质地的表现、质地的测定和质地的改善以及变化规律等方面的研究，已发展成为一门学问，称为食品质地学。它是食品品质分析和评价的主要内容之一。

较早对食品质地进行定义的是马茨（Matz），他认为"食品的质地是除温度感觉和痛觉以外的食品物性感觉，它主要由口腔中皮肤及肌肉的感觉来感知"。后来 Kramer 又提出手指对食品的触摸感也应属质地的表现。1963 年 Szczesniak 在研究了食品质地特性分类、标准的建立和测定仪器的基础上，第一个比较系统地定义了食品"texture"，即"质地"的概念。Szczesniak 收集了人们对 74 种不同食品的反映联想语，说明了食品感觉要素是由表 4-1 所示的特性指标构成的。可见食品的质地对食品品质的贡献度很大。构成食物味道的因素可分为"心理因素"、"化学因素"和"物理因素"。松本幸雄把影响食品"美味"的特性分成有由其软硬、黏性、脆性、滑溜感等质地要素组成的物理味和有酸、甜、咸、苦味等组成的化学味两大类，根据烹调专家松本仲子和松元文子的调查结果，松本幸雄对 16 种食品按化学性味道和物理性味道的作用进行了归纳整理（图 4-1）。从图中可以看到。液体状食品的味道受化学味道影响较大，固体状食品的物理味道起作用较大，其中三分之二的食品是由物理味道起决定作用。因此，食品质地在评价食品质量中占有重要地位。

表 4-1 构成食品感觉要素的特性及统计

特性	男性	女性	特性	男性	女性
质地	27.2%	38.2%	外形	21.4%	16.6%
口感香味	28.8%	26.5%	嗅觉香味	2.1%	1.8%
色泽	17.5%	13.1%	其他	3.0%	3.8%

食品质地是食品被触觉、视觉、听觉所感受到的所有物理学、流变学和结构学上的属性。在国家标准 GB/T 10221《感官分析 术语》（与国际标准化组织的 ISO 5492 等同），对食品质地的定义是：用机械的、触觉的方法或在适当条件下用视觉的、听觉的接受器可接受到的所有产品的机械的、几何的和表面的特性。机械特性是指与产品在压力下的反应有关的特性，一般分为五个基本特性：硬性、黏聚性、黏度、弹性和黏附性。几何特性是指与产品尺寸、形状和产品内微粒排列有关的特性。表面特性是指由产品的水分和（或）脂肪含量所产生的感官特性，这些特性也与产品在口腔中时上述成分的释放方式有关，即与以下三方面感觉有关的物理性质：①用手或手指对食品的触摸感；②目视的外观感觉；③口腔摄入时的综合感觉，包括咀嚼时感到的软硬、黏稠、酥脆、滑爽等。影响质地的因素很多，包括产品类型、品种、产地、季节、气候、成熟度、栽培和贮藏条件，不同因素对不同产品的作用也是不同的。如果蔬的质地，主要体现为脆、绵、硬、软、柔嫩、粗糙、致密、疏松、大小、

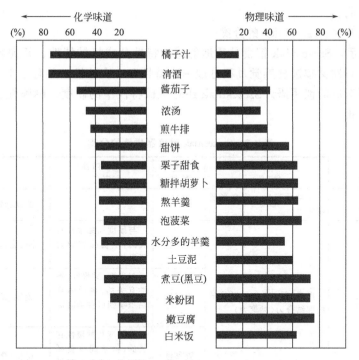

图 4-1　构成各种食物美味的化学味道和物理味道的比较

色泽、成熟度、形态、多汁性等。在生长发育、成熟、衰老、贮藏的过程中，果蔬的质地会发生很大变化。这种变化既可以作为判断果蔬成熟度、确定采收期的重要依据，又会影响到它的食用品质及贮藏寿命。表 4-2 为新鲜果蔬的品质构成，表中对果蔬的品质的构成要素按感官属性和生化属性分成两类，对感官属性按质地定义要求和与感官的关系进行了归类。

表 4-2　新鲜果蔬的品质构成

品 质 属 性			构 成 要 素
感官属性	质地	视觉	大小：重量、体积、长度 形状：横/径比、光滑度、一致性 颜色：一致性、着色深浅 光泽：表面蜡质状况 缺陷：内外部缺陷、形态、机械损伤；生理、病理和昆虫缺陷
		触觉	坚实度、硬度、脆性 多汁性粉性、粗细度韧性、纤维量
		听觉	音的大小、高低、咬碎音
	风味	味觉	甜度、酸度、涩度、苦味
		嗅觉	芳香味、异味
生化属性	营养		碳水化合物、蛋白质、脂肪、维生素、矿物质
	安全性		自然发生的有毒物质、污染物、微生物污染物、微生物毒素
	生理特性		水分和营养物质代谢与转变、转移

二、食品质地的分类

为了避免由于地域差别或是由于语言、民族差别带来交流上的困难，需要对描述质地的术语进行科学的分类、定义。在这方面，Szczesniak 和 Sherman 提出了相应的分类方法，得到大多数人的赞同。

1. 施切尼阿克（Szczesniak）的分类

如表 4-3 所示，Szczesniak 把食品质地的感觉特性分成机械特性、几何特性和其他特性三大类，对各种特性又按进食感觉过程分成一次特性和二次特性，并且定义了各个参数的物理意义和它们所对应的惯用语。Szczesniak 还对机械特性中的硬度、酥脆性、黏着性等给出了量化的分值评价。

表 4-3　Szezesniak 对仪器质地的分类

特性	一次特性	特性内容（定义）	二次特性	特性内容（定义）	惯用语
机械（力学）特性	硬度	使食品产生一定变形所需的力			柔软、坚硬
	凝聚性	形成（保持）食品形状的内部结合力（黏聚力）	酥脆性	与硬度和黏聚性有关的，使食品破裂时所需的力	酥、脆、嫩
			咀嚼性	与硬度、黏聚性、弹性有关的，将固体食品咀嚼至可吞咽时需做的功	柔软-坚韧
			胶黏性	与硬度及黏聚性有关的，将半固体食品嚼碎至可吞咽时需做的功	酥松-粉状-糊状-橡胶状
	黏性	在一定力作用下流动时分子间的阻力			松散-黏稠
	弹性	外力作用时的变形及去力后的恢复原来状态的能力			可塑性-弹性
	黏附性	食品表面与其他物体(舌、牙齿、腭等)黏在一起的力			发黏的-易黏的
几何特性	粒子的大小、形状和方向				粉状、砂状、粗粒状纤维、细胞状、结晶状
其他特性	水分含量油脂含量		油状脂状		干的-湿的-多汁的油腻肥腻

2. 舍曼（Sherman）的分类

Sherman 认为，人对食品的感觉评价是在包括烹饪在内的一连串摄食过程中进行的，人感觉食品力学性质是在动态流动过程中进行的。因此，他把人的整个摄入过程分为四个阶段，即入口之前的感觉，口中的最初感觉，咀嚼中的感觉和咀嚼后的感觉，如图 4-2 所示。咀嚼初期作为一次特性，主要感觉食品颗粒的大小和形状；二次特性主要感觉弹性、黏性和黏结性；咀嚼后期作为三次特性，主要感觉硬度、脆性、滑溜感等。可见，在一连串摄食过程中，主要通过咀嚼评价食品的质地。

三、质地评价的研究方法

食品质地评价方法可以分为两种，把对食品质地的感官评价称为主观评价法（subjective method），把用仪器对食品质地定量的评价方法称为客观评价法（objective method）。对于食品的质地，原本是一个感觉的表现，但为了揭示质地的本质和更准确地描述和控制食品质地，仪器测定又成为表现质地的方法之一。由于感官评价不仅需要具有一定判断能力的评审员，而且构成各种食物美味的化学味道和物理味道的评判还费时、费力，其

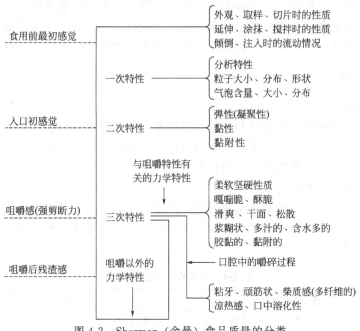

图 4-2　Sherman（舍曼）食品质量的分类

结果常受多种因素影响，主观性比较强，而且不很稳定，所以能够正确表示食品质地多面剖析性质的仪器检测（也称客观评价）方法在这方面具有较大优势，也是一种发展趋势。

食品质地的感官评价方法又可以分为分析型感官检验和嗜好型感官检验两种。

分析型感官检验（analytic sensory evaluation）是以人的感觉作为测定仪器，把评价的内容按感觉分类，逐项评分，用来测定食品的特性或差别的感官评价方法。这种评价方法与食品的物理、化学性质有着密切的关系。分析型感官检验是通过感觉器官的感觉来进行检测的，因此，为了降低个人感觉之间差异的影响，提高检测的重现性，以获得高精度的测定结果，必须注意评价基准的标准化、试验条件的规范化和评价员的素质选定。

嗜好型感官检验（preference sensory evaluation）根据消费者的嗜好程度评价食品特性的方法。是以样品为工具，来了解人的感官反应及倾向。这种检验必须用人的感官来进行，完全以人为测定器，调查、研究质量特性对人的感觉、嗜好状态的影响程序。这种检验的主要问题是如何能客观地评价不同检验人员的感觉状态及嗜好的分布倾向。对食品的美味程度、口感的内容不加严格明确要求，只由参加品尝人的随机感觉决定。这种评价结果往往还受参加者的饮食习惯、个人嗜好、环境、生理等的影响，最后的结果反映参加者的个人喜好。在新产品开发的过程中，对试制品的评价；在市场调查中使用的感官检查都属于此类型的感官检验，对食品的开发、研制、生产有积极的指导意义。嗜好型感官检验是人的主观判断，因此是其他方法所不能替代的。

食品质地的仪器评价方法可以分为直接检测评价和间接检测评价，直接检测评价是直接测量与质地有关的参数；间接检测是指测量与一个或几个质地指标直接相关的物理量。

第三节　食品质地的感官评价

食品的感官检验是以人的感觉为基础，通过感官评价食品的各种属性后，再经概率统计分析而获得客观检测结果的一种检验方法。因此，评价过程不但受客观条件的影响，也受主观条件的影响。客观条件包括外部环境条件和样品的制备，主观条件则涉及参与感官检验人员的基本条件和素质。统计学、生理学、心理学是感官检验的三大科学支柱。

一、感觉及种类

1. 感觉的定义

感觉就是客观事物的各种特征和属性通过刺激人的不同的感觉器官引起兴奋，经神经传导反映到大脑皮层的神经中枢，从而产生的反应。一种特征或属性即产生一种感觉。而感觉的综合就形成了人对这一事物的认识及评价。

2. 感觉的分类及其敏感性

人类的感觉习惯分成五种基本感觉，即：视觉、听觉、触觉、嗅觉和味觉。除上述的五种基本感觉外，人类可辨认的感觉还有温度觉、痛觉、疲劳觉等多种感官反应。表 4-4 为食品感觉的主要分类。

表 4-4　食品感觉的主要分类

感　　觉		感 觉 器 官	感 觉 内 容
视觉		眼	颜色、形状、大小、光泽、动感
听觉		耳	声音的大小、高低、咬碎的声音(脆度)
嗅觉		鼻	香气
味觉		舌	酸、甜、苦、咸等
触觉	触压觉	口腔、牙齿、舌、皮肤	弹力感、坚韧性、硬、软等,滑爽、粗细、软硬等
	温度觉		冰、凉、热、烫等

在心理学中，人们常常根据感觉器官的不同而相应地对感觉进行分类。感觉器官按其所在身体部位的不同而分成三大类，即外部感觉器官、内部感觉器官和本体感觉器官。外部感觉器官位于身体的表面（外感受器），对各种外部事物的属性和情况做出反映。内部感觉器官位于身体内脏器官中（内感受器），对身体各内脏的情况变化做出反映。本体感觉器官则处于肌肉、肌腱和关节中，对整个身体或各部分的运动和平衡情况做出反映。

由外部感觉器官产生的感觉有视觉、听觉、肤觉（触压觉、温度觉等）、味觉和嗅觉。由内部感觉器官产生的感觉有机体觉和痛觉。由本体感觉器官产生的感觉有运动觉和平衡觉。痛觉的感受器遍及全身。痛觉能反映关于身体各部分受到的损害或产生病变的情况。

平衡觉是由人体位置的变化和运动速度的变化所引起的。人体在进行直线运动或旋转运动时，其速度的加快或减慢就会引起前庭器官（椭圆囊、球囊和三个半规管）中的感受器（感受性毛细胞）的兴奋而产生平衡觉。

运动觉是最基本的感觉之一，它为我们提供有关身体运动的情报。产生动觉的物质刺激是作用于身体肌肉、筋腱和关节中感受器的机械力。大脑皮层中央前回是运动觉的代表区。

肤觉是皮肤受到刺激而产生的多种感觉。皮肤感觉按其性质可分为：触觉、压觉和振动觉，温觉和冷觉，痛觉和痒觉。大脑皮层中央后回是皮肤感觉主要的代表区。

味觉的感觉器是味蕾，分布于口腔黏膜内。它主要分布于舌的表面，特别是舌尖和舌的两侧。

嗅觉的外周感受器就是位于鼻腔最上端的嗅上皮里的嗅细胞。

感觉的敏感性是指人的感觉器官对刺激的感受、识别和分辨能力。感觉的敏感性因人而异，某些感觉通过训练或强化可以获得特别的发展，即敏感性增强。

3. 感觉阈

必须有适当的刺激强度才能引起感觉，这个强度范围称为感觉阈。它是指从刚好能引起感觉，到刚好不能引起感觉的刺激强度范围。用量的概念来表达它们的刺激强度、时间和相互关系。对于食品来说，为了使人们能感知某味的存在，该物质的用量必须超过它的呈味阈值。

感觉阈值：就是指感官或感受体对所能接受的刺激变化范围的上、下限以及对这个范围内最微小变化感觉的灵敏程度。

依照测量技术和目的的不同，可以将感觉阈的概念分为下列几种。

（1）绝对感觉阈　指以使人的感官产生一种感觉的某种刺激的最低刺激量，为下限，到导致感觉消失的最高刺激量，为上限的刺激强度范围值。

（2）察觉阈值　对刚刚能引起感觉的最小刺激量，称为察觉阈值或感觉阈值下限。

（3）识别阈值　对能引起明确的感觉的最小刺激量，称为识别阈值。表 4-5 人对四种基本味的识别阈值。

表 4-5　人对四种基本味的识别阈值

物质名称	味	浓度/(mol/L)	物质名称	味	浓度/(mol/L)
酒石酸	酸味	$(1\sim10)\times10^{-4}$	葡萄糖	甜味	$(2\sim7)\times10^{-2}$
食盐	咸味	$(1\sim5)\times10^{-2}$	盐酸奎宁	苦味	$(2\sim20)\times10^{-6}$

（4）极限阈值　对刚好导致感觉消失的最大刺激量，称它为感觉阈值上限，又称为极限阈值。

（5）差别阈　指感官所能感受到的刺激的最小变化量。如人对光波变化产生感觉的波长差是 10nm。差别阈不是一个恒定值，它随某些因素如环境的、生理的或心理的变化而变化。

4. 感觉的基本规律

（1）适应现象（除痛觉）　是指感受物在同一刺激物的持续作用下，敏感性发生变化的现象。如"入芝兰之室，久而不闻其香"。

（2）对比现象（量的影响）　当两个不同的刺激物先后作用于同一感受器时，一般把一个刺激的存在比另一个刺激强的现象，称为对比现象，所产生的反应叫对比效应。

由于味的对比现象的存在，使第二味呈味物质的阈值也发生了变化。在食品配方的研制中，可以利用味的对比现象，有目的添加某一呈味物质，使期望的味突出，或使不良的味得到掩盖。

（3）协同效应和拮抗效应　当两种或多种刺激同时作用于同一感官时，感觉水平超过每种刺激单独作用效果叠加的现象，称为协同效应或相乘效应。

如：呈味物质 A、B 并用，其呈味强度比单独用 A 或 B 大（食盐＋谷氨酸、肌苷酸钠）。

在食品加工中，利用味的相乘效果，可以提高呈味物质的呈味强度且降低成本，得到了事半功倍的效果。

与协同效应相反的是拮抗效应（相抵、相杀）。它是因一种刺激的存在使另一种刺激强度减弱的现象。如味的相杀效果：15％盐水咸得难以容忍；含 15％盐的酱油却由于氨基酸、糖类、有机酸等存在减弱了盐的咸味强度。

（4）掩蔽现象　当两个强度相差较大的刺激，同时作用于同一感官时，往往只能感觉出其中一种的刺激，这种现象称为掩蔽现象。

二、质地评价术语

食品质地评价用语十分丰富，不同国家和不同地区由于受民族、文化、历史和地域的影响，可能对某个感觉有不同地理解和词语解释。因此，为了准确描述和便于交流，需要对感官分析的术语进行规范，并对每个术语制定出量化的尺度。国家于1988年开始陆续颁布和修订了感官分析方面的系列国家标准，这些标准内容基本上都是参照采用国际标准组织（ISO）的相关标准。下面对国家标准 GB/T 10221《感官分析 术语》，GB/T 16860《感官分析方法 质地剖面检验》，GB/T 12313《感官分析方法 风味剖面检验》（与国际标准化组织的 ISO 5492，ISO 11036，ISO 6564 等同）等标准中的术语进行介绍。

（一）感官分析术语

1. 一般性术语

感官分析 sensory analysis：用感觉器官检查产品的感官特性。

感官的 sensory：与使用感觉器官有关的。

感官（特性）的 organoleptic：与用感觉器官感知的产品特性有关的。

感觉 sensation：感官刺激引起的主观反应。

评价员 assessor：参加感官分析的人员。注：准评价员（naive assessor）是尚不符合特定准则的人员，初级评价员（initiated assessor）是已参加过感官检验的人员。

优选评价员 selected assessor：挑选出的具有较高感官分析能力的评价员。

专家 expert：根据自己的知识或经验，在相关领域中有能力给出结论的评价员。在感官分析中，有两种类型的专家，即专家评价员和专业专家评价员。

专家评价员 expert assessor：具有高度的感官敏感性和丰富的感官分析方法经验，并能够对所涉及领域内的各种产品作出一致的、可重复的感官评价的优选评价员。

专业专家评价员 specialized expert assessor：具备产品生产和（或）加工、营销领域专业经验，能够对产品进行感官分析，并能评价或预测原材料、配方、加工、贮藏、老熟等有关变化对产品影响的专家评价员。

评价小组 panel：参加感官分析的评价员组成的小组。

消费者 consumer：产品使用者。

品尝员 taster：主要用嘴评价食品感官特性的评价员、优选评价员或专家。"品尝员"不是"评价员"的同义词。

品尝 tasting：在嘴中对食品进行的感官评价。

特性 attribute：可感知的特征。

可接受性 acceptability：根据产品的感官特性，特定的个人或群体对某种产品愿意接受的状况。

接受 acceptance：特定的个人或群体对符合期望的某产品表示满意的行为。

偏爱 preference：（使）评价员感到一种产品优于其他产品的情绪状态或反应。

厌恶 aversion：由某种刺激引起的令人讨厌的感觉。

区别 discrimination：从两种或多种刺激中定性和（或）定量区分的行为。

食欲 appetite：对食用食物和（或）饮料的欲望所表现的生理状态。

开胃的 appetizing：描述产品能增进食欲。

可口性 palatability：令消费者喜爱食用的产品的综合特性。

快感的 hedonic：与喜欢或不喜欢有关的。

心理物理学 psychophysics：研究刺激和相应感官反应之间关系的学科。

嗅觉测量 olfactometry：评价员对嗅觉刺激反应的测量。

气味测定 odorimetry：对物质气味特性的测量。

嗅觉测量仪 olfactometer：在可再现条件下向评价员显示嗅觉刺激的仪器。

气味物质 odorante：能引起嗅觉的产品。

质量 quality：反映产品或服务满足明确和隐含需要的能力的特性总和。

质量要素 quality factor：为评价某产品整体质量所挑选的一个特性或特征。

产品 product：可通过感官分析进行评价的可食用或不可食用的物质。例如食品、化妆品、纺织品。

2. 与感觉有关的术语

感受器 receptor：能对某种刺激产生反应的感觉器官的特定部分。

刺激 stimulus：能激发感受器的因素。

知觉 perception：单一或多种感官刺激效应所形成的意识。

味道 taste：①在某可溶物质刺激时味觉器官感知到的感觉；②味觉的官能；③引起味道感觉的产品的特性。（注：该术语不用于以"风味"表示的味感、嗅感和三叉神经感的复合感觉。如果该术语被非正式地用于这种含义，它总是与某种修饰词连用。例如发霉的味道，覆盆子的味道，软木塞的味道等。）

味觉的 gustatory：与味道感觉的有关的。

味觉 gustation：味道感觉的官能。

嗅觉的 olfactory：与气味感觉有关的。

嗅 tosmell：感觉或试图感受某种气味。

触觉 touch：①触觉的官能；②通过皮肤直接接触来识别产品特性形状。

视觉 vision：①视觉的官能；②由进入眼睛的光线产生的感官印象来辨别外部世界的差异。

敏感性 sensitivity：用感觉器官感受、识别和（或）定性或定量区别一种或多种刺激的能力。

强度 intensity：①感知到的感觉的大小；②引起这种感觉的刺激的大小。

动觉 kinaesthesis：由肌肉运动产生对样品的压力而引起的感觉（例如咬苹果，用手指检验奶酪等）。

感官适应 sensory adaptation：由于受连续的和（或）重复刺激而使感觉器官的敏感性暂时改变。

感官疲劳 sensory fatigue：敏感性降低的感官适应状况。

味觉缺失 ageusia：对味道刺激缺乏敏感性。味觉缺失可能是全部的或部分的，永久的或暂时的。

嗅觉缺失 anosmia：对嗅觉刺激缺乏敏感性。嗅觉缺失可能是全部的或部分的，永久的或暂时的。

嗅觉过敏 hyperosmia：对一种或几种嗅觉刺激的敏感性超常。

嗅觉减退 hyposmia：对一种或几种嗅觉刺激的敏感性降低。

色觉障碍 dyschromatopsia：与标准观察者比较有显著差异的颜色视觉缺陷。

假热效应 pseudothermal effects：不是由物质的温度引起的对该物质产生的热或冷的感觉。例如对辣椒产生热感觉，对薄荷产生冷感觉。

三叉神经感 trigeminal sensations：在嘴中或咽喉中所感知到的刺激感或侵入感。

拮抗效应 antagonism：两种或多种刺激的联合作用。它导致感觉水平低于预期的各自刺激效应的叠加。

协调效应 synergism：两种或多种刺激的联合作用。它导致感觉水平超过预期的各自刺激效应的叠加。

掩蔽 masking：由于两种刺激同时进行而降低了其中某种刺激的强度或改变了对该刺激的知觉。

对比效应 contrast effect：提高了对两个同时或边疆刺激的差别的反应。

收敛效应 convergence effect：降低了对两个同时或连续刺激的差别的反应。

阈 threshold：阈总是与一个限定词连用。

刺激阈/觉察阈 stimulus threshold/detection threshold：引起感觉所需要的感官刺激的最小值。这时不需要对感觉加以识别。

识别阈 recognition threshold：感知到的可以对感觉加以识别的感官刺激的最小值。

差别阈 difference threshold：可感知到的刺激强度差别的最小值。

极限阈 terminal threshold：一种强烈感官刺激的最小值，超过此值就不能感知刺激强度的差别。

阈下的 sub-threshold：低下所指阈的刺激。

阈上的 supra-threshold：超过所指阈的刺激。

3. 与感官特性有关的术语

酸的 acid：描述由某些酸性物质（例如柠檬酸、酒石酸等）的稀水溶液产生的一种基本味道。

酸性 acidity：产生酸味的纯净物质或混合物质的感官特性。

微酸的 acidulous：描述带轻微酸味的产品。

酸味的 sour：描述一般由于有机酸的存在而产生的嗅觉和（或）味觉的复合感觉。

酸味 sourness：产生酸性感觉的纯净物质或混合物质的感官特性。

略带酸味的 sourish：描述一产品微酸或显示产酸发酵的迹象。

苦味的 bitter：描述由某些物质（例如奎宁、咖啡因等）的稀水溶液产生的一种基本味道。

苦味 bitterness：产生苦味的纯净物质或混合物质的感官特性。

咸味的 salty：描述由某些物质（例如氯化钠）的水溶液产生的一种基本味道。

咸味 saltiness：产生咸味的纯净物质或混合物质的感官特性。

甜味的 sweet：描述由某些物质（例如蔗糖）的水溶液产生的一种基本味道。

甜味 sweetness：产生甜味的纯妆物质或混合物质的感官特性。

碱味的 alkaline：描述由某些基本物质的水溶液产生的一种基本味道（例如苏打水）。

碱味 alkalinity：产生碱味的纯净物质或混合物质的感官特性。

涩味的 astringent；harsh：描述由某些物质（例如柿单宁、黑刺李单宁）产生的使嘴中皮层或黏膜表面收缩、拉紧或起皱的一种复合感觉。

涩味 astringency：产生涩味的纯净物质或混合物质的感官特性。

风味 flavour：品尝过程中感知到的嗅感、味感和三叉神经感的复合感觉。经可能受触觉的、温度的、痛觉的和（或）动觉效应的影响。

异常风味 off-flavour：通常与产品的腐败变质或转化作用有关的一种典型风味。

异常气味 off-odour：通常与产品的腐败变质或转化作用有关的一种典型气味。

玷染 taint：与该产品无关的外来气味和味道。

味道 taste：见 2 中的第 4 条。

基本味道 basic taste：七种独特味道的任何一种；酸味的、苦味的、咸味的、甜味的、碱味的、鲜味的、金属味的。

有滋味的 sapid：描述有味道的产品。

无味的/无风味的 tasteless/flavourless：描述没有风味的产品。

乏味的 insipid：描述一种风味远不及期望水平的产品。

平味的 bland：描述风味不浓且无特色的产品。

中味的 neutral：描述无任何明显特色的产品

平淡的 flat：描述对产品的感觉低于所期望的感官水平。

风味增强剂 flavour enhancer：一种能使某种产品的风味增强而本身又不具有这种风味的物质。

口感 mouthfeel：在口中（包括舌头、牙齿与牙龈）感知到的触觉。

后味/余味 after-taste/residual taste：在产品消失后产生的嗅觉和（或）味觉。它有别于产品在嘴里时的感觉。

滞留度 persistence：类似于产品在口中所感知到的嗅觉和（或）味觉的持续时间。

芳香 aroma：一种带有愉快内涵的气味。

气味 odour：嗅觉器官嗅某些挥发性物质所感受到的感官特性。

特征 note：可区别和可识别的气味或风味特色。

异常特征 off-note：通常与产品的的腐败变质或转化作用有关的一种典型特征。

外观 appearance：物质或物体的所有可见特性。

稠度 consistency：由机械的和触觉的感受器，特别是在口腔区域内受到的刺激而觉察到的流动特性。它随产品的质地不同而变化。

主体（风味） body：某种产品浓郁的风味或对其稠度的印象。

有光泽的 shiny：描述可反向亮光的光滑表面的特性。

颜色 colour：①由不同波长的光线对视网膜的刺激而产生的感觉；②能引起颜色感觉的产品特性。

色泽 hue：与波长的变化相应的颜色特性。

章度（一种颜色的） saturation（of a colour）：一种颜色的纯度。

明度 luminance：与一种从最黑到最白的序列标度中的中灰色相比较的颜色的亮度或黑度。

透明的 transparent：描述可使光线通过并出现清晰映像的物体。

半透明的 translucent：描述可使光线通过但无法辨别出映像的物体。

不透明的 opaue：描述不能使光线通过的物体。

酒香 bouquet：用以刻画产品（葡萄酒、烈性酒等）的特殊嗅觉特征群。

炽热的 burning：描述一种在口腔内引起热感觉的产品（例如辣椒、胡椒等）。

刺激性的 pungent：描述一种能刺激口腔和鼻黏膜并引起强烈感觉的产品（如醋、芥末）。

质地 texture：用机械（力学）的、触觉的方法或在适当条件下用视觉的、听觉的接受器可接受到的所有产品的机械（力学）的、几何的和表面的特性。机械（力学）特性与对产品压迫产生的反应有关，它们分为五种基本特性：硬性、黏聚性、黏性、弹性、黏附性。几何特性与产品大小、形状及产品中微粒的排列有关。表面特性与水分和（或）脂肪含量引起的感觉有关。在嘴中它们还与这些成分释放的方式有关。

感性（硬度）　hardness：与使产品达到变形或穿透所需力有关的机械（力学）质地特性。在口中，它是通过牙齿间（固体）或舌头与上腭间（半固体）对产品的压迫而感知到的。与不同程度硬性相关的主要形容词有：柔软的 soft（低度），例如奶油、奶酪。结实的 firm（中度），例如橄榄。硬的 hard（高度），例如硬糖块。

黏聚性　cohesiveness：与物质断裂前的变形程度有关的机械质地特性。它包括碎裂性咀嚼性和胶黏性。

碎裂性　fracturability：与黏聚性和粉碎产品所需力量有关的机械质地特性。可通过在门齿间（前门牙）或手指间的快速挤压来评价。与不同程度碎裂性相关的主要形容词有：易碎的 crumbly（低度），例如玉米脆皮松饼蛋糕。易裂的 crunchy（中度），例如苹果、生胡萝卜。脆的 brittle（高度），例如松脆花生薄片糖、带白兰地酒味的薄脆饼。松脆的 crispy（高度），例如炸马铃薯片、玉米片。有硬壳的 crusty（高度），例如新鲜法式面包的外皮。

咀嚼性　chewiness：与黏聚性和咀嚼固体产品至可被吞咽所需时间或咀嚼次数有关的机械质地特性。与不同程度咀嚼性相关的主要形容词有：嫩的 tender（低度），例如嫩豌豆。有咬劲的 chewy（中度），例如果汁软糖（糖果类）。坚韧的 tough（高度），例如老牛肉、腊肉皮。

胶黏性　gumminess：与柔软产品的黏聚性有关的机械质地特性。它与在嘴中将产品磨碎至易吞咽状态所需的力量有关。与不同程度胶黏性相关的主要形容词有：松脆的 short（低度），例如脆饼。粉质的或粉状的 mealy、powdery（中度），例如某种马铃薯、炒干的扁豆。糊状的 pasty（中度），例如栗子泥。胶黏的 gummy（高度），例如煮过火的燕麦片、食用明胶。

黏性　viscosity：与抗流动性有关的机械质地特性，它与将勺中液体吸到舌头上或将它展开所需力量有关。与不同程度黏性相关的形容词主要有：流动的 fluid（低度），例如水。稀薄的 thin（中度），例如酱油。油滑的 unctuous（中度），例如二次分离的稀奶油。黏的 viscous（高度），例如甜炼乳、蜂蜜。

弹性　springiness：①与快速恢复变形有关的机械质地特性；②与解除形变压力后变形物质恢复原状的程度有关的机械质地特性与不同程度弹性相关的主要形容词有：可塑的 plastic（无弹性），例如人造奶油。韧性的 malleable（中度），例如（有韧性的）棉花糖。弹性的 elastic；spring；rubbery（高度），例如鱿鱼、哈肉。

黏附性　adhesiveness：与移动附着在嘴里或黏附于物质上的材料所需力量有关的机械质地特性。与不同程度黏附性相关的主要形容词有：黏性的 sticky（低度），例如棉花糖料食品装饰。发黏的 tacky（中度），例如奶油太妃糖。黏的、胶质的 gooey；gluey（高度），例如焦糖水果冰激凌的食品装饰料，煮熟的糯米、木薯淀粉布丁。

粒度　granularity：与感知到的产品中粒子的大小和形状有关的几何质地特性。与不同程度粒度相关的主要形容词有：平滑的 smooth（无粒度），例如糖粉。细粒的 gritty（低度），例如某种梨。颗粒的 grainy（中度），例如粗粒面粉。粗粒的 coarse（高度），例如煮熟的燕麦粥。

构型　conformation：与感知到的产品中微粒子形状和排列有关的几何质地特性。与不同程度构型相关的主要形容词有：纤维状的 fibrous：沿同一方向排列的长粒子。例如芹菜。蜂窝状的 cellular：呈球形或卵形的粒子。例如橘子。结晶状的 crystalline：呈棱角形的粒子。例如砂糖。

水分　moisture：描述感知到的产品吸收或释放水分的表面质地特性。与不同程度水分相关的主要形容词有：干的 dry（不含水分），例如奶油硬饼干。潮湿的 moist（低级），例如苹果。湿的 wet（高级），例如荸荠、牡蛎。含汁的 juicy（高级），例如生肉。多汁的 succulent（高级），例如橘子。多水的 watery（感觉水多的），例如西瓜。

脂肪含量 fatness：与感知到的产品脂肪数量或质量有关的表面质地特性。与不同程度脂肪含量相关的主要形容词有：油性的 oily：浸出和流动脂肪的感觉。例如法式调味色拉。油腻的 greasy：浸出脂肪的感觉。例如腊肉、油炸马铃薯片。多脂的 fatty：产品中脂肪含量高但没有渗出的感觉。例如猪油、牛脂。

4. 与分析方法有关的术语

被检样品 test sample：被检验产品的一部分。

被检部分 test portion：直接提交评价员检验的那部分被检样品。

参照值 reference point：与被评价的样品对比的选择值（一个或几个特性值，或者某产品的值）。

对照样 control：选择用作参照值的被检样品。所有其他样品都与其作比较。

参比样 reference：本身不是被检材料，而是用来定义一个特性或者一个给定特性的某一特定水平的物质。

差别检验 difference test：对样品进行比较的检验方法。

偏爱检验 preference test：对两种或多种样品评价更喜欢哪一种的检验方法。

成对比较检验 paired comparison test：为了在某些规定特性基础上进行比较，而成对地给出刺激的一种检验方法。

三点检验 triangular test：差别检验的一种方法。同时提供三个已编码的样品，其中有两个样品是相同的，要求评价员挑出其中的单个样品。

"二-三"点检验 duo-trio test：差别检验的一种方法，首先提供对照样品，接着提供两个样品，要求评价员识别其中哪一个与对照样品相同。

"五中取二"检验 "two out of five" test：差别检验的一种方法。五个已编码的样品，其中有两个是一种类型，其余三个是另一种类型，要求评价员将这些样品按类型分成两组。

"A"-"非 A"检验 "A" or "not A" test：差别检验的一种方法。当评价员学会识别样品"A"以后，将一系列可能是"A"或"非 A"的样品提供给他们，要求评价员指出每一个样品是"A"还是"非 A"。

分等 grading：用以指明下述四条中所述方法的常用基本术语。

排序 ranking：按规定指标的强度或程度排列一系列样品的分类方法。这种方法只将样品排定次序而不估计样品之间差别的大小。

分类 classification：将样品划归到预先规定的命名类别的方法。

评价 rating：按照类别分类的方法，将每种类别按顺序标度排列。

评分 scoring：用数字打分来评价产品或产品特性的方法。

稀释法 dilution method：制备逐渐降低浓度的样品，并顺序检验的方法。

筛选 screening：初步的选择过程。

匹配 matching：将相同或相关的刺激配对的过程，通常用于确定对照样品和未知样品之间或两个未知样品之间的相似程度。

客观方法 objective method：受个人意见影响最小的方法。

主观方法 subjective method：考虑到个人意见的方法。

量值估计 magnitude estimation：对特性强度定值的过程，所定数值的比率和评价员的感觉是相同的。

独立评价 independent assessment：在没有直接比较的情况下，评价一种或多种刺激。

比较评价 comparative assessment：对同时出现的刺激的比较。

描述定量分析；剖面 descriptive quantitative analysis；profile：用描述词评价样品的感官特性以及每种特性的强度。

标度 scale：由连续值组成，用于报告产品特征水平的闭联集。这些值可以是图形的、描述的或数字的。

快感标度 hedonic scale：表达喜欢或不喜欢程度的一种标度。

双极标度 bipolar scale：在两端有相反刻度的一种档度（例如从硬的到软的这样一种质地标度）。

单极标度 unipolar scale：只有一端带有一种描述词的标度。

顺序标度 ordinal scale：以预先确定的单位或以连续级数排列的一种标度。

等距标度 interval scale：以相同数字间隔代表相同感官知觉差别的一种标度。

比率标度 ratio scale：以相同的数字比率代表相同的感官知觉比率的一种标度。

误差（评价的） error（of assessment）：观察值（或评价值）与真值之间的差别。

随机误差 random error：不可预测的误差，其平均值趋向于零。

偏差 bias：正负系统误差。

预期偏差 expectation bias：由于评价员的先入之见造成的偏差。

真值 true value：想要估计的某特定值。

标准光照度 standard illuminants：国际照明委员会（CIE）定义的自然光或人造光范围内的有色光照度。

（二）质地分析术语

1. 一般概念

结构（组织） structure：表示物体或物体各组成部分关系的性质。

质地（质构） texture：用机械的、触觉的方法或在适当条件下用视觉的、听觉的接受器可接受到的所有产品的机械的、几何的和表面的特性。

2. 与力学特性有关的术语

硬度 hardness（firmness）：表示使物体变形所需要的力。

凝聚性 cohesiveness：表示形成食品形态所需内部结合力的大小。

酥脆性 brittleness：表示破碎产品所需要的力。

咀嚼性 chewiness：表示把固态食品咀嚼成能够吞咽状态所需的能量和硬度、凝聚性、弹性有关。

胶黏性 gumminess：表示把半固态食品咀嚼成能够吞咽状态所需的能量和硬度、凝聚性有关。

黏性 viscosity：表示液态食品受外力作用流动时分子之间的阻力。

弹性 springiness：表示物体在外力作用下发生形变，当撤去外力后恢复原来状态的能力。

黏附性 adhesiveness：表示食品表面和其他物体（舌、牙、口腔）附着时，剥离它们所需要的力。

硬 firm（hard）：表示受力时对变形抵抗较大的性质（触觉）。

柔软 soft：表示受力时对变形抵抗较小的性质（触觉）。

坚韧 tough：表示对咀嚼引起的破坏有较强的和持续的抵抗性质。近似于质地术语中的凝聚性（触觉）。

柔韧 tender：表示对咀嚼引起的破坏有较弱的抵抗性质（触觉）。

筋道 chewy：表示像口香糖那样对咀嚼有较持续的抵抗性质（触觉）。

脆 short：表示一咬即碎的性质（触觉）。

弹性 springy：去掉作用力后变形恢复的性质（视觉）。

可塑的 plastic：去掉作用力后变形保留的性质（视觉）。

黏附性 sticky：表示咀嚼时对上颚、牙齿或舌头等接触面黏着的性质（触觉）。

黏稠状的 glutinous：与发黏及黏附性视为同义语（触觉和视觉）。

易破的 brittle：表示加作用力时，几乎没有初期变形而断裂、破碎或粉碎的性质（触觉和听觉）。

易碎的 crumble：表示一用力便易成为小的不规则碎片的性质（触觉和视觉）。

嘎嘣嘎嘣的 crunchy：表示兼有易破的和易碎的性质（触觉、视觉和听觉）。

酥脆的 crispy：表示用力时伴随脆响而屈服或断裂的性质。常用来形容吃鲜苹果、芹菜、黄瓜、脆饼干时的感觉（触觉和听觉）。

发稠的 thick：表示流动黏滞的性质（触觉和视觉）。

稀疏的 thin：是发稠的反义词（触觉和视觉）。

3. 与食品结构有关的术语

（1）颗粒的大小和形状

滑润的 smooth：表示组织中感觉不出颗粒存在的性质（触觉和视觉）。

细腻的 fine：结构的粒子细小而均匀的样子（触觉和视觉）。

粉状的 powdery：表示颗粒很小的粉末状或易碎成粉末的性质（触觉和视觉）。

砂状的 gritty：表示小而硬颗粒存在的性质（触觉和视觉）。

粗粒状的 coarse：表示较大、较粗颗粒存在的性质（触觉和视觉）。

多疙瘩状的 lumpy：表示大而不规则粒子存在的性质（触觉和视觉）。

粒状性 granularity：表示食品中粒子大小和形状。

组织性 conformation：表示食品中粒子的形状及方向。

（2）结构的排列和形状

薄层片状的 flaky：表示容易剥落的层片状组织（触觉和视觉）。

纤维状的 fibrous：表示可感到纤维样组织且纤维易分离的性质（触觉和视觉）。

多筋的 strings：表示纤维较粗硬的性质（触觉和视觉）。

纸浆状的 pulpy：表示柔软而有一定可塑性的湿纤维状结构（触觉和视觉）。

细胞状的 cellular：主要指有较规则的空状组织（触觉和视觉）。

蓬松的 puffed：形容胀发得很暄腾的样子（触觉和视觉）。

结晶状的 crystalline：形容像结晶样的群体组织（触觉和视觉）。

玻璃状的 glassy：形容脆而透明固体状的。

果冻状的 gelatinous：形容具有一定弹性的固体。

泡沫状的 foamed：主要形容许多小的气泡分散于液体或固体中的样子（触觉和视觉）。

海绵状的 spongy：形容有弹性的蜂窝状结构样的（触觉和视觉）。

4. 与口感有关的术语

口感 mouthfeel：表示口腔对食品质地感觉的总称。

浓的 body：表示质地的一种口感表现。

干的 dry：表示口腔游离液少的感觉。

潮湿的　moist：表示口腔中游离液的感觉既不觉得少，又不感到多的样子。

润湿的　wet：表示口腔中游离液有增加的感觉。

水汪汪的　watery：表示因含水多而有稀薄、味淡的感觉。

多汁的　juicy：表示咀嚼中口腔内的液体有不断增加的感觉。

油腻的　oily：表示口腔中有易流动，但不易混合的液体存在的感觉。

肥腻的　greasy：表示口腔中有黏稠而不易混合液体或脂膏样固体的感觉。

蜡质的　waxy：表示口腔中有不易溶混的固体的感觉。

粉质的　mealy：表示口腔中有干的物质和湿的物质混在一起的感觉。如吃蒸熟的马铃薯的感觉。

黏糊糊的　slimy：表示口腔中有黏稠而滑溜的感觉。

奶油状的　creamy：表示口腔中有滑溜感。

收敛性的　astringent：表示口腔中有黏膜收敛的感觉。

热的（烫的）　hot：口腔过热的感觉。

冷的　cold：口腔对低温的感觉。

清凉的　cooling：表示像吃薄荷那样由于吸热而感到的凉爽。

湿润性　moisture：表示食品中吸收或放出的水分。

油脂性　fatness：表示食品中脂肪的量及质。

三、食品质地感官评定

1. 质地感官评定的步骤

感官评定的步骤一般有：①选择评价员；②评价员培训；③建立试样的评定分等级标准；④建立一张基本打分表（可按质地多剖面法）；⑤对不同检测食品建立各自的打分表，并请评价员打分；⑥统计与分析。

2. 评价员的选定

感官分析是用人来对样品进行测量，评价人员对环境、产品及试验过程的反应方式都是试验潜在的误差因素。因此食品感官分析评价人员对整个试验是至关重要的，为了减少外界因素的干扰，得到正确的试验结果，就要在食品感官分析评价人员这一关上做好筛选和培训的工作。在感官试验室内参加感官分析评价的人员大多数都要经过筛选程序确定。筛选过程包括挑选候选人员和在候选人员中确定通过特定试验手段筛选两个方面。

实验室内感官分析的评价员与消费者嗜好检验的评价员是两类不同的评价员。前者需要专门的选择与培训，后者只要求评价员的代表性。实验室内感官分析的评价员有初级评价员、优选评价员、专家三种。

对分析型评价员有如下要求。

(1) 对食品的各类特性（感觉内容）有分析和判断的能力。

(2) 对食品各种特性有较高的感觉灵敏度（刺激阈值低）。

(3) 对各种特性间的差别具有敏感的识别能力（识别阈小）。

(4) 对特性量值的大小具有表达能力。

(5) 对各种特性具有准确的语言描述能力。

根据第 (4) 条要求，在评定过程中，评价员的评价尺度不能有变化，但实际上，如用 5 分或 10 分法评价时，很难保证 10 分、9 分、8 分之间具有等距性。第 (5) 条与质地的分类相关，要求在评定过程中必须明确术语的含义或定义，因此需要评价员进行训练，才能达到很高的语言表达水平。为了确保评价员能力和水平，需要严格按照国家标准 GB/T 14195

《感官分析 选拔与培训 感官分析优选评价员导则》对评价员进行初选、筛选、培训和考核。

分析型评价组人数一般 10～20 人。

嗜好型评价组可由一般消费者组成，当然分析型专家也可参加。在实际开发新食品时，一般嗜好型评价组由本单位一般职工和消费者代表组成，对他们无需进行培训，但要注意年龄、性别等对嗜好性的影响，人数一般要求 30～50 人。

3. 感官评定的环境和设备

感官分析实验室一般应包括：进行感官评价工作的检验区；用于制备评价样品的制备区、办公室、休息室、更衣室、盥洗室。感官分析实验室的基本要求，应具备进行感官评价工作的检验区和用于制备评价样品的制备区。

检验区应紧靠制备区，但两区应隔开，以防止评价员在进入或离开检验区时穿过制备区。检验区的温度和湿度应是恒定和适宜的，在满足检验的温度和湿度的要求下，应尽量让评价员感觉舒适。检验期间应控制噪声。检验区应安装带有碳过滤器的空调，以清除异味。允许在检验区增大一点大气压强以减少外界气味的侵入。检验区的建筑材料和内部设施均应无味、不吸附和不散发气味。清洁器具不得在检验区内留下气味。检验区墙壁的颜色和内部设施的颜色应为中性色，以免影响检验样品。照明对感官检验特别是颜色检验非常重要。检验区的照明应是可调控的、无影的和均匀的。并且有足够的亮度以利于评价。一般要求评价员独立进行个人评价。为防止评价员之间的影响及精力分散，在评价时将评价员安置在每个检验隔挡中。隔挡数目一般为 5～10 个，但不得少于 3 个。每一隔挡内应设有一工作台。工作台应足够大以能放下评价样品、器皿、回答表格和笔或用于传递回答结果的计算机等设备。

在建立感官分析实验室时，应尽量创造有利于感官检验的顺利进行和评价员正常评价的良好环境，尽量减少评价员的精力分散以及可能引起的身体不适或心理因素的变化使得判断上产生错觉。标准感官分析实验室建设参照国家标准 GB/T 13868《感官分析 建立感官分析实验室的一般导则》实施。

4. 被检样品

抽样：应按有关抽样标准抽样。在无抽样标准情况下有关方面应协商一致，要使被抽检的样品具有代表性，以保证抽样结果的合理性。

样品的制备：样品的制备方法应根据样品本身的情况以及所关心的问题来定。例如对于正常情况是热食的食品就应按通常方法制备并趁热检验。片状产品检验时不应将其均匀化。应尽可能使分给每个评价员的同种产品具有一致性。有时评价那些不适于直接品尝的产品，检验时应使用某种载体。对风味做差别检验时应掩蔽其他特性，以避免可能存在的交互作用。对同种样品的制备方法应一致。例如，相同的温度，相同的煮沸时间，相同的加水量，相同的烹调方法等。样品制备过程应保持食品的风味。不受外来气味和味道的影响。

样品的分发：样品应编码，例如用随机的三位数字编码，并随机地分发给评价员，避免因样品分发次序的不同影响评价员的判断。

为防止产生感官疲劳和适应性，一次评价样品的数目不宜过多。具体数目将取决于检验的性质及样品的类型。评价样品时要有一定时间间隔，应根据具体情况选择适宜的检验时间。一般选择上午或下午的中间时间，因为这时评价员敏感性较高。

试样要准备充分，保证重复次数（3 次以上），以便保证结果的可靠性。

5. 评价方法的选择和回答

在选择适宜的检验方法之前，首先要明确检验的目的。一般有两类不同的目的，一类主要是描述产品，另一类主要是区分两种或多种产品。第二类目的包括：确定差别种类，确定差别的大小，确定差别的方向，确定差别的影响。

当检验目的确定后，为了选择适宜的检验方法，还要考虑到置信度、样品的性质以及评价员等因素。例如，对于刺激性比较强的食品，应该选择差别检验方法比较合适，这样可以避免因为多次品尝而引起的感觉疲劳。

在检验过程中，向评审员作出什么样的提问是决定感官检验研究价值的出发点。对于不完备的、无用的提问，无论怎样进行分析，所得的数据结果是毫无意义的。所以在认真品尝和检验样品的基础上，科学地设计问答票是非常重要的。问答票中的问题要明确，避免难于理解和同时有几种答案的提问，提问不应有理论上的矛盾，不应产生诱导答案，提问不要太多。最好是在正式试验之前先召集几个人进行预备检验，征求他们对问答票的意见。表 4-6 基本质地多剖面问答纸。

表 4-6　基本质地多剖面问答纸

产品名称：	日期	年 月 日	评审员：	
特性指标	分值	特性指标		分值
Ⅰ. 最初值(第一次咀嚼评定) (a)力学的 　硬度(1～9 分) 　脆度(1～7 分) 　流变特性(1～8 分) (b)外形 (c)其他参数(水分、油腻程度) Ⅱ. 咀嚼中(咀嚼过程中评定) (a)力学的 　硬度(1～9 分)		脆度(1～7 分) 　流变特性(1～8 分) (b)外形 (c)其他参数(水分、油腻程度) Ⅲ. 剩余质地(在咀嚼和吞咽过程中的变化) 破碎速率 破碎情况 水分吸收 口腔感觉		

四、感官检验的方法

常用的检验方法可分为以下四类。①差别检验：用以确定两种产品之间是否存在感官差别。②标度和类别检验：用于估计差别的顺序或大小，或者样品应归属的类别或等级。③分析或描述性检验：用于识别存在于某样品中的特殊感官指标。该检验也可以是定量的。④敏感性检验：用于确定不同的阈值和确定可感觉到的混入食品中的其他物质的最低量。

下面讨论的检验方法一般仅适用于在实验室内对食品样品进行感官分析，不适用于消费者偏爱检验。对也适用于偏爱检验的方法在相应的内容中指出。

1. 差别检验

差别检验的类型包括成对比较检验，三点检验，二-三点检验，五中取二检验，"A"-"非 A"检验。

各种差别检验方法是用来确定两种样品 A 和 B 之间是否存在着可觉察的差别（或是否偏爱某一个）。分析是以每一类别的评价员数量为基础。例如有多少人偏爱样品 A，多少人偏爱样品 B，多少人回答的正确。对差别检验结果的解释主要是运用统计学的二项分布参数检验。有两个共性问题：①在差别检验中对"无差别"回答的处理。在差别检验中，可能有的评价员没能觉察出两种样品之间的差别，因而产生"无差别"的回答，但是为了统计分析的需要，一般规定不允许"无差别"的回答（即强迫选择）。如果允许出现"无差别"的回答，那么有两种处理办法。忽略"无差别"的回答，即从评价小组的评价总数中减去这些数。将"无差别"的结果分配到其他类的回答中，即在成对比较检验和二-三点检验中将这种结果的各一半归于 A 和 B 类中，在三点检验中将这种结果的三分之一归于回答正确的类中，在五中取二检验中将这种结果的十分之一归于回答正确的类中。②序贯方法。事先不固定检验次数，而是不断检查积累的结果，只要能作出是否有差别的判断，检验即可停止。序贯方法的优点是所需要的检验次数和评价员数一般比较少。

（1）成对比较检验

成对比较检验可用于确定两种样品之间是否存在某种差别，差别的方向如何；确定是否偏爱两种样品中的某一种；评价员的选择与培训。

这种检验方法的优点是简单且不易产生感官疲劳。缺点是，当比较的样品增多时，要求比较的数目立刻就会变得极大以至无法一一比较。

评价员人数　7个以上专家；或20个以上优选评价员；或30个以上初级评价员。对于综合性研究，例如消费者偏爱检验，则需要视检验内容、要求而配备更多的评价员。

做法　以确定的或随机的顺序将一对或多对样品分发给评价员。向评价员询问关于差别或偏爱的方向等问题。差别检验和偏爱检验的问题不应混在一起。

结果的分析　成对比较检验有两种形式。第一种形式关心的是两种样品之间具体差别的方向以及确定这种方向；第二种形式关心的是偏爱两种样品中的哪一种。

这种分析仅适用于由从样品A取出的一个样品与从样品B取出的一个样品组成的成对样品，即仅适用于被检验的成对样品是AB或BA而不是AA或BB。

成对比较检验的原假设：这两种样品没有显著性差别，因而无法根据样品的特性强度或偏爱程度区别这两种样品。换句话说，每个参加检验的评价员作出样品A比样品B的特性强度大或样品B比样品A的特性强度大（或被偏爱）判断的概率是相等的，即 $P_A = P_B = 1/2$。

根据作出样品A（或样品B）具有较大特性强度或被偏爱的判断数目对结果作出解释。结果的解释还取决于与原假设相反的备择假设。根据备择假设的性质确定检验是双边的还是单边的。

双边检验　双边检验是只需要发现两种样品在特性强度上是否存在差别（强度检验）或者是否其中之一更被消费者偏爱（偏爱检验）。

备择假设：这两种样品有显著差别，因而可以区别这两种样品。换句话说，每个参加检验的评价员作出样品A比样品B的特性强度大或样品B比样品A的特性强度大（或被偏爱）判断的概率是不等的，即 $P_A \neq P_B$（$P_A > P_B$ 或 $P_A < P_B$）。

如果对某一种样品投票的人数不少于附录表1中第二列的数，则在5%的显著性水平上拒绝原假设，从而得出结论：两种样品之间有显著性差别。如果对样品A投票的人数多，则可得出结论，样品A的某种指标强度大于样品B的同种指标强度（或被明显偏爱）。

单边检验　单边检验是希望发现某一指定样品，例如样品A比另一种样品B具有较大的强度（强度检验），或者被偏爱（偏爱检验）。

备择假设：样品A的特性强度（或被偏爱）明显优于样品B。换句话说参加检验的评价员作出样品A比样品B的特性强度大（或被偏爱）判断概率大于作出样品B比样品A的特性强度大（或被偏爱）判断的概率。即 $P_A > 0.5$。

如果选择样品A的数目不少于附录表1中第四列的数，则在5%的显著性水平上拒绝原假设而接受备择假设。

例如：在一个有30个评价员参加的检验中，20个人偏爱A，10个人偏爱B，并且没有理由认为A或B应被偏爱（即检验是双边的）。较大一组的人数（即20）与附录表1中评价员数为30的第二列的数比较（即21）。由于观测值（指偏爱A的人数20）低于表中的值，所以原假设在5%显著性水平上不被拒绝，并且不可能得出这两种产品有哪一个更被偏爱的结论。

另一方面，如果有先验知识，A 应被偏爱，则该检验是单边的。偏爱 A 的评价员数与附录表 1 中评价员数为 30 的第四列的数（即 20）比较。由于从检验中得到的数等于表中的数，所以将以 5％的显著性水平拒绝原假设。并且应得出对产品 A 有明显的偏爱的结论。

（2）三点检验

三点检验可用于以下场合：①确定两种样品之间细微的差别；②当能参加检验的评价员数量不多时；③选择和培训评价员。该检验的缺点是：①用这种方法评价大量样品是不经济的；②用这种方法评价风味强烈的样品比成对比较检验更容易受到感官疲劳的影响；③要保证两种样品完全一样是很困难的。

评价员 所需要的评价员数目：6 个以上专家；或 15 个以上优选评价员；或 25 个以上初级评价员。

BAA	ABB
ABA	BAB
AAB	BBA

图 4-3 样品组

做法 向评价员提供一组三个已经编码的样品，其中两个样品是相同的，要求评价员挑出其中单个的样品。三个不同排列次序的样品组中，两种样品出现的次数应相等，它们如图 4-3 所示。

结果的分析 原假设：不可能根据特性强度区别这两种样品。在这种情况下正确识别出单个样品的概率为 $P=1/3$。备择假设：可以根据特性强度区别这两种样品。在这种情况下正确识别出单个样品的概率为 $P>1/3$。该检验是单边的。如果正确回答的数目大于或等于附录表 1 中第三列的相应的数，则以 5％的显著性水平拒绝原假设而接受备择假设。

（3）二-三点检验

二-三点检验用于确定被检样品与对照样品之间是否存在感官差别。这种方法尤其适用于评价员很熟悉对照样品的情形。如果被测样品有后味，这种检验方法就不如成对比较检验适宜。

评价员 需要 20 个以上初级评价员。

做法 首先向评价员提供已被识别的对照样品，接着提供两个已编码的样品，其中之一与对照样品相同。要求评价员识别出这一样品。

结果的分析 原假设：不可能区别这两种样品。在这种情况下，识别出与对照样品相同的样品的概率是 $P=1/2$。备择假设：可以根据样品的特性强度区分这两种样品。在这种情况下正确识别出与对照样品相同的样品的概率为 $P>1/2$。

该检验是单边的。如果正确回答的数目大于或等于附录

AAABB	BBBAA
AABAB	BBABA
ABAAB	BABBA
BAAAB	ABBBA
AABBA	BBAAB
ABABA	BABAB
BAABA	ABBAB
ABBAA	BAABB
BABAA	ABABB
BBAAA	AABBB

图 4-4 20 种不同的排序

表 1 中第四列中的数，那么将以 5％显著性水平拒绝原假设而接受备择假设。

（4）五中取二检验

当仅可找到少量的（例如 10 个）优选评价员时可选用五中取二检验方法。这种方法的优点是确定差别比用其他检验方法更节省（这种方法在统计学上功效高）。这种检验方法的缺点与三点检验相同，而且更容易受到感官疲劳和记忆效果的影响。在利用视觉、听觉和触觉的感官分析中可使用该方法。

评价员 需要 10 个以上优选评价员。

做法 向评价员提供一组五个已编码的样品，其中两个是一种类型的，另外三个是一种类型，要求评价员将这些样品按类型分成两组。当评价员数目不足 20 时，样品出现的次序应随机地从以下 20 种不同的排序中挑选（图 4-4）。

结果的分析　原假设：不可能区别这两种样品。在这种情况下能正确地将两种样品分开的概率是 $P=1/10$。备择假设：可以根据样品的特性强度区分这两种样品。在这种情况下正确区别这两种样品的概率为 $P>1/10$。

该检验是单边的，将正确回答的数与附录表 1 的第五列中相应的数比较，如果正确回答的数目大于或等于附录表 1 中第五列中相应的数，则以 5% 的显著性水平拒绝原假设而接受备择假设。

（5）"A"-"非 A"检验

"A"-"非 A"检验主要用于评价那些具有各种不同外观或留有持久后味的样品。这种方法特别适用于无法取得完全类似样品的差别检验。

评价员　所需要的评价员数目：20 个以上优选评价员；或 30 个以上初级评价员。

做法　首先将对照样品"A"反复提供给评价员，直到评价员可以识别它为止，然后每次随机给出一个可能是"A"或"非 A"的样品，要求评价员辨别。提供样品应有适当的时间间隔，并且一次评价的样品不宜过多以免产生感官疲劳。

结果的分析　可用列联表形式表示检验结果，然后作 χ^2 检验。

原假设：评价员的判别（认为样品是"A"或"非 A"）与样品本身的特性（样品本身是"A"或"非 A"）相互独立。即

$$n_{11}/n_{21}=n_{12}/n_{22}$$

式中，n_{11} 为样品本身是"A"评价员也认为是"A"的回答数；n_{21} 为样品本身是"A"而评价员认为是"非 A"的回答数；n_{12} 为样品本身是"非 A"而评价员认为是"A"的回答数；n_{22} 为样品本身是"非 A"评价员也认为是"非 A"的回答数。

备择假设：评价员的评价与样品本身特性有关，即

$$n_{11}/n_{21}\neq n_{12}/n_{22}$$

χ^2 统计量如下。

$$\chi^2=\sum_{i,j}\frac{(|E_0-E_t|-0.5)^2}{E_t}$$

式中，E_0 为各类观测数 n_{ij}（$i=1,2$；$j=1,2$）；E_t 为等于 $n_{i0}\cdot n_{0j}/n_{00}$。如表 4-7。将 χ^2 值与附录表 2 中对应自由度为 1 的表列值比较，若大于或等于表列值则拒绝原假设而接受备择假设。若小于表列值则接受原假设。

表 4-7　观测值

样品特性 评价员判别	"A"	"非 A"	总计
"A"	n_{11}	n_{12}	n_{10}
"非 A"	n_{21}	n_{22}	n_{20}
总计	n_{01}	n_{02}	n_{00}

2. 标度和类别检验

检验的类型包括：排序；分类；评估；评分；分等。

（1）排序

排序法具有广泛的用途。但是它的区别能力并不强，这种方法可用于：①筛选样品以便安排更精确的评价；②选择产品；③消费者接受检查及确定偏爱的顺序；④选择与培训评价员。当评价少量样品（6 个以下）的复杂特性（例如质量和风味）以及当评价大量样品（20个以上样品）的外观时这种方法是迅速有效的。

评价员　所需要的评价员数目：2 个以上专家；或 5 个以上优选评价员；或 10 个以上初级评价员（对于消费者检验需要 100 个以上评价员）。

做法　检验之前，评价员对被评价的指标和准则要有一致的理解。在检验中，每个评价员以事先确定的顺序检验编码的样品并安排一个初步的顺序作为结果，然后可以通过重新检验样品来检查和调整这个顺序。

结果的分析　当一些评价员将样品排序后，可进行统计检验以确定这些样品是否有显著的差别。没有显著差别的样品应属于同一秩次。还可以进行检验以确定某一特殊样品是否比其他样品具有明显较高或较低的秩次。

（2）分类

在估价产品的缺陷等情况时可用分类法。

评价员　所需要的评价员数目：3 个以上专家；或 3 个以上优选评价员。

做法　明确定义并使专家或优选评价员理解所使用的分类类别。每个评价员检查所有的样品并将其归于某一个类别中。

结果的分析　对一种产品所得到的结果可汇总为分属每一类别的频数。然后 χ^2 检验可用以比较两种或多种产品落入不同类别的分布。即检验原假设：分布是相同的。备择假设：分布不同。χ^2 检验也可用以检验同一产品的两种不同的分类方法的分布是否相同。

（3）评估

评估法可用以评价：①一个或多个指标的强度；②偏爱程度。由于评估法能估计指标强度或偏爱的程度，所以这种检验方法比排序法能提供更多的信息。

评价员　①为确定指标的强度，需要 1 个以上的专家；或 5 个以上优选评价员；或 20 个以上初级评价员；②为确定偏爱的程度，需要 50 个以上初级评价员（对两种样品）；或 100 个以上初级评价员（对三种以上样品）。

做法　明确定义并使评价员理解所使用的类别。标度可以是图示的或描述性的，可以是单极标度也可以是双极标度。每个评价员检验所有的样品并将这些样品归于某一标度的位置上。如果把类别标示成数字，则不应将该数字视为评分结果。

结果的分析　当评估一种样品时对少数点的离散标度可统计分属每一标度类别的频数。对连续的数据或许多点的离散数据，可分组并统计落入每一区间的频数，然后确定众数或中位数。

当评估多种样品时，可用非参数方法例如 χ^2 检验比较所得到不同样品的数据的分布。

如果数据（数据本身或经过变换）满足评分条件，那么可以使用在评分中给出的方法。

（4）评分

评分法可用于评价一种或多种指标的强度（表 4-8～表 4-11）。

表 4-8　评价强度的六分标度

1	不存在的	4	明确的
2	非常轻微的	5	显著的
3	轻微的	6	非常显著的

表 4-9　评价硬度的七分标度

1	非常硬的	5	有点软的
2	硬的	6	软的
3	有点硬的	7	非常软的
4	不硬不软的		

表 4-10　评价快感九分标度

9	极令人愉快的	4	有点令人讨厌的
8	很令人愉快的	3	令人讨厌的
7	令人愉快的	2	很令人讨厌的
6	有点令人愉快的	1	极令人讨厌的
5	不令人愉快也不令人讨厌的		

表 4-11　描述青豆颜色、气味和质地特性的标度

分数	特　性		
	质地	颜色	气味
9	非常嫩,汁液非常多,均匀的	浓绿的,均匀的	完全特有的,纯的
8	嫩的,多汁液的,几乎均匀的	浓绿的,几乎均匀的	特有的,纯的
7	尚嫩,尚有汁液,尚均匀的	绿的,尚均匀	尚有特征的,纯的
6	有点软、硬、微干、粉状的,水状的,不均匀的	有点过浅或过暗	稍平淡,稍有刺激性,辛辣的
5	软的、硬的、干的、粉状的、纤维状的,多筋的	明显的脱色(橄榄绿,带黄色的,带褐色的,有斑点的),明显不均匀	平淡的,带有明显的刺激性,辛辣的
4	明显软、硬、干、粉状、纤维状、多筋的	显著的脱色(橄榄绿、黄色的,褐色的,有斑点)	带有明显的刺激性,辛辣的
3	磨碎的、结实的、干的、纤维的、多筋的	强烈脱色,有很多斑点	强烈的变化
2	非常碎的、结实的、纤维状的、多筋的	非常强烈的脱色	非常强烈的变化
1	完全变质	完全变质	完全变质

评价员　所需要的评价员数目:1个以上专家;或 5 个以上优选评价员;或 20 个以上初级评价员。

作法　首先清楚定义所使用的标度类型。标度可以是等距的也可以是比率的。检验时先由评价员分别评价样品指标,然后由检验的组织者按事先确定的规则在评价员评价的基础上给样品指标打分。

结果的分析　对一种样品所得到的结果可用中位数或平均值(算术平均值)以及用某些度量分散程度的值(例如极差或标准偏差)来汇总。

如果仅涉及两种样品,并且分数的正态性假设是可信的。则可用 t 检验比较两种样品的平均值。

对两个以上的样品的分数,可作方差分析或多重比较。如果使用的是比率标度,那么数据可作变换。

(5) 分等

这种检验方法主要用于产品质量评价。

评价员　评价员的数目取决于所使用的具体分等的做法。

做法　首先确定能代表产品质量的感官指标,然后清楚地定义所使用的标度。在满足等距标度或比率标度的条件下可使用综合评分法,在只满足顺序标度的条件下可使用综合评估法。综合评分法即首先对样品的各有关指标分别评分,再根据各指标对整个产品质量的重要程度确定的权数对各指标的分数加权平均得出对整个样品的评分结果。综合评估法即首先对样品的各有关指标分别评估,得出各指标评估类别的频数表。各指标的评估类别数应相等。然后根据各指标的权数对各指标相应类别的频数加权平均。其加权平均值最大的那个类别代

表该样品的评估结果。可在评分或评估的基础上再划分等级。

结果的分析　如果使用顺序标度（评估法）对多种样品分等可参考评估中有关内容。如果使用等距或比率标度（评分法）对多种样品分等可参考评分中有关内容。

3. 分析或描述性检验

分析或描述性检验方法可适用于一个或多个样品，以便同时定性和定量地表示一个或多个感官指标。可分为以下两类：简单描述检验；定量描述和感官剖面检验。

（1）简单描述检验

可应用于识别和描述某一特殊样品或许多样品的特殊指标；将感觉到的特性指标建立一个序列。也可用于描述已经确定的差别和培训评价员。

评价员　①对特性指标的识别和描述：需要 5 个以上专家；②对所感觉到的特性指标确定一个序列：需要 5 个以上优选评价员。

做法　这种检验可适用于一个或多个样品。当在一次评价会上呈现多个样品时，样品分发顺序可能对于检验结果产生某种影响。可通过使用不同的样品顺序重复进行检验估计出这种影响的大小。第一个出现的样品最好是对照样品。

每个评价员独立地评价样品并作记录，可以提供一张指标检查表，可先由评价小组负责人主持一次讨论然后再评价。

结果的分析　设计一张适合于样品的描述性词汇表。根据每一描述性词汇的使用频数得出评价结果。最好对评价结论作公开讨论。

（2）定量描述和感官剖面检验

这类检验方法可用于：①新产品的研制；②确定产品之间差别的性质；③质量控制；④提供与仪器检验数据相对比的感官数据。

评价员　由 5 个以上优选评价员或专家组成评价小组。这些评价员都要经过该种方法的特殊培训。

做法　用被检验的样品的各种特性预先进行一组试验，以便确定出其重要的感官特性。用这些试验结果设计出一张描述性词汇表并确定检验样品的程序。评价小组经过培训掌握方法，特别是学会如何使用这些术语词汇。在这一阶段提供一组纯化合物或自然产品的参比样是很有用的。这些参比样会产生出特殊的气味或风味或者具有特殊的质地或视觉特性。

在检验会议上，评价员对照词汇表检查样品。在强度标度上给每一出现的指标打分。要注意所感觉到的各因素的顺序，包括后味出现的顺序，并对气味和风味的整个印象打分。

结果的分析　一种方式是先由评价员分别评价，然后评价小组负责人表列这些结果并组织讨论不同意见，如有必要还可对样品重新检查。根据讨论结果，评价小组对剖面形成一致的意见。另一种方式是不讨论或至多只有一个简短的讨论，得到的剖面是多少评价员评分的平均值。

处理这些结果没有简单的统计方法，但多变量分析技术可用来揭示产品之间和评价员之间是否有显著差异。

质地剖面检验在后面做详细介绍。

4. 敏感性检验

敏感性检验常被用于选择与培训评价员。敏感性检验方法大致可分为：①阈检验：用于确定评价员的不同的阈值，例如，刺激阈、识别阈、差别阈和最大阈。②稀释检验：用于确定可感觉到的混入食品中的其他物质的最低量。

5. 消费者检验

消费者是最终的检验者。消费者试验的目的是确定广大消费者对某食品的态度，主要用于市场调查、向社会介绍新产品、进行预测等。由于消费者一般都没有经过正规培训，各人的爱好、偏食习惯、感官敏感性等情况都不一致，故要求检验形式应尽可能简单、明了、易行，使得广大消费者乐于接受，人数不少于100人，这些人必须在统计学上能代表消费者总体，以保证试验结果具有代表性和可靠性。表4-12可供饮料口感评价分析时参考。

表 4-12 饮料口感术语的分类

种类	典型词汇	具有此类特性的饮料	不具有此类特性的饮料
分类	典型词	有此种特性的饮料	无此种特性的饮料
与稠性有关的术语	稀的 厚的	水、冰茶、热茶 高营养乳、蛋黄酒、番茄汁	杏酒、高营养乳、黄油奶 苏打水、香槟、速溶饮料
表面软组织感觉	光滑的 浆状的 奶油状的	牛奶、甜酒、热巧克力 橘汁、柠檬汁、菠萝汁 热巧克力、蛋黄酒、冰激凌苏打	—— 水、牛奶、香槟 水、柠檬汁、酸果汁
与碳酸化有关的术语	有气泡的 杀口的 有泡沫的	香槟、姜汁淡啤、苏打水 姜汁淡啤、香槟、苏打水 啤酒、冰激凌苏打	冰茶、柠檬汁、水 热茶、咖啡、速溶橘汁 酸果汁、柠檬汁、水
与质体有关的术语	浓的 淡的	高营养乳、蛋黄酒、甜酒 冰茶、热茶、速溶饮料、肉(清)汤	水、柠檬汁、姜汁淡啤 牛奶、杏酒
化学效应	淡的 涩的 烈的 辛辣的	水、冰茶、罐装果汁 热茶、冰茶、柠檬汁 甜酒、威士忌 菠萝汁	酪乳、热巧克力 水、牛奶、高营养乳 牛奶、茶、速溶饮料 水、热巧克力、罐装果汁
黏口腔	糊嘴 黏的	牛奶、蛋黄酒、热巧克力 牛奶、高营养乳、甜酒	水、威士忌、苹果酒 水、姜汁淡啤、牛肉清汤
黏舌头	黏性的 糖浆状的	牛奶、稀奶油、梅脯汁 甜酒、蜂王浆	水、姜汁淡啤、香槟 水、牛奶、苏打水
口腔口延迟感觉	清爽 干 残留的 易清除的	水、冰茶、葡萄酒 热巧克力、酸果汁 热巧克力、稀奶油、牛奶 水、热茶	酪乳奶、啤酒、罐装果汁 水 水、冰茶、苏打水 牛奶、菠萝汁
生理上的延迟感觉	提神 暖和 解渴	水、冰茶、柠檬汁 威士忌、甜酒、咖啡 可口可乐、水、速溶饮料	热巧克力、酪乳、梅脯汁 柠檬汁、香槟、冰茶 牛奶、咖啡、酸果汁
温度感觉	冷 凉 热	冰激凌苏打水、冰茶 冰茶、水、牛奶 热茶、威士忌	甜酒、热茶 蛋酒 柠檬汁、冰茶、姜汁淡啤
与湿度有关	湿 干	水 柠檬汁、咖啡	牛奶、咖啡、苹果酒 水

五、质地剖面检验

通过系统分类描述产品所有的质地特性（机械的、几何的和表面的）以建立起一质地剖面。

质地剖面分析适用于食品（固体、半固体、液体）或非食品类产品（如化妆品）。并且特别适用于固体食品。也可用于选拔和培训评价员；应用产品质地特性的定义及评价技术对评价员定位；描述产品的质地特性；建立产品的标准剖面以辨别以后的任何变化；改进旧产品和开发新产品；研究可能影响产品质地特性的各种因素，如：时间、温度、配料、包装、货架期、贮藏条件等对产品质地特性的影响；比较相似产品以确定质地差别的性质和强度；感官和仪器分析的相关性。

1. 质地剖面的组成

根据产品（食品或非食品）的类型，质地剖面一般包含以下方面：①可感知的质地特性。如机械的、几何的或其他特性。②强度。如可感知产品特性的程度。③特性显示顺序。可列为：咀嚼前或没有咀嚼：通过视觉或触觉（皮肤/手、嘴唇）来感知所有几何的、水分和脂肪特性；咬第一口或一呷：在口腔中感知到机械的和几何的特性，以及水分和脂肪特性；咀嚼阶段：在咀嚼和/或吸收期间，由口腔中的触觉接受器来感知特性；剩余阶段：在咀嚼和/或吸收期间产生的变化，如破碎的速率和类型。吞咽阶段：吞咽的难易程度并对口腔中残留物进行描述。

2. 质地特性的分类

质地是由不同特性组成。质地感官评价是一个动力学过程。根据每一特性的显示强度及其显示顺序可将质地特性分为三组：即机械特性、几何特性及表面特性。质地特性是通过对食品所受压力的反应表现出来的，可用以下任一方法测量：①通过动觉，即通过测量神经、肌肉、腱及关节对位置、移动、部分物体的张力的感觉。②通过体感觉，即通过测量位于皮肤和嘴唇上的接受器，包括黏膜、舌头和牙周膜对压力（接触）和疼痛的感觉。

（1）机械特性

半固体和固体食品的机械特性，可以划分为五个基本参数和三个第二参数，见表4-13。

表 4-13 机械质地特性的定义和评价方法

特性		定义	评价方法
基本参数	硬性	与使产品变形或穿透产品所需的力有关的机械质地特性。 在口腔中它是通过牙齿间（固体）或舌头与上腭间（半固体）对于产品的压迫而感知	将样品放在臼齿间或舌头与上腭间并均匀咀嚼，评价压迫食品所需的力量
	黏聚性	与物质断裂前的变形程度有关的机械质地特性	将样品放在臼齿间压迫它并评价在样品断裂前的变形量
	黏度	与抗流动性有关的机械质地特性，黏度与下面所需力量有关；用舌头将勺中液体吸进口腔中或将液体铺开的力	将一装有样品的勺放在嘴前，用舌头将液体吸进口腔里，评价用平稳速率吸液体所需的力量
	弹性	与快速恢复变形和恢复程度有关的机械质地特性	将样品放在臼齿间（固体）或舌头与上腭间（半固体）并进行局部压迫，取消压迫并评价样品恢复变形的速度和程度
	黏附性	与移动粘在物质上材料所需力量有关的机械质	将样品放在舌头上，贴上腭，移动舌头，评价用舌头移动样品所需力量
第二参数	易碎性	与黏聚性和粉碎产品所需力量有关的机械质地	将样品放在臼齿间并均匀地咬直至将样品咬碎。评价粉碎食品并使之离开牙齿所需力量
	易嚼性	与黏聚性和咀嚼固体产品至可被吞咽所需时间地特性有关的机械质地特性	将样品放在口腔中每秒钟咀嚼一次，所用力量与用0.5s内咬穿一块口香糖所需力量相同，评价当可将样品吞咽时所咀嚼次数或能量
	胶黏性	与柔软产品的黏聚性有关的机械质地特性，在口腔中它与将产品分散至可吞咽状态所需力量有关	将样品放在口腔中并在舌头与上腭间摆弄，评价分散食品所需要力量

（2）几何特性

产品的几何特性是由位于皮肤（主要在舌头上）、嘴和咽喉上的触觉接受器来感知的。这些特性也可通过产品的外观看出，包括粒度，如光滑的、白垩质的、粒状的、砂粒状的、粗粒的等术语构成了一个尺寸递增的微粒标度；构型，如纤维状的（如芹菜茎）、蜂窝状的（如蛋清糊）、晶状的（如晶体糖）、膨胀的（如爆米花、奶油面包）、充气的（如聚氨酯泡沫、蛋糖霜、果汁糖等）。表 4-14 给出了适用于产品几何特性的参照样品。

可以使用具有不同几何特性的样品并对每一特性进行描述，若需作进一步辨别，可建立一特定特性的标度。

表 4-14　产品几何特性的参照样品

与微粒尺寸 与形状有关特性	参照样品	与方向有关特性	参照样品
粉末状的	特级细砂糖	薄层状的	烹调好的黑线鳕鱼
白垩质的	牙膏	纤维状的	芹菜茎、芦笋、鸡胸肉
粗粉状的	粗面粉	浆状的	桃肉
砂粒状的	梨肉、细砂	蜂窝状的	橘子
粒状的	烹调好的麦片	充气的	三明治面包
粗粒状的	干酪	膨化的	爆米花、奶油面包
颗粒状的	鱼子酱、木薯淀粉	晶状的	砂糖

（3）表面特性

这些与口感好坏有关的特性是与口腔内或皮肤上触觉接受器感知的产品含水量和脂肪含量有关，也与产品的润滑特性有关。

应当注意产品受热（接触皮肤或放入口腔中）溶化时的动力学特性。此处时间指产品状态发生变化所需的时间。强度与产品在嘴中被感知到的不同的质地有关（如将一块冷奶油或一冰块放入嘴中让其自然溶化而不咀嚼）。

含水量　含水量是一表面质地特性，是对产品吸收或释放水分的感觉。用于描述含水量的常用术语不但要反映所感知产品水分的总量，而且要反映释放或是吸收的类型、速率以及方式。这些常用术语包括：干燥（如干燥的饼干）、潮湿（如苹果）、湿的（如荸荠、贻贝）、多汁的（如橘子）。

脂肪含量　脂肪含量是一表面质地特性，它与所感知的产品中脂肪的数量和质量有关。与黏口性和几何特性有关的脂肪总量及其熔点与脂肪含量一样重要。

建立起第二参数像"油性的"、"脂性的"和"多脂的"等以区别这些特性。"油性的"反映了脂肪浸泡和流动的感觉（如法式调味色拉）。"脂性的"反映了脂肪渗出的感觉（例如腊肉、炸土豆片）。"多脂的"反映了产品中脂肪含量高但没有脂肪渗出的感觉（例如猪油、牛羊脂）。

3. 建立术语

必须建立一些术语用以描述任何产品的质地。传统的方法是，由评价小组通过对一系列代表全部质地变化的特殊产品的样品的评价得到。在培训课程的开始阶段，应提供给评价员一系列范围较广的简明扼要的术语，以确保评价员能尽量使用单一特性。评价员将适用于样品质地评价的术语列出一个表。

评价员在评价小组领导人的指导下讨论并编制大家可共同接受的术语定义和术语表。并应考虑以下几点：术语是否已包括了关于产品的基本方法的所有特性；一些术语是否意义相同并可被组合或删除；评价小组每个成员是否均同意术语的定义和使用。

4. 参照产品

（1）参照产品的标度

基于产品质地特性的分类，已建立一标准比率标度，提供评价产品质地的机械特性的定量方法。表 4-15~表 4-22 仅列出用于量化每一感官质地特性强度的参照产品实例。这些标度仅说明一些基本现象，即使用熟悉的参照产品来量化每一感官质地特性的强度，这些标度反映了想建立剖面的产品中一般机械特性的强度范围，这些标度可根据产品特点作一些修改或直接使用。

表 4-15　标准硬性标度的例子

一般术语	比率值	参照样品①	类型	尺寸	温度
软	1	奶油奶酪		1.25cm³	7～13℃
	2	鸡蛋白	大火烹调5min	1.25cm 蛋尖	室温
	3	法兰克福香肠	去皮、大块、未煮过	1.25cm 厚片	10～18℃
	4	奶酪	黄色、加工过	1.25cm³	10～18℃
	5	绿橄榄	大个的、去核	一个	10～18℃
	6	花生	真空包装、开胃品型	一个花生粒	室温
	7	胡萝卜	未烹调	1.25cm 厚片	室温
	8	花生糖	糖果部分		室温
硬	9	水果硬糖			室温

① 在室温下溶化。

表 4-16　标准黏聚性标度的例子

一般术语	标度值	参照产品	类型	尺寸	温度
低黏聚性	1.0	玉米饼①	老式	1.25cm³	室温
	5.0	美洲奶酪	黄色、处理过	1.25cm³	5～7℃
	—	白三明治面包	片状、营养病强化的	1.25cm³	室温
	8.0	软椒盐卷饼		1.25cm 一片	室温
	10.0	果干	无核葡萄干	一粒	室温
	12.0	水果		一片	室温
高黏聚性	13.0	焦糖	家常、色拉	1.25cm³	室温
	15.0	口香糖	咀嚼40下以后	一块	室温

① 在室温下溶化。

表 4-17　标准黏度标度的例子

一般术语	比率值	参照产品	尺寸/mL	温度/℃
稀的	1	水	2.5	7～13
	2	稀奶油(18%脂肪)	2.5	
	3	厚奶油(35%脂肪)	2.5	7～13
	4	淡炼乳	2.5	7～13
	5	糖浆	2.5	7～13
	6	巧克力浆	2.5	7～13
稠的	7	125mL 蛋黄酱和 60mL 厚奶油的混合物	2.5	7～13
	8	加糖炼乳	2.5	7～13

表 4-18　标准弹性标度的例子

一般术语	标度值	参照产品	类型	尺寸	温度
低弹性	0	奶油奶酪		1.25cm³	5～7℃
	5.0	法兰克福香肠①	热水中煮 5min	1.25cm 厚片	室温
	9.0	果汁软糖		一块	室温
高弹性	15.0	果冻②		1.25cm³	5～7℃

① 嘴中压迫要均匀平行。

② 将一袋果冻和一袋明胶溶于热水中，加盖，在 5～7℃ 中冷藏 24h。

表 4-19　标准黏附性标度的例子

一般术语	比率值	参照产品	尺寸	温度
低黏性	1	氢化植物油	2.5mL	7～13℃
	2	酪乳饼干面团	饼干四分之一大小	7～13℃
	3	奶油奶酪	2.5mL	7～13℃
高黏性	4	果汁软糖顶端配料	2.5mL	7～13℃
	5	花生酱	2.5mL	7～13℃

表 4-20　标准脆性标度的例子

一般术语	比率值	参照产品	类型	尺寸	温度
软脆的	1	玉米饼		1.25cm³	室温
	2	松饼	82℃加热 5min	一块	室温
	3	全麦克力架		二分之一块	室温
	4	烤面包片	面包瓤片	1.25cm³	室温
	5	榛子饼		1.25cm³	室温
易碎的	6	姜汁脆饼		1.25cm³	室温
	7	花生糖	糖果部分	1.25cm³	室温

表 4-21　标准易嚼性标度的例子

一般术语	比率值	咀嚼数①	参照产品	类型	尺寸	温度
易嚼的	1	10.3	黑麦面包	面包瓤片	1.25cm	室温
	2	17.1	法兰克福香肠	去皮，大块，未煮过	1.25cm 厚片	10～21℃
	3	25.0	橡皮糖		一块	室温
	4	31.8	牛排	每块烤 10min	1.25cm³	60～85℃
	5	33.6	淀粉制软糖		一块	室温
	6	37.3	花生黏糖		一块	室温
难嚼的	7	56.7	太妃糖		一块	室温

① 吞咽前咀嚼的平均数。

这些标度也适用于培训评价员。但若不修改不能用于评价所有产品剖面。例如，在评价非常软的产品（例如不同配方的奶油奶酪），则硬度标度的低端，必需扩展并删除高端的一些点。因此，可扩展标度以更精确评估相似产品。

表 4-15～表 4-22 所给出的标度提供了量化质地评价的基准，其评价结果给出了产品的

质地剖面。

表 4-22　标准胶黏性标度的例子

一般术语	比率值	参照产品	尺寸	温度
低胶黏性	1	40％的面粉浆		室温
	2	45％的面粉浆		室温
	3	50％的面粉浆	一小勺	室温
高胶黏性	4	55％的面粉浆		室温
	5	60％的面粉浆		室温

在选择参照样品时应尽量选用大家熟知的产品。

（2）参照样品的选择

在选择参照样品时应首先了解：①在某地区适宜的食品在其他地区可能不适宜；②甚至在同一个国家内某些食品的适宜性随着时间变化也在变化；③一些食品的质地特性强度可能由于使用原材料的差别或生产上的差别而变化。充分了解以上条件，并选择适宜的产品用于标度中。标度应包含所评价产品所有质地特性的强度范围。

所选理想参照样品应为：包括对应于标度上每点的特定样品；具有质地特性的期望强度，并且这种质地特性不被其他质地特性掩盖；易得到；有稳定的质量；是较熟悉的产品或熟知的品牌；要求仅需很少的制备即可评价；质地特性在较小的温度变化下或较短时间贮藏时仅有极小变化。

应尽量避免特别术语及实验室内制备样品，并尝试选用一些市场上的知名产品，所选市场产品应具有特定特性强度要求，并且各批次具有特性强度的再现性，一般避免选用水果和蔬菜，因为质地变化受各种因素（如成熟度）影响较大。要求对样品烹调的一些术语也要避免。

参照样品应在尺寸、外形、温度和形态等方面标准化。许多产品的质地特性与其贮存环境的湿度有关（如饼干、马铃薯片），在这种情况下有必要控制检验时空气湿度和检验前限定样品以使检验在相同条件下进行。所用器具应标准化。

（3）参照标度的修正

若评价小组已掌握基本方法和参照标度，则可使用相同产品类型的一些样品建立一参照框架，以建立和发展评价技术、评价术语和评价特性的特殊显示顺序。评价小组评价每一系列参照产品时应确定其在使用标度上的位置，以表达所感受到的特性变化的感觉。

用于这些质地标度的一些参照材料可能被其他材料替代或改变环境要求以便：得到一指定质地特性和/或强度的更精确的说明；在参考标度中扩展强度范围；减少标度中两参照材料的标度间隔；提供更方便的环境条件（尺寸和温度）以更方便评价产品和感知产品质地特性。说明某些样品在标度中的不可用性。

用于硬性、黏聚性、黏度、弹性、黏附性、脆性、易嚼性的标准标度已在表 4-15～表 4-22中给出，应根据实际需要采用。

5. 显示顺序

质地特性遵循如"质地剖面的组成"中的感知的特定模式。评价小组应在同一顺序下评价同一特性。通常每一特性应在其最明显时、最容易觉察时评价。

评价员在建立一种方法和一系列有恰当顺序的描述词后，则可制定相应的回答表格，这个表格用于指导每个评价小组成员的评价和报告数据，这个表格应列出每一评价阶段的过程、所评价的描述词和描述词的正确顺序以及相应的强度标度。

6. 评价技术

在建立标准的评价技术时，要考虑产品正常消费的一般方式，包括：①食物放入口腔中的方式（例如：用前齿咬，或用嘴唇从勺中舔，或整个放入口腔中）；②弄碎食品的方式（例如：只用牙齿嚼；或在舌头或上腭间摆弄、或用牙咬碎一部分然后用舌头摆弄并弄碎其他部分）；③吞咽前所处状态（例如：食品通常是在液体、半固体，还是作为唾液中微粒被吞咽）。

所使用的技术应尽可能与食物通常的食用条件相符合。

图 4-5 给出了质地评价技术的例子。

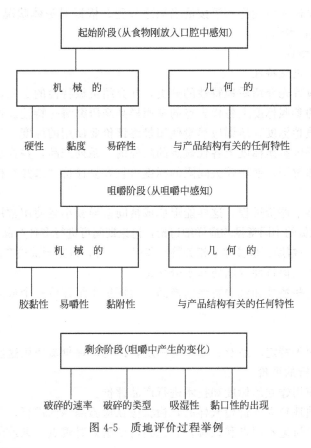

图 4-5　质地评价过程举例

7. 强度标度的使用

一般使用类属标度、线性标度或比率标度。

8. 用于培训和检验的样品的制备和提供

样品的制备过程应标准化，并应特别注意：①样品的制备应标准化以使检验结果具有代表性，并且对不同时间和不同批次的检验具有再现性；②样品的尺寸和外形应标准化以使样品的咀嚼和摆弄具有代表性和一致性；③确定和控制适宜的样品温度、湿度、制备及制备完后的时间长短等。

在感官检验室中，应同时提供合适参照样品作为实验样品，或在先前的简单培训中提供。

9. 评价小组的选拔

至少应有 25 人作为候选评价小组成员。

（1）口腔环境

由于牙齿或口腔假体或唾液异常易限制或改变对许多质地特性的感知，所以当有此类问题时，候选人必须证明能正确完成检验才可被选上。有些有一般性牙病的人也可能在咀嚼时的区别能力上很差。

（2）其他因素

应考虑候选人的可得性、对感官分析的兴趣及动机、个人素质、对产品的喜好、在团体发挥良好作用能力和用词水平。这些因素可在面试中获得。

（3）评价小组的选择

一种检查候选人生理能力的快速方法是向每个候选人提供具有试验中要评价的四种特性的最小量的样品。候选人应能将术语按恰当顺序放置。依据对身体状况的初步筛选及面试，选 10～15 人参加最后培训。

10. 评价小组的培训

（1）第一阶段：机械特性

评价小组培训应首先介绍质地特性的分类，并介绍机械特性的定义，评价小组成员通过重复评价经过筛选的参照标度上各代表点的参照样品来研究每一特性。这不仅使评价员理解标度，也使评价员熟悉标度。培训应尽量使用最终评价要使用的标度。

然后评价员再评价参照标度上各代表点的除外的一系列产品，并要求按标度分类。允许评价小组练习知觉和辨别。使用较大间隔的标度可较容易评价"未知"样品，也可建立评价员的自信。

本阶段将涉及整个评价过程，这样能形成成员间差异较小且使用常用术语的评价小组。

任何评价小组成员的不同意见均应详细讨论，讨论期间可进行多种产品或特殊产品的评价训练。评价小组领导人可帮助评价员建立相关特性和相应过程，以刻画被检产品的质地特性。

（2）第二阶段：几何特性（脂肪和水分含量）

提供评价小组这些特性和代表特性的样品，由评价小组评价一个或多个包含这些特性的样品。

（3）第三阶段

评价小组建立用于特定产品及其变化的标度，此间，评价员使用这些标度完成培训。

11. 评价小组进行的评价

评价小组通过使用建立的标度和技术进行产品评价。

每个评价员单独地独立评价检验样品，检验应在检验隔档内进行，评价小组领导人汇总个人评价结果并组织讨论不同点和误解，并达到讨论结束时观点一致或能正确解释所获得的标度数据。

12. 数据分析

对于数据的分析，可以使用所收集数据的相关典型数据分析独立评价（例如用非参数方法），也可以用质地剖面图示法形象地表示产品的特性。可使用条线图或直方图或雷达图，图示法易读并可在不同的产品间作比较。如图 4-6～图 4-8 所示。另一种方法是先由单个评价员评价产品，然后集体讨论产品特性与参照样品相比应得的特性值，并达成最终的一致。

六、感官分析方法国家标准

国家从 1988 年开始陆续颁布《感官分析方法》国家标准，现在感官分析方法国家标准共有 18 项，包括分析方法总论，分析术语，风味剖面、质地剖面检验，使用标度评价食品、

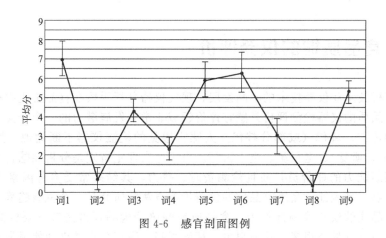

图 4-6 感官剖面图例

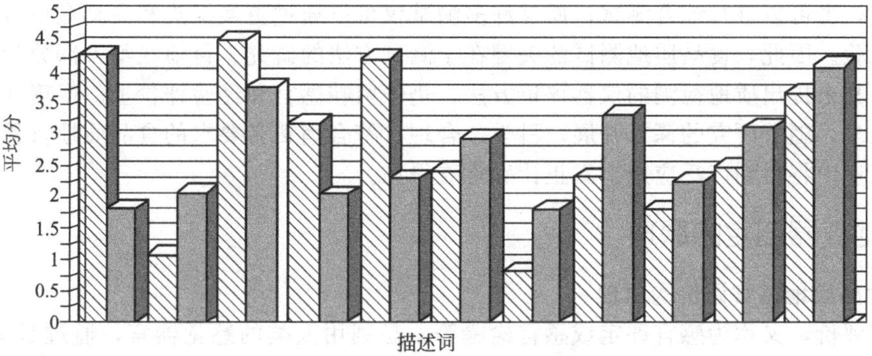

图 4-7 两种产品感官剖面比较

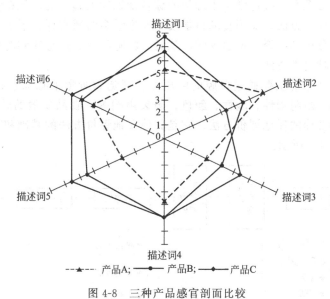

- - -▲- - - 产品A;　—●— 产品B;　—◆— 产品C

图 4-8 三种产品感官剖面比较

量值估计法等分析方法学，感官分析的具体方法，不能直接感官分析的样品制备准则，建立感官分析实验室的一般导则，评价员的导则专家的选拔、培训和管理，通过多元分析方法鉴定和选择用于建立感官剖面的描述词（见附录表 3）。国际上还有 ISO 11037《感官分析——食品颜色评估的总则及测试方法》等感官分析方法标准。

第四节　食品质地的仪器评价

随着计算机技术和仪器技术的不断发展，现代仪器分析手段在食品工业中得到了广泛应用。食品感官品质的仪器检测评价是感官评价领域非常有发展潜力的一个分支，已成为当今该领域研究的热点。替代（或部分替代）人感官感觉的检测仪器不断涌现，如质地测试仪（含触觉、视觉、听觉）、电子鼻、电子舌等。由于感官评定特别是分析性感官评定，不仅需要具有一定判断能力的评价员，而且检测费时、费力，其结果常受多种因素影响，不很稳定。因此，能够正确表征食品感官品质的仪器检测方法的研究是一个发展趋势。

食品感官品质的仪器检测评价中，食品质地的仪器检测评价是其重要的组成部分。目前，食品质地测试仪种类很多、功能很多、精度很高、数据分析软件功能很强；可以进行单指标测试，也可以进行综合测试；而且许多测试仪可以通过更换探头和夹具在一台仪器上实现不同试验。因此，食品质地测试的关键在于测试方法的研究。目前在绝大部分产品的质量标准中，都未提出质地检测的仪器评价方法，仍停留在感官和经验评价上。但现在这方面研究报道很多，随着研究的深入开展，科学、合理、符合消费者要求的食品质地仪器测定方法在食品工业中将得到广泛应用。真正让感觉看得见。

一、质地仪器测定的原理

1. 食品质地感官评价的原理

感官评价，又称为感官评定或感官检验等，是利用人类的感觉器官，通过目测、鼻嗅、口尝、手触摸等，对产品的色泽、香气、滋味、质地等作出评价。食品感官评价是以食品理化分析为基础，集心理学、统计学、生理学的综合知识发展起来的，是在食品行业中广泛使用的一种经典品质评价方法。美国食品科学技术专家学会给感官评价下了定义：感官评价是用于唤起、测量、分析和解释，通过视觉、嗅觉、味觉和听觉而感知到的食品及其他物质的特征或者性质的一种科学方法。

食品质地的感官评价主要通过口腔的触压觉、视觉和听觉来感知食物软硬、酥脆、弹性、多汁、颗粒感、耐咀嚼性、脆性、颜色、破裂声响等。食品质地的感官评价是最直观、使用最早、而且最准确的质地评价方法，它是其他质地评价方法的基础和基准。食品质地感官评价的原理如图4-9所示。

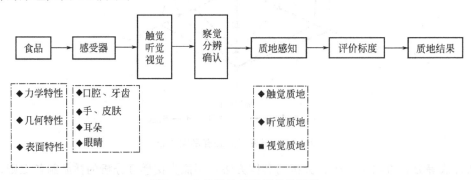

图 4-9　食品质地感官评价的原理

食品质地的感官评价主要包括评价样品的确定、样品评价标度的确立、评价人员的筛选和培训、分析方法的选择、评价实验的实施、数据处理及解释等几个程序：①根据食品质地评价的目的，是抽检产品还是研发新产品，确定待评价样品的数量、种类以及取样和制样的方法；②再根据待评价样品的质地性质，确立评分标准等级或者描述词汇类别，作为评价的依据；③评价人员是感官评价的主体，需要对评价人员进行生理、心理测试检验，根据食品质地评价的目的进行筛选，将筛选合格的评价员进行评价知识培训和评价练习；④选择合适的评价分析方法如差异检验、描述分析和情感试验等；⑤准备质地评价所需的场地、仪器用具，对样品的编号以及评价实验的安排组织，从而实施评价过程；⑥评价过后，对数据进行处理如相关性分析、方差分析等，对结果进行定性或定量分析。

2. 食品质地仪器测量的原理

食品质地的仪器测量方法是通过仪器、设备获取食品的物理性质，然后根据某些分析评价方法将获取的物理信号和质地参数建立联系，从而评价食品的质地。食品质地测量仪器按测量的方式可分为专有测量仪器、通用测量仪器，专有测量仪器又可分为压入型、挤压型、剪切型、折断型、拉伸型等；按测试原理可分为力学测量仪器、声音测量仪器、光学测量仪器等；按食品的质地参数可分为硬度仪、嫩度计、黏度仪、淀粉粉力仪等。食品质地仪器测量的原理如图 4-10 所示。

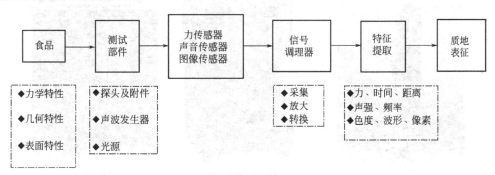

图 4-10　食品质地仪器测量的原理

食品质地的仪器测量方法可分为直接测量方法和间接测量方法。直接测量方法又可分为基础测量法、经验测量法、模拟测量法。基础测量法主要测量食品的流变学性，这些性质通常具有明确含义和物理单位。经验测量法是根据测试经验，测量一些与食品质地性质相关性较好的参数，但这些参数的物理含义一般不很清晰。模拟测量法是模拟食物在加工过程中的变化来进行测量的，它可以看作是经验测量的一个亚类，它不同于基础测量，在质地评价中用的不多。间接测量法可分为光学法、声学法等，利用光学和声学传感器获取食品的光声特性，再利用光声特性预测食品的质地特性。

二、质地的测定仪器

目前，国内使用的质地测定仪器可分成国产的、科研教学单位自制的和进口的三类质地分析仪。由于进口质地测定仪功能多和测试精度高，在科研教学单位和企业占有较高的使用比例。现在国内主要使用的进口质地测定仪是由英国 Stable Micro System（SMS）公司的 TA.XT 系列、英国 CNS Farnell 公司的 QTS 系列、美国 Instron 公司生物材料万能试验机 2340 系列万能材料试验机、美国 Brookfield 博力飞质地仪（冻力仪）四家公司生产的（见图 4-11）。国产的质地测定仪，如上海保圣实业发展有限公司的 TA.XTC。

以 Stable Micro System（SMS）公司设计、生产的 TA.XT 系列食品质地测试仪为例介绍仪器功能。该仪器对产品可以进行多种特性的测试，如：硬度、脆性、黏聚性、咀嚼性、胶黏性、粘牙性、回复性、弹性、凝胶强度以及流变特性等。

CNS Farnell公司　　　　　Instron公司　　　　　Stable Micro System公司
QTS系列　　　　2340系列万能材料试验机　　　　TA. XT系列

FTC公司　　　　　　Brookfield公司　　　　　　Lloyd公司
TMS-PRO系列　　　　质地仪(冻力仪)　　　TAPlus食品类专用试验机

图 4-11　质地测试仪

　　质地测试仪主要包括主机、备用探头及附件。主机主要由机座、传动系统、传感器等组成；专用软件主要由实验设置、数据显示、编辑宏、结果文件模块和质地测试模块（如蠕变、TPA）等功能模块组成；探头的形式十分丰富，如图 4-12 所示。

　　质地测试仪是通过计算机程序控制，自动采集测试数据，可以得到变形、时间、作用力三者关系数据及测试曲线，计算机可以生成力（变形）与时间的关系曲线，也可以转换成应力-应变关系曲线，利用测试数据测试者就可以对被测物进行质地分析。

　　质地测试仪可以检测食品多方面的物理特征参数，并可以和感官评定参数进行比较。检测的方式包括压缩、拉伸、剪切、弯曲、穿刺等，如图 4-13 所示。

三、质地测定方法

1. 脆性测试

　　薯片、饼干、膨化小食品等食品的脆性是该类食品重要质地指标。脆性物料的检测以往采用曲线上的峰数量，它表征物体的脆性程度。近些年人们试验发现用力与变形曲线的真实长度更能反映物料的脆性。由质地测试仪自带的专用软件能自动计算出统计长度。图 4-14、图 4-15 是马铃薯片的脆性检测装置和结果。

2. 弯曲强度测试

　　弯曲强度是评价饼干、干面条、干米线、粉丝、巧克力等食品品质的重要指标。对于弹

TA-101 Chip Fixture

TA-11 1.5" dia cylinder probe

TA-11 1.5" dia cylinder probe

TA-18A Ball Probe

Large Cylinder Probes & Plates

TA-91 Kramer Shear Cell & TA-91M

Knife Blades

TA-96 Tensile Testing

TA-7 Warner Bratzler Knife Blade

Forward Extrusion Rig

Back Extrusion Rig

TTC Spreadability Rig

TA-108s Gel Film Fixture

Cone Probes

Self-Tightening Grips

Ball Probes

TA-18A 3/4" dia ball probe

Sled Fixtures

Peel Fixtures

SMS Tube Extrusion Rig

TA-11 1.5" dia cylinder probe

Tube Extrusion Rig

Three Point Bend

Hold Down Rig

Chen-Hoseney Dough
Stickiness

Probe Display

Peltier Cabinet

Thermal Cabinet

Miller/Hoseney
Toughness Rig

Ball Probes

Three Point Bend Rig

Tortilla Rollability

TA-226 Tug
Fixture

Ottowa Cell

Three Point
Bend Rig

Three Point
Bend Rig

Crunchiness Set

Powder Flow
Analyzer

French Fry Fixture

TA-108 Tortilla Fixture

Bloom Jar & Centering
Fixture

Three Point Bend
Rig

Multiple Hole
Extrusion Plate

TA-105 SMS/Kieffer
Rig

Multiple Puncture
Rig

Compression Plates

Spaghetti Tensile Rig

Kramer Shear Cell

SMS Egg Fixture

SMS Dobracyk Dough
Inflation

Collection of
Ball Probes

Rounded End
Probes

Bread & Cereal Testing

Pasta Testing

Puncture Probes

Magness Taylor Probes

Ottowa Cell Chamber

TA-30 3" Compression Plate

TA-40 4" Compression Plate

TA-47 Pasta Blade & Plate

图 4-12　Stable Micro System（SMS）公司开发的各种探头及应用

| 压缩 | 穿刺 | 剪切 | 拉伸 | 弯曲 |

图 4-13　质地分析仪基本测试形式

性细长类直条型食品的抗弯能力评价用压杆后屈曲法更合适，如挂面、直米线、直粉丝的抗弯能力评价。

食品的弯曲断裂试验如图 4-16 所示。试验时，缓慢加载，测定试样断裂的载荷 P，用下列公式计算弯曲断裂最大应力 σ。

圆形截面：
$$\sigma = \frac{8PL}{\pi D^3}$$

矩形截面：
$$\sigma = \frac{3PL}{2ab^2}$$

空心圆截面：
$$\sigma = \frac{8PLD_2}{\pi(D_2^4 - D_1^4)}$$

式中，L 是支座间距离，D 是圆形试样的直径，a、b 是矩形试样的宽度和厚度，D_1、D_2 分别是空心圆截面试样的内外直径。

图 4-14　脆性测试装置

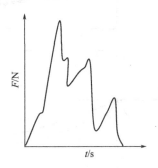

图 4-15　薯片检测曲线

图 4-16　弯曲断裂试验

图 4-17　压杆后屈曲变形

在食品材料弯曲试验中，加载速度、试样的有效长度 L、支承座的形状和尺寸对破坏应力测试有影响。一般要求支承座的直径 d 与试样有效长度 L 的比值在 1％范围内，挠度 Y 与有效长度 L 的比值在 5％～10％范围，几种面条的弯曲测试条件如表 4-23 所示。

表 4-23　几种面条的弯曲测试条件

面条名称	跨度 L /mm	支承座的直径 d/mm	加载速度 /(mm/s)	面条名称	跨度 L /mm	支承座的直径 d/mm	加载速度 /(mm/s)
通心粉	130	7.5	8	荞麦面	60	3	8
冷面	130	5	8	挂面	40	3	8

3. 干直条食品的抗弯能力与弹性模量测试——压杆后屈曲法

直条食品是直条型食品的简称，是指挂面、直条干米线、直条粉丝（条）等类食品，截面形状可以圆形、方形等，也包含它们的花色品种。这类食品具有较好的弹性。在抗弯能力测试中，除三点弯曲外，另一种形式属于压杆后屈曲法，如图 4-17 所示。由于压杆后屈曲形变行为是稳定的，因此形变参数之间是一一对应关系。将直条食品弯曲折断看成工程力学中两端铰支细长压杆，运用压杆后屈曲大挠度理论建立直条食品后屈曲形变参数关系，直条型食品后屈曲状态参数，如图 4-18 所示。直条食品后屈曲形变的主要参数为端部转角 θ_0、端部轴向位移量 Δl、中点挠度 w_{max} 和端部轴向压力 P，它们之间的关系如下。

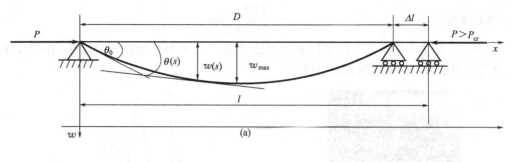

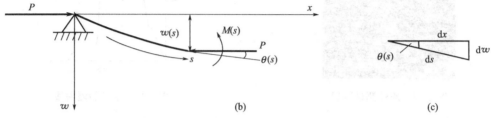

图 4-18 直条型食品后屈曲状态参数

端部轴向位移量 Δl：

$$\frac{\Delta l}{l} = 2\left[1 - \frac{E\left(a, \dfrac{\pi}{2}\right)}{F\left(a, \dfrac{\pi}{2}\right)}\right] \quad (\text{无量纲形式})$$

中点挠度 $w_{\max}$：

$$\frac{w_{\max}}{l} = \frac{a}{F\left(a, \dfrac{\pi}{2}\right)} \quad (\text{无量纲形式})$$

端部轴向压力 P：

$$\frac{P}{P_{cr}} = \frac{4}{\pi^2}\left[F\left(a, \frac{\pi}{2}\right)\right]^2 \quad (\text{无量纲形式})$$

式中，Δl 为端部轴向位移量，mm；l 为直条食品的长度，mm；$w_{\max}$ 为中点挠度，mm；P 为端部轴向压力，N；P_{cr} 端部轴向临界压力，N；$F\left(a, \dfrac{\pi}{2}\right)$ 为第一类完全椭圆积分，$E\left(a, \dfrac{\pi}{2}\right)$ 为第二类完全椭圆积分，其中 $a = \sin\dfrac{\theta_0}{2}$，$\theta_0$ 为端部转角。

从上述两式可知，$\Delta l/l$、$w_{\max}/l$ 都是端部转角 θ_0 的函数。因此，当试样长度 l 一定时，端部轴向位移量 Δl、中点挠度 $w_{\max}$ 与端部转角 θ_0 之间是一一对应关系。

$\Delta l/l$、$w_{\max}/l$、P/P_{cr} 三个比值都是无量纲量，都与直条型食品的弹性模量、截面尺寸、形状无关，仅仅与挠曲线的端部转角 θ_0 有关。端部转角 θ_0 与三个比值对应的数值一般解如表 4-24。

表 4-24 大挠度理论的数值通解

$\theta_0/(°)$	a	$F(\pi/2, a)$	$E(\pi/2, a)$	$w_{\max}/l$	P/P_{cr}	$\Delta l/l$
0	0.0000	1.5708	1.5708	0.00000	1.00000	0.0000
5	0.0436	1.5716	1.5700	0.02775	1.00102	0.0020

$\theta_0/(°)$	a	$F(\pi/2,a)$	$E(\pi/2,a)$	w_{max}/l	P/P_{cr}	$\Delta l/l$
10	0.0872	1.5738	1.5678	0.05538	1.00383	0.0076
15	0.1305	1.5776	1.5641	0.08274	1.00868	0.0172
20	0.1736	1.5828	1.5589	0.10971	1.01534	0.0302
25	0.2164	1.5898	1.5522	0.13615	1.02428	0.0472
30	0.2588	1.5981	1.5442	0.16195	1.03507	0.0675
35	0.3007	1.6083	1.5347	0.18697	1.04832	0.0916
40	0.3420	1.6200	1.5238	0.21112	1.06363	0.1188

（1）直条食品抗弯能力压杆后屈曲形变参数评价法

从表 4-24 可以看到，端部转角 θ_0 与端部轴向位移量 Δl 是一一对应关系，因此，在检测直条食品抗弯能力时，可以直接用端部轴向位移量 Δl 评价直条食品的抗弯能力；也可以端部转角 θ_0 评价直条型食品的抗弯能力。

（2）直条食品抗弯能力压杆后屈曲断裂应力评价法

用弯曲应力（忽略剪切应力和压应力）评价直条食品抗弯能力，其断裂弯曲应力为

$$\sigma = \frac{Pb}{2I} w_{max}$$

式中，σ 为直条食品试样中点弯曲应力，N/mm^2；P 为端部轴向压力，N；b 为试样弯曲方向的厚度，mm；w_{max} 为中点挠度，mm；I 为试样压杆惯性矩$\left(矩形截面的 I = \frac{ab^3}{12}，\right.$圆形截面的 $I = \frac{\pi d^4}{64}$，椭圆形截面的 $\left. I = \frac{\pi ab^3}{64}\right)$，$mm^4$；$a$ 为试样的宽度，mm。

挂面抗弯能力评价时，挂面标准 LS/T 3212—1992 规定，厚度小于 0.9mm，长度为 180mm 的挂面，端部转角 θ_0 达到 30°未断，则该根挂面合格。用端部轴向位移量评价时，对应于端部转角 30°的端部轴向位移量 Δl 为 12.14mm，即端部轴向位移量达到 12.14mm，则该根挂面合格。详细分析参阅相关文献。

（3）直条食品弹性模量压杆后屈曲法测定

$$E = \frac{Pl^2}{4\left[F\left(a, \frac{\pi}{2}\right)\right]^2 I}$$

式中，E 为直条食品试样弹性模量，N/mm^2；其他参数同上。

挂面后屈曲弹性模量测定方法（压杆后屈曲法）的最佳测试条件是挂面长度为 150mm、压弯端部轴向位移 4.53mm（端部转角 20°）。测定试样在该条件下的压力 P，查表 4-24 得 F 为 1.5828，计算得到该试样的弹性模量值。挂面弹性模量一般为 2000～3000N/mm²。

表 4-25　苹果的硬度值

品种	果实硬度/(N/cm²)	品种	果实硬度/(N/cm²)
元帅	63.7	富士	78.4
红星	63.7	红玉	68.6
红冠	63.7	祝光	58.8
国光	78.4	伏花皮	58.8
金冠	68.6	鸡冠	78.4
青香蕉	78.4	秦冠	58.8

4. 穿刺硬度测试

穿刺硬度是衡量食品品质的重要指标，如鲜苹果 GB 10651 国家标准中，通过穿刺测定苹果硬度（指果实胴部单位面积去皮后所承受的试验压力），作为苹果达到可采成熟度时应具有的硬度。如表 4-25 所示。检测时应用果实硬度计测试，图 4-19 是常用的手持式硬度计。

在质地测试仪上，用柱状、针状、圆锥状探头，以一定速度将探头插入试样，则可以测到相应的力和时间（变形）的关系曲线。图 4-20、图 4-21 是检测苹果穿刺硬度。

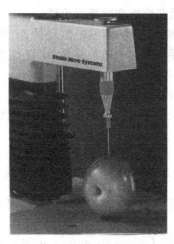
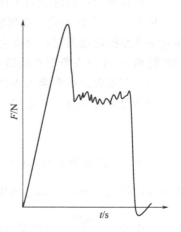

图 4-19　两种手持式硬度　　　图 4-20　检测苹果穿刺硬度　　　图 4-21　苹果穿刺力示意图

5. 凝胶强度测定

凝胶是食品中非常重要的物质状态，食品中除了果汁、酱油、牛乳、油等液态食品和饼干、酥饼、硬糖等固体食品外，绝大部分食品都是在凝胶状态供食用的。因此，凝胶食品质地决定着食品的品质。另外，食品制造中常用胶体添加剂，如果胶、琼脂、明胶、阿拉伯胶、海藻胶、淀粉、大豆蛋白等，这些添加剂的凝胶性能对制品品质起着重要作用。凝胶性能表征指标之一是凝胶强度。

（1）凝胶强度测定原理

用直径为 12.7mm 的圆柱探头，压入含 6.67% 明胶的胶冻表面以下 4mm 时，所施加的力为凝胶强度。图 4-22 凝胶强度测试装置。

（2）胶体试样的制备

取一定量明体，首先将规定的水量加入，在 20℃左右，放置 2h，使其吸水膨胀，然后置于（65±1）℃之水浴中在 15min 之内溶成均匀的液体，最后使其达到规定浓度 6.67% 的胶液 150mL（在三角烧瓶中配制）。将 120mL 测定溶液放入标准测试罐中（容积 150mL），加盖，在（10±0.1）℃低温恒温槽内冷却 16~18h。

（3）测定

完成样品的准备后，将测试罐放置在探头的中心下方。质地测试仪工作参数设定成，测前速度为 1.5mm/s，测试速度为 1.0mm/s，返回速度为 1.0mm/s，测试距离为 4mm，触发力为 5g，数据采集设定为 200pps，探头为柱型探头（$P/0.5R$ 即直径 12.7mm）。启动仪器，探头将 1.0mm/s 的速度插入胶体，直至 4mm 深，测得探头插入胶体过程中力与时间（深度）曲线，如图 4-23 所示，4s 或 4mm 处的力值即为凝胶强度。

图 4-22　凝胶强度测试装置

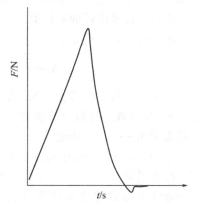

图 4-23　凝胶强度测试曲线示意图

图 4-24　剪切刀具

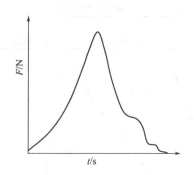

图 4-25　肉样剪切力示意图

6. 嫩度测定——剪切力测定法

嫩度（tenderness）是指物料在剪切是所需的剪切力。

（1）测试原理

通过质地测试仪的传感器及数据采集系统记录刀具切割试样时的用力情况，并把测定的剪切力量峰值（力的最大值）作为试样嫩度值。下面以肉嫩度的测定——剪切力测定法为例说明测试过程。

（2）肉嫩度的测定

① 仪器及设备：采用配有 WBS（Warner-Bratzler Shear）刀具的相关质地测试仪；直径为 1.27cm 的圆形钻孔取样器；恒温水浴锅；热电耦测温仪（探头直径小于 2mm）；刀具的规格为 3mm，刀口内角 60°，内三角切口的高度为 35mm，砧床口宽 4mm 如图 4-24 所示。

② 取样及处理：取中心温度为 0～4℃，长×宽×高不少于 6cm×3cm×3cm 的整块肉样，剔除肉表面的筋、腱、膜及脂肪。放入 80℃恒温水浴锅（1500W）中加热，用热电耦测温仪测量肉样中心温度，待肉样中心温度达到 70℃时，将肉样取出冷却至中心温度 0～4℃。用直径为 1.27cm 的圆形取样器沿与肌纤维平行的方向钻切试样，孔样长度不少于2.5cm，取样位置应距离样品边缘不少于 5mm，两个取样的边缘间距不少于 5mm，剔除有明显缺陷的孔样，测定试样数量不少于 3 个。取样后立即测定。

③ 测试：将孔样置于仪器的刀槽上，使肌纤维与刀口走向垂直，启动仪器，以剪切速

度为 1mm/s 剪切试样,测得刀具切割力孔样过程中的最大剪切力值(峰值),为孔样剪切力的测定值。图 4-25 肉样剪切力示意图。

④ 嫩度计算:记录所有的测定数据,取各个孔样剪切力的测定值的平均值扣除空载运行最大剪切力,计算肉样的嫩度值。

肉样嫩度的计算公式如下。

$$X = \frac{X_1 + X_2 + X_3 + \cdots + X_n}{n} - X_0$$

式中,X 为肉样的嫩度值,N;$X_{1 \sim n}$ 为有效重复孔样的最大剪切值,N;n 为有效孔样的数量;X_0 为空载运行最大剪切力(仪器空载运行时受到的最大剪切力应为 0.147N),N。

7. 综合测试——TPA 测试

"TPA"(texture profile analyser)质地分析是让仪器模拟人的两次咀嚼动作,所以又称为"二次咀嚼测试"。它可对样品一系列特征进行量化,将诸如黏附性、黏聚性、咀嚼度、胶着度和弹性等参数建立标准化的测量计算方法。图 4-26 典型的 TPA 测试质地图谱示意图。

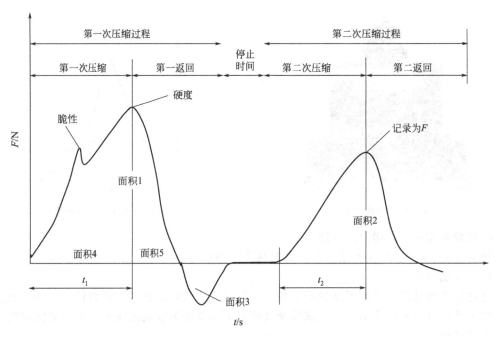

图 4-26 典型的 TPA 测试质地图谱示意图

(1) TPA 特征参数定义

美国质地资深研究者 Malcolm Bourne 博士在其所著作的《食品质地和黏性》(Food Texture and Viscosity)一书中和相关论文中对 TPA 质地特性参数进行了明确定义。

脆性(fracturability):压缩过程中并不一定都产生破裂,在第一次压缩过程中若是产生破裂现象,曲线中出现一个明显的峰,此峰值就定义为脆性。在 TPA 质地图谱中的第一次压缩曲线中若是出现两个峰,则第一个峰定义为脆性,第二个定义为硬度;若是只有一个峰值,则定义为硬度,无脆性值。与试样的屈服点对应,表征在此处试样内部结构开始遭到破坏,反映试样脆性。

硬度(hardness):是第一次压缩时的最大峰值,多数食品的硬度值出现在最大变形处,有些食品压缩到最大变形处并不出现应力峰。反映试样对变形的抵抗能力。

黏附性（adhesiveness）：第一次压缩曲线达到零点到第二次压缩曲线开始之间的曲线的负面积（图4-26中的面积3），反映的是由于测试样品的黏着作用探头所消耗的功。反映对接触面的附着能力。

内聚性（cohesiveness）：又称黏聚性。表示测试样品经过第一次压缩变形后所表现出来的对第二次压缩的相对抵抗能力，是样品内部的黏聚力，在曲线上表现为两次压缩所做正功之比（面积2/面积1）。反映试样内部组织的黏聚能力，即试样保证自身整体完整的能力。

弹性（elasticity）：样品经过第一次压缩以后能够再恢复的程度。恢复的高度是在第二次压缩过程中测得的，从中可以看出两次压缩测试之间的停隔时间对弹性的测定很重要，停隔的时间越长，恢复的高度越大。弹性的表示方法有几种表示方式，最典型的就是用第二次压缩中所检测到的样品恢复高度和第一次的压缩变形量之比值来表示，在曲线上用 t_2/t_1 的比值来表示。原始的弹性的数学描述只是用恢复的高度，那样对于不同测试样品之间的弹性比较就产生了困难，因为还要考虑他们的原始高度和形状，所以用相对比值的表示方法来表示弹性更为合理、方便。反映试样在一定时间内变形恢复的能力。

胶黏性（gumminess）：只用于描述半固态的测试样品的黏性特性，数值上用硬度和内聚性的乘积表示。反映半固态试样内部组织的黏聚能力。

耐咀性（chewiness）：只用于描述固态的测试样品，数值上用胶黏性和弹性的乘积表示。耐咀性和胶黏性是相互排斥的，因为测试样品不可能既是固态又是半固态，所以不能同时用耐咀性和胶黏性来描述某一测试样品的质地特性。反映试样对咀嚼的抵抗能力。

回复性（resilience）：表示样品在第一次压缩过程中回弹的能力，是第一次压缩循环过程中返回时的样品所释放的弹性能与压缩时的探头耗能之比，在曲线上用面积5和面积4的比值来表示。反映试样卸载时快速恢复变形的能力。

硬度2（htardness 2）：TPA曲线第二压缩周期内试样所受最大力，表征试样第二压缩时对变形的抵抗的能力（即图4-26中的 F）。

（2）TPA测试

TPA测试需要对控制程序中的触发力、测试前探头速度、测试探头速度、测试后探头速度、下压距离、两次下压间隔时间等参数进行设置。

TPA测试时，测试程序将使探头按照如下步骤动作。探头从起始位置开始，先以测前速率（pre-test speed）向测试样品靠近，直至达到所设置触发力，并记录数据；触发后以测试速率（test speed）对样品进行压缩，达到设定的下压距离后返回到压缩的触发点（trigger）；之后处于两次下压间隔时间的等待状态；间隔时间结束后，继续向下压缩同样的距离，而后以测后速率（post test speed）返回到探头测前的起始位置。质地分析仪记录并绘制力与时间的关系曲线，通过分析数据得出特征参数的量值。

如果需要全面获得样品在测试中表现出的数据及分析结果，建议使用仪器自带软件中的方案处理。

上面介绍的测试过程是下压条件下的TPA测试，在拉伸条件下的TPA测试应参考仪器说明书。

质地分析的仪器检测结果与试验方法有密切关系。下压距离和测试速度以及二次压缩间的停留时间等参数设定非常重要，直接影响到整个质地分析结果。在TPA测试中下压距离（压缩比）参数特别重要，Bourne博士认为，为模拟人牙齿的咀嚼运动，应进行深度压缩，压缩比达到90%。不同的物料应采用不同的压缩比，需要在测试中对压缩比要进行优化，其他设置参数也需要。目前，压缩比采用较多的是30%～70%。当然，试样大小和形状是否标准和一致对质地分析影响也非常大。

8. 质地完整测试

根据地质国家标准定义，用机械的、触觉的方法或在适当条件下用视觉的、听觉的接受器可接受到的所有产品的机械的、几何的和表面的特性。机械特性与对产品压迫产生的反应有关，它们分为五种基本特性：硬性、黏聚性、黏性、弹性、黏附性。从定义中可知，质地除通过触觉感觉以外，还包含视觉和听觉，而前面介绍的仪器质地检测主要是模拟人的触觉。在实际测试过程中，试样在受力时发生形变，不同的材料会发生不同的形变；有些物料在受力破坏时发出声音。如果把这些信息融合起来表征物料的质地，则将更科学、全面，也更符合定义要求，更符合人的感官评定。图 4-27 是英国 Stable Micro System 公司开发的可以采集力、声、图像信息质地分析仪，它由力信息采集系统、声音信息采集系统和图像信息采集系统三部分组成，测试原理如图 4-9 所示。

图 4-27　英国 Stable Micro System 公司开发的
可以采集力、声、图像信息质地分析仪

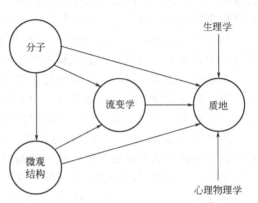

图 4-28　食品质地、流变特性与结构的关系

9. 流变特性测试

据估计，描述食品品质的术语有 350 多种，其中 25％与流变特性有关。例如，硬度、柔软度、脆度、嫩度、成熟度、咀嚼性、松脆性、鲜度、砂性、面性、酥性等。因此，基础流变特性试验是非常重要。如黏弹性物料的蠕变、应力松弛等特性，而且通过建立流变模型更形象的表征质地。具体测试方法见第三章相关内容。图 4-28 为食品质地、流变特性与结构的关系。

10. 拓展测试

食品的感官检验是通过人的感觉——触觉、视觉、听觉、味觉、嗅觉，对食品的质量状况作出客观的评价。也就是通过眼观、鼻嗅、口尝、耳听以及手触等方式，对食品的色、香、味、形进行综合性鉴别分析，最后以文字、符号或数据的形式作出判评。根据食品的感官检验的定义，前面介绍的质地分析仪已实现了感官检验定义中触觉、视觉、听觉的模拟，后两中感觉的模拟已有商业化仪器，分别称为电子舌和电子鼻。

（1）电子舌

1）电子舌的构成

电子舌是用类脂膜作为味觉物质换能器的味觉传感器，它能够以类似人的味觉感受方式检测出味觉物质。目前，从不同的机理看，味觉传感器大致有以下几种：多通道类脂膜传感器、基于表面等离子体共振、表面光伏电压技术等。模式识别主要有最初的神经网络模式识别，最新发展的是混沌识别。混沌是一种遵循一定非线性规律的随机运动，它对初始条件敏感，混沌识别具有很高的灵敏度，因此也越来越得到应用。目前较典型的电子舌系统有法国的 Alpha MOS 系统（图 4-29）和日本的 Kiyoshi Toko 电子舌。

在近几年中，应用传感器阵列和根据模式识别的数字信号处理方法，出现了电子鼻与电子舌的集成化。在俄罗斯，研究电子舌与电子鼻复合成新型分析仪器，其测量探头的顶端是由多种味觉电极组成的电子舌，而在底端则是由多种气味传感器组成的电子鼻，其电子舌中的传感器阵列是根据预先的方法来选择的，每个传感器单元具有交叉灵敏度。这种将电子鼻与电子舌相结合并把它们的数据进行融合处理来评价食品品质将具有广阔的发展前景。

2）电子舌在食品味觉识别中的应用

电子舌技术在液体食物的味觉检测和识别上，电子舌可以对 5 种基本味感：酸、甜、苦、辣、咸进行有效的识别。日本的 Toko 应用多通道类脂膜味觉传感器对氨基酸进行研究。结果显示，可以把不同的氨基酸分成与人的味觉评价相吻合的 5 个组，并能对氨基酸的混合味道作出正确的评价。同时，通过对 L-蛋氨酸这种苦味氨基酸研究，得出可能生物膜上的脂质（疏水）部分是苦味感受体的结论。

图 4-29　法国阿尔法莫斯公司（Alpha MOS）Astree Ⅱ型味觉指纹分析仪（电子舌）

目前，使用电子舌技术能容易地区分多种不同的饮料。俄罗斯的 Legin 使用由 30 个传感器组成阵列的电子舌技术检测不同的矿泉水和葡萄酒，能可靠地区分所有的样品，重复性好，2 周后再次测量结果无明显的改变。另外，电子舌技术也能对啤酒和咖啡等饮料作出评价。对 33 种品牌的啤酒进行测试，电子舌技术能清楚地显示各种啤酒的味觉特征，同时，样品并不需要经过预处理，因此这种技术能满足生产过程在线检测的要求。对于咖啡，通常认为咖啡碱是咖啡形成苦味的主要成分，但不含咖啡碱的咖啡喝起来反而让人觉得更苦。因为味觉传感器能同时对许多不同的化学物质作出反应，并经过特定的模式识别得到对样品的综合评价，所以它能鉴别不同的咖啡，显示出这种技术独特的优越性。

电子舌技术不仅可以用于液体食物的味觉检测，也可以用在胶状食物或固体食物上。例如对番茄进行味觉评价，可以先用搅拌器将其打碎，所得到的结果同样与人的味觉感受相符。此外，国外的一些研究者尝试把电子舌与电子鼻这两种技术融合在一起，从不同角度分析同一个样品，模拟人的嗅觉与味觉的结合，在一些情况下能大大提高识别能力。目前，电子舌已经有了商业化的产品。例如法国的 Alpha MOS 公司生产的 Astree 型电子舌，利用 7 个电化学传感器组成的检测器及化学计量软件对样品内溶解物作味觉评估，能在 3min 内稳妥地提供所需数据，大大提高产品全方位质控的效率，可应用于食品原料、软饮料和药品的检测。

（2）电子鼻

1）电子鼻的构成

电子鼻由气敏传感器、信号处理系统和模式识别系统等功能器件组成。由于食品的气味是多种成分的综合反映，所以电子鼻的气味感知部分往往采用多个具有不同选择性的气敏传感器组成阵列，利用其对多种气体的交叉敏感性，将不同的气味分子在其表面的作用转化为方便计算的与时间相关的可测物理信号组，实现混合气体分析。在电子鼻系统中，气体传感器阵列是关键因素，目前电子鼻传感器的主要类型有导电型传感器、压电式传感器、场效应传感器、光纤传感器等，最常用的气敏传感器的材料为金属氧化物、高分子聚合物材料、压电材料等。在信号处理系统中的模式识别部分主要采用人工神经网络和统计模式识别等方法。人工神经网络对处理非线性问题有很强的处理能力，并能在一定程度上模拟生物的神经联系，因此在人工嗅觉系统中得到了广泛的应用。由于在同一个仪器里安装多类不同的传感器阵列，使检测更能模拟人类嗅觉神经细胞，根据气味标识和利用化学计量统计学软件对不同气味进行快速鉴别在建立数据库的基础上，对每一样品进行数据计算和识别，可得到样品的"气味指纹图"和"气味标记"。电子鼻采用了人工智能技术，实现了由仪器"嗅觉"对

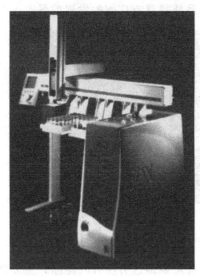

图 4-30 法国阿尔法莫斯公司 FOX4000 嗅觉指纹 分析仪（电子鼻）

产品进行客观分析。由于这种智能传感器矩阵系统中配有不同类型传感器，使它能更充分模拟复杂的鼻子，也可通过它得到某产品实实在在的身份证明（指纹图），从而辅助专家快速地进行系统化、科学化的气味监测、鉴别、判断和分析。

目前比较著名的电子鼻系统有英国的 Neotronics system、Aroma Scan system、Bloodhound 和法国 Alpha MOS 系统（图 4-30）。另外，还有日本的 Frgaro 和我国台湾的 Smell 和 Keen Ween 等。

2）电子鼻在食品感官检测中的应用

对不同酒类进行区分和品质检测可以通过对其挥发物质的检测进行。传统的方法是采用专家组进行评审，也可以采取化学分析方法，如采用气相色谱法（GC）和色谱质谱联用技术（GC-MS），虽然这种方法具有高的可靠性，但处理程序复杂，耗费时间和费用。因此需要有一个更加快速、无损、客观和低成本的检测方法。Guadarrama 等对 2 种西班牙红葡萄酒和 1 种白葡萄酒进行检测和区分。为了有对比性，他们同时还检测了纯水和稀释的酒精样品。电子鼻系统了采用 6 个导电高分子传感器阵列，通过数据处理得出，电子鼻系统可以完全区分 5 种测试样品，测试结果和气相色谱分析的结果一致。

茶叶的挥发物中包含了大量的各种化合物，而这些化合物也很大程度上反映了茶叶本身的品质。Ritaban Dutta 等对 5 种不同加工工艺（不同的干燥、发酵和加热处理）的茶叶进行分析和评价。他们用电子鼻检测其顶部空间的空气样品。电子鼻由费加罗公司生产的 4 个涂锡的金属氧化物传感器组成，通过数据处理得出，采用 RBF 的 ANN 方法分析时，可以 100％的区分 5 种不同制作工艺的茶叶。

Sullivan 等用电子鼻和 GC-MS 分析 4 种不同饲养方式的猪肉在加工过程中的气味变化，通过数据处理得出，电子鼻不仅可以清晰地区分不同饲养方式的猪肉，也可以评价猪肉加工过程中香气的变化。而且电子鼻分析具有很好的重复性和再现性。

水果所散发的气味能够很好地反映出水果内部品质的变化，所以可以通过闻其气味来评价水果的品质。然而人只能感受出 10000 种独特的气味，特别是在区分相似的气味时，人的辨别力受到了限制。水果在贮藏期间，通过呼吸作用进行新陈代谢而变熟，因此在不同的成熟阶段，其散发的气味会不一样。Oshita 等将日本的"La Franch"梨在不成熟时进行采摘，然后将它们分成 3 组，用 32 个导电高分子传感器阵列的电子鼻系统进行分析，通过数据处理得出，电子鼻能够很明显的区分出 3 种不同成熟时期的梨，并且同其他分析方法的结果有很强的相关性。

阅读与拓展

◇姜松，刘瑞霞，陈章耀等．基于压杆屈曲大挠度理论的挂面弯曲折断分析与实验验证 [J]．中国粮油学报，2010，25（8）：117-122，128.

◇姜松，贾瑜，程红霞等．基于压杆大挠度理论的挂面弹性模量测定方法的研究 [J]．中国粮油学报，2010，25（7）：106-109.

◇姜松，管国强，刘瑞霞等．基于压弯端部轴向位移量的挂面弯曲折断率测定仪的研制 [J]．中国粮油学报，2010，25（9）：115-118.

◇姜松，黄广凤，刘瑞霞等．压杆后屈曲法测定直条米线弹性模量 [J]．农业工程学报，2011，27（1）：360-364.

◇姜松，岳森，赵杰文．牛奶巧克力质地的 TPA 分析及测试条件优化 [J]．中国食品学报，2011，11（02）：226-232.

◇姜松，朱美如，曾昕鑫，刘锦伟，赵杰文．基于压杆后屈曲的直条型通心面力学质地研究 [J]．食品科学，2012，33（23）：83-87.

◇袁美兰，鲁战会，李里特．淀粉凝胶质地的仪器评价方法 [J]．食品科技，2010，35（6）：252-256.

◇段慧玲，顾熟琴，赵镭等．仪器测量法用于碎裂性食品感官评价参照物的筛选 [J]．中国粮油学报，2013，28（2）：113-116.

思考与探索

◇心理物理学与食品质地评价的关系。
◇质地评价在其他专业领域的应用。
◇食品的质地特性与产品开发。
◇质地评价的仪器化。

第五章 散粒食品的力学特性

散粒体又称散粒物料，是由许多单个颗粒组成的颗粒群体。组成散粒体的颗粒，可根据其粒径分为粗粒、细粒和粉体三类。小麦、水稻、红枣等属粗粒物料；菜籽、芝麻等属于细粒物料；面粉、白糖、奶粉等属粉体物料。

散粒体对物料的贮存、定量、零售、装卸、控制以及整个加工运输系统的设计都有一定的影响。散粒物料一般具有下列特性：①摩擦性；②流动性；③在一定范围内其形状随容器形状而变；④对挡护壁面产生压力；⑤不能或不大能抵抗拉力；⑥抗剪的能力取决于作用的垂直压力；⑦颗粒间存在间隙，可以充填空气、水或胶质；⑧粉尘爆炸性。

散粒体力学特性的研究起源于土壤力学。近几十年来，散粒体力学得到了广泛的重视和应用。

第一节 摩擦性

一、摩擦的基本概念

设计农业机械、农产品加工机械、食品机械以及谷仓、青贮塔时，必须了解物料与其接触表面的摩擦性能。

摩擦力是作用在一个平面内的力（在这个平面内包含有一个或一些接触点），阻碍接触表面间的相对运动。经典力学认为，摩擦力正比于正压力，其比例常数称为摩擦系数。现代物理学认为，摩擦力由两部分组成，一部分为剪切接触表面间凹凸不平的剪切力，另一部分为克服表面黏附所需的力；摩擦力与实际接触面积成正比；因为滑动速度的不同，接触表面间产生的温度也不同，所以摩擦力与接触表面间的滑动速度有关；动摩擦力小于最大静摩擦力；摩擦力与接触物料的特性有关。

食品物料的摩擦力，还受作用于物料的压力、物料的湿度、颗粒表面的化学物质以及测试环境、表面接触的时间等的影响，而且动摩擦力与滑动速度、湿度的关系无一定的规律。有的物料随滑动速度的提高而增大，有的则随滑动速度的提高而减小。凹凸不平表面间的接触时间和接触点的温度都影响黏附和剪切力的数值，所以也影响摩擦力。湿度增加时，黏附力增加，因而增加摩擦力。

二、散粒物料的摩擦角

摩擦角反映散粒物料的摩擦性质，可用以表示散粒物料静止或运动时的力学特性。例如物料的流动性、沿固体壁面的流动摩擦特性及滑落特性等。散粒物料的摩擦角一般有四种，即休止角、内摩擦角、壁面摩擦角和滑动角。休止角和内摩擦角表示物料本身内在的摩擦性质，而壁面摩擦角和滑动角表示物料与接触的固体表面间的摩擦性质。

1. 休止角

散粒体的休止角又称静止摩擦角或称堆积角，是指散粒物料通过小孔连续地散落到平面上时，堆积成的锥体母线与水平面底部直径的夹角，它与散粒粒子的尺寸、形状、湿度、排列方向等都有关。休止角愈大的物料，内摩擦力愈大，散落能力愈小。

图 5-1 是测定休止角的几种方法。由于测定方法和所用仪器的不同，测得的数据也不尽相同。一般用倾斜法测得的值比用其他方法测到的结果要稍许大些，但它的人为因素造成的误差小，再现性好。

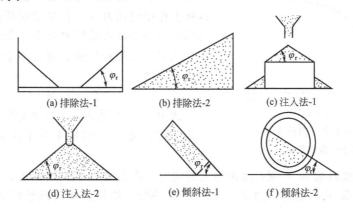

图 5-1　休止角测定方法

(a) 排除法-1　(b) 排除法-2　(c) 注入法-1　(d) 注入法-2　(e) 倾斜法-1　(f) 倾斜法-2

休止角与粒径大小有关。粒径越小，休止角越大，这是因为微细粒子相互间的黏附性较大。粒子越接近于球形，休止角越小。

若对物料进行振动，则休止角将减小，流动性增加。粒子越接近球形，粒径越大，振动效果越明显。如表 5-1 所示，沙子不振动时的休止角为 41°，当振动频率每分钟 100 次和振幅 5mm 时，休止角仅为 7°。因此，在有的文献里将休止角分为静态休止角和动态休止角。

表 5-1　沙子的休止角随振动频率的变化

参数名称	结　　果			
振动频率/min⁻¹	0	50	100	100
振幅/mm	0	7.5～12.5	2	5
振动时间/s	0	5	5	20
休止角/(°)	41	15	21	7

物料的水分增加时，休止角增加。表 5-2 是谷物含水率对休止角的影响。图 5-2 是小麦水分对休止角和内摩擦角的影响。表 5-3 列举了几种主要作物种子的休止角的变化范围。应当指出的是，各种资料上列举的测定数据并不完全一致，这主要是因为作物品种和测试条件不同。

表 5-2　谷物含水率与休止角的关系

谷物种类	水稻	小麦	玉米	大豆
含水率/%	13.7	12.5	14.2	11.2
休止角/(°)	36.4	31	32	23.3
含水率/%	18.5	17.6	20.1	17.7
休止角/(°)	44.3	37.1	35.7	25.4

表 5-3　主要作物种子的休止角的变化范围

作物种类	休止角/(°)	作物种类	休止角/(°)
稻谷	35～55	大豆	25～37
小麦	27～38	豌豆	21～31
大麦	31～45	蚕豆	35～43
玉米	29～35	油菜籽	20～28
小米	21～31	芝麻	24～31

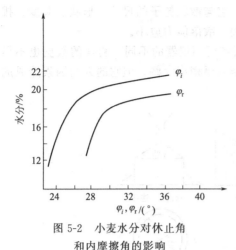

图 5-2 小麦水分对休止角
和内摩擦角的影响

2. 内摩擦角

内摩擦角 φ_i 是散粒体内部沿某一断面切断时，反映抗剪强度的一个重要参数，其值可利用如图 5-3 所示的剪切仪进行测定。将散粒物料装进剪切环内，盖上盖板，在盖板上施加垂直压力 N，加载杆上作用剪切力 T。如果剪切环内的散粒物料被剪断时达到的最大剪切力为 T_s；设散粒体的剪切面积为 A，则得散粒体的抗剪力等于内摩擦力与黏聚力之和，即

$$T_s = f_i N + CA \qquad (5-1)$$

式中，f_i 为散粒体的内摩擦系数，$f_i = \tan\varphi_i$；C 为单位黏聚力，即发生在单位剪切面积上的黏聚力。

试验时，先使载荷 N 不变，逐渐增大剪切力，测出剪切环移动时的剪切力 T_s；改变 N 值，测出不同载荷 N 时的剪切力 T_s，作 T_s-N 曲线，则该曲线与横坐标 N 的夹角即为该物料的内摩擦角 φ_i。

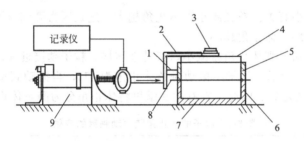

图 5-3 散粒体剪切仪
1—加载杆；2—悬架；3—静载荷；4—盖板；5—剪切环；
6—框架；7—基座；8—剪切面；9—液压传动

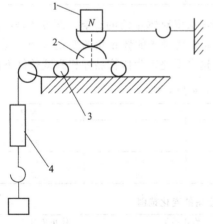

图 5-4 马铃薯内摩擦系数测定装置
1—重物；2—半块马铃薯；3—滑轮；4—力传感器

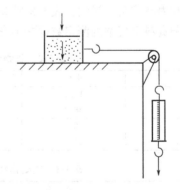

图 5-5 壁面摩擦角测定装置

对于缺乏黏结性的物料，其黏聚力可忽略不计。这时，最大剪切力将全部用于克服散粒体的内摩擦力。

因为粒子间的啮合作用是产生切断阻力的主要原因，所以它受到粒子表面状态、附着水分和粒度分布等很多因素的影响。同一种物料的内摩擦角，一般随孔隙率的增大而线性减小。

图5-4是测定马铃薯等大颗粒材料表面间摩擦系数的一种装置。利用它可以确定马铃薯脱皮所需的正压力大小。

3. 壁面摩擦角和滑动摩擦角

壁面摩擦角表示物料层与固体壁面的摩擦特性，而滑动摩擦角（又称自流角）则表示每个粒子与壁面的摩擦特性。一般缺乏黏聚性的散粒物料，休止角等于内摩擦角，大于壁面摩擦角；但对于含水率大的谷物种子，休止角比内摩擦角大得多。

测定壁面摩擦角常用的简易方法如图5-5所示。把每边长100mm的木筐放在与被测壁面同样材料的平板上，筐内装入一定量的散粒物料，物料上面放上不同重量的砝码，通过弹簧秤缓慢牵引木筐。根据弹簧秤的读数，便可算出壁面摩擦系数 f。

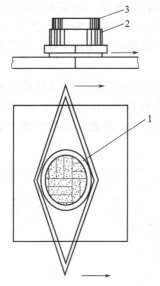

图5-6　平移式摩擦系数测定装置
1—试样；2—容器；3—砝码

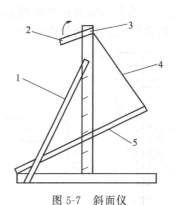

图5-7　斜面仪
1—撑杆；2—手柄；3—转轴；4—绳索；5—可变斜面

粉状物料的壁面摩擦角要比粒状物料的大些。

滑动摩擦角或称自流角，也是衡量散粒物料散落性的指标。测定滑动角时，将单个颗粒放在平板上，再将平板轻轻倾斜，待颗粒开始滑动时，平板角度即为物料的滑动角。实际上，类球体的滑动角是壁面摩擦角和粒子沿板面滚动摩擦角的综合。对于粉状物料，因为存在黏附性，其滑动角也可能大于90°。由于散粒体的性质不同，测试的工况不同，所测的摩擦角也不同。

表5-4中列出了几种作物种子的滑动角。

测定食品物料摩擦角的方法很多，除用图5-5所示的测定装置外，也可用如图5-6所示的剪切仪测定，或者用滑尺式摩擦仪测定。图5-6是与图5-5原理相同的平移式测定装置。将散粒体装进容器2内，物料上面压上一定的砝码3，两边通过平行的测力元件平移物料，从而测出摩擦阻力。用这种装置可以测出碎茎秆、断穗、谷粒、茶叶、粉状食品等的壁面摩擦系数。

图5-7是结构简单的斜面仪，它除测定壁面摩擦系数外，还能测定滚动阻力和滑动系数。

表 5-4 作物种子的滑动角（自流角）

作物种子	斜 面 平 板 种 类			
	谷黏结粒的平板	刨光的木板	铁板	水泥平板
小麦	24°~27°	21°~23°	22°	21°~23°
燕麦	26°~27°	25°~30°	22°	25°
大麦	26°~28°	21°~25°	21°	24°

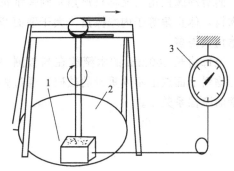

图 5-8 食品物料动摩擦系数测定装置
1—试样；2—转盘；3—测力表

相对运动开始时，物料对壁面的摩擦为静摩擦，其值在开始运动的瞬间达最大值，开始滑动后，接触面上出现的摩擦阻力为动摩擦力，该力小于最大静摩擦力。

图 5-8 是食品物料动摩擦系数测定装置。将试样 1 放在转盘 2 上，转盘的速度由变速电机调节，摩擦力通过测力表 3 测出。该装置可以测定物料的壁面摩擦系数随滑动速度而变化的情况。以同样原理设计的另一种装置示于图 5-9 中，其摩擦力由纸带 6 记录。

图 5-10 所示的装置用于测定纤维茎秆类物料的摩擦系数。将待测壁面包在转筒 B 的表面上，纤维绕在转筒 B 上，包角为 α。由给定的重量 F_1 和滚筒转速而得到相应的动摩擦力 F_2。表 5-5 列举了一些农产品物料的摩擦角。

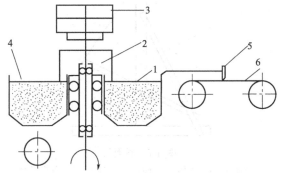

图 5-9 散粒体摩擦系数测定装置
1—圆盘；2—转轴；3—载荷；
4—容器；5—记录笔；6—纸带

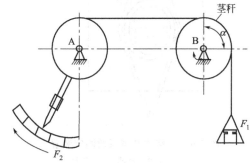

图 5-10 纤维茎秆类物料摩擦系数测定

表 5-5 农产品物料的摩擦角

作物种类	内摩擦角/(°)	壁 面 摩 擦 角 /(°)			
		钢板	木板	橡胶板	水泥板
小麦	33	22	28	30	32
大麦	35	25	32	33	31
稻谷	40	27	29	31	36
玉米	25	20	22	23	24
大豆	31	19	24	—	25
高粱	34	20	23	—	27
面粉	50	33	35	37	—
豌豆	25	14	15	19	26

作物种类	内摩擦角/(°)	壁 面 摩 擦 角 /(°)			
		钢板	木板	橡胶板	水泥板
蚕豆	38	20	24	—	26
油菜籽	25	—	—	—	—
向日葵	45	27	28	30	—
马铃薯	35	27	29	30	—

第二节　黏附性与黏聚性

黏附、黏聚现象在很多场合均会产生。如粉体黏附于容器、料斗壁面，气力输送时粉末黏附于管壁，粉体物料的结块等。黏附是两种材料的黏合，黏聚是材料颗粒间的自身黏合，具有黏聚性的散粒物料往往具有黏附性。在食品加工中，有时需要避免物料的黏附、黏聚，有时需要利用物料的黏附、黏聚。黏附性、黏聚性也是一些食品质量评价的重要指标。

一、黏附的原因

影响黏附的因素很多，情况也很复杂。黏附的真实原因至今尚未完全清楚。

实验表明，粉状物料的粒径越小、越潮湿，以及散粒体显著带电，越容易黏附于壁面。因此，产生黏附的主要原因是粒子间的黏聚力和粒子与壁面间的作用力，包括分子间相互作用的分子引力、附着水分的毛细管力以及静电引力等。对于不同种类的散粒体，这些力的大小不同。特别细的粉末，分子引力是主要影响因素；而含水率高的物料，尤其是亲水性高的物料，湿润角小，水分含量则起主要作用。壁面表面光洁度增大，黏附力也随之加大。对于某些物料，要考虑到相互溶化而黏结的情况。

当散粒体与壁面接触时，只要一方为导电体，另一方为绝缘体，其黏附力就相当大。黏附力的大小与粒子的带电量、粒子和壁面的导电能力有关。各种谷物碾成的粉料都具有这种特性。

法向压力对黏附力的影响不大。一般情况下，法向压力增加，黏附力呈线性增大，但增加不多。当法向载荷增加四倍时，含水率37.5%的黏土与白口铁间的黏附力仅增加一倍。

二、黏聚的原因

许多粉体食品，粒子之间会互相结合形成二次粒子，甚至形成结块。这种现象虽然对分级、混合、粉碎、输送等单元操作不利，但对于集尘、沉降浓缩、过滤、成型加工等操作有利。

粉体食品黏聚的主要原因有以下五方面：液体黏结及毛细管吸引力；物质本身黏结（熔融、化学反应）；黏结剂黏合；范德华力、静电荷引起的粒子间吸引力；外形引起的机械钩挂镶嵌。

三、黏附力和黏聚力的测定

测定黏附力和黏聚力的方法，需根据物料的性质进行选择。

1.法向脱附法

测定垂直于黏附表面的法向脱附力。黏土对金属材料法向黏附力的测定常用此法。

2. 喷射气流法

使气流通过放有待测物料的透气板或织物，根据粒子飞散时所需的最小气流速度确定其黏附力。

3. 离心力法

先将物料黏附于玻璃板、木板或金属板上，再放到立式离心机中旋转。根据被分离的粒子所受的离心力确定切向黏附力。

4. 黏结性法

将流动性好的粒子以不同比例混于有黏聚性的物料中，测定混合物料的休止角。用外插法确定黏聚性物料为100％时的休止角，以此来表示物料的黏聚性。

5. 发尘性法

将物料放在直径为9cm、长为2.5m的垂直管道中下落，经一定时间后，测量其沉降量。黏聚性大的物料发尘性小，沉降量大。取发尘性大的花粉的发尘性为100％，其他物料用相对值表示之。

6. 断裂法

先将物料放在圆筒内压实成圆柱状，再以水平方向将圆柱慢慢推出。当推到某一长度时，由于自重而断裂。用下落物料柱的重量与圆筒断面积之比表示物料的黏聚性。

第三节　散粒体的变形与抗剪强度

一、散粒体的变形

散粒体的变形包括结构变形和弹塑性变形两种基本形态。结构变形指颗粒间的相互位移，是不可能恢复的，带有断裂性质，即不是连续函数。弹塑性变形是指颗粒本身的可恢复性和不可恢复的变形。弹塑性变形在每个颗粒所占据的体积范围内是连续的。一般情况下，弹塑性变形是非线性的。

散粒体在刚性容器内加压试验时，体积改变量与加载的压力有关。这种试验，称为无侧向膨胀压缩试验。在这种条件下，散粒体表面上的压力导致颗粒间的孔隙率减小，使散粒体压得更为紧密，但这种压缩变形过程是不可逆的。如图5-11所示，小麦在无侧向膨胀压缩时，加载曲线与卸载曲线不重合，而是在卸载曲线上面通过。当重复加载时，卸载后观测到滞后现象。因而重复加载曲线与前一次的卸载曲线不重合，形成滞回圈。

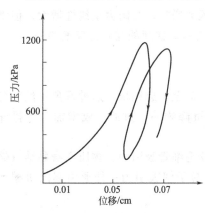

图5-11　小麦的压缩曲线

散粒体颗粒彼此间的接触不是沿着它们的整个表面，而是接触点。因此，即使散粒体的平均压力不太大，接触点处的实际应力已大到塑性变形的程度。接触点的数目越多，散粒体的抵抗变形的能力越大，即在该力作用下的变形越小。接触点的数目随力的大小而变化。压力增大时，散粒体颗粒之间原有的联系被破坏，孔隙率减小，接触点数目增加。当散粒体结构发生不同形式的破坏时，接触点的数目随之改变。

接触点数目的增多，一方面导致为产生一定的相对变形增量 de 所必需的压力增量 $d\sigma$ 增大，另一方面，又导致这个压力增量的减少。其普遍的形式为：

$$de = \frac{d\sigma}{L}\left[\frac{1}{(\sigma_c+\sigma)^n} + \frac{1}{(\sigma_s-\sigma)^m}\right] \tag{5-2}$$

式中，L 为表征散粒体刚度的值；e 为相对变形；σ_c 为初始压应力；σ_s 为极限承载强度；σ 表示加在散粒体上的压应力；m，n 表示指数。

$$e = \frac{\varepsilon_c - \varepsilon}{1 + \varepsilon_c} \tag{5-3}$$

式中，ε_c 为相应于压应力 σ_c 的初始孔隙比；ε 为相应于任意压应力 σ 的孔隙比。

经过多次加载和卸载循环以后，散粒体的结构变形趋于稳定。

根据式(5-2) 求得散粒体的变形模量 E 为：

$$E = \frac{d\sigma}{de} = L\,\frac{(\sigma_c+\sigma)^n(\sigma_s-\sigma)^m}{(\sigma_c+\sigma)^n(\sigma_s-\sigma)^m} \tag{5-4}$$

从式(5-4) 可以看出，散粒体的变形模量不是一个常数，而是一个可变量。根据压力和变形形式，它在零到无穷大之间变化。

二、散粒体的抗剪强度

从散粒体抗剪强度试验（图 5-3）得到，散粒体的剪切力等于内摩擦力与黏聚力之和，即：

$$T_s = f_i N + CA$$

因此，散粒体的抗剪强度为：

$$\tau_s = \frac{T_s}{A} = f_i\sigma + C = f_i\sigma' \tag{5-5}$$

式中，σ 为垂直于剪切面的压应力；σ' 为换算法向压应力，即考虑内部黏聚力时相当的压应力，即：

$$\sigma' = \sigma_0 + \sigma$$

式中，$\sigma_0 = \dfrac{C}{f_i}$ 为黏性压应力，又称张应力。

图 5-12 为 τ_s-σ 应力曲线。

由此可知，散粒体的强度因素由压应力 σ，内摩擦系数 f_i 和单位黏聚力 C 组成。

散粒体的剪切强度应满足以下条件：

$$\tau < \tau_s$$

即剪切应力小于极限剪切强度。设剪切力 T，与法向力 N 的合力 P 与力 N 间的夹角为 δ，则 $T = N\tan\delta$，$\tau = \sigma\tan\delta$。所以

$$\sigma\tan\delta < \sigma\tan\varphi_i + C$$

或者

$$\tan\delta < \tan\varphi_i + \frac{C}{\sigma} = \frac{\sigma'}{\sigma}\tan\varphi_i \tag{5-6}$$

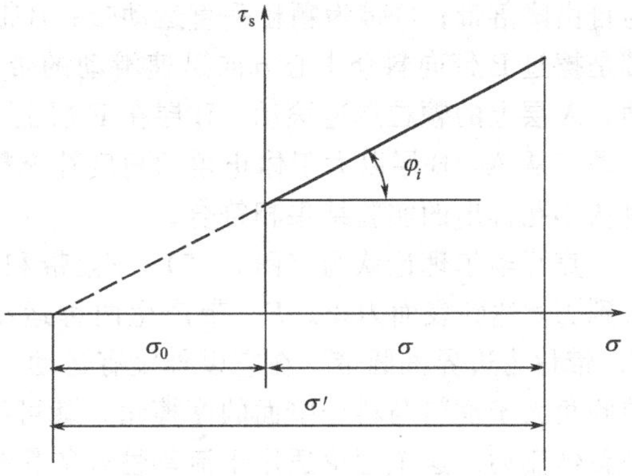

式中，φ_i 为散粒体的内摩擦角。

对于无黏性的散粒体，$C = 0$，所以 $\delta < \varphi_i$。

图 5-12　τ_s-σ 应力曲线

散粒体的抗剪强度与其密度、含水率、粒度、变形等有关。抗剪强度对研究散粒体的流动、断裂等具有重要意义。例如泥石流、滑坡、建筑物下沉和物料塌陷等事故，都与剪切强

度有关。

第四节　散粒体的流动特性

一、散粒体的流动

在存仓排料过程中，最麻烦的问题之一是落粒拱现象。落粒拱是散粒体堵塞在排料口处，在排料口上方形成拱桥或洞穴。前者称为结拱，后者称为结管。

根据经验，物料的粒径越小，粒子形状越复杂，摩擦阻力越大，重度或容重越小，越潮湿，落粒拱现象越严重。从容器方面观察，壁面倾角越小，表面越粗糙，排料口越小，落粒拱现象越严重。

根据散粒体的流动特点，分为自由流动物料和非自由流动物料两种。对于非自由流动物料，颗粒料层内的内力作用（由黏聚性、潮湿性和静电力等造成）大于重力作用。这种内力在物料流动开始后，会逐渐扰乱原有的层面而导致形成落粒拱。由于颗粒粒子处于非平衡状态，落粒拱会周期性地塌方，接着又重新形成。

观察散粒体流动过程的常用方法，是将物料涂上各种颜色，然后分层填满料仓，用高速摄影观察排料过程。图 5-13 是散粒体自由流出过程。

图 5-13　散粒体自由流出过程

散粒体的流动过程理论很多，最著名的是布朗-理查德理论和克瓦毕尔理论。如图 5-14 所示，布朗一理查德理论认为，排料口附近自由流动的物料可分成五个流动带。其中，D 带为自由降落带；C 带为颗粒垂直运动带；B 带是擦过 E 带向料仓中心方向缓慢滑动的带；A 带是擦过 B 带向料仓中心方向迅速滑动的带；E 带是没有运动的静止带。A 层在 B 层上滑动，A 层上的颗粒迅速滚动。B 层在 E 层上慢慢滑动，E 层处于静止状态。C 层迅速向下方运动，从 A、B 层以大于休止角的角度补充粒子。C 层的粒子供给 D 层排出。这一理论与物料从小孔排出的实验结果相符合。

克瓦毕尔理论认为（图 5-15），E_N 带和 E_G 带以几乎恒定的比率（1∶15）连续发展，直到 E_N 达到表面为止。E_N 带产生两种运动，即第一位的垂直运动和第二位的滚动运动。E_G 带称为边界椭圆带，在它以外没有运动。这种流动称为漏斗流动或中心流动。如果料仓的倾角大于物料与料仓壁面的摩擦角，就可把物料卸空。在 E_C 椭圆体边界线以内，产生的是整体流动。这个理论适用于流动性好的粉料从小孔中排出的情况。

布拉道尔雅科诺夫认为，排料是由动态落粒拱的形成和塌方反复进行的。动态落粒拱的高度 h 与内摩擦系数 f_i 有关，即

$$h = \frac{d}{2f_i} \tag{5-7}$$

式中，d 为排料口直径。

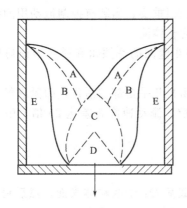

图 5-14　物料的排出（布朗-理查德理论）

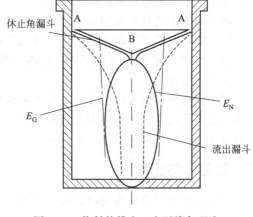

图 5-15　物料的排出（克瓦毕尔理论）

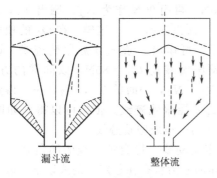

图 5-16　流动形式

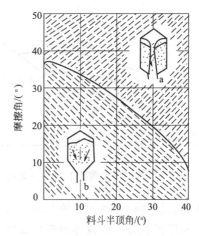

图 5-17　散粒体流动类型的判定
a—中心流（漏斗流）；b—整体流

卡尔宾科发现，流动分三个区域：①中心运动粒柱的主流区，它位于孔口上方；②位于主流区周围的随流区，散粒体周期地流向主流区；③随流区的外围的惰动区。他对种子流动得出了下面的结论。

（1）主流区内的种子按长轴平行于圆筒排列，流动速度小于孔口平面处的速度。

（2）种子的流出量与种子层的高度无关。

（3）增加种子层上的压力和增加桶底厚度，流出减少或停止流出。

（4）在混有其他粒子时，首先流出的是小粒种子和光粒种子。

捷敏诺夫认为种子流出分五个阶段。第一阶段是整个种子层表面均匀下降。此时，许多种子都力图以长轴顺着运动的方向。种子流的排队从出口处向种子上层扩展，当到达动态落粒拱高度时，开始形成动态落粒拱。第二阶段是种子流不断地从拱桥高度下落。第三阶段是种子的排队扩展到上层表面时，马上形成漏斗。第四阶段是动态落粒拱崩溃，流出过程减慢。第五阶段是种子沿容器底面滑动。

由于物料的物理性质不同，形成的流动过程也不一样。料仓内散粒体受重力作用的流动情况如图5-16所示，有两种流动状态，即整体流动和漏斗流（又称中心流）。漏斗流只有中央部分的物料流出，上部物料由于崩溃也可能流出。漏斗流流动时，先进的料后流出去。整体流动时，先进的料先流出去，因而减少离（偏）析现象。为使料仓内的流动为整体流动型,可采用内插锥体法和流动判定图。

内插锥体法是在料斗中加入锥体。内插锥体的位置很重要。当装有控制流动用的锥体和用来防止中间塌陷穿洞的锥体时,流动大致都可以变为整体流。

图 5-17 是散粒体流动类型的判定图。当物料与料斗壁面的摩擦角和料斗半顶角比较小时,流动为整体流。

对于能充分自由流动的物料,整个料斗容积内的物料几乎全部被活化,即紧靠料斗壁面的物料也产生运动。在料斗中心线和壁面间各处的颗粒,流动速度相差达 20 倍,中心处的流动速度比壁面处的流动速度大得多。

二、散粒体的流动性

对散粒体进行剪切强度试验时,如果先加预压实载荷 Q_1 于散粒体表面,然后将 Q_1 除去。再加小于 Q_1 的垂直载荷 N_1,测得剪断时的剪切力 T_1;加 N_2 测出 T_2;依此类推,就可以得到一组屈服轨迹线。例如,设预压实载荷为 $Q_1 = 100N$,先加载 100N,然后卸去 100N,再用 90N 作为 N_1,测出 T_1,80N 为 N_2,测出 T_2,…。这样,在 Q_1 的预压实载荷下,可作出一条 τ_s-σ 屈服轨迹线。设第二个预压实载荷 $Q_2 = 80N$,以同样的方法,测出 N_1,N_2,…时的 T_1,T_2,…,得到第二条 τ_s-σ 屈服轨迹线。依次可以得到如图 5-18 那样的一组屈服轨迹线。

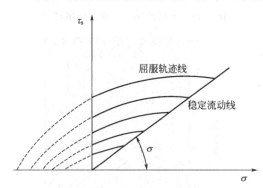

图 5-18 不同压实载荷下的 τ_s-σ 曲线

将屈服轨迹线各终点连接起来,可得到一条稳定流动线。稳定流动线的倾角 δ',表示在不同预压实状态下散粒体的破坏条件。如果散粒体的应力状态在稳定流动线以下,散粒体都不会产生剪流。

如图 5-19(a) 所示,在一个筒壁无摩擦的理想刚性圆筒内,装入散粒体。以预压实载荷 Q_1 压实,散粒体的预压实应力为 σ_1,然后轻轻取去圆筒,不加任何侧向支承,即 $\sigma_s = 0$,这时散粒体可能出现如图 5-19 中 (b) 和 (c) 所示的两种情况:一为保持圆柱原形,一为崩溃后以休止角呈山形。对于保持原形的圆柱体,须施加一定的载荷 Q_c 以克服散粒体在一定预压实状态下的表面强度 σ_c,散粒体才会崩溃。σ_c 称为散粒体的无围限屈服强度。在图 5-19(c) 的情况下,$\sigma_c = 0$。散粒体的无围限屈服强度 σ_c 与预压实应力 σ_1 之间的关系,称为流动函数 FF,表示为:

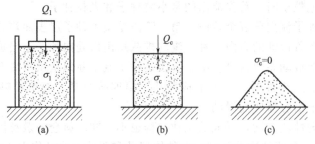

图 5-19 散粒体的预压实及其表面强度

$$FF = \frac{d\sigma_1}{d\sigma_c} \tag{5-8}$$

要得到散粒体的流动函数，须用几种预压实载荷进行剪切试验，以得到 σ_1 和 σ_c 值绘成曲线图（图5-20）。

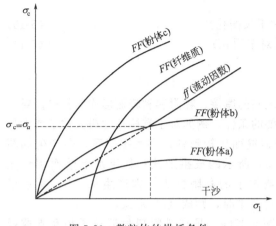

图5-20　散粒体的拱桥条件

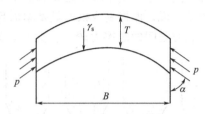

图5-21　拱形物料受力图

料斗本身的流动条件或流动性用流动因素 ff 表示为：

$$ff = \frac{\sigma_1}{\sigma_a} \tag{5-9}$$

式中，σ_a 为散粒体结成稳定拱的最小拱内应力。

ff 值越小，料斗的流动条件越好。对于一定形状的料斗，存在一条流动因素临界线，如果散粒体的流动函数曲线在这条临界线下方，则散粒体的强度不足以支持成拱，不会产生流动中断。这条临界线称为料斗的临界流动因素。

流动函数 FF 是由散粒体本身的性质所决定，而流动因素 ff 则由散粒体性质和料斗的几何形状、壁面特性等来确定。如果具有某种流动性质的散粒体，以 FF 曲线表示，将它放入具有某一临界流动因素 ff 的料斗内，当存在 $\sigma_c = \sigma_a$ 时，则可获得 FF 与 ff 的交点。这个交点可以决定避免成拱的最小排料口尺寸。

对于不同形状的料斗，FF 线与 ff 线交点的位置不同，因而散粒体的流动状态也不同。

干沙的无围限屈服强度等于零，并且不能被压实，所以干沙的流动函数与预压实应力的横坐标相重合。这说明干沙的流动性较佳，但湿沙的情况就不同了。

表5-6列出了流动函数与流动性的关系。

表5-6　流动函数与流动性的关系

FF 值	流 动 性	FF 值	流 动 性
$FF < 2$	非常黏结和不能流动的物料	$10 > FF > 4$	容易流动的物料
$4 > FF > 2$	黏结物料	$FF > 10$	自由流动的物料

为了避免散粒物料在重力卸料过程中形成落粒拱，需求出卸料口的临界孔口尺寸。

图5-21为具有重度 γ_s 的物料流出孔口时拱形物料的受力情况。令 B 表示圆孔直径，L 为槽宽的长，T 表示拱的厚度。对于小的拱形，向下作用的物料重力和拱内压缩力 p 的向上垂直分力相平衡，由此得：

对于长槽孔　　　　　　　　$BLT\gamma_s = 2pLT\cos\alpha\sin\alpha$

或　　　　　　　　　　　　$B = (p/\gamma_s)\sin 2\alpha$

对于圆孔　　　　　　$\pi B^2 T\gamma_s/4 = \pi BTp\cos\alpha\sin\alpha$

或　　　　　　　　　　　　$B = (2p/\gamma_s)\sin 2\alpha$

临界状态下，拱内压缩力 p 就是散粒体能结成稳定拱的最小拱内应力 σ_a，它应等于无围限屈服强度 σ_c（PF 与 ff 的交点）。上式中，$\sin2\alpha$ 的最大值为 1。因此，临界孔口尺寸为：

$$B \geqslant \sigma_c/\gamma_s（对于长槽孔）\tag{5-10}$$

或
$$B \geqslant 2\sigma_c/\gamma_s（对于圆孔）\tag{5-11}$$

三、落粒拱的形式

加料过程中，由于粒子之间和粒子与容器之间的摩擦、黏附和黏聚而形成落粒拱。对于粗大粒子来说，摩擦是成拱的最基本而且是必要的条件。例如对于有棱角的粗大粒子或大块物料，颗粒之间的摩擦力较大。此时，如果容器壁面比较粗糙，则摩擦严重，会产生如图

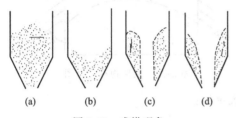

图 5-22　成拱现象

5-22（a）所示的成拱形式；如果加上壁面倾角太小，或粒子的黏附性大，则产生如（b）所示形式；更严重时，则成（c）形式。

图 5-22（a）是在排料口附近粒子相互支撑或咬合形成拱架，可采用加大孔口或强迫振动来解决。

图 5-22（b）是物料在料斗的角锥部积存而形成的。粉体物料由于压力、吸湿或化学反应等原因，会相互黏结成大块，产生如图中（b）的成拱形式。这种形式较难解决。

图 5-22（c）是物料在排料口上部垂直地下落，形成洞穴状，常见于粒子间有黏聚性的细粉。

图 5-22（d）是物料附着在料斗的圆锥部表面，常见于壁面倾角过小和对壁面有较强附着性或黏聚性的粉体物料。

四、防止成拱的办法

成拱现象非常复杂，目前，尚不能从根本上解决落粒拱问题。防止成拱的办法主要有下列几种。

（1）加大排料口。例如，可将淀粉等物料的料斗做成直筒形结构。

（2）尽量使料斗内壁光滑。

（3）加大壁面倾角。原则上倾角必须大于休止角。

（4）将料斗做成非对称形 [图 5-23（a）、（b）、（c）形式]。成拱现象的原因主要是物料受力后形成稳定的静止层。因此，如将料斗底部做成左右非对称形，可有效地破坏物料的受力平衡。

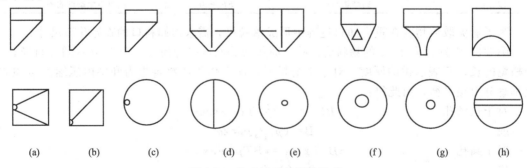

图 5-23　防止成拱的料斗形式

（5）在料斗内加入纵向隔板以形成左右非对称性［图 5-23(d)］。

（6）在料斗中悬吊链条［图 5-23(e)］。

（7）在排料口上方插入锥体［图 5-23(f)］，以减小排料口承受物料的压力。

（8）将壁面做成抛物线形的曲面［图 5-23(g)］，以使物料顺利滑落。

（9）采用条形卸料器［图 5-23(h)］。

（10）安装振动器。

（11）吹入压缩空气，使物料流态化。

第五节　离析和混合

一、离析

粒径差值大和密度不同的散粒混合物料，在给料、排料或振动时，粗粒和细粒、密度大和密度小的会产生分离。这种现象称为离析，又称偏析。在给料和排料过程中出现离析现象，使粒度失去均一性，产生质量不合格的产品。但振动筛选过程中的离析现象，则有助于达到筛选的目的。容易引起离析的散粒体，多数是流动性好的物料。

根据离析的机理，离析可分为附着离析、填充离析和滚落离析三种形态（图 5-24）。

附着离析是在沉降时粗细粒分离，此时微细的粒子在壁面上附着很厚的一层。由于振动和其他外力作用，这个层可能引起剥落，从而产生粒度不均匀的粉体。特别是沉降速度和布朗运动速度相等，粒径又在几个微米以下的微粒，以及带静电的微粒，这种离析的倾向更强。

填充离析是在倾斜状堆积层移动时产生的，这时充填状态下的粗粒子会有筛分作用，小粒子从间隙中漏出而被分离出来。若粒子的填充状态较密，微粒直径是大粒子直径的（起筛子作用的粒子）1/10 以下时，微粒才可以漏出。但填充疏松时，很大的粒子也会下流而被分出。

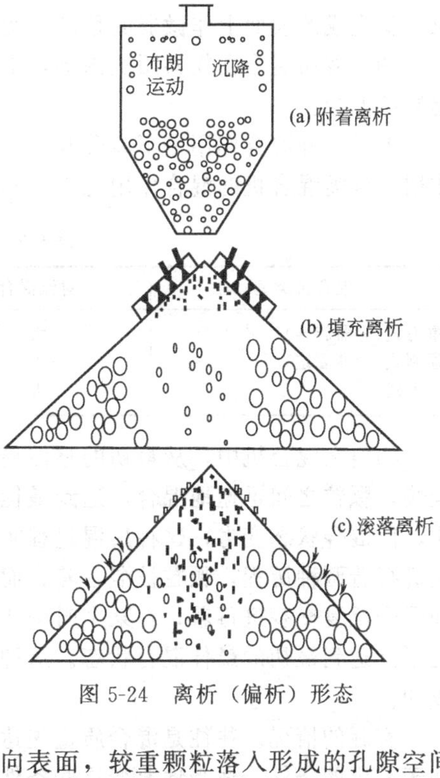

滚落离析是装料时颗粒的运动只发生在物料锥体的表面上。如为粉体，只有厚度为 2～3 个颗粒直径的一层物料处于运动之中。物料的运动是滚动运动，小颗粒会落到大颗粒的孔隙中。一般来说，大颗粒比微细颗粒的滚动摩擦系数小，大部分滚落到料斗壁面附近，而微细粒子则留在中心位置。

供料速度越小，物料的流动性越大和粒度分布范围越广时，离析现象越严重。

关于离析的研究还有待深入。要完全消除离析现象，目前在生产中尚不可能。整体流动可避免离析，而中心流动会产生离析。

离析还可分为粒度离析和密度离析两种。粒度离析已如上述。密度离析是在一定的振动条件下，物料趋向于达到最低能量水平的状态，较轻颗粒将升向表面，较重颗粒落入形成的孔隙空间或洞穴中。

图 5-24　离析（偏析）形态

离析主要是由物料的特性决定的，如粒度分布、颗粒形状、密度、表面特征、光滑性、容重、流动性、休止角、黏聚力、密度分布等。间接影响离析程度的有料斗直径、排料口直径、料斗边壁倾斜度、装料高度、壁面摩擦系数、料斗形状、装料位置、装料方法、卸料点和卸料方法等。

降低离析程度的办法有：尽量使颗粒均匀，采用整体流动，尽可能避免形成料堆，采用多点下料和阻尼下料等办法。

二、混合

混合是指物料在外力（重力及机械力等）作用下发生运动速度和方向的改变，使各组分颗粒得以均匀分布的操作过程。这种操作过程又称为均化过程。

混合与搅拌的区别并不严格。习惯上把同相之间的移动叫混合；不同相之间的移动叫搅拌；又把高黏度的液体和固体相互混合的操作叫捏合或混练，这种操作相当于混合及搅拌的中间程度。从广义上讲，一般将这些操作统称为混合。

物料混合的目的多种多样。例如咖喱粉等香辣调味品生产中，将涉及数十种风味的香料的均匀混合；饲料工业中营养成分的配合（混合）要求所用量间的变化极小；医药品和农用药剂的制剂要使极微量的药效成分与大量增量剂进行高倍散率混合。上述操作都属于物料混合过程。

在混合机中，物料的混合作用方式一般认为有以下三种。

（1）对流混合（或称移动混合）物料在外力作用下产生类似流体的骚动，颗粒从物料中的一处散批地移到另一处，位置发生移动，所有颗粒在混合机中的流动产生整体混合。

（2）扩散混合把分离的颗粒撒布在不断展现的新生料面上，如同一般扩散作用那样，颗粒在新生成的表面上作微弱的移动，使各组分的颗粒在局部范围扩散达到均匀分布。

（3）剪切混合在物料团块内部，由于颗粒间的互相滑移，如同薄层状流体运动那样，引起局部混合。

上述三种混合作用是不能分开的，各种混合机都是以上述三种作用的某一种作用起主导作用。各类混合机的混合作用见表 5-7。

表 5-7　各类混合机的混合作用

混合机类型	对流混合	扩散混合	剪切混合
重力式（容器旋转）	大	中	小
强制式（容器固定）	大	中	中
气力式	大	小	小

物料在混合机中，从最初的整体混合达到局部的混匀状态。在混合的前期，均化的速度较快，颗粒之间迅速地混合，达到最佳混合状态后，不但均化速度变慢，而且要向反方向变化，使混合状态变劣，这种反混过程叫偏析或分料。当混合过程进行一定程度，混合过程总是进行着两种历程，颗粒被混合着，而同时又偏析着，也就是混合与偏析的相互转化，偏析和混合反复交替进行着，在某个时刻达到动态平衡。此后，混合均匀度不会再提高，一般再也不能达到最初的最佳混合状态。这种反常现象，认为是由混合过程后期出现的反混合所造成的。

实际的情况，往往是混合质量先达到一最高值，然后又下降而趋于平衡。平衡的建立乃基于一定的条件，适当地改变这些条件，就可以使平衡向着有利于均化的方向转化，从而改善混合操作。混合过程要经过混合质量优于平衡状态的暂时的过混合过程，这是有利于生产的，可以掌握在较短的混合时间内达到较高的混合程度。

第六节　压缩流动

一般把散粒体容积减小，使颗粒填充状态变密的过程称为压缩。不破坏组成颗粒的压缩过程称为密实，反之，压制成块和造粒往往要破坏组成颗粒，但是并无严格的定义。压缩是在散粒体食品、医药品制剂、燃料触媒、粉末冶金、陶瓷、塑料、电气元件等现代工业中获得广泛应用的工艺过程。

按加压的方法分静压缩和冲击压缩。用冲头和冲模进行静压缩时，又分单向一面静压缩和上下方向两面静压缩（图 5-25）。

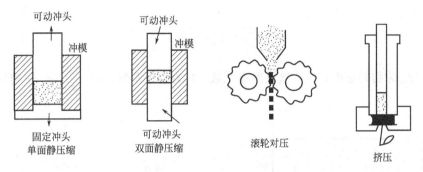

图 5-25　压缩流动的例子

在数量很大的粉体层上置一圆柱体，施加压力时粉体层的压力分布为 Boussinesq 球头形，但对于用冲头和冲模加压时，则要考虑壁面的影响。用直径 D 的冲头，压缩厚度为 L 的粉体层时，如上冲头的压力为 P_a，下冲头的压力为 P_b，则有如下关系式：

$$\ln\left(\frac{P_a}{P_b}\right)=\frac{4\mu_i K_a L}{D} \tag{5-12}$$

式中，K_a 为粉体侧压力系数；μ_i 为粉体内摩擦系数。实际上，所呈现的形式更为复杂。

第七节　物料对容器的压力

由于物料层的不均匀性和成拱现象，物料对容器的压力分布通常是不规则的。在理想情况下，可以得到理论上的分布规律。

料斗分深仓和浅仓两种，以料斗底部与侧壁的交点为始点，作散粒体的休止角斜线，与对面侧壁相交。设交点离料斗底部的距离为 h_r，料斗高度为 H，当 $h_r > H$ 时定义为浅仓，$h_r < H$ 时定义为深仓。

研究散粒物料对容器的压力分布时，假设物料不受振动等外界因素的影响。

一、浅仓内的静态压力分布

散粒体在浅仓内对侧壁压力 σ_3 的分布，可按下式计算：

$$\sigma_3 = \gamma_s h \tan^2\left(45° - \frac{\varphi_i}{2}\right) \tag{5-13}$$

式中，γ_s 为散粒体的重度；h 为散粒体某点对侧壁压应力 σ_3 距其顶面的高度；φ_i 为散粒体的内摩擦角。

由式(5-13)可知，侧压力随高度 h 呈三角形分布。

二、深仓内的静态压力分布

在研究深仓内的压力分布时，首先假设仓内任何水平面上的垂直压力为一常数，同时垂直压力与侧压力之比为一常数。

如图 5-26 所示，对直径为 D 的圆筒，考虑深度 Z 处微小物料层 dZ 的受力平衡。设在垂直方向的压力为 σ，则物料层 dZ 的受力平衡方程为：

$$\frac{\pi}{4}D^2\sigma + \gamma_s\frac{\pi}{4}D^2dZ = \frac{\pi}{4}D^2(\sigma+d\sigma) + \pi Dfk\sigma dZ$$

因此

$$\frac{d\sigma}{dZ} = \gamma_s - \frac{4}{D}fk\sigma \tag{5-14}$$

式中，γ_s 为物料重度；f 为壁面摩擦系数；k 为侧压系数，$k=\dfrac{\sigma_s}{\sigma}$；$\sigma_s$ 为物料对侧壁的压力。

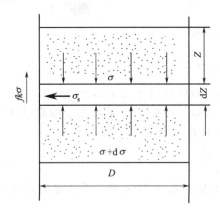

图 5-26　圆筒部的物料压力

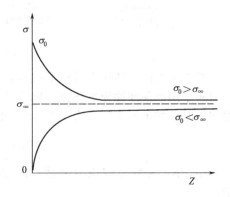

图 5-27　物料压力分布曲线

根据莫尔理论，侧压系数按下式计算：

$$k = \frac{1-\sin\varphi_i}{1+\sin\varphi_i} = \cot^2\left(\frac{\pi}{4}+\frac{\varphi_i}{2}\right) \tag{5-15}$$

式中，φ_i 为物料的内摩擦角。

若 $Z=0$ 时，$\sigma_0=0$，积分得：

$$\sigma = \frac{\gamma_s}{f}\frac{D}{4k}\left[1-e^{-(4fk/D)Z}\right] \tag{5-16}$$

当物料层表面上作用有预压力 σ_0 时，则

$$\sigma = \frac{\gamma_s}{f}\frac{D}{4k}\left[1-e^{-(4fk/D)Z}\right] + \sigma_0 e^{-(4fk/D)Z} \tag{5-17}$$

若 $Z=\infty$，得

$$\sigma_\infty = \frac{\gamma_s}{f}\frac{D}{4k} \tag{5-18}$$

由式(5-15)和式(5-16)可求得物料层深度 Z 与物料压力 σ 的关系。图 5-27 是随深度 Z

变化的压力 σ 的分布曲线。当 $Z \to \infty$ 时，σ 趋向于 σ_∞。这意味着，随着物料层深度增加，其底部压力没有增加，必须由仓壁来支持附加的重量。

垂直作用在圆筒壁面上的压力 σ_s 为 $k\sigma$。

研究表明，实际上 k 不是常数，而是随物料类型、料斗几何形状以及料层深度、物料的摩擦和黏聚特性、含水率等而变化的。

第八节　食品工业中散粒体力学特性的应用

散粒体的力学特性在食品工业中的应用很广，尤其是散粒体的流动特性，在食品物料的分级、贮存、装卸、控制等处理过程中具有重要的意义。

一、散粒体的自动分级

由粒度和相对密度不同大颗粒组成的散粒体所构造的均匀分布状态是不稳定的，在受到振动或其他扰动时，散粒体中各颗粒会按其相对密度、粒度、形状及表面状态的不同而重排。重排后从上层到下层依次为相对密度小的大颗粒、相对密度小的小颗粒、相对密度大的大颗粒、相对密度大的小颗粒；此外，按表面状态及形状不同，表面粗糙或片状颗粒在上面，而表面光滑或接近球形的颗粒在下面。这种现象称为散粒体的自动分级。

产生自动分级的原因主要有：①散粒体具有液体的性质，对分散在散粒体中的颗粒有浮力作用，促使相对密度小的颗粒上浮；②散粒体在受扰时较松散，使小颗粒能往下运动以填补空隙；③表面光滑的球形颗粒，在散粒体中所受阻力较小，容易向下运动，而粗糙颗粒或片状粒受阻大而留于上层。

在食品物料的筛分或风选、水选中，实际都是在利用自动分级现象。关于自动分级的力学解释，部分现象的可以用两相介质中分散相颗粒在连续介质中的沉浮运动机制来说明。

在茶叶质量检验标准中，茶叶的整碎度是外形质量评价指标之一，整碎就是茶叶的外形完整和断碎的程度，以匀整为好，断碎为次。试验方法时，茶叶放在评茶盘中，让评茶盘在旋转力的作用下转动数次后，茶叶将依形状大小、轻重、粗细、整碎形成有次序的分层。其中粗壮的在最上层，紧细重实的集中于中层，断碎细小的沉积在最下层。无论哪种茶，都以中层茶多为好。上层一般是粗老叶子多，滋味较淡，水色较浅；下层碎茶多，冲泡后往往滋味过浓，汤色较深。

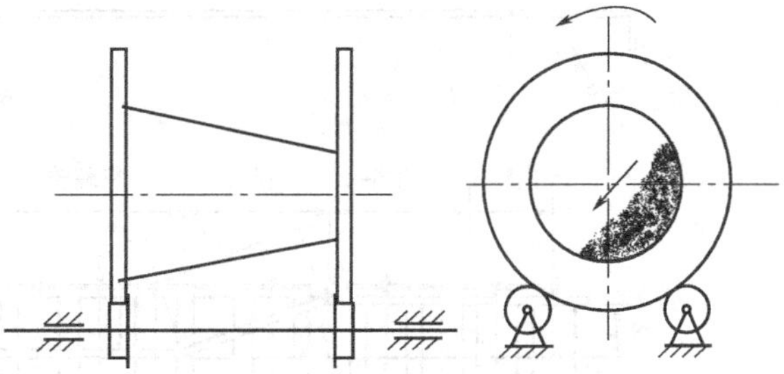

图 5-28　锥形筒谷糙分离装置

在锥形筒谷糙分离装置中（图 5-28），当锥形筒以一定速度转动时，谷糙混合在筒内产生分离，糙米从大端流出，稻谷从小端流出，实现谷糙分离。

在食品和农产品的散粒体分选、分级中，将颗粒大小不同的散粒物料群，多次通过均匀布孔的单层或多层筛面，分成若干不同级别的过程称为筛分。理论上大于筛孔的颗粒留在筛面上，称为该筛面的筛上物，小于筛孔（最小有二维小于筛孔尺寸）的颗粒透过筛孔，称为该筛面的筛下物。

散粒物料的筛分过程，可以看作由两个阶段组成：一是小于筛孔尺寸的细颗粒通过粗颗粒所组成的物料层到达筛面；二是细颗粒透过筛孔。要想完成上述两个过程，必须具备最基本的条件，就是物料和筛面之间要存在着相对运动。为此，筛箱应具有适当的运动特性，一方面使筛面上的物料层成松散状态；另一方面，使堵在筛孔上的粗颗粒闪开，保持细粒透筛之路畅通。筛分过程可以认为是由物料分层（散粒物料离析作用）和细粒透筛两个运动状态所构成。但是分层和透筛不是先后的关系，而是相互交错同时进行的。由于物料和筛面间相对运动的方式不同，从而形成了不同的筛分方法。散粒物料的筛分在食品加工中应用非常广泛，如稻米加工中的谷糙分离、制粉中的清粉、种子加工中的精选、谷物加工中去杂分选分离和粉体分级等等。

在禽蛋大小头自动定向排列中，禽蛋大小头自动定向排列装置的功能是将大小头指向不一致的禽蛋自动定向为同一方向。定向功能的实现是由系统定向排列工作区域的分列运动分区、分列完成分区（即待翻转分区）、翻转运动分区、合并归列分区等四个分区协作完成的。系统工作时，禽蛋从进料区输入，首先进入分列运动分区，此时禽蛋在支撑辊子的驱动下沿小头端所指方向在两支撑辊子上作轴向运动，大小头指向不一致的禽蛋分别靠近处理通道两侧的限位导向杆，形成大小头指向一致的两列；未完成分列的在待翻转运动分区继续进行分列运动；进入翻转分区的其中一列在限位导向杆作用下翻转，实现大小头指向与另一列一致，而另一列直接通过；最后在合并归列分区形成大小头指向一致的一列从出料区输出（图 5-29）。

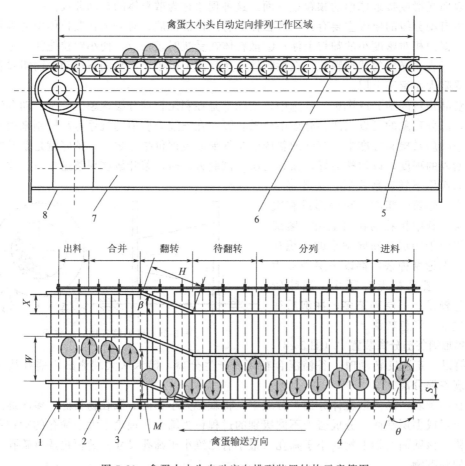

图 5-29　禽蛋大小头自动定向排列装置结构示意简图

1—支撑辊子；2—心轴；3—空心销轴链；4—限位导向杆；5—链轮；6—橡胶垫；7—机架；8—调速系统

从禽蛋自动定向排列过程可以看到，定向的核心是禽蛋分列运动（即禽蛋的轴向运动）和翻转运动。禽蛋的轴向运动是禽蛋在一定中心距水平等径等速两平行圆柱支撑辊子所作用的摩擦力驱动下，在支撑辊子上产生绕自身长轴转动和沿支撑辊子轴向移动（螺旋运动），禽蛋与支撑辊子之间的传动关系属于交错轴摩擦轮机构传动，可以利用交错轴摩擦轮传动原理计算禽蛋的轴向移动。禽蛋轴向移动位移 S 的理论计算公式为 $S=vt\tan\theta$，式中，v 为支撑辊子线速度（mm/s），t 为禽蛋运动时间（s），θ 为禽蛋长轴径与支撑辊子轴线之间偏转角（°）。

禽蛋的翻转运动是禽蛋在相邻两支撑辊子、限位导向杆（弯曲段）和支撑辊子输送运动的作用下，小头端被限位导向杆（弯曲段）逐渐抬起，使禽蛋在两接触支撑辊子上产生翻转滚动，同时随支撑辊子做移动（螺旋运动），其传动关系属于凸轮机构传动，可以利用凸轮传动原理分析禽蛋的翻转运动，禽蛋翻转的导向杆弯曲段作用距离 X 和翻转距离 M（支撑辊子轴向）理论计算公式为 $X=0.8L-0.1B+1.7$，$M=1.6L+0.7B+3.3$，式中，L 为禽蛋长轴径（mm），B 为禽蛋短轴径（mm）；处理通道宽度 W 估算 $W=M=1.6L_{max}+0.7B_{max}+3.3$，限位导向杆弯曲段的长度 $H=X/\sin\beta$ 其中：β 弯曲段的弯曲角（°）。

鲜禽蛋大小头定向排列是禽蛋分级包装商品化处理工序之一，主要目的是让所有的禽蛋大头都朝一个方向，在包装后禽蛋都会呈大头向上放置在蛋盒或蛋盘中，可以防止蛋黄黏结在蛋壳上，延长保存期。

二、粉尘爆炸性

粉尘爆炸是安全工程中的重要内容。

粉尘爆炸是指在空气中悬浮的粉尘颗粒急剧地氧化燃烧，同时产生大量的热和高压的现象。爆炸的机理非常复杂，通常认为首先是一部分粉尘被加热，产生可燃性气体，它与空气混合后，当存在一定温度的火源或一定能量的电火花时，就会引起燃烧。由此产生的热量又将周围的粉尘加热，产生新的可燃性气体。这样，就产生连锁反应而爆炸。

粉尘爆炸要求粉尘有一定的浓度，这一浓度极限称为爆炸的下限。它与火源强度、粒子种类、粒径、含水率、通风情况和氧气浓度等因素有关。

粉尘发火所需的最低温度称为发火点。粒径越小，发火点越低。

面粉厂里，当面粉在每立方米的空气中悬浮 15～20g 时，最容易爆炸。特别是 $10\mu m$ 左右的散粒物料，浓度在 $20g/m^3$ 时危险性最大。这一浓度相当于看 2m 前的物体模糊不清的程度。

面粉、奶粉、淀粉等不良导电物料，由于与机器或空气的摩擦产生的静电会积聚起来，当达到一定数量时就会放电，产生电火花，构成爆炸的火源，应当密切注意。

表 5-8 是粮食粉尘特性表。

表 5-8　粮食粉尘特性表

粉尘名称	温度组别	高温表面堆积粉尘层（5mm）的引燃温度/℃	粉尘云的引燃温度/℃	爆炸下限浓度/(g/m³)	粉尘平均粒径/μm	危险性质
裸麦粉	T₃	325	415	67～93	20～50	可燃性
裸麦谷物粉（未处理）		305	430	—	50～100	
裸麦筛落粉（粉碎品）		305	415	—	30～40	
小麦粉		炭化	410	—	20～40	
小麦谷物粉		290	420	—	15～30	
小麦筛落粉（粉碎品）		290	410	—	3～5	

粉尘名称	温度组别	高温表面堆积粉尘层(5mm)的引燃温度/℃	粉尘云的引燃温度/℃	爆炸下限浓度/(g/m³)	粉尘平均粒径/μm	危险性质
乌麦、大麦谷物粉	T₄	270	440	—	50～150	非导电粉尘
筛米糠		270	420	—	50～100	
玉米淀粉		炭化	410	—	2～30	
马铃薯淀粉		炭化	430	—	60～80	
布丁粉		炭化	395	—	10～20	
糊精粉		炭化	400	71～99	20～30	
砂糖粉		熔融	360	77～107	20～40	
乳糖		熔融	450	83～115	—	

注：摘自 GB 17440—2008《粮食加工、储运系统粉尘防爆安全规程》。

阅读与拓展

◇陶珍东，郑少华.粉体工程与设备[M].北京:化学工业出版社,2003.

◇陆厚根.粉体技术导论[M].上海:同济大学出版社,1998.

◇卢寿慈.粉体技术手册[M].北京:化学工业出版社,2004.

◇姜松,蒋晓峰,陈章耀等.禽蛋在输送支撑辊上倾角影响因素的理论分析与试验验证[J].农业工程学报,2012,28(13):244-250.

◇姜松,王国江,漆虹等.禽蛋大小头自动定向系统的设计[J].农业机械学报,2012,43(06):113-117.

◇姜松,姜奕奕,孙柯等禽蛋大小头自动定向排列中轴向运动机理研究[J].农业机械学报,2013,44(10):205-219.

◇姜松,陈元生,吴守一.锥筒谷糙分离装置的试验研究[J].农业工程学报,1997,13(1):185-189.

◇姜松,陈元生,吴守一.锥形筒谷糙分离机理研究初探[J].粮食与饲料工业,1996(9):6-10.

思考与探索

◇粉体技术与食品加工。

◇粉体食品加工技术。

◇散粒体力学特性在食品加工中应用实例。

◇收集食品行业中发生粉尘爆炸的案例,并分析原因。

◇散粒体力学特性在食品加工中应用进展。

◇摩擦系数及其测定。

第六章 食品的流体动力学特性

在食品工程中以空气或水作为载运体,利用流体动力学原理对物料进行加工、输送、分离和分选是比较常用的方法。这时,固体物料存在于流体之中,并受到来自流体的力的作用。因此,了解物料流体动力学特性是十分必要的。

第一节 流体对物料的作用力和阻力系数

根据流体力学理论,对于近似球形的物体,物体对运动的流体产生阻力,阻力方向与二者相对速度方向相反。对于柱形物体,流体和物体间的作用力包括升力 P_L 和阻力 P_R (图6-1)。升力是绕流物体的环流产生的,其方向和相对速度方向垂直,而阻力主要产生于流体的黏性,方向和相对速度方向相反。

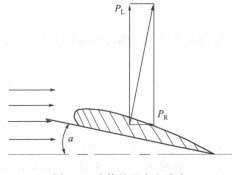

图6-1 流体的阻力和升力

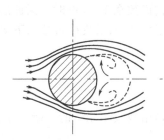

图6-2 涡流和压差阻力

流体的阻力包括压差阻力和摩擦阻力。压差阻力是由于流体的附面层在物体后部产生分裂而形成涡流(非流线形体),使后部的压力降低产生的(图6-2),其数值为作用在物体表面上所有压力沿相对运动方向的积分。摩擦阻力等于作用在物体表面上的剪应力沿相对运动方向的积分。根据量纲分析,流体的阻力可表示为

$$P = CA \frac{\rho v^2}{2} \tag{6-1}$$

式中, ρ 为流体的密度; A 为物体在垂直于相对速度方向上的投影面积; v 为流体和物体的相对速度; C 为阻力系数,决定于物体的形状、表面状态和雷诺数 Re ,一般靠实验确定。

图6-3为几种规则形状物体的阻力系数 C 随雷诺数 Re 变化规律的实验值,对于球形物体,阻力系数 C 可分为以下几个区域。

(1)雷诺数很小时($Re \leqslant 1$),阻力主要是流体的黏性摩擦力。斯托克斯根据黏性流体运动方程,进行简化后求得的阻力公式为

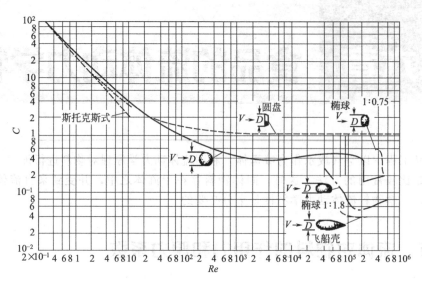

图 6-3　球和圆盘的阻力系数

$$P = 3\pi\eta vd \tag{6-2}$$

阻力系数
$$C = \frac{24}{Re(d)} \tag{6-3}$$

式中，d 为球的直径；η 为流体的动力黏度。

$Re(d) \leqslant 1$ 时，这个式子和实验值是相符合的。

（2）雷诺数在 1～500 时，附面层和球面分裂，摩擦阻力和压力阻力是同量级的，都不能忽略，阻力 P 和系数 C 可按以下实验公式计算。

$$P = 1.25\pi\sqrt{\eta\rho d^3}\, v^{1.5} \tag{6-4}$$

$$C = \frac{10}{Re(d)^{\frac{1}{2}}} \tag{6-5}$$

（3）雷诺数大于 500 时，附面层的分裂点基本上保持不变，压力阻力是阻力的主要成分，摩擦阻力相对很小，阻力系数 C 基本上为一常数，等于 0.44 左右。这一范围称为牛顿阻力区。

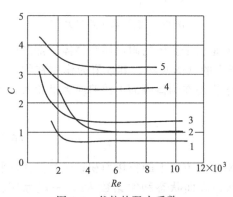

图 6-4　谷粒的阻力系数

1—大豆；2—玉米；3—高粱；4—小麦；5—水稻

Re 增至 2×10^5 时，阻力系数 C 突然减小 50％ 左右，称之为阻力危极。

其他具有弧形轮廓表面的物体，如圆柱、椭圆柱和椭圆球等，C 和 Re 之间也存在着与此相似的关系。图 6-4 所示为各种谷粒的阻力系数 C 随雷诺数 Re 变化的实验值。和圆球相似，$Re > 3 \times 10^3$ 时（相当于 v 大于 6～7m/s），C 基本上为一常数；$Re < 3 \times 10^3$ 时，随 Re 的减小，阻力系数 C 显著增大。

图 6-5 为粉碎的青饲料的阻力系数 C 的实验曲线。青饲料的尺寸为 1.5、3.0、4.5 和 6.0cm，迎风面积 1～5cm²，容重 0.5～0.85t/m³。当雷诺数 Re 较小时，随 Re 的增加系数 C 下降。在图示范围内，符合以下关系：

$$C = \frac{4 \times 10^3}{Re}$$

对于具有锐利边缘的物体，例如盘面正对流速方向的薄圆盘，雷诺数较大时，由于附面层的分裂点保持不变，阻力系数 C 为一常数（图 6-3）。

短茎秆的空气动力特性，是谷物气流清选的理论基础。当茎秆的方向与相对速度方向成一倾角时，茎秆不仅受到气动力（或阻力），而且受到升力。气动力和升力的计算公式分别为：

$$P = Cdl \frac{\rho v^2}{2}$$

$$P_L = C_L dl \frac{\rho v^2}{2}$$

根据用小麦茎秆做的实验，当雷诺数在牛顿阻力区时，阻力系数 C 和升力系数 C_L。可按下式计算。

$$C = 1.194 - 0.013\varepsilon$$
$$C_L = 0.0194 - 0.0002246\varepsilon^2$$

式中，ε 为茎秆法向和相对速度方向的夹角（图 6-6）。

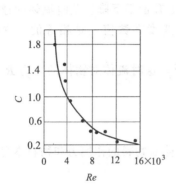

图 6-5　青饲料的阻力系数

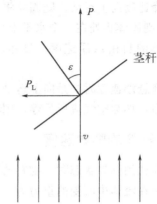

图 6-6　短茎秆所受的气动力和升力

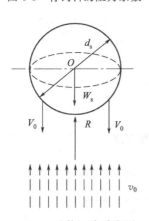

图 6-7　球体沉降受力图

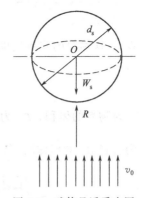

图 6-8　球体悬浮受力图

$\varepsilon = 0°$ 时，$C_L = 0$，$C = 1.194$，和长度方向与流速方向垂直的长圆柱体（$C = 1.2$）相似。$\varepsilon = 43°$ 时，升力系数 C_L 达最大值 $C_{Lmax} = 0.418$。所以，在谷物的气流清选中，如果能使短茎秆有适当的方位以充分利用气流对短茎秆的升力，将会显著提高清选效果。

第二节　颗粒的临界速度及其应用

一、自由沉降速度

当某物体在无限的静止流体中，在浮重（即重力与浮力之差）W_s 的作用下（图 6-7），而自由下落（对于密度较小的物料在流体中，则为自由上浮），下落速度逐渐增大，同时物体受到流体的阻力 R 也增大。最后当下降速度达到某一最大值 v_0，而使阻力与浮重相等时，物体就以这一最大速度做恒定的等速沉降。此最大恒定速度 v_0，就称作该物体的自由沉降速度或临界速度（也称沉降终速或沉降末速），因为没有其他物体和管壁等干扰影响和限制，所以称为自由沉降速度。

二、自由悬浮速度

如果流体以小于固体的自由沉降速度向上运动时，则固体将下降；如果流体以大于固体的自由沉降速度向上运动，则固体将上升；如果流体以等于固体的自由沉降速度向上运动时（图 6-8），则固体将处在一个水平上呈摆动状态，既不上升也不下降。此时流体的速度，就称作该物体的自由悬浮速度。显然，悬浮速度与沉降速度在数值上是相等的，方向是相反的。

在研究悬浮速度时，是向上运动的流体使物体悬浮，这时流体对物体的阻力 R 通常称为流体动力，如为空气流所悬浮，则称 R 为空气动力。

三、球形物料的临界速度

当物体达到临界状态时，物料的速度不再改变，流体对物料的作用力和物料本身的重力平衡。物料在流体中所受的重力为

$$W_s = V(\rho_s - \rho)g$$

流体对物料的作用力为

$$P = C\rho A \frac{v_t^2}{2}$$

令 $P = W_s$，得物料的临界速度 v_t 为

$$v_t = \sqrt{\frac{2V(\rho_s - \rho)g}{C\rho A}} \tag{6-6}$$

式中，V 为物料的体积；ρ_s 为物料的密度；v_t 为临界速度。

当物料为直径 d_s 的球体时，$V = \frac{1}{6}\pi d_s^3$，$A = \frac{\pi d_s^2}{4}$，代入式（6-6）得

$$v_t = \sqrt{\frac{4gd_s(\rho_s - \rho)}{3C\rho}} = 1.152\sqrt{\frac{gd_s(\rho_s - \rho)}{C\rho}} \tag{6-7}$$

所以，球的直径 d_s 和球的密度 ρ_s 愈大，它的临界速度愈高。

阻力系数 C 是 Re 的函数，而且在 Re 的三个区段中函数关系不同，所以在确定上式中的系数 C 时，用于计算 C 的式子必须与 $Re = \rho d_s v_t / \eta$ 所在的区间相对应。

四、不规则形状物料的临界速度

食品物料形状不规则的有很多，它们的临界速度不仅与其形状和在流体中的方位有关，而且与其含水率有关，不太容易计算。一般都是在试验台上直接测定其随机方位的临界速度。图6-9、图6-10所示是测定物料临界速度的装置，调节风速使物料在垂直管中处于悬浮状态，这时的风速即为物料的临界速度，表6-1所示为一些物料的临界速度的实验值。图6-9吹送式是物料临界速度的测定装置，图6-10是吸送式是物料临界速度的测定装置，吸送式测定装置气流稳定，测试精度高。

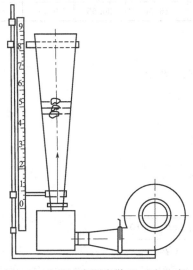

图6-9　临界速度测定装置（吹送式）

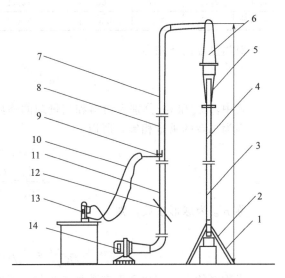

图6-10　临界速度测定装置（吸送式）

1—支持架；2—细网物料盘；3,4—测量管道；
5—观察孔；6—扩大管；7,8,11—风管；
9—皮托管；10—橡皮管；12—风量调节阀门；
13—补偿式微压计；14—鼓风机

为了能够估算形状相似而重量不同的物料的临界速度，可把形状不规则的物料化为与其相当的球体（当量球），应用已有的球体的临界速度计算公式进行计算，而后加以修正。

把不规则形状物料化为当量球时，保持二者的体积相等和密度相等，所以

$$V = \frac{G}{\rho_s g} = \frac{\pi}{6} d_\varphi^3$$

$$d_\varphi = 1.24 \left(\frac{G}{\rho_s g} \right)^{\frac{1}{3}}$$

式中，V、G 为物料的体积和重量；d_φ 为当量球直径。

临界状态时，流体对物料的作用力

$$P_s = C_s A_s \frac{\rho v_{ts}^2}{2} = V(\rho_s - \rho)g$$

表6-1　谷粒的空气动力学特性

谷粒种类	长度/mm	宽度/mm	厚度/mm	重力 $W(\times 10^7 N)$	临界速度/(m/s)	CA/mm²	C	Re
苜蓿	2.35	1.43	1.07	2.40	5.46	1.31	0.50	601
亚麻	4.33	2.225	1.10	5.35	4.66	4.01	0.52	836

谷粒 种类	长度 /mm	宽度 /mm	厚度 /mm	重力 $W(\times 10^7 N)$	临界速度 /(m/s)	CA $/mm^2$	C	Re
小麦	6.95	3.35	2.96	45.36	8.99	9.20	0.50	2720
大麦	8.80	3.20	2.38	33.11	7.01	10.96	0.50	2280
小燕麦	9.62	2.44	2.07	18.14	5.88	8.64	0.47	1900
大燕麦	12.2	2.80	2.16	33.56	6.34	13.66	0.51	2480
玉米	11.64	8.01	4.14	285.77	10.64	41.25	0.56	5770
大豆	7.77	6.77	5.88	205.9	13.50	18.40	0.45	6280
塑料球	9.5	9.5	9.5	526.1	16.76	30.65	0.43	10850

对当量球的作用力

$$P_\varphi = CA \frac{\rho v_{t\varphi}^2}{2} = \frac{\pi}{6} d_\varphi^3 (\rho_s - \rho) g$$

式中，v_{ts} 和 $v_{t\varphi}$ 分别为物料和当量球的临界速度。

因为二者的重量相等，所以

$$C_s A_s v_{ts}^2 = CA v_{t\varphi}^2$$

$$令 \frac{v_{t\varphi}^2}{v_{ts}^2} = \frac{C_s A_s}{CA} K_\varphi$$

称 K_φ 为球形系数，则

$$v_{ts} = \frac{1}{\sqrt{K_\varphi}} v_{t\varphi} = \frac{1}{\sqrt{K_\varphi}} \sqrt{\frac{4g d_\varphi (\rho_s - \rho)}{C\rho}} \qquad (6-8)$$

当物料的形状相似和雷诺数处于牛顿区段时，球形系数 K_φ 为一常效，与物料的重量无关。表 6-2 所示为一些谷粒的球形系数 K_φ 的值。物料的形状愈接近球形，系数 K_φ 愈小，临界速度愈高。

表 6-2　谷粒的球形系数

谷粒种类	水稻	小麦	高粱	玉米	大豆
球形系数 K_φ	3.02	2.47	2.17	2.11	1.33
$\dfrac{1}{\sqrt{K_\varphi}}$	0.575	0.636	0.679	0.688	0.867

由表 6-2 中的数据可知，不规则形状物料的临界速度，与其当量球的临界速度相差甚远。如果直接应用当量球的临界速度而不加修正，将产生很大误差。实际上，由于不规则形状物料在流体中的方位是随机的，而且雷诺数的特征尺寸和正面面积不易确定，使临界速度问题很复杂。实验表明，在雷诺数小于 50 时，阻力主要是摩擦阻力，如果物料的形状不是极端不规则，物料的阻力系数和球的阻力系数相差甚微。随着雷诺数的增加，二者的差别增大。

除了将物料化为当量球外，也有人用物料的长、宽、高的平均值作为特征尺寸（小麦和大豆），或者以物料的最大长度作为特征尺寸（玉米）进行计算。采用不同的方法，计算出的结果是不同的。为避免引起混乱，ASAE 推荐用等体积球（当量球）法。

五、物料浓度对临界速度的影响

当固体颗粒在流体中的浓度较小时，颗粒间的彼此干扰很小。但当颗粒数目（浓度）大

到一定程度后，由于颗粒间的相互摩擦和碰撞，必将引起附加的作用力。所以，颗粒群的临界速度，比单颗粒物料的小。

大颗粒物料在流体中沉降时，颗粒处于分散状态，对流体黏度的影响不大。浓度对临界速度的影响主要表现在颗粒下沉时诱发向上液流和激起的紊动，以及混合液的密度增大，从而使临界速度减小。细颗粒下沉时，浓度对临界速度的影响要复杂得多。此时，浓度增大将使颗粒间的引力增加，还会改变流体的黏度。

浓度对临界速度的影响是一个复杂而未解决的问题，钱宁以均匀沙为对象提出了以下计算公式。该公式仅适用于非黏性粗粒泥沙。

$$\frac{v_{ts}}{v_t} = (1 - m_s)^n \tag{6-9}$$

式中，v_{ts} 为体积浓度为 m_s 时均匀砂的临界速度；v_t 为清水单颗粒的临界速度；n 为指数，见表 6-3。

表 6-3 　n 与 Re 的关系

Re	≤0.1	0.2	0.5	1	2	5	10	20	50	100	200	>500
n	4.91	4.89	4.83	4.78	4.69	4.51	4.25	3.89	3.33	2.92	2.58	2.25

图 6-11 所示为谷粒群在垂直风道内的实验结果。临界速度比 a 是谷粒群的临界速度和单颗谷粒临界速度的比值。谷气混合比 β 是同一时间内，管道中谷粒重量和空气重量的比值。实验用管道的内径为 100mm，长 1300mm。

$\beta = 5 \sim 10$ 时，$\alpha \approx 1$，$\beta \approx 10 \sim 30$ 时，α 减小的较快，$\alpha \approx 50$ 时，α 的变化显著变慢。这是因为混合比 $\beta = 10 \sim 30$ 时，谷粒群扩散的比较均匀。β 再增大，谷粒将成团的聚集在一起。

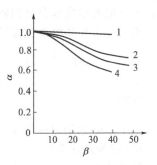

图 6-11　临界速度比 α 随谷气混合比 β 的变化
1—玉米；2—大豆；
3—糙米；4—稻谷

六、管道有限空间对临界速度的影响

当物料的直径相对于管道的直径比较大时，物料所在断面处，流体的通过面积显著减小，流速增高，并且产生局部阻力，使物料的面上下两侧产生静压差，所以，物料的临界速度将减小，如图 6-12 所示。

В. А. Успенский 用直径 $d_s = 1.99 \sim 25.43$mm 的钢球在直径 $D = 12.79 \sim 28.88$mm 的管道中进行了临界速度实验，得到以下结果。

$$a = \frac{v_{ts}}{v_t} = 1 - \left(\frac{d_s}{D}\right)^2 \tag{6-10}$$

式中，v_{ts} 为管道直径为 D 时的临界速度，v_t 为管道直径无限时的临界速度，可用式（6-7）计算。

所以

$$v_{ts} = \sqrt{\frac{4 g d_s (\rho_s - \rho)}{3 C \rho} \left[1 - \left(\frac{d_s}{D}\right)^2\right]} \tag{6-11}$$

В. Е. Заушицин 实验研究了饲草团束在有限管道中的临界速度。通过测量饲草团束上下两侧静压差的办法，导出了以下计算临界速度 v_{ts} 的公式。

$$v_{ts} = 1.35 \sqrt{\frac{g d_s (\rho_s - \rho)}{C \rho} \left(1 - \frac{d}{D}\right)} \tag{6-12}$$

按上式计算出的临界速度，与实验结果基本上是相符的。在饲草的气流输送中，当饲草连续喂入时，可用上式估算其临界速度。

式(6-11)和式(6-12)明显不同。按式(6-12)计算出的临界速度较按式(6-11)算出的大，这是因为饲草团束有一定的透气性，且与管壁的摩擦较光滑球的大。

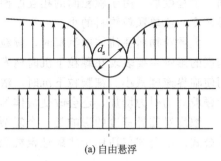

(a) 自由悬浮

(b) 管壁限制悬浮

图 6-12　自由悬浮及管壁限制悬浮示意图

七、流体动力特性的应用

以上提出的物料的流体动力特性，已广泛应用于农产品的清选、分离和输送等。例如谷物的气流清选和输送，饲料的气力输送，水果和马铃薯等的水力输送等。

对物料进行清选或分离时，是按照物料中各部分临界速度的不同而进行的。临界速度不同，流体对其作用力不同，因而其运动规律（或轨迹）不同，可以把各组成部分分别收集起来。

为了便于描述物料在流场中的运动过程，令

$$mK_0v_t^2 = mg = \frac{1}{2}C\rho Av_t^2$$

或者

$$K_0 = \frac{g}{v_t^2} = \frac{C\rho A}{2m}$$

式中，m 为物料的质量。

K_0 称为悬浮系数，包括了 C、A 和 m 三个因素。和临界速度一样，也是判别物料是否容易悬浮的参数。表 6-4 所示为进入脱粒机清粮室中，小麦脱出物各成分的临界速度和悬浮系数。脱出物中的非谷粒部分为 $15\% \sim 25\%$，其中颖壳占 $88\% \sim 98\%$，其他为短茎秆和空穗。

表 6-4　进入清粮室中脱出物的临界速度 v_t 和悬浮系数 K_0

名　　称	临界速度 v_t/(m/s)	悬浮系数 $K_0 = g / v_t^2$
饱满小麦粒	$8.9 \sim 11.5$	$0.12 \sim 0.047$
瘦弱小麦粒	$5.5 \sim 7.6$	$0.324 \sim 0.17$
轻的杂草	$4.6 \sim 5.6$	$0.465 \sim 0.314$
空穗	$3 \sim 5$	$1.09 \sim 0.392$
长小于 100mm 的茎秆	$5 \sim 6$	$0.392 \sim 0.272$
颖壳、碎茎秆皮	$0.67 \sim 3.1$	$1.02 \sim 21.8$

图 6-13 所示为单颗物料在平面流场中的受力情况。物料的运动方程可用下式表示。

$$\left.\begin{aligned} m\frac{d^2x}{dt^2} &= m\frac{d\omega_x}{dt} = mK_0v^2\cos\theta \\ m\frac{d^2y}{dt^2} &= m\frac{d\omega_y}{dt} = mK_0v^2\sin\theta - mg \end{aligned}\right\} \tag{6-13}$$

式中，ω 为物料的运动速度；v 为气流相对于物料的速度，$v = u - \omega$，其中 u 表示气流的速度。

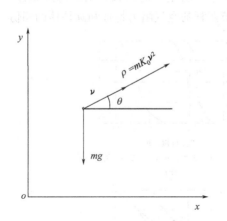

图6-13 物料在平面流场中的受力

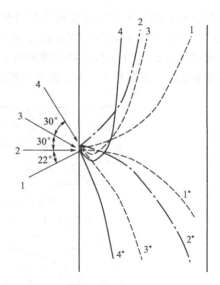

图6-14 塑胶球（1~4）和谷粒（1* ~ 4*）的计算运动轨迹抛扔初速度方向与水平夹角分别为−22°、0°、30°和60°

设 u 为常数，则 $\mathrm{d}\omega_x = -\mathrm{d}v_x$，$\mathrm{d}\omega_y = -\mathrm{d}v_y$。所以

$$
\left.
\begin{array}{l}
\dfrac{\mathrm{d}v_x}{\mathrm{d}t} = -K_0 v v_x \\[3mm]
\dfrac{\mathrm{d}v_y}{\mathrm{d}t} = g - K_0 v v_y
\end{array}
\right\}
\tag{6-14}
$$

将此式积分，可得相对速度 v_x、v_y 与时间 t 的关系。因 u_x 和 u_y 已知，故可得 ω_x、ω_y 与 t 的关系。再将 ω_x、ω_y 积分一次，即可得物料的运动轨迹。

I. G. 法瑞等人，实验研究了小麦脱出物在垂直气流中的分离问题。用塑胶球来模拟颖壳。图6-14为谷粒和塑胶球在垂直气流场中的计算运动轨迹，表6-5为各条曲线的原始计算数据。由于谷粒和塑胶球的悬浮系数 K_0 不同，它们的运动轨迹不同，可以将其分开。在图示几种情况，向下60°抛射最好，水平抛射最差。向下60°抛射时，谷粒和塑胶球沿气流方向的相对位移最大。实验也证实了这一点。

表6-5 图6-14所示轨迹的原始计算数据

轨迹号码		气流速度	初始抛扔条件	
塑胶球	谷粒	/（m/s）	速度/（m/s）	方向
1	1*	3.02	1.04	水平
2	2*	3.02	0.90	向上22°
3	3*	3.02	1.00	向下30°
4	4*	3.02	1.00	向下60°

图6-15所示为 J. B. Uhl 等人利用垂直向上的气流分离脱出物的实验结果，随着气流速度的增大，分离出来的物料的百分数增加。对于大豆，当茎秆长小于150mm时，可以用垂直气流把茎秆和荚壳全部分离出去而无谷粒损失。对于小麦，无谷粒损失时，茎秆只能分离出94%，颖壳可完全分离出去。从玉米粒中分离碎茎秆和穗蕊是不可能的。

茎秆的临界速度与它在气流中的方位有关。根据 W. K. Bilanski 等人的实验，茎秆在气流中的方位，决定于它的长度及其上面节的位置。节在一端的很短的茎秆，方位趋于垂直，而无节或节在中部的茎秆，方位趋于水平。茎秆长大于 150mm 时，趋于水平位置，与节的位置无关。图 6-16 所示为临界速度和茎秆长度的关系，随茎秆的增长，临界速度迅速下降。因为茎秆长时，方位趋于水平，迎风面积增大。无节茎秆的空气阻力特性和圆柱体的相仿。

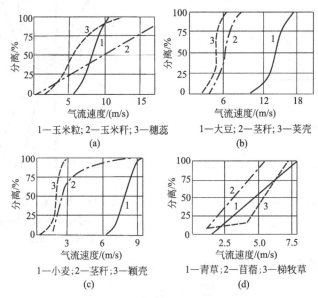

图 6-15　几种物料分离的百分数与气流速度的关系
（Uhl 和 Lamp）

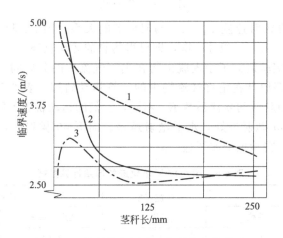

图 6-16　茎秆的临界速度与其长度的关系
1—节在一端；2—节在中部；3—无节

无论是谷粒、茎秆或颖壳，在气流中都会产生旋转运动，其结果使临界速度降低。

第三节　流体动力特性在食品工程中的应用

在物料的气力输送和水力输送中，也要应用到物料的流体动力学特性。气力输送主要应用于谷粒、饲料、面粉和其他散粒体和粉状物料的输送，水力输送广泛应用于畜禽粪便、饲料、泥浆和岩石等的输送。从物理学的观点来看，这两种输送方法都是流体与固体混合在一起的流动，统称为两相流。

一、气力输送

气力输送装置一般由风机（或风泵）、输送管道、供料器和旋风分离器等组成。输送管道内的气压低于大气压时，称吸送式气力输送 [图 6-17(a)]，管道内的压力高于大气压时，称压气式输送 [图 6-17(b)、(c)]，两种情况同时存在时称为混合式输送 [图 6-17(d)、(e)]。

1. 物料在管道中的运动状态

影响物料在管道中运动状态的因素，除了物料本身的物理性质、几何性质和空气动力特性外，主要是气流的速度和物料在气流中的浓度。

水平输送时，气流速度愈小和物料浓度愈大，物料的分布越靠近管底越密。图 6-18 所示为水平管内气流速度与流动状态的关系。气流速度越大，物料越接近于均匀分布。流速不足时，流动状态会有显著变化。图 6-18 中从 1 到 6 是流速逐渐减小时的流动状态。1 为均匀流，物料呈悬浮状态输送；2 为管底流，物料在管底分布较密；3 为疏密流，物料呈疏密不均状态；4 为停滞流，局部区段内物料短时间停滞在管底，形成不稳定的输送；5 为部分流，有的物料堆积在管底，堆积层像砂丘似的向前流动；6 为柱塞流，物料在有的地方充满管道，在物料的前后方形成压力差，物料靠压差推动输送。

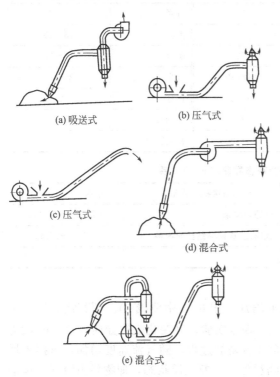

(a) 吸送式　　(b) 压气式

(c) 压气式

(d) 混合式

(e) 混合式

图 6-17　气流输送装置

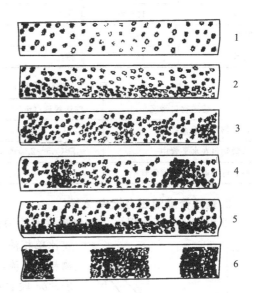

图 6-18　输送气流速度与流动状态的关系

在水平管道中，物料能在悬浮状态下输送，是因为沿垂直方向可能在物料上作用有以下几种力：紊流气流沿垂直方向的分速度产生的力；气流在物料上、下方的速度不同，在垂直方向物料两侧形成压力差；物料周围存在环流，在物料上有升力作用，物料形状不规则，气流对其作用力沿垂直方向有分量。所以，物料的运动状态，与其本身的重度、几何形状和空气动力特性也密切相关。

2. 气流速度

从理论上可以证明，在输送过程中，随着气流速度的增大，管道与空气的摩擦阻力增加，但输送物料的阻力减小。所以必然存在一最佳速度，在此速度下管道的输送阻力或压力降最小。在气流输送中，此速度称为临界气流速度 v_{ak}。根据理论分析，v_{ak} 可按下式计算。

$$v_{ak} = \left(\frac{agDv_t}{\dfrac{v_s}{v_a}\left[\lambda_a + \lambda_s \alpha \left(\dfrac{v_s}{v_a} \right) \right]} \right)^{\frac{1}{3}}$$

式中，D 为管道的直径；v_s、v_a 为物料和气流的运动速度；v_t 为物料的临界速度；λ_a 为空气的摩阻系数，对于紊流圆管 $\lambda_a = \dfrac{0.3164}{Re^{0.25}}$；$\lambda_s$ 为物料的摩阻系数。

实际上，选择气流的速度时，不只是考虑到有最小的阻力，更重要的是空气必须有一定的速度和流量，以保证管道不堵塞。适当的气流速度 v_a 需根据理论研究、实验结果和经验数据综合选取。表 6-6 和表 6-7 为一些物料应用的输送气流速度，以及输送气流速度与物料临界速度 v_t 的关系。可以看出，实际采用的气流速度 v_a 远大于物料的临界速度 v_t。

表 6-6　各种物料的气流输送速度

物料名称	速度/(m/s)	物料名称	速度/(m/s)	物料名称	速度/(m/s)
大麦	15～25	花生	15	谷壳	14～20
小麦	15～24	咖啡豆	12	大豆	18～30
麸皮	14～19	砂糖	25	豌豆	17～27
面粉	10～18	盐	27～30	玉米	25～30
稻谷	16～25	稗子	12～30	棉籽	23
糙米	15～25	麦芽	21	亚麻籽	23
大米	16～20	荞麦	15～20	粉类物料	16～20

表 6-7　输送风速 v_a 和物料临界速度 v_t 的关系

输送物料情况	输送风速/(m/s)	输送物料情况	输送风速/(m/s)
松散物料在垂直管中	$v_a \geqslant (1.3\sim2.5)v_t$	管路较复杂	$v_a \geqslant (2.6\sim5.0)v_t$
松散物料在水平管中	$v_a \geqslant (1.5\sim2.5)v_t$	大密度，成团黏结性的物料	$v_a \geqslant (5\sim10)v_t$
在有弯头的垂直或倾斜管中	$v_a \geqslant (2.4\sim4.0)v_t$		

3. 输送管道的压力损失 ΔH

单相流体的压力损失，随气流速度的增大而增加（图 6-19 中曲线 1）。两相流的压损失

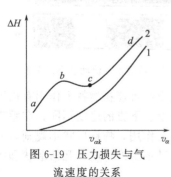

图 6-19　压力损失与气流速度的关系

要比单相流的大，根据实验，其变化规律如曲线 2。ab 段为物料与气流混合并启动的过程，随气流速度增加，压损失增加。bc 段表示物料处于间断悬浮状态，即物料由沿管底运动逐渐过渡到悬浮运动。在 c 点时，物料基本上完全呈悬浮状，压力损失最小，称 c 点的流速为临界流速。在 bc 段，随流速的增加，压力损失减小。c 点之后，物料全部处于完全的悬浮状态，较均匀地布满整个管道断面，压损曲线逐步趋于单相流的情况。物料的重度、黏性越大，形状越不规则，颗粒粒径相差越悬殊，因摩擦作用大和相互碰撞的机会

多，压损越大。

分析两相流的压损时，把物料颗粒看作是一种特殊的流体，也服从于一般流体的管道阻力计算公式，并且输送管中空气与管壁的摩擦损失和管内只有空气时相同，不计由于物料的存在使管道断面的减小。

输送管的压力损失，是由纯空气流动的压力损失和物料所引起的压力损失之和。由摩擦压损失、加速压损失（产生于物料的加速段）、悬移压损失（消耗于物料的提升和悬浮）和局部压损失（消耗于弯头、接料器、卸料器和除尘器）等组成。输送管的压力损失是选择风机的主要参数，其各组成部分的计算在有关资料中有详细的讨论。

二、水力输送

和气流输送相仿，在任一浓度条件下，液流速度由高降低时，可观察到以下四种不同的流动情况。

（1）流速很高时（3m/s 以上），细粒和中等颗粒完全悬浮。在适当流速下（1～1.5m/s），如果是紊流且粒子的沉降速度小，也会出现完全悬浮，固体颗粒不与管壁接触。

（2）流速、紊流强度和升力均降低时，大颗粒集中于管的下部，与管壁碰撞后又弹回液流中，称为非均称悬浮流。

（3）在某一速度下，全部颗粒冲击管壁。颗粒堆积于管底，液流的切向力促使其旋转、跌落，形成所谓移动床。

（4）流速进一步降低时，床层增厚，形成淤积，从而导致堵塞。

水力输送中，临界流速是一个重要参数，它表示安全运行的下限。流速过高，阻力增加，流速过低，加厚沉积层，造成堵塞。临界流速有两种定义。

第一种临界流速：管道或流槽恰好处于无沉积的悬浮工作状态的流速，称为不淤流速；第二临界流速：管道或流槽保持一定沉积厚度进行工作时的流速，也称为淤积流速。

影响临界流速的因素很多，研究者提出了很多计算公式。A. B. C 克诺罗兹根据第一临界流速提出的公式如下。

当颗粒直径 $d_s \leqslant 0.07$mm 时，临界速度为

$$v_{k1} = 0.2(1 + 3.4\sqrt[3]{C_\omega D^{0.75}})\beta$$

0.07mm$\leqslant d_s \leqslant 0.15$mm 时，临界速度为

$$v_{k1} = 0.255(1 + 2.48\sqrt[3]{C_\omega}\sqrt[4]{D})\beta$$

0.15mm$\leqslant d_s \leqslant 0.4$mm 时，临界速度为

$$v_{k1} = 0.85(0.35 + 1.36\sqrt[3]{C_\omega D^2})\beta$$

式中，C_ω 为重量稠度，单位时间流过的固体重量和水重量之比；D 为管道直径；β 为修正系数。

物料重度 $\gamma_s > 2.7$ 和 $d_s < 1.5$mm 时，$\beta = \dfrac{\gamma_s - 1}{1.7}$；$d_s > 1.5$mm 时，$\beta = \sqrt{\dfrac{\gamma_s - 1}{1.7}}$；当 $\gamma_s \leqslant 2.7$ 时，$\beta = 1$。表 6-8 所示为输送管道的临界速度与平均粒径的关系，管道直径 $D < 200$mm。

均匀颗粒的淤积流速可按 Durand 公式计算如下。

$$v_{k2} = K\left[2gD\left(\frac{\rho_s - \rho}{\rho}\right)\right]^{\frac{1}{2}}$$

对于给定的系统，K 是常数。系统不同时，它是粒度和浓度的函数（图 6-20）。对于粒

表 6-8　输送管道的临界速度 v_{k1}　　　　　　　　　　　　　　　　　单位：m/s

矿浆浓度 /%	矿石平均粒径/mm($\gamma_s \leqslant 2.7$)				
	≤0.074	0.074～0.15	0.15～0.4	0.4～1.5	1.5～3.0
1～20	1.0	1.0～1.2	1.2～1.4	1.4～1.6	1.6～2.2
20～40	1.0～1.2	1.2～1.4	1.4～1.6	1.6～2.1	2.1～2.3
40～60	1.2～1.4	1.4～1.6	1.6～1.8	1.8～2.2	2.2～2.5
60～70	1.6	1.6～1.8	1.8～2.0	2.0～2.5	—

径不均匀的物料，通常采用平均粒径来估算。

三、流态化技术

固体流态化技术，又称沸腾床技术，是一种使颗粒固体与流体接触而转变成类似流体状态的操作。由于流态化大大地简化了颗粒的加工和输送等过程，提高了效率。因此，流态化技术是颗粒操作的一个重要的手段。在食品工业中，主要用于加热、冷却、冷（速）冻、干燥、混合、分离、造粒、浸出、洗涤等方面。

1. 流态化现象

当一种流体自下而上流过颗粒床层时，随着流速的加大，会出现三种不同的情况。

（1）固定床阶段

当流体通过床层的流体速度较低时，若床层空隙中流体的实际流速 u 小于颗粒的沉降速度 u_t，则颗粒基本上静止不动，颗粒层为固定床，如图 6-21(a) 所示，床层高度为 L_0。

（2）流化床阶段

当流体的流速增大至一定程度时，颗粒开始松动，颗粒位置也在一定的区间内进行调整，床层略有膨胀，但颗粒仍不能自由运动，这时床层处于起始或临界流化状态，如图 6-21(b) 所示，床层高度为 L_{mf}。如果流体的流速升高到使全部颗粒刚好悬浮于向上流动的流体中而能做随机运动，此时流体与颗粒之间的摩擦阻力恰好与其净重力相平衡。此后，床层高度 L 将随流速提高而升高，这种床层称为流化床，如图 6-21 中(c)、(d) 所示。流化床阶段，每一个流体速度对应一个相应的床层空隙率，流体的流速增加，空隙

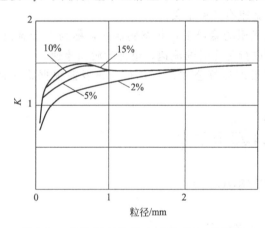

图 6-20　参数 K 与粒径 d_s 和浓度 c_s 的关系

率也增大，但流体的实际流速总是保持颗粒的沉降速度 u_t 不变，且原则上流化床有一个明显的上界面。

（3）颗粒输送阶段

当流体在床层中的实际流速超过颗粒的沉降速度 u_t 时，流化床的上界面消失，颗粒将悬浮在流体中并被带出器外，如图 6-21(e) 所示。此时，实现了固体颗粒的气力或液力输送，相应的床层称为稀相输送床层。

2. 两种不同流化形式

（1）散式流化

散式流化状态的特点为固体颗粒均匀地分散在流化介质中，故亦称均匀流化。当流速增

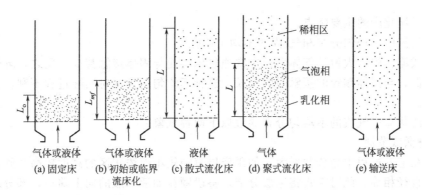

图 6-21　不同流速时床层的变化

大时，床层逐渐膨胀而没有气泡产生，颗粒彼此分开，颗粒间的平均距离或床层中各处的空隙率均匀增大，床层高度上升，并有一稳定的上界面。通常两相密度差小的系统趋向散式流化，故大多数液-固流化属于"散式流化"。

（2）聚式流化

对于密度差较大的系统，则趋向于另一种流化形式——聚式流化。例如，在密度差较大的气-固系统的流化床中，超过流化所需最小气量的那部分气体以气泡形式通过颗粒层，上升至床层上界面时即行破裂。在这些气泡内，可能夹带有少量固体颗粒。这时床层内分为两相，一相是空隙小而固体浓度大的气固均匀混合物构成的连续相，称为乳化相；另一相则是夹带有少量固体颗粒而以气泡形式通过床层的不连续相，称为气泡相。由于气泡在上界面处破裂，所以上界面是以某种频率上下波动的不稳定界面，床层压强降也随之做相应的波动。

3. 流化床的主要特性

（1）液体样特性

从整体上看，流化床宛如沸腾着的液体，显示某些液体样的性质，所以往往把流化床称为沸腾床。图 6-22 表示这些特性的概况。其中固体颗粒的流出是一个具有实际意义的重要特性，它使流化床在操作中能够实现固体的连续加料和卸料。

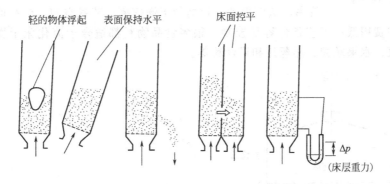

图 6-22　气体流化床类似液体的特性

（2）固体的混合

流化床内颗粒处于悬浮状态并不停地运动，从而造成床内颗粒的混合。特别是气固系统，空穴的上升推动着固体的上升运动，而另一些地方必有等量的固体做下降运动，从而造成床内固体颗粒宏观上的均匀混合。

如果在流化床内进行一个放热反应的操作，由于固体颗粒的强烈混合，很易获得均匀的温度，这是流化床的主要优点。

（3）气流的不均匀分布和气-固的不均匀接触

在聚式流化中，大量的气体取道空穴通过床层而与固体接触甚少。反之，乳化相中的气体流速很低，与固体颗粒的接触时间很长。这种不均匀的接触对实际过程不利，是流化床的严重缺点。

气固流化床中气流的不均匀分布导致以下两种现象。

1）腾涌或节涌

空穴在上升过程中会合并增大，如果床层直径较小而浓相区的高度较高，则空穴可能大至与床层直径相等。此时空穴将床层分节，整段颗粒如活塞般的向上移动，部分颗粒在空穴四周落下［图6-23(a)］，或者在整个截面上均匀洒落［图6-23(b)］。这种现象称为腾涌或节涌。流化床在操作时一旦发生腾涌，较多的颗粒被抛起和跌落造成设备振动，甚至将床内构件冲坏，流体动力损失也较大，一般应尽量予以避免。

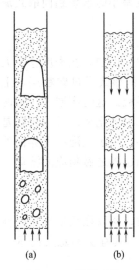

图6-23　腾涌现象

2）沟流

在大直径床层中，由于颗粒堆积不匀或气体初始分布不良，可在床内局部地方形成沟流。此时，大量气体经过局部地区的通道上升，而床层的其余部分仍处于固定床状态而未被流化（死床）。显然，当发生沟流现象时，气体不能与全部颗粒良好接触，将使工艺过程严重恶化。

四、流化床干燥与冷却

图6-24是一个典型的流化床干燥器，热空气被强制以高速穿过床层，克服颗粒状物料重力的影响，使颗粒暂时处在一个流化状态。流化床干燥已经被证明是一个在有限干燥体积下实现最优化的有效方法。流化床干燥已经在食品颗粒状物料、陶瓷、医药和农产品的干燥中得到了实际的应用。流化床干燥容易操作而且具有以下优点，由于气体和颗粒状物料充分接触，实现了最佳的热、质传质效率，从而得到了较高的干燥速率；节省空间；较高的热效率；设备购置、维护费用低；工艺条件容易控制。很多食品物料都适合于流化床干燥，例如，豆类、块状蔬菜、水果颗粒、洋葱片和果汁粉等。

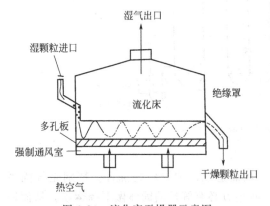

图6-24　流化床干燥器示意图

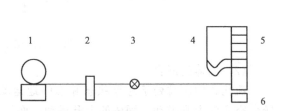

图6-25　多层流化床砂糖冷却实验装置示意图

1—风机；2—孔板流量计；3—球阀；4—压差计；

5—多层流化床；6—磅秤

采用多层流化床,让高温物料在气固热交换最为迅速的流态化状态下逐层冷却,使物料得到快速冷却。如制糖生产过程中,砂糖(包括白糖,精糖和原糖)的干燥和冷却是一个很重要的工序,如图6-25采用多层流化床冷却技术,可使砂糖冷却获得很高的效率。

五、喷动床干燥

图6-26所示为柱锥形喷动床。床内装有颗粒,流体(通常是气体)从圆锥形底部中心处垂直向上射入,形成一个射流区。当流体喷射速率足够高时,该射流区将穿透床层而在颗粒床层内产生一个迅速穿过床层中心向上运动的稀相气固流栓(称为喷动区)。当这些被流体射流夹带而高速向上运动的粒子穿过颗粒床层升至高过床层表面的某一高度时,由于流体速度的骤然减低,颗粒会像喷泉一样因重力而回落到环形区表面。床层上表面以上的部分叫喷泉区。这些回落的颗粒沿环形区缓慢向下移动至床层下部,然后在床身底部又渗入喷动区被重新夹带上来,从而形成颗粒的极有规律的内循环。这种循环运动不仅引起气流夹带颗粒,加剧了气流与颗粒间的热质交换,达到了加速干燥的目的,而且喷射区与环隙区的互相渗透也促进了颗粒自身间的碰撞混合,有效地避免了局部过热,使产品湿含量保持一致,而更重要的是颗粒的再循环实现了颗粒与热空气在床层内有规律的间歇接触。喷动床技术是流态化技术的一个分支,可应用于固体颗粒干燥,悬浮液及溶液的干燥;块状、颗粒物料的表面涂层,

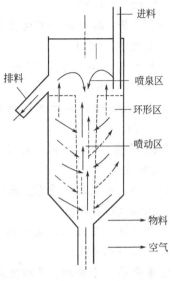

图6-26　柱锥形喷动床示意图

涂料;粉碎,造粒;煤燃烧和气化;铁矿石还原,油页岩热解,焦炭活化,石油热裂解;废橡胶低温热解等领域。

六、散物料流化床冻结

散物料冻结的关键设备是冻结器。

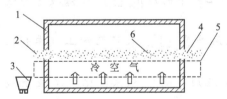

图6-27　流化床散物冻结示意图
1—绝缘层;2—原料出口;3—盛装容器;
4—原料进口;5—网状输送带;6—果蔬原料

速冻设备一般采用的都是空气强制循环式,如隧道式连续速冻器,螺旋式连续速冻器和流化床式速冻器,而液氮速冻器则属于喷淋式。在这些冻结器中,流化床冻结器装置是进行散物料速冻加工的理想设备。它具有温度低(-35℃),风力大(8m/s),成单体冻结,可以流水作业等优越性能。图6-27冻结示意图。该速冻机的主要工作原理为:高速冷空气把物料吹浮,形成悬浮状态,从而实现快速冻结,由于强有力的冷风,能使冻结物如豆类、蒜薹、水果等小型原料的个体充分地受到冷风,冻结时间非常短,不易使原料结成黏块,冻品呈分散状态。图6-27是流化床散物冻结示意图。

阅读与拓展

◇张佳,庄卫东,陈彬.农业物料悬浮速度试验台的研制 [J].黑龙江八一农垦大学学报,1998,10(3):56-59.

◇周天佑. 测定物料悬浮速度气吸式试验台的研究 [J]. 四川工业学院学报，1988，7（2）：74-79.

◇郭强，朱敏，徐勒等. 五种杂草种子沉降速度 [J]. 生态学杂志，2008，27（4）：519-523.

◇王宝和，王喜忠. 计算球形颗粒自由沉降速度的一种新方法 [J]. 粉体技术，1996，2（2）：30-39.

◇颜伟强. 颗粒状切割块茎类蔬菜微波喷动均匀干燥特性及模型研究 [D]. 无锡：江南大学，2011

◇赵杏新，刘伟民，罗惕乾等. 喷动床技术研究进展 [J]. 农业机械学报，2006（07）：189-193.

◇徐圣言. 喷动床干燥机物料运动规律的研究进展 [J]. 农业工程学报，1996（04）：70-74.

◇张翠宣，叶京生，宋继田. 喷动床研究与进展 [J]. 化工进展，2002（09）：630-634.

◇塔娜，张志耀，秀荣. 基于图像法的粮食物料悬浮速度研究 [J]. 粮食与饲料工业，2008（7）：8-11.

◇李保谦，王威立，栗文雁等. 物料悬浮速度测试方法研究 [J]. 农机化研究，2009（1），123-125.

◇车得福，李会雄. 多相流及其应用 [M]. 西安：西安交通大学出版社，2007.

◇佟庆理. 两相流动理论基础 [M]. 北京：冶金工业出版社，1982.

◇上海海运学院起重运输机械教研组气力运输小组. 气力输送中悬浮速度的理论与实践 [J]. 化学工程，1977（6），1-18.

◇廖明义. 食品流化床冻结技术的某些问题 [J]. 冷藏技术，1986（3）：28-34.

◇Chua K J, Chou S K. Low-cost drying methods for developing countries [J]. Trends in Food Science & Technology，2003，14（12）：519-528.

◇王双影，李彦华，赵义旭等. 流态化技术在食品工业中的应用 [J]. 干燥技术与设备，2009，7（1）：63-67.

◇任霞. 流态化技术在食品工业领域的研究及应用进展 [J]. 农产品加工（学刊），2014（1）：56-59，63.

◇吴占松，马润田，汪展文. 流态化技术基础及应用 [M]. 北京：化学工业出版社，2006.

◇李心刚，李惟毅，金志军等. 固态食品常压吸附流化冷冻干燥的研究 [J]. 天津化工，2000（1）：8-11.

思考与探索

◇液固、气固、气液和液液两相流以及多相流技术和装备在食品工业中的应用。

第七章 食品的热特性

在食品物料的干燥、速冻、冷冻、冷藏、冷却、脱水、热处理以及烘烤、蒸煮等加工过程中，物料的温度将发生变化，并将有热量的交换和传递。因此，这些加工工艺及其设备都与物料的热特性有关。物料的热特性包括比热、导热率和热扩散系数等，它们都只与物料本身的组成、密度有关，而与加工、处理工艺及使用的介质无关。在这些加工处理过程中，有时还有物质，主要是水分的传递和运动。在工程上，研究这些问题的是传热传质学。本书中不能详细研究食品物料的传热传质过程，仅介绍食品物料的基本热特性。由于水在食品中占很大比例，因此，本章也介绍水的热物理性质。

第一节 水和冰的热特性

水是食品中非常重要的一种成分，也是构成大多数食品的主要组分，各种食品都有能显示其品质特性的含水量（表7-1），水的含量、分布和取向不仅对食品的结构、外观、质地、风味、新鲜程度和腐败变质的敏感性产生极大的影响，而且对生物组织的生命过程也起着至关重要的作用。水在食品贮藏加工过程中作为化学和生物化学反应的介质，又是水解过程的反应物。通过干燥或增加食盐、糖的浓度，可使食品中的水分除去或被结合，从而有效地抑制很多反应的发生和微生物的生长，以延长食品的货架期。在大多数新鲜食品中，水是最主要的成分，若希望长期贮藏这类食品，只有采取有效的方法控制水分，才能够延长保藏期。下面讨论水和冰的一些特性。

表 7-1　部分食品的含水量

食品名称	含水量/%	食品名称	含水量/%
猪肉	53～60	鸡(无皮肉)	74
牛肉(碎块)	50～70	鱼(肌肉蛋白)	65～81
面粉,粗燕麦粉,粗面粉	10～13	全粒谷物	10～12
奶油	15	山羊奶	87
奶酪(含水量与品种有关)	40～75	奶粉	4
冰激凌	65	草莓,杏,椰子	90～95
香蕉	75	青豌豆,甜玉米	74～80
浆果,樱桃,梨,葡萄,猕猴桃,柿子,菠萝	80～85	苹果,桃,橘,葡萄柚,甜橙,李子,无花果	85～90
芦笋,青大豆,大白菜,红辣椒,花菜,莴苣,西红柿,西瓜	90～95	甜菜,硬花甘蓝,胡萝卜,马铃薯	80～90
饼干	5～8	馅饼	43～59
面包	35～45	果冻,果酱	≤35
蜂蜜	20	蔗糖,硬糖,纯巧克力	≤1

一、水的热特性

水与元素周期表中邻近氧的某些元素的氢化物，例如 CH_4、NH_3、HF、H_2S、H_2Se 和 H_2Te 等的物理性质比较，除了黏度外，其他性质均有显著差异。水的熔点、沸点比这些氢化物要高得多，介电常数、表面张力、热容和相变热（熔融热，蒸发热和升华热）等物理常数也都异常高，但密度较低。水的物理性质见表 7-2，水和冰的物理常数见表 7-3。

表 7-2 水的物理性质

温度 t /℃	饱和蒸气压 p /kPa	密度 ρ /(kg/m)	焓 H /(kJ/kg)	比容 c_p /[kJ/(kg·K)]	导热率 λ /[10^{-2}W/(m·K)]	黏度 μ /(10^{-5}Pa·s)	体积膨胀系数 α /(10^{-4}/K)	表面张力 σ /[10^{-3}(N/m)]	普兰德数 Pr
0	0.6082	999.9	0	4.212	55.13	179.21	0.63	75.6	13.66
10	1.2262	999.7	42.04	4.192	57.45	130.77	0.70	74.1	9.52
20	2.3346	998.2	83.90	4.183	59.89	100.50	1.82	72.6	7.01
30	4.2474	995.7	125.69	4.174	61.76	80.07	3.21	71.2	5.42
40	7.3766	992.2	165.71	4.174	63.38	65.60	3.87	69.6	4.32
50	12.31	988.1	209.30	4.174	64.78	54.94	4.49	67.7	3.54
60	19.932	983.2	251.12	4.178	65.94	46.88	5.11	66.2	2.98
70	31.164	977.8	292.99	4.178	66.76	40.61	5.70	64.3	2.54
80	47.379	971.8	334.94	4.195	67.45	35.65	6.32	62.6	2.22
90	70.136	965.3	376.98	4.208	67.98	31.65	6.95	60.7	1.96
100	101.33	958.4	419.10	4.220	68.04	28.38	7.52	58.8	1.76
110	143.31	951.0	461.34	4.238	68.27	25.89	8.08	56.9	1.61
120	198.64	943.1	503.67	4.250	68.50	23.73	8.64	54.8	1.47
130	270.25	934.8	546.38	4.266	68.50	21.77	9.17	52.8	1.36
140	361.47	926.1	589.08	4.287	68.27	20.10	9.72	50.7	1.26
150	476.24	917.0	632.20	4.312	68.38	18.63	10.3	48.6	1.18

表 7-3 水和冰的物理常数

物理量名称		物理常数值			
相对分子质量		18.0153			
相变性质	熔点(101.3kPa)	0.000℃			
	沸点(101.3kPa)	100.000℃			
	临界温度	373.99℃			
	临界压力	22.14MPa(218.6atm)			
	三相点	0.01℃和611.73Pa(4.589mmHg)			
	熔化热(0℃)	6.012kJ(1.436kcal)/mol			
	蒸发热(100℃)	40.657kJ(9.711kcal)/mol			
	升华热(0℃)	50.91kJ(12.06kcal)/mol			
其他性质	温度/℃	20℃	0	0(冰)	−20(冰)
	密度/(g/cm³)	0.99821	0.99984	0.9168	0.9193
	黏度/(Pa·s)	$1.002×10^{-3}$	$1.793×10^{-3}$	—	—
	界面张力(相对于空气)/(N/m)	$72.75×10^{-3}$	$75.64×10^{-3}$	—	—
	蒸汽压/kPa	2.3388	0.6113	0.6113	0.103
	热容量/[J/(g·K)]	4.1818	4.2176	2.1009	1.9544
	热传导(液体)/[W/(m·K)]	0.5984	0.5610	2.240	2.433
	热扩散系数/(m²/S)	$1.4×10^{-7}$	$1.3×10^{-7}$	$11.7×10^{-7}$	$11.8×10^{-7}$
	介电常数	80.20	87.90	91	98

二、水的相图

物质的固、液、汽三态由一定的温度和压强条件所决定。物质的相态转变过程可用相图表示。图 7-1 为水的相图。图中 AB、AC、AD 三条曲线分别表示冰和水蒸气、冰和水、水和水蒸气两相共存时其压强和温度之间的关系，分别称为升华曲线、熔解曲线和汽化曲线。此三条曲线将图分成三个区，分别称为固相区、液相区和气相区。箭头 1、2、3 分别表示冰升华成汽、冰溶化成水、水汽化成水蒸气的过程。三曲线交点 A 为固、液、汽三相共存的状态点，称为三相点，其温度为 0.01℃，压强为 610Pa。

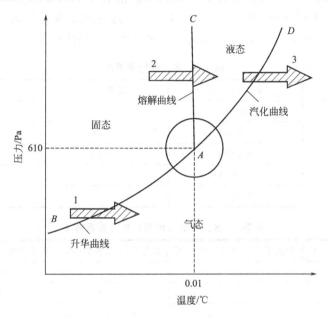

图 7-1　水的相图

升华现象是物质从固态不经液态而直接转变为气态的现象。由图 7-1 可知，冰的温度不同时，对应的饱和蒸汽压也不同，升华曲线是固态物质在温度低于三相点时温度的饱和蒸汽压曲线。只有在环境压强低于对应的冰的蒸汽压时（表 7-4），才会发生升华。冷冻升华干燥即基于此原理。

表 7-4　冰在不同温度下的蒸气压

温度 t/℃	蒸气压 p/Pa	温度 t/℃	蒸气压 p/Pa	温度 t/℃	蒸气压 p/Pa	温度 t/℃	蒸气压 p/Pa
−80	0.05463	−26	57.2475	−17	137.247	−8	309.983
−70	0.2613	−25	63.2872	−16	150.667	−7	338.195
−60	1.08025	−24	69.9076	−15	165.302	−6	368.731
−50	3.9362	−23	77.1590	−14	181.215	−5	401.764
−40	12.8413	−22	85.0954	−13	198.520	−4	437.474
−30	38.0124	−21	93.7749	−12	217.324	−3	476.057
−29	42.1629	−20	103.260	−11	237.744	−2	517.716
−28	46.7270	−19	113.618	−10	259.904	−1	562.671
−27	51.7418	−18	124.921	−9	283.937	0	610.381

物质相态转变都需要放出或吸收相变潜热。升华相变的过程一般为吸热过程，冰的升华热为 2840kJ/kg，约为熔融热和汽化热之和。这一相变热称为升华热。

三、冰、水热特性比较

由表 7-5 可以看出，水的密度 ρ 在 3.98 时的最大值为 $1.00000 \times 10^3 \text{kg/m}^3$，而在 0℃时 $\rho = 0.99987 \times 10^3 \text{kg/m}^3$。而冰在 0℃时的密度为 $0.917 \times 10^3 \text{kg/m}^3$，即 0℃冰的体积比水要增大约 9%。

水结冰时体积增大，表现出异常的膨胀特性。由表 7-6 可以看出，在 0℃时冰的 $\beta = 57 \times 10^{-6}$ (1/K)，水的 $\beta = -68.1 \times 10^{-6}$ (1/K)。这说明温度下降时，冰的体积将收缩（$\beta > 0$），但其收缩率为 $10^{-6} \sim 10^{-5}$，远远低于水结冰产生的体积膨胀。

表 7-5　水、冰的密度 ρ

温度 T/℃	水 ρ/(t/m³)	温度 T/℃	冰 ρ/(t/m³)
0	0.99987	0	0.917
3.98	1.00000	−25	0.921
5	0.99999	−50	0.924
10	0.99973	−75	0.927
20	0.99823	−100	0.930

表 7-6　水、冰的（体积）热膨胀系数 β

温度 T/℃	水 β/(10^{-6}/K)	温度 T/℃	水 β/(10^{-6}/K)	温度 T/℃	水 β/(10^{-6}/K)	温度 T/℃	冰 β/(10^{-6}/K)
−30	−1400.0	4	0.27	20	206.8	0	57
−25	−955.9	6	31.24	22	227.5	−25	50
−20	−660.6	8	60.41	24	247.5	−50	43
−15	−450.3	10	87.97	26	266.7	−75	38
−10	−292.4	12	114.1	28	285.3	−100	31
−5	−168.6	14	138.9	30	303.2	−125	24
0	−68.1	16	162.6	34	353.9	−150	17
2	−32.7	18	185.2	38	369.8	−175	12

对于含水分多的食品材料被冻结时体积将会膨胀。由于冻结过程是从表面逐渐向中心发展的，即表面水分首先冻结；而当内部的水分因冻结而膨胀时就会受到外表面层的阻挡，于是产生很高的内压（被称为冻结膨胀压），此压力可使外层破裂或食品内部龟裂，或使细胞破坏，细胞质流出，食品品质下降。

水的热导率大于其他液态物质，冰的热导率略大于非金属固体。0℃时冰的热导率约为同一温度下水的 4 倍，这说明冰的热能传导速率比生物组织中非流动的水快得多。从水和冰的热扩散系数可看出水的固态和液态的温度变化速率，冰的热扩散速率为水的 9 倍；在一定的环境条件下，冰的温度变化速率比水大得多。水和冰无论是热传导或热扩散值都存在着相当大的差异，因而可以解释在温差相等的情况下，为什么生物组织的冷冻速度比解冻速度更快。

由图 7-2 和表 7-7~表 7-9 可知，冰的传热性能和热扩散速率远大于水，而比热容却小于水，这些性质在食品冻结与解冻加工中具有重要意义。

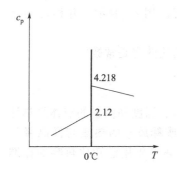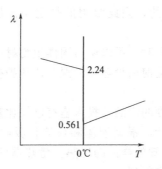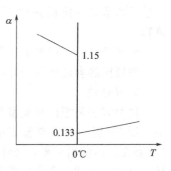

图 7-2 水与冰比热容、热导率和热扩散系数比较

表 7-7 水、冰的比热容 c_p

温度 $T/℃$	水 c_p /[kJ/(kg·K)]	温度 $T/℃$	水 c_p /[kJ/(kg·K)]	温度 $T/℃$	冰 c_p /[kJ/(kg·K)]	温度 $T/℃$	冰 c_p /[kJ/(kg·K)]
0	4.212	60	4.178	0	2.12	−60	1.65
10	4.192	70	4.178	−10	2.04	−70	1.57
20	4.183	80	4.195	−20	1.96	−80	1.49
30	4.174	90	4.208	−30	1.88	−100	1.34
40	4.174	100	4.220	−40	1.80	−120	1.18
50	4.174	110	40238	−50	1.73	−140	1.03

表 7-8 水、冰的热导率 λ

温度 $T/℃$	水 λ /[W/(m·K)]	温度 $T/℃$	冰 λ /[W/(m·K)]
0	0.557	0	2.24
5	0.570	−20	2.43
10	0.574	−40	2.66
15	0.588	−60	2.91
20	0.599	−80	3.18
25	0.606	−100	3.47
30	0.617	−120	3.81

表 7-9 水、冰的热扩散系数 α

温度 $T/℃$	水 α /(10⁻⁶ m²/s)	温度 $T/℃$	冰 α /(10⁻⁶ m²/s)
0	0.131	0	1.15
10	0.136	−20	1.18
20	0.142	−25	1.41
30	0.147	−50	1.75
40	0.153	−75	2.21
50	0.156	−100	2.81
60	0.161	−125	3.21

第二节 食品的热特性及其测定

比热容、导热率及热扩散系数是物体的基本热特性。

一、比热容

物体吸收的热量是根据它的温度变化来计量的。物体温度每升高 1K 所吸收的热量，叫做该物体的热容量。对于一定的物质，热容量和质量成正比，因此把单位质量物体的热容量叫做比热容，又称比热。

热容量和比热容是与过程有关的量。在一定压强下测得的比热容，叫做定压比热容，用 c_p 表示，在保持物体的体积不变时测得的比热容叫做定容比热容，用 c_v 表示。由于物料的热过程通常是在定压条件下进行的，因此常用的是定压比热容。用 c_p 表示，并称之为比热容。

常规条件下，或温度变化不大时，可以认为固体生物材料的比热容是常数。

测量比热容最常用的方法，是使用量热器的混合法和护板法。

1. 混合法

这种方法是把已知质量和温度的样品，投入盛有已知比热容、温度和质量的液体量热计中。图 7-2 是一种真空套式量热计，根据液体和量热计吸收（或释放）的热量与样品释放（或吸收）热量相平衡，来计算未知的样品的比热。量热器的比热可先用已知比热容的标准样品（如标准样品是水）进行标定得到。

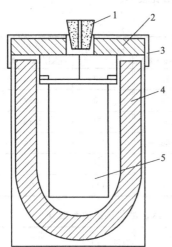

图 7-3　真空套式量热计
1—塞子；2—绝缘层；3—盖子；
4—真空套；5—样品料罐

例如，使用图 7-3 所示的量热计测定含水率为 10％ 的玉米的比热容，首先把玉米和料罐加热到 70℃，然后把 22℃ 的水倒入料罐。把整个装置密封后，使其达到热平衡。然后用下述平衡方程计算玉米的比热容。

$$c_c m_c(t_i - t_e) + c_s m_s(t_i - t_e) = c_\omega m_\omega(t_e - t_\omega) \quad (7-1)$$

式中，c_s 为样品的比热容；c_ω 为水的比热容，4186J/(kg·K)；m_ω 为加入水的质量，255g；t_e 为平衡温度，30℃；t_ω 为初始水温，22℃；c_c 为料罐或量热器的比热容，946J/(kg·K)；m_c 为量热计或料罐的质量，55g；t_i 为玉米和料罐的初始温度，70℃；m_s 为玉米的质量，90g。

把上述数据代入式(7-1)得到

$$c_s = 1691J/(kg·K)$$

式(7-1)是在假定没有热量损失（或吸收）的条件下得到的。为了提高测量精度，需要先把量热器冷却，使其温度低于环境温度，或者在真空套中放一个电热线圈，使其升温速度与量热器的升温速度相同。这样，就可避免热损失或从外部环境吸热。

很多物料的密度小于水。为保证测量样品能全部浸入液体中，同时也为了增大温度变化以提高测量精度，量热计中需使用密度和比热容较小的液体。例如，有人使用密度为 0.86g/cm³ 和比热为 163J/(kg·K) 的甲苯作为工作介质；还有人用过 N-己烷，它的密度为 0.66g/cm³，比热为 2160J/(kg·K)。

2. 护板法

图 7-4 是测量比热容的护板法原理图。该法是在样品四周放上电热护板，测定时同时给护板和样品通电加热，使样品和护板保持相同的温度，这样就避免了热损失。设在时间 t 内供给样品的能量为 Q，样品的温度升高为 ΔT，则

$$Q = 0.24IUt = cm\Delta T$$

即

$$c_p = \frac{0.24IUt}{m\Delta T} \quad (7-2)$$

式中，I 为电流；U 为电压；t 为时间；m 为样品质量；ΔT 为温度变化。

除上述两种常用的方法外，还有很多其他方法，

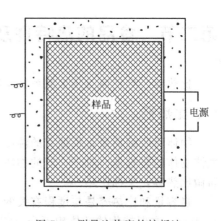

图 7-4　测量比热容的护板法

可以查阅相关资料。表 7-10 是一些食品的比热容。

表 7-10 　一些食品的比热容

食品名称	含水量 $w/\%$	比热容 c_{p} /[kJ/(kg·K)]	食品名称	含水量 $w/\%$	比热容 c_{p} /[kJ/(kg·K)]
肉汤	—	3.098	鲜蘑菇	90	3.936
豌豆汤	—	4.103	干蘑菇	30	2.345
土豆汤	88	3.956	洋葱	80~90	3.601~3.894
油炸鱼	60	3.015	荷兰芹	65~95	3.182~3.894
植物油	—	1.465~1.884	干豌豆	14	1.842
可可	—	1.842	土豆	75	3.517
脱脂牛奶	91	3.999	菠菜	85~90	3.852
面包	44~45	2.784	鲜浆果	84~90	3.726~4.103
炼乳	60~70	3.266	鲜水果	75~92	3.350~3.768
面粉	12~13.5	1.842	干水果	30	2.094
通心粉	12~13.5	1.842	肥牛肉	51	2.889
麦片粥	—	3.224~3.768	瘦牛肉	72	3.433
大米	10.5~13.5	1.8	鹅	52	2.931
蛋白	87	3.852	肾	—	3.601
蛋黄	48	2.805	羊肉	90	3.894
洋蓟	90	3.894	鲜腊肠	72	3.433
大葱	92	3.978	小牛排	72	3.433
小扁豆	12	1.842	鹿肉	70	3.391

除直接测量比热容的上述各种方法外，还可在测出导热率或热扩散系数后，通过计算得到 c_{p} 值。

大量的测试结果表明，很多物料的比热容与其含水率大致成线性关系。Pfalzen 测定了一种小麦含水率在 0~16%（湿基）时的比热，得到以下回归方程：样品 1 为 $c_{\mathrm{p}}=0.283+0.00724M$；样品 2 为 $c_{\mathrm{p}}=0.301+0.00733M$；样品 3 为 $c_{\mathrm{p}}=0.288+0.00828M$；各式中 c_{p} 是比热，M 是含水率（湿基）。

试验表明，很多物料的比热容随温度不同而不同。除与含水率和温度有关外，物料的比热容还与物料的种类、品种、形状、尺寸、密度和孔隙率、干物质的成分等有关。

二、导热率

导热率是指在稳定传热条件下，1m 厚物体两侧表面温差为 1K，1h 内通过 1m² 面积传递的能量。是表征物质热传导性质的物理量。导热系数与物料的组成结构、密度、含水率、温度等因素有关。导热率又称导热系数。

傅里叶在总结了前人的工作的基础上，提出了固体物质中的导热规律（傅里叶定律）。

$$\mathrm{d}Q=-\lambda\,\mathrm{d}A\,\frac{\mathrm{d}T}{\mathrm{d}x} \tag{7-3}$$

式中，λ 为导热率；$\mathrm{d}A$ 为垂直于热流方向的面积；$\mathrm{d}Q$ 为单位时间内通过 $\mathrm{d}A$ 的热量；$\dfrac{\mathrm{d}T}{\mathrm{d}x}$ 为温度梯度。

若温差不很大，或计算不要求很精确时，可视 λ 为常数。

测量导热率的方法很多，基本上可划分为两大类：稳态法和非稳态法。稳态法是在导热过程已达到稳定状态（物体内部的温度不随时间而变，仅为空间坐标的函数）后进行测量；非稳态法是在非稳态导热过程（物体内部的温度除与空间坐标有关外，还与时间有关）中测量。加热时，温度较高一侧物料的水分会蒸发，并向温度较低一侧流动，也就是说，将有水分迁移现象发生。由于稳态法需较长的加热时间，因此这种方法不大适于生物材料，而且用这种方法测得的导热率偏大。只有材料较干或高度饱和时，由于水分迁移产生的误差不很严重时才可以用稳态法。下面先介绍一下基本测试方法，然后再介绍其应用情况。

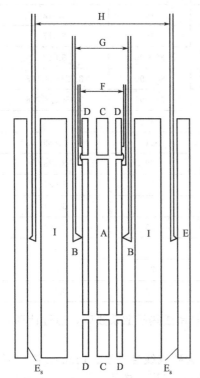

图 7-5　一种测量非均质板状
材料的平板导热仪
A—中心加热器；B—中心表面板；
C—隔热器；D—表面隔热板；
E—冷端；E_s—冷端表面板；
F—微差热电耦；G—热端表面电热耦；
H—冷端表面电热耦；I—样品

1. 稳态法

精度最高，且应用最广的一种稳态法是平板法。它是一种纵向加热法，特别适用于低导热率的片状样品的测量。图 7-5 是一种平板导热仪。使用该装置时，导热率用下式计算。

$$\lambda = \frac{qd}{2A\Delta T} \qquad (7\text{-}4)$$

式中，q 为热流量；d 为样品的面积；ΔT 为样品两表面间垂直于热流方向的温差；A 为样品的面积。

另外还有径向加热的稳态法。这种方法较适用于松散的粉末状或颗粒状材料导热率的测定。其中有无端板的圆筒法，此法中热源位于中心处，样品视为无限长（长度与直径的比大于10），因而端部的影响忽略不计；有端板的圆筒法，该法中端板也同时加热，以减少轴向热流，使用中心热源的球形法，在这种方法中，样品把热源全部包围起来，从而减少了端部误差。

2. 非稳态法

一般说来，这种方法比稳态法简单，但材料较干时它的精度较低。很多食品物料都有较高的含水率，使用该法可避免水分迁移。

热线法是一种常见的非稳态法，该法也称为线热源法。在这种方法中，使用了一种长度为无限大，直径为无限小的稳定热源。可以用很细的电阻丝制造这种热源。把这种热源埋在待测材料中，经过一段较短时间的加热，测定距热源一定距离处的温升。样品温度升高的速度与其导热率成下述关系。

$$\lambda = \frac{Q}{4\pi(T_2 - T_1)} \ln \frac{t_2}{t_1} \qquad (7\text{-}5)$$

式中，Q 为由热源输入的热量；t_1 和 t_2 为加热的时间和测量的时间；T_1 和 T_2 为 t_1 和 t_2 时刻的温度。

在热线法的基础上，又提出了平板法。在该法中，把较厚的片状样品的一面绝热，另一面以恒速输入热量，然后根据样品内一点的时间一温度记录，计算导热率。该法也可用来测量热扩散系数。

在非稳态法中，还有一种以热线法为基础的导热测头法，使用了一种热传导性极好的导热测头（图 7-6）。测头可以是针状的小直径杆，也可以是薄壁中空管，测头上的径向温差可忽略不计。测头用一个在整个长度上都绝缘的热线加热，在测头的中部测量其温度。测量时把测头埋入待测材料中，或穿入固体材料的深孔中。导热率用下式计算。

$$\lambda = \frac{W}{4\pi(T_2 - T_1)} \ln \frac{t_2}{t_1} \qquad (7-6)$$

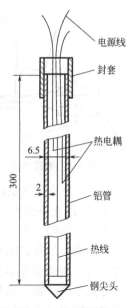

式中，W 为输入的热量，其他符号的意义同式(7-5)。由于实际的热线直径不可能是无限小，所以需要用已知导热率的材料标定测头，从而得到一个测头常数，并用此常数修正测试结果。

使用导热测头可避免水分迁移，且不会使物料的物理性质发生大的变化，因而也是一种常用的测试。

除此以外，属于非稳态法的还有频率响应法、填充床分析法等。

前面介绍的是基本测试方法。测试食品物料的导热率时，往往需要根据物料本身的物理特性，把这些方法中所用的装置适当加以改进。

图 7-7 是测量谷物导热率的同心球装置。使用该装置时，用下式计算导热率。

图 7-6　热传导测头

$$\lambda = \frac{Q}{4\pi} \frac{r_2 - r_1}{r_2 r_1 (T_1 - T_2)}$$

式中，r_2 和 r_1 分别为外球和内球的半径。

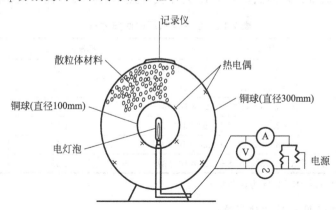

图 7-7　测定小麦导热率的同心球装置

表 7-11 是用同心球装置测得的几种谷物的导热率。

表 7-11　几种谷物的导热率

物料		含水率/%	导热率/[W/(m·K)]
小麦	Maniloba 1 号	11.7	0.1505
	Manllob 1 号	19.5	0.1575
	英国	17.8	0.1627
	北方 Manitoba 1 号	12.5	0.1713
黄玉米		13.2	0.1765
美国白燕麦		12.7	0.12975

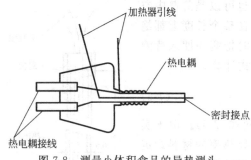

图 7-8　测量小体积食品的导热测头

在上述方法中，测得的导热率实际上只是料堆群体的导热率。这是因为测定时热传递由下述几个部分组成：①通过谷粒的传导；②通过两个谷粒接触点的传导；③谷粒之间空隙中空气的微对流传热；④水蒸气由高温区向低温区流动产生的热传递；⑤空隙中空气的热传导；⑥热辐射。但考虑到这样测得的导热率与粮仓中的实际情况相符，因此测得的数据在研究谷物贮存中的现象是有用的。

图 7-8 是测定体积较小的食品材料的导热测头及其数据记录系统。测头用长 1.9cm、直径 0.5mm 的皮下注射用针头制成，在针头中间有一根直径 0.076mm 的康铜电阻丝，用它输入热能。电阻丝上覆盖有聚四氟乙烯，并在顶端焊在针头上。导热率用式(7-6)计算。

食品物料的导热率与其孔隙度、结构、化学成分等有关，特别与气体，脂肪和水的含量有关。由于脂肪的导热率低于水，气体的更低，因此，当一种物料的脂肪和气体含量较高时，导热率将较低。另外，由于冰的导热率远高于水的导热率，因此材料冻结后的导热率要高得多。这点对食品的冷冻储藏及加热灭菌等加工处理过程来说，意义是很大的。

一般说来，食品物料的导热率随温度而异。在冰点以上，导热率随温度升高而增加，在冰点以下，导热率随温度降低而增加。

食品物料的导热率和上述很多因素有关，于是很多人应用数理统计方法来研究物料的导热率，这就是所谓的统计模型法。表 7-12 是小麦导热率的回归方程（统计模型）。

表 7-12　小麦导热率的回归方程

温度 0℃	回归方程($\times 4.2 \times 10^4$)	标准差($\times 10^{-5}$)	变异系数
20	$K = 3.34 \times 10^{-4} + 3.37 \times 10^{-6} M^2$	1.62	0.80
5	$K = 3.44 \times 10^{-4} + 2.28 \times 10^{-6} M^2$	1.37	0.73
1	$K = 3.26 \times 10^{-4} + 3.25 \times 10^{-6} M^2$	0.773	0.94
−6	$K = 3.17 \times 10^{-4} + 3.67 \times 10^{-6} M^2$	1.08	0.91
−17	$K = 3.36 \times 10^{-4} + 2.24 \times 10^{-6} M^2$	1.63	0.67
−27	$K = 3.43 \times 10^{-4} + 2.28 \times 10^{-6} M^2$	1.62	0.67

注：K 为导热率 [W/(m·K)]；M 为含水率（%）。

表 7-13 是一些常见食品的热导率。

表 7-13　一些常见食品的热导率 λ

食品名称	热导率 λ /[(W/(m·K)]	食品名称	热导率 λ /[(W/(m·K)]	食品名称	热导率 λ /[(W/(m·K)]
苹果汁	0.559	黄油	0.197	鲜鱼	0.431
梨汁	0.55	花生油	0.168	猪肉	1.298
草莓	1.125	人造黄油	0.233	香肠	0.41
苹果酱	0.692	炼乳	0.536	火鸡	1.088
葡萄	0.398	浓缩牛奶	0.505	小牛肉	891
橘子	1.296	脱脂牛奶	0.538	燕麦	0.064
胡萝卜	1.263	奶粉	0.419	土豆	1.09
南瓜	0.502	蛋类	0.291	牛肉	0.556
蜂蜜	0.502	小麦	0.163	烟叶	0.073

三、热扩散系数

热扩散系数是表征物料在非稳态导热时扩散热量的能力或传播温度变化的能力。热扩散系数又称导温系数。热扩散系数可由下式求得

$$a = \frac{\lambda}{c_p \rho} \qquad (7\text{-}7)$$

式中，a 为热扩散系数；λ 为导热率；c_p 为比热容；ρ 为密度。

一个物体冷却时，如果其内部没有热源，则物体内部任一点（x，y，z）的温度满足下式。

$$\frac{\mathrm{d}T}{\mathrm{d}T} = a \left(\frac{\mathrm{d}^2 T}{\mathrm{d}x^2} + \frac{\mathrm{d}^2 T}{\mathrm{d}y^2} + \frac{\mathrm{d}^2 T}{\mathrm{d}z^2} \right) \qquad (7\text{-}8)$$

该式称为导热微分方程。式中，T 为温度；t 为时间；a 为热扩散系数；x、y、z 为物体内一点的坐标。

由式(7-7) 知，物体的三种热特性 a、λ、c 并不完全独立，已知其中两个可求得另一个。测定热扩散系数的方法之一，就是测得 c、λ 和 ρ 后，用式(7-7) 计算得到 a。

也有很多直接测量热扩散系数的方法。

图 7-9 是测量热扩散系数的圆筒法装置。该装置圆筒的长度和直径的比要大于 4。

使用这些装置测量热扩散系数时，需求解式(7-8) 才能把 a 值求出来。

直接测量结果与用式(7-8) 计算得到的热扩散系数往往不一致，造成这种情况的原因，主要是实验误差和所用装置的缺陷造成的。

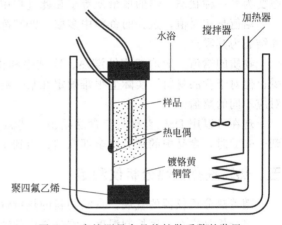

图 7-9　直接测量食品热扩散系数的装置

和比热、导热率一样，热扩散系数也因物料的含水率、温度等的不同而不同。由式(7-7) 知，热扩散系数还与物料的密度有关，密度对热扩散系数的影响要比导热率的影响大。

表 7-14 是一些食品的热扩散系数。

表 7-15 是一些食品组分的热特性。

表 7-14　一些食品的热扩散系数

食品名称	含水率 w /%	温度 T/℃	热扩散系数 a/(m²/s)	食品名称	含水率 w /%	温度 T/℃	热扩散系数 a/(m²/s)
草莓		$-17 \sim 27$	0.147×10^{-6}	香蕉	76	5	0.118×10^{-6}
马铃薯		$-17 \sim 27$	0.121×10^{-6}	干豌豆		$4 \sim 12.2$	0.168×10^{-6}
青豆		$-17 \sim 27$	0.124×10^{-6}	碎牛肉	71	$40 \sim 65$	0.133×10^{-6}
苹果	85	$0 - 30$	0.137×10^{-6}	火腿	64	$40 \sim 65$	0.138×10^{-6}
苹果酱	37	5	0.105×10^{-6}	水	100	30	0.148×10^{-6}
淀粉		20	0.080×10^{-6}	牛奶		20	0.135×10^{-6}

表 7-15 一些食品组分的热特性

组分名称	密度 $\rho/(kg/m^3)$	比热容 $c_p/[kJ/(kg \cdot K)]$	热导率 $\lambda/[W/(m \cdot K)]$	热扩散系数 $a/(m^2/s)$
水	1000	4.182	0.60	0.143×10^{-6}
碳水化合物	1550	1.42	0.58	0.264×10^{-6}
蛋白质	1380	1.55	0.20	0.094×10^{-6}
脂肪	930	1.67	0.18	0.116×10^{-6}
空气	1.24	1.00	0.025	20.16×10^{-6}
冰	917	2.11	2.24	1.158×10^{-6}
矿物质	2400	0.84		

四、焓值

焓是热力学中表征物质系统能量的一个重要状态参量，常用符号 H 表示。对一定质量的物质，焓定义为 $H=E+pV$，式中 E 为物质的内能，p 为压力，V 为体积。单位质量物质的焓称为比焓，表示为 $h=e+p/\rho$，e 为单位质量物质的内能（称为比内能），ρ 为密度，$1/\rho$ 为单位质量物质的体积。焓具有能量的量纲。一定质量的物质按定压可逆过程由一种状态变为另一种状态，焓的增量便等于在此过程中吸入的热量。

焓值是相对值，过去的资料中多取 $-20^{\circ}C$ 冻结态的焓值为其零点；近年来多取 $-40^{\circ}C$ 的冻结态为其零点。

物质的焓值一般均按冻结潜热、冻结率和比热容的数据计算而得，直接测量的数据很少；但对于食品材料，实际上很难确定在某一温度时食品中被冻结的比例，而不同的冻结率对应不同的焓值。

现在可以用 DSC 直接测量食品焓值，其温度扫描从 $-60^{\circ}C$ 开始到 $1^{\circ}C$ 以上，这是认为到 $-60^{\circ}C$ 时，食品中的水分已全部冻结；而到 $1^{\circ}C$ 以上水分已全部溶化成液体。

五、热特性参数热分析仪测定

随着热分析仪器的发展，食品物料的热特性参数可以直接用热分析仪测定。

热分析是指在程序控制温度下测量物质的物理性质与温度关系的一类技术。其中"程序控制温度"是指线性升温或线性降温，当然也包括恒温、循环或非线性升温、降温。"物质"是指试样本身和（或）试样的反应产物，包括中间产物。"物理性质"是指质量、温度、比热容、导热系数、热焓变化、尺寸、机械特性、声学特性、光学特性、电学及磁学特性等。显而易见，凡是测量物质的物理性质随温度变化的技术都可归入热分析之列。表 7-16 是热分析技术的分类及定义。

表 7-16 热分析技术分类及定义

物理性质	方法名称	定义
质量	热重法(TG) thermogravimetry	在程控温度下,测量物质的质量与温度关系的技术
	微商热重法(DTG) derivative thermogravimetry	将热重法得到的热重曲线对时间或温度一阶微商的方法。横轴同上;纵轴为重量变化速率
	逸出气体检测(EGD) evolved gas detection	在程控温度下,定性检测从物质中逸出挥发性产物与温度关系的技术(指明检测气体的方法)
	逸出气体分析(EGA) evolved gas analysis	在程控温度下,测量从物质中释放出的挥发性产物的性质和(或)数量与温度关系的技术(指分析方法)
	射气热分析(ETA) emanation thermal analysis	在程控温度下,测量自物质中放出的放射性物质与温度关系的一种技术
	热微粒分析 thermoparticulate analysis	在程控温度下,测量物质所放出的微粒物质与温度的一种技术

物理性质	方法名称	定义
温度	差热分析(DTA) differential thermal analysis	在程控温度下,测量物质和参比物之间的温度差与温度关系的技术
焓 (热量)	差示扫描量热法(DSC) differential scanning calorimetry	在程控温度下,测量输入到物质和参比物之间的功率差与温度关系的技术。有两种:功率补偿型和热流型
尺寸	热膨胀法(TD) thermodilatometry(linear;volume)	在程控温度下,测量物质在可忽略负荷时的尺寸与温度关系的技术。其中有线热膨胀法和体热膨胀法
力学性质	热机械分析(TMA) thermomechanical analysis (length or volume)	在程控温度下,测量物质在非振动负荷下的形变与温度关系的技术。负荷方式有拉、压、弯、扭、针入等
	动态热机械法(DMA)、(TBA) dynamic thermomechanometry; dynamic mechanical analysis torsional braid analysis	在程控温度下,测量物质在振动负荷下的动态模量和(或)力学损耗与温度关系的技术。其方法有悬臂梁法、振簧法、扭摆法、扭辫法和黏弹谱法等
电学性质	热电学法 thermoelectronmetry	在程控温度下,测量物质的电学特性与温度关系的技术。常用测量电阻、电导和电容
	热介电法(DDA) thermodielectric analysis dynamic dielectric analysis	在程控温度下,测量物质在交变电场下的介电常数和(或)损耗与温度关系的技术
光学性质	热光学法 thermophotometry	在程控温度下,测量物质的光学特性与温度关系的技术
	热光谱法 thermospectrometry	在程控温度下,测量物质在一定特征波长下透过率和吸光系数与温度关系的技术
	热折光法 thermorefractometry	在程控温度下,测量物质折光指数与温度关系的技术
	热释光法 thermoluminesence	在程控温度下,测量物质发光强度与温度关系的技术
	热显微镜法 thermomicroscopy	在程控温度下,用显微镜观察物质形态变化与温度关系的技术
声学性质	热发声法 thermosonimetry	在程控温度下,测量物质发出的声音与温度关系的技术
	热传声法 thermoacoustimetry	在程控温度下,测量通过物质后的声波特性与温度关系的技术
磁学性质	热磁法 thermomagnetometry	在程控温度下,测量物质的磁化率与温度关系的技术
联用技术	同时联用技术 simultaneous techniques	在程控温度下,对一个试样同时采用两种或多种热分析技术。例如热重法和差热分析联用,即以 TG-DTA 表示
	耦合联用技术 coupled simultaneous techniques	在程控温度下,对一个试样同时采用两种或多种分析技术。仪器之间是通过一个接口连接。例如差热分析或热重法与质谱联用,并按测量时间上的次序,标以 DTA-MS 或 TG-MS(GC)
	间歇联用技术 discontinuous simultaneous techniques	对同一试样应用两种分析技术,而对第二分析技术的取样是不连续的。如差热分析和气相色谱的间歇联用

现代热分析技术的应用已经遍及于各个领域,但应用最多的热分析技术是差热分析法、差示扫描量热法、热重法和热机械分析法。它们可以测量物质的晶态转变,熔融、蒸发、脱水、升华、吸附、解吸、吸收、居里点转变、玻璃化转变、液晶转变、热容变化、比热容测定、燃烧、聚合、固化、催化反应、模量、阻尼、黏度、黏弹性、膨胀系数、热化学常数、药品纯度、热稳定性、相图、动力学参数等。表 7-17 是热分析方法的应用范围。

表 7-17　热分析方法的应用范围

应用范围 ＼ 热分析方法	DSC	DTA	TBA	TMA	ETA	TOA	TG	EGA
相转变、熔化、凝固	A	B	—	C	B	A	—	—
吸附、解吸	A	B	—	—	—	B	A	B
裂解氧化还原,酸化黏合	A	B	B	—	B	B	A	B
相图制作	A	A	—	C	—	C	—	—
纯度测定	A	B	—	—	—	—	—	—
热硬化	B	B	—	B	—	B	—	—
玻璃转化	A	B	—	A	C	B	—	—
软化	C	—	C	A	C	C	—	—
结晶	A	B	—	B	B	C	—	—
比热容	A	—	—	—	—	—	—	—
耐热性测定	B	B	B	B	C	—	A	B
升华反应蒸发速度测定	A	B	—	—	C	B	—	A
膨胀系数测定	—	—	—	A	—	—	—	—
黏度	—	—	—	A	—	—	—	—
黏弹性	—	—	A	—	—	—	—	—
组分分析	A	B	C	—	B	B	A	A
催化研究	A	B	—	—	—	—	—	A
液晶	A	B	—	—	—	—	—	—
煤、能源	B	A	—	—	—	—	A	C
生物化学	A	B	—	—	—	—	C	C
海水资源	A	B	—	—	—	—	B	C
地球化学	B	A	—	—	—	—	A	C

注：A—最适用；B—可用；C—某些样品可用；TOA：Thermo-optical Analysis，热光学分析。

下面介绍在食品行业应用很广的差示扫描量热技术（DSC）。

在许多量热技术中，差示扫描量热技术应用得最广泛，它是在样品和参照物同时程序升温或降温，并且保持两者温度相等的条件下，测量流入或流出样品和参照物的热量差与温度关系的一种技术。在食品行业中，利用这一技术可以研究食品中蛋白质的变性和确定蛋白质种类，淀粉的糊化和老化，多糖与脂类物质的相互作用，脂类物质的熔解曲线和结晶动力学，玻璃态转变温度等物理化学变化以及热特性参数的测定。

1. DSC 结构与原理

差示扫描量热仪分功率补偿型和热流型两种，都获得国际热分析协会的认可。两者的最大差别在于结构设计原理上的不同，下面分别加以介绍。

功率补偿型的 DSC 是内加热式，装样品和参比物的支持器是各自独立的元件，如图 7-10 所示，在样品和参比物的底部各有一个加热用的铂热电阻和一个测温用的铂传感器。它是采用动态零位平衡原理，即要求样品与参比物温度，不论样品吸热还是放热时都要维持动态零位平衡状态，也就是要维持样品与参比物温度差趋向零（$\Delta T \rightarrow 0$）。DSC 测定的是维持样品和参比物处于相同温度所需的能量差 ΔW，反映了样品热焓的变化。

$$\Delta W = \frac{dQ_s - dQ_r}{dt} = \frac{dH}{dt} \qquad (7-9)$$

式中，dQ_s/dt 为单位时间给样品的热量；dQ_r/dt 为单位时间给参比物的热量；dH/dt 为热焓的变化率或称热流率。

DSC 仪器的工作原理如图 7-11 所示。图中第一个回路是平均温度控制回路，它保证试样和参比物能按程序控温速率进行。检测的试样和参比物的温度信号与程序控

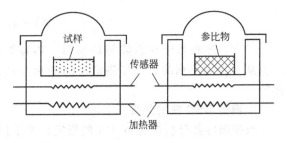

图 7-10　功率补偿型 DSC 结构示意图

制提供的程序信号在 TA 放大处（平均温度放大器）相互比较，如果程序温度高于试样和参比物的平均温度，则由放大器提供更多的热功率给试样和参比以提高它们的平均温度，与程序温度相匹配，这就达到程序控温过程。第二个回路是补偿回路，检测到试样和参比物产生温差时（试样产生放热或吸热反应），能及时由温差 ΔT 放大器输入功率以消除这一差别。

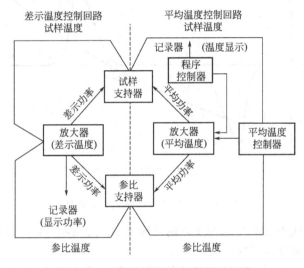

图 7-11　功率补偿型 DSC 仪器原理图

热流型 DSC 是外加热式，如图 7-12 所示，采取外加热的方式使均温块受热然后通过空气和康铜做的热垫片两个途径把热传递给试样杯和参比杯，试样杯的温度由镍铬丝和镍铝丝组成的高灵敏度热电耦检测，参比杯的温度由镍铬丝和康铜组成的热电耦加以检测。由此可知，检测的是温差 ΔT，它是试样热量变化的反映。根据热学原理，温差 ΔT 的大小等于单位时间试样热量变化和试样的热量向外传递所受阻力 R 的乘积，即

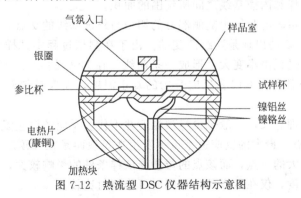

图 7-12　热流型 DSC 仪器结构示意图

$$\Delta T = R \frac{dQ_s}{dt} \qquad (7\text{-}10)$$

式中，R 和热传导系数与热辐射、热容等有关，且强烈依赖于实验条件和温度。然后由从参比物得到的 ΔT 与热量之间的相互关系，求得样品的热焓与温度或时间的变化曲线。

2. 典型 DSC 曲线分析

根据国际热分析协会 ICTA 的规定，差示扫描量热分析 DSC 是将试样和参比物置于同一环境中以一定速率加热或冷却，将两者间的能量差对时间或温度作记录的方法。差示扫描量热曲线（DSC 曲线）是在差示扫描量热测量中记录的以能量差 ΔW 为纵坐标、以温度或时间为横坐标的关系曲线，吸热过程显示一个向下的峰，放热过程显示一个向上的峰，如图 7-13 所示。

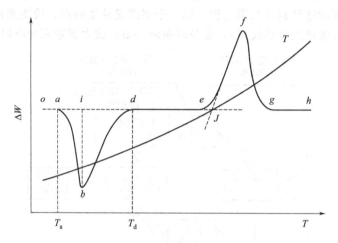

图 7-13　典型的 DSC 曲线形态特征

（1）基线：指曲线上 ΔW 近似等于 0 的区段，如 oa、de、gh。如果试样和参比物的热容相差较大，则易导致基线不成一条水平线。

（2）峰：指 DSC 曲线离开基线又回到基线的部分。包括放热峰和吸热峰，如 abd、efg。

（3）峰宽：指 DSC 曲线偏离基线又返回基线两点间的距离或温度间距，如 ad 或 $T_d\text{-}T_a$。

（4）峰高：表示试样和参比物之间的最大能量差，指峰顶至内插基线间的垂直距离，如 bi。

（5）峰面积：指峰和内插基线之间所包围的面积。

（6）外延始点：指峰的起始边陡峭部分的切线与外延基线的交点，如 J 点。

在 DSC 曲线中，峰的出现是连续渐变的。由于在测试过程中试样表面的温度高于中心的温度，所以放热的过程由小变大，形成一条曲线。在 DSC 的 a 点，吸热反应主要在试样表面进行，但 a 点的温度并不代表反应开始的真正温度，而仅是仪器检测到的温度，这与仪器的灵敏度有关。

峰温无严格的物理意义，一般来说峰顶温度并不代表反应的终止温度，反应的终止温度应在 bd 线上的某一点。最大的反应速率也不发生在峰顶而是在峰顶之前。峰顶温度仅表示试样和参比物温差最大的一点，而该点的位置受试样条件的影响较大，所以峰温一般不能作为鉴定物质的特征温度，仅在试样条件相同时可作相对比较。

国际热分析协会 ICTA 对大量的试样测定结果表明，外延起始温度与其他实验测得的反应起始温度最为接近，因此 ICTA 决定用外延起始温度来表示反应的起始温度。

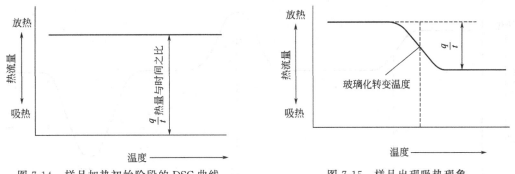

图 7-14 样品加热初始阶段的 DSC 曲线　　　　　图 7-15 样品出现吸热现象

DSC 直接记录的是热流量随时间和温度变化的曲线，从曲线中可以得到一些重要的参数。从热学知识可知，热流量与温差的比值称为比热容。从图 7-14 可以看出，对样品和参照物加热过程中，热流量没有变化，或者说比热容没有变化，表明在加热过程中物质结构并没有发生变化。当对该样品和参照物继续加热时，热流量曲线突然下降，样品从环境中吸热，表明其结构发生一定程度的变化，如图 7-15 所示。再继续加热，样品出现了放热峰（图 7-16），随后又出现了吸热峰（图 7-17）。图 7-18 是上述全过程的一个典型的 DSC 曲线，把图 7-15 所对应的吸热现象称为该样品的玻璃化转变，对应的温度称为玻璃化转变温度 T_g。此转变不涉及潜热量的吸收或释放，仅提高了样品的比热容，这种转变在热力学中称为二次相变。二次相变发生前后，样品物性发生较大的变化，例如，当温度达到玻璃化转变温度 T_g 时，样品的比体积和比热容都增大；而刚度和黏度下降，弹性增加。在微观上，目前较多地认为是链段运动与空间自由体积间的关系。当温度低于 T_g 时，自由体积收缩，链段失去了回转空间而被"冻结"，样品像玻璃一样坚硬。当样品继续被加热至图 7-16 所对应值时，样品中的分子已经获得足够的能量，它们可以在较大的范围内运动。由物理化学可知，在给定温度下每个体系总是趋向于达到自由能最小的状态，因此，这些分子按一定结构排列，释放出潜热，形成晶体。当温度达到图 7-17 所对应值时，分子获得的能量已经大于维持其有序结构的能量，分子在更大的范围内运动，样品在宏观上出现溶化和流动现象。对于后面两个放热和吸热所对应的转变，在热力学上称为一次相变。

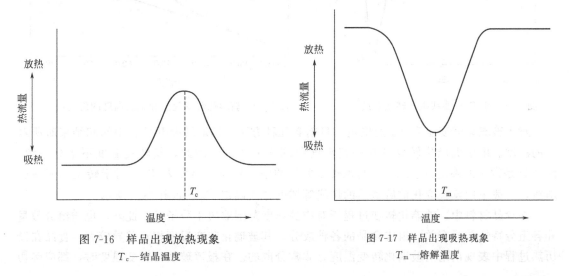

图 7-16　样品出现放热现象　　　　　　　　图 7-17　样品出现吸热现象
T_c—结晶温度　　　　　　　　　　　　　　　T_m—熔解温度

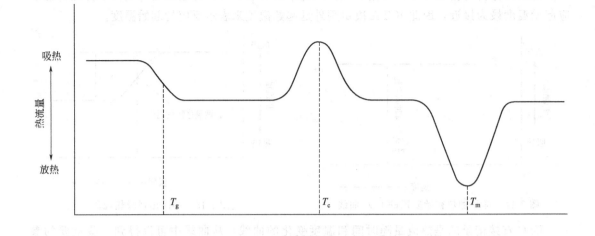

图 7-18　加热中样品热流量的变化全过程

3. 热物性参数测定

主要包括转变温度的确定、热焓、比热容、熵及结晶数量的测定。

（1）转变温度的确定

利用 DSC 检测的转变温度中，主要有玻璃化转变温度 T_g、结晶温度 T_c 和熔解温度 T_m。由于结晶和熔解都有明显的放热峰和吸热峰，因此，在确定两个转变温度时数据比较接近。一般是将结晶或熔解发生前后的基线连接起来作为基线，将起始边的切线与基线的交点处的温度即外推始点 T_e 作为转变温度；也有将转变峰温（T_p）作为转变温度（图 7-19）。

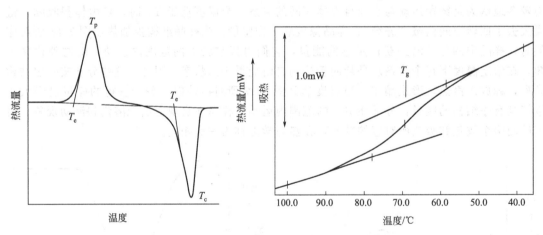

图 7-19　由 DSC 曲线确定转变温度　　　图 7-20　玻璃化转变起始和结束温度的确定

对于玻璃化转变温度 T_g 的确定，目前有几种方法，即取转变开始、中间和结束时所对应的温度。由于玻璃化转变是在一定温度范围内完成的，因此，其转变温度不十分一致。图 7-15 是常见的确定方法之一，是取转变斜线的中点对应的温度为 T_g。对于转变不明显的斜线，一般采用延长变化前后基线的切线等辅助方法确定 T_g，如图 7-20 所示。

在食品材料中，玻璃化转变过程所对应的温度范围取决于分子量，此外，也与组分数量和各组分特性差异有关，组成食品的各种成分，其玻璃化转变温度相互差异较大，食品在经历热过程中表现出来的玻璃化转变温度是非常分散的。在报道玻璃化转变温度时，都应确切地给出材料检测前的热历史，DSC升温或降温速率以及恒温时间等试验条件，否则，数据失去价值。

（2）热焓

热焓是一个重要的热力学参数，样品分子的物理变化（如相变）和化学变化（如物质的分解、键的断裂等）都与热焓有关，因此热焓的测定也就具有很重要的意义。

根据定义，焓 $H = E + pV$，这里 E 是系统的内能，p、V 分别为系统的压力和体积。所说的 DSC 测量的热焓，确切地说应是焓变，即样品发生热转变前后的 ΔH。对于压力不变的过程，ΔH 等于变化过程所吸收的热量 Q。所以，有些文献中常常将焓变 ΔH 与热量 Q 等同起来。要比较不同物质的转变焓，还需要将 ΔH 归一化，即求出 1mol 样品分子发生转变时的焓变。实际测量时，只要将样品发生转变时吸收或放出的热量除以样品的摩尔数就可以了。DSC 直接记录的是热流量随时间变化的曲线，该曲线与基线所构成的峰面积与样品热转变时吸收或放出的热量成正比。根据已知相变焓的标准物质的样品量（物质的量）和实测标准样品 DSC 相变峰的面积，就可以确定峰面积与热焓的比例系数。这样，要测定未知转变焓样品的转变焓，只需确定峰面积和样品的物质的量就可以了。峰面积的确定如图 7-21 所示，借助 DSC 数据处理软件，可以较准确地计算出峰面积。

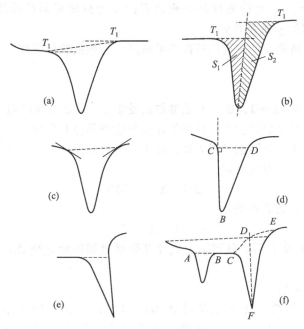

图 7-21　峰面积确定方法

（a）～（f）为常见 DSC 曲线形状与面积分隔方法

（3）比热容

由于 DSC 的灵敏度高、热响应速度快和操作简便，所以与常规的量热计热容测定法相比，样品用量少，测定速度快，操作简便。在 DSC 中，样品是处在线性的程序温度控制下，流入样品的热流速率是连续测定的，并且所测定的热流速率 dQ/dt 是与样品的瞬间比热容成正比，因此热流速率可用下列方程表示。

$$\frac{dQ}{dt} = mc_p \frac{dT}{dt} \tag{7-11}$$

式中，Q 为热量；m 为样品质量；c_p 为样品比热容。

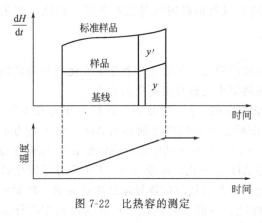

图 7-22　比热容的测定

样品的比热容即可通过上式测定。在比热容的测定中通常是以某种比热容已精确测定的样品作为标准样品。样品比热容的具体测定方法如下：先用两个空样品池在较低温度（T_1）下恒温记录一段基线，然后转入程序升温，接着在一较高温度（T_2）下恒温，由此得到从温度 T_1 到 T_2 的空载曲线或基线。T_1 到 T_2 即我们测量的范围。然后在相同条件下使用同样的样品池依次测定已知比热容的标准样品和待研究样品的 DSC 曲线，测得结果如图 7-22 所示。

样品在任一温度下的比热容 c_p，可通过下列方程式求出。

$$\frac{c'_p}{c_p} = \frac{m'y}{my'} \tag{7-12}$$

式中，c'_p 为标准样品的比热容；m' 为标准样品的质量；y' 为标准样品的 DSC 曲线与基线之间的 y 轴量程差；c_p 为待测样品的比热容；m 为待测样品的质量；y 为待测样品的 DSC 曲线与基线之间的 y 轴量程差。

为了提高测量的精确度，应选用较高的灵敏度，且样品和标准样品的制备条件和测量条件应尽量相同。

（4）熵的测定

根据熵的定义，$S = k\ln O$。这里 k 是波尔兹曼常数，n 是系统内粒子分布的可能方式的数目。如果系统有一组固定的能态，且分子在这些能态的分布发生一个可逆变化，则必然有热量被系统吸收或释放。以熔融过程为例，根据热力学第二定律，对于等温、等压和不做非体积功的可逆过程，其吉布斯函数变为：

$$\Delta G = \Delta H - T\Delta S \tag{7-13}$$

且 $\Delta G = 0$。因此，过程的熵

$$\Delta S = \Delta H / T \tag{7-14}$$

用 DSC 测得 ΔH 及 T 后，就可按上式计算熔融过程的熔融熵 ΔS。这个方法也可用于其他可逆过程。

（5）结晶数量的测定

许多食品材料都包含一定量的结晶体和玻璃体，二者比例大小与食品物性直接相关，在贮藏与加工过程中，二者的比例也不断变化，因此，掌握食品材料中的结晶体比例，是非常重要的。首先利用 DSC 曲线，分别计算出熔解峰面积 A_m 和结晶峰面积 A_c。

$$A_m = \frac{H_m T}{tm} \tag{7-15}$$

$$A_c = \frac{H_c T}{tm} \tag{7-16}$$

式中，H_m 为单位时间和单位质量的熔解吸热量；H_c 为单位时间和单位质量的结晶放热量；T 为温度；t 为单位时间；m 为单位质量。

将上述面积除以升温速率，得每克样品吸收和释放的热量，再乘以试验用样品真实质量，即得到该样品材料总的吸热量 $H_{m,total}$ 和总的放热量 $H_{c,total}$。二者差值与单位质量的样

品结晶时释放出来的热量之比即为加热温度未达到图 7-17 所示结晶转变前所具有的结晶数量 m_c。

$$m_c = \frac{H_{m,total} - H_{c,total}}{H_c'}$$ (7-17)

式中，H_c' 为单位质量的样品结晶时释放出来的热量。

4. 影响测量结果的一些因素

差示扫描量热法的影响因素与具体的仪器类型有关。一般来说，影响 DSC 测量结果的主要因素大致有下列几方面：实验条件，如起始和终止温度、升温速率、恒温时间等；样品特性，如样品用量、固体样品的粒度、装填情况，溶液样品的缓冲液类型、浓度及热历史等；参照物特性、参照物用量、参照物的热历史等。

（1）实验条件的影响：影响实验结果的主要实验条件是升温速率，升温速率可能影响 DSC 测量的分辨率。实验中常常会遇到这种情况：对于某种蛋白质溶液样品，升温速率高于某个值时，某个热变性峰根本无法分辨，而当升温速率低于某个值后，就可以分辨出这个峰。升温速率还可能影响峰温和峰形。事实上，改变升温速率也是获得有关样品的某些重要参量的重要手段。

（2）样品特性的影响：影响因素包括以下几个方面。

① 样品量　一般来说，样品量太少，仪器灵敏度不足以测出所要得到的峰。而样品量过多，又会使样品内部传热变慢，使峰形展宽，分辨率下降。实际中发现，样品用量对不同物质的影响也有差别。一般要求在得到足够强的信号的前提下，样品量要尽量少一点，且用量要恒定，保证结果的重复性。

② 固体样品的几何形状　样品的几何形状如厚度、与样品盘的接触面积等会影响热阻，对测量结果也有明显影响。为获得比较精确的结果，要增大样品盘的接触面积，减小样品的厚度，并采用较慢的升温速率。样品池和池座要接触良好，样品池或池座不干净，或样品池底不平整，会影响测量结果。

③ 样品池在样品座上的位置　样品池在样品座上的位置会影响热阻的大小，应该尽量标准化。

④ 固体样品的粒度　样品的粒度太大，热阻变大，样品熔融温度和熔融热焓偏低；但粒度太小，由于晶体结构的破坏和结晶度的下降，也会影响测量结果。带静电的粉状样品，由于静电引力使粉末聚集，也会影响熔融热焓。总的来看，粒度的影响比较复杂，有时难以得到合理的解释。

⑤ 样品的热历史　许多材料往往由于热历史的不同而产生不同的晶型和相态（包括某些亚稳态），对 DSC 测量结果也会有较大的影响。

⑥ 溶液样品中溶剂或稀释剂的选择　溶剂或稀释剂对样品的相变温度和热焓也有影响，特别是蛋白质等样品在升温过程中有时会发生聚沉的现象，而聚沉产生的放热峰往往会与热变性吸热峰发生重叠，并使得一些热变性的可逆性无法观察到，影响测量结果。选择适当的缓冲液系统有可能避免聚沉。

另外，DSC 是一种动态量热技术，在程序温度下，测量样品的热流率随温度变化的函数关系，常用来定量地测定热特性参数。因此，在正式试验前，对 DSC 仪器的校正非常重要，其中最重要的有两项，一项为温度校正，另一项为能量校正。其他和具体操作可参照 JJG936 差示扫描量热计检定规程或仪器使用说明书，确保仪器处于正常状态。

图 7-23 是几种典型的差示扫描量热仪器。

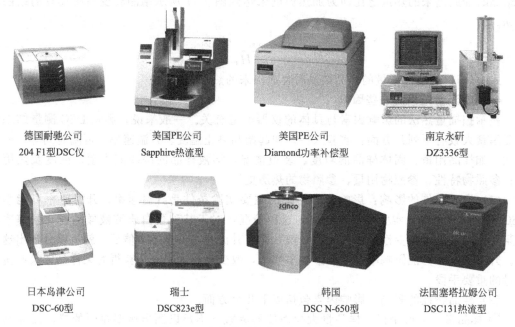

德国耐驰公司 204 F1型DSC仪	美国PE公司 Sapphire热流型	美国PE公司 Diamond功率补偿型	南京永研 DZ3336型
日本岛津公司 DSC-60型	瑞士 DSC823e型	韩国 DSC N-650型	法国塞塔拉姆公司 DSC131热流型

图 7-23　几种典型的差示扫描量热仪器

第三节　热特性在食品工程中的应用

在食品物料的热处理过程中，不论是加热还是冷却，都很少是以单个的固体颗粒形式进行的，但单个颗粒的热特性却是研究问题的出发点。如果固体颗粒与浸没它们的流体之间没有相对运动，那么热量是通过传导传递的，有时还有辐射传热。如果有相对运动的话，还有对流传热。事实上，在食品物料的热处理过程中，大多是多种传热过程同时存在。所以，完全从理论上计算实际传热过程十分复杂而困难。

一、温度值的功用

在食品冷、热处理过程，温度是重要的操作参数。表 7-18 是各种温度值的常见功用。

二、各种的食品热特性及贮藏特性

1. 温度与冷害

水果冷害是指在其冰点以上的低温下受到的伤害。不同种类和品种的水果对低温的敏感性有明显的差异。以原产于热带和亚热带的种类最为敏感，有些敏感种类在温度低于 15℃ 时即发生冷害。

冷害最常见的症状是：果皮干疤，通常是由于表皮下细胞的崩溃，表皮组织坏死而出现斑点状变色，失水量继续增大时会加深干疤的程度；果肉、果心组织变褐，变褐通常发生在维管束的周围；果皮呈水渍状；表皮下细胞干缩呈海绵状。未成熟时采收的果实，受冷害后不能后熟或后熟减慢或不均匀。柑橘受轻微冷害后，褪绿减慢。某些水果如番木瓜冷害时出现水渍状。冷害通常在产品处于低温时就发生，但有时是产品从低温下转至较高温度时才出现症状。水果因冷害而出现生理病害，使其外观、质地及风味均劣变，同时也会使其耐贮性

表 7-18　温度值的常见功用

温度值/℃	功用	温度值/℃	功用
100	标准压力下,水的沸点,短时间处理可杀死大部分营养细胞	3~10	农产品的湿冷保鲜
		3.98	水的密度最大
93	用具的蒸气釜杀菌 5min	4	可口可乐最可口
76	热水消毒 5min(工具)	4	12~24h 内细菌可增殖 1 倍
73	蒸煮开始	4.7	水的三相点
72	巴氏杀菌高温短时,15s(UHT)	−1~1	保鲜冷藏
62	普通巴氏灭菌为,30min	−5~−1	食品冰点,微冻(冰温保鲜)
58	炭菌,伤寒-痢疾致病菌杀死,15s	0.0099	纯水凝固点
46	用手洗工具是水和清洁剂的温度	0	普通水冰点为 0℃,水盐溶液更低
38	牛的体温	−3~0	果蔬的冰点
37	人的体温	−20~−5	冷冻食品流通
26	12~24h 内细菌可增殖 3000 倍	−23~−17	食品的冻藏
21	12~24h 内细菌可增殖 700 倍	−40~−25	冷冻干燥
20~40	酶的活性高(从室温每升高 10℃,活性增加一倍)	−34~−28	冻结
		−29.8	F-12 沸点蒸发温度制冷极限
18~20	人适宜的温度	−33.4	NH₃ 沸点蒸发温度制冷极限
20	20℃以下稻谷、糙米准低温贮藏	−40.8	F-22 沸点蒸发温度制冷极限
15	15℃以下稻谷、糙米低温贮藏;12~24h 内细菌可增殖 15 倍	−62	水 100%转化为冰
		−100~−30	冻结粉碎
12	美国北部井平均水温	−78.9	CO₂(干冰的沸点)蒸发温度(制冷点)
10~0	12~24h 内细菌可增殖 5 倍	−195.8	N₂ 蒸发温度(制冷点)
10~0	新鲜农产品流通		

及抗病力降低,使产品极易受到有害微生物的侵染。

　　每种水果都有自己适宜的贮藏温度、湿度范围及其极限低温或临界湿度,低于这个温度将会出现某些冷害症状。如果在这个临界温度贮藏较长时间也可能会发生冷害。蔬菜贮藏最适温度及产业冷害的温度见表 7-19。在临界温度以下,温度越低,冷害发生越快也越严重。一些水果的冷害温度与症状见表 7-20。贮藏温度、贮藏时间与冷害发生程度都有直接关系。

表 7-19　蔬菜贮藏最适温度及产生冷害的温度

品种名称	最适温度/℃	冷害温度/℃	品种名称	最适温度/℃	冷害温度/℃	品种名称	最适温度/℃	冷害温度/℃
适于低温冷藏的种类								
胡萝卜	1~2	0	慈姑	2~3	0	芥蓝	3~4	0
白萝卜	1~2	0	大白菜	0~1	−2	莲藕	2~3	0
青萝卜	1~2	0	青豆角	2~4	0	茭白	0~1	−1
马铃薯	3~5	0	甜豆	2~4	0	芹菜	−2~1	−3
摩芋	3~5	0	荷兰豆	3~5	0	番茄(红熟)	2~3	−1
洋葱	0~3	−1	豆苗	3~5	0	马蹄	2~3	0
大蒜	−3~1	−5	芦笋嫩茎	2~4	1	珠葱	1~2	−3
蒜薹	0~1	−1	粉葛	2~4	−1	葱头	1~2	−3
大葱	0~1	−2	沙葛	4~5	1	芫荽	0~1	−2
韭菜	1~2	0	椰菜	1~2	0	甜玉米	1~2	−1
韭菜花	1~2	0	椰菜花	1~4	−2	食用菌	2~6	0
韭黄	5~6	1	莴苣	2~4	0	百合	5~6	−1
菜心	3~4	0	菠菜	−2~0	−5	生菜	2~4	0
适于高温冷藏的种类								
芋头	10~15	2	茄子	8~10	7	番茄(绿熟)	10~12	7
黄瓜	8~10	7	苦瓜	7~9	6	南瓜	9~10	8
番薯	13~15	9	山药	8~10	6	冬瓜	10~12	8
大肉姜	15	10	菜豆	10~13	3	辣椒	10~12	6

表 7-20 一些水果的冷害温度与症状

种类	温度/℃	症状	种类	温度/℃	症状
苹果(部分品种)	2.2～3.3	橡皮病,烫伤,果肉(果心)褐变	梅(部分品种)	5.0～8.0	褐变,凹陷
梨(部分品种)	5.0～8.0	果肉(果心)褐变	鳄梨	5～12	凹陷斑,果肉和维管束变黑
香蕉(绿、黄果)	11.7～13.3	果皮变黑,后熟不良	黄瓜	13	果皮上出现水浸状斑点
柚(部分品种)	10.0	果皮凹陷,水浸状腐烂	甜瓜	7～10	凹陷斑,表皮腐烂
柠檬	10.0～15.4	果皮凹陷,红褐色斑点,囊瓣膜变红	番茄	7～12	凹陷斑,交链孢霉腐烂
橙(品种各异)	2.8～5.0	果皮凹陷,褐变	人心果	1.9～2.0	不能后熟
橘(品种各异)	3.0～9.0	果皮凹陷及腐烂,水肿	桃与杏	−1.0～0	果实异味
番木瓜与木瓜	6.1～7.0	果皮凹陷,果肉水浸状,后熟不良	红毛丹	7.2	不能转红色,易感染病害
菠萝	6.1～10.0	后熟异常,果肉变褐	芒果	4.0～12.8	果皮变黑,后熟不良
樱桃(部分品种)	0.0～1.0	贮后升温发生烫伤病	荔枝	0～1.0	果皮变黑
			橄榄	6.0～7.0	果肉褐变
			桃	3～4	果实糖化(粉状变质或木渣化),肉及维管束褐变

2. 食品贮藏特性及热特性

表 7-21 是食品低温贮藏特性及热特性参数。

表 7-21 食品低温贮藏特性及热特性系数

食品名称	含水量/%	冰点/℃	比热容/[kJ/(kg·K)] 高于冰点	比热容/[kJ/(kg·K)] 低于冰点	潜热/(kJ/kg)	贮藏容积/(m³/t)	贮藏温度/℃	贮藏相对湿度/%	贮藏期/天/(月)
苹果	85	−2	3.85	2.09	281	7.5	−1/+1	85～90	(2～7)
苹果汁		−1.7				7.5	+4.5	85	(3)
杏子	85.4	−2	3.68	1.93	285	7.5	−0.5/+1.6	78～85	7～14
杏子干						7.5	+0.5	75	(6)
龙须菜	94	−2	3.89	1.93	314	7.5	0/+2	85～90	21～28
咸肉(初腌)	39	−1.7	2.14	1.34	131	9.4	−23/−10	90～95	(4～6)
腊肉(熏制)	13～29		1.26～1.80	1.01～1.21	42/92		+15～+18	60～65	
香蕉	75	−1.7	3.35	1.76	251	15.6	+11.7	85	14
干蚕豆	13	−1.7	1.26	1.01	42	7.5	+0.7	70	(6)
扁豆	89	−1.5	3.85	1.97	297		+1/+7.5	85～90	8～10
甜菜	72	−2	3.22	1.72	243		0/+1.5	88～92	7～42
啤酒	89～91	−2	3.77	1.88	302	6/10.6	0/+5		(6)
洋白菜	85		3.85	1.97	285		0/+1.5	90～95	21～28
黄油	14～15	−2.2	2.30	1.42	197	5	−10/−1	75～80	(6)
酪乳	87	−1.7	3.77			9.4	0	85	(1)
卷心菜	91	−0.5	3.89	1.97	306	15.6	0/+1	85～90	(1～3)
胡萝卜	83	−1.7	3.64	1.88	276		0/+1	80～95	(2～5)
芹菜	94	−1.2	3.98	1.93	314	9.4	−0.6/0	90～95	(2～4)

食品名称	含水量 /%	冰点 /℃	比热容/[kJ/(kg·K)]		潜热 /(kJ/kg)	贮藏容积 /(m³/t)	贮藏温度 /℃	贮藏相对湿度 /%	贮藏期 /天(月)
			高于冰点	低于冰点					
干酪	46~53	−2.2/−10	2.68	1.47	168	5.0	−1.0/1.5	65~75	(3~10)
樱桃	82	−4.5	3.04	1.93	276	15.6	+0.5/+1	80	7~21
栗子						12.5	+0.5	75	(3)
巧克力	1.6		3.18	3.14		5.6	+4.5	75	(6)
奶油	59		2.85		193	7.5	0/+2	80	7
黄瓜	96.4	−0.8	4.06	2.05	318	7.5	+2/+7	75~85	10~14
葡萄干	85	−1.1	3.22	1.88	281	9.4	0	75~85	14
椰子	83	−2.8	3.43			7.5	−4.5	75	(12)
鲜蛋	70	−2.2	3.18	1.68	226		−1.0/−0.5	80~85	(8)
蛋粉	6		1.05	0.88	21	6.9	+2.0	极小	(6)
冰蛋	73	−2.2		1.76	243		−18		(12)
鲜鱼	73	−1/−2	3.43	1.80	243	12.5	−0.5/+4	90~95	7~14
干鱼	45		2.35	1.42	151	7.5	−9/0	75~80	(3)
冻鱼						8.1	−20/−12	90~95	(8~10)
干果	30		1.76	1.13	101		0/+5	70	(6~18)
冻水果							−23/−15	80~90	(6~12)
干大蒜	74	−4	3.31	1.76	247		0/+1	75~80	(6~8)
谷类							−10/−2	70	(3~12)
葡萄	82	−4	3.60	1.84	272	9.4	−1/+3	85~90	(1~4)
火腿	47~54	−2.2/−1.7	2.43~2.64	1.42~1.51	167		0/+1	85~90	(7~12)
冻火腿							−24/−18	90~95	(6~8)
冰激凌	67		3.27	1.88	218	18.7	−30/−20	85	14~84
果酱	36		2.01			8.1	+1	75	(6)
人造奶油	17~18		3.35		126	5.0	+0.5	80	(6)
牡蛎	80	−2.2	3.52	1.84	268		0	90	(2)
猪油	46		2.26	1.30	155	5.0	−18	90	(12)
韭菜	88.2	−1.4	3.77	1.93	293		0	85~90	(1~3)
柠檬	89	−2.1	3.85	1.93	297	9.4	+5/+10	85~90	(2)
莴苣	94.8	−0.3	4.02	2.01	318		0/+1	85~90	(1~2)
对虾	79		3.65	1.84	265		−7	80	(1)
玉米	73.9	−0.8	3.31	1.76	247		−0.5/+1.5	80~85	7~28
柑橘	86	−2.2	3.64				+1/+2	75~80	(1~3)
甜瓜	92.7	−1.7	3.94	2.01	306	9.4	+2/+7	80~90	7~56
牛奶	87	−2.8	3.77	1.93	289		0/+2	80~95	7
奶粉						7.5	0/+1.5	75~80	(1~6)
羊肉	60~70	−1.7					0	80	10
冻羊肉						6.2	−12/−18	80~85	(3~8)
干坚果	3~6	−7	0.92~1.05	0.88~0.92	10~18.4	12.5	0/+2	65~75	(8~12)

食品名称	含水量/%	冰点/℃	比热容/[kJ/(kg·K)]		潜热/(kJ/kg)	贮藏容积/(m³/t)	贮藏温度/℃	贮藏相对湿度/%	贮藏期/天(月)
			高于冰点	低于冰点					
菜油	14.4～15						+1/+12		(0～12)
洋葱	87.5	−1	3.77	1.93	289	9.4	+1.5	80	(3)
橘子	90	−2.2	3.77	1.93	289	9.4	0/+1.2	85～90	56～70
桃子	86.9	−1.5	3.77	1.93	289	7.5	−0.5/+1	80～85	14～28
梨	83	−2	3.77	2.01	281	7.5	+0.5/+1.5	85～90	(1～6)
梨干	10		1.17	0.92	322	7.5	+0.5	75	(6)
青豌豆	74	−1.1	3.31	1.76	247	8.1	0	80～90	7～21
干豌豆						7.5	+0.5	75	(6)
青菠萝		−1.5				8.1	+10/+16	85～90	14～28
菠萝	85.3	−1.2	3.68	1.86	285	8.1	+4/+12	85～90	14～28
李子	86	−2.2	3.68	1.88	285	8.1	−4/0	80～95	21～56
猪肉	35～42	−2.2/−1.7	2.01～2.26	1.26～1.34	126		0/+1.2	85～90	3～10
冻猪肉							−24/−18	85～95	(3～8)
土豆	77.8	−1.8	3.43	1.80	260	12.5	+3/+6	85～90	(6)
鲜家禽	74	−1.7	3.35	1.80	247	6.2	0	80	7
冻家禽	60		2.85			6.2	−30/−10	80	(3～12)
南瓜	90.5	−1	3.85	1.97	302		0/+3	80～85	(2～3)
兔肉	60	−1.7	3.35				0/+1	80～90	5～10
冻兔肉	60		2.85			6.9	−24/−12	80～90	(6)
萝卜	93.6	−2.2	3.98	2.01	310	8.1	0/+1	85～95	14
米	10	−1.7	1.09			7.5	+1.5	65	(6)
腊肠							−4/+5	85～90	7～21
菠菜	92.7	−0.9	3.94	2.01	306		0/+1	90	10～14
杨梅	90	−1.3	3.85	1.97	302		−0.5/+1.5	75～85	7～10
糖	0.5		0.84	0.84	167		+7/+10	低于60	(12～36)
(灌装)糖汁	36	−2.2	2.68			6.2	+1	80	42
生西红柿	94	−0.9	3.98	2.01	310		+10/+20	85～90	21～28
西红柿	94	−0.9	3.98	2.01	310		+1/+5	80～90	7～21
大头菜	90.9	−0.9	3.89	1.97	302	8.1	0/+1	90	(1～4)
西瓜	92.1	−1.6	4.06	2.01	302		+2/+4	75～85	14～21
葡萄酒						7.5	+10	85	(6)
蛋黄粉				1.05	20.9		+1.5	极小	(6)
牛肉	63	−1.7/−2.2	2.97	1.63	209	7.2	0/+1	90	5～10
鲜野味	74	−1.7	3.27	1.72	247		+0.5	70	14
冻野味						8.7	−12	80	(3)
猪肝	65		3.06		218		−18/−24	90～95	(3～4)

食品名称	含水量/%	冰点/℃	比热容/[kJ/(kg·K)]		潜热/(kJ/kg)	贮藏容积/(m³/t)	贮藏温度/℃	贮藏相对湿度/%	贮藏期/天(月)
			高于冰点	低于冰点					
熏制鱼			3.18				+4/+10	50~60	(6~8)
枣	83	−2.8	3.43			7.5	−4.5	75	(12)
李子/梅子	86	−2.2	3.68	1.88	285	8.1	0/−4	75~80	21~56
李干/梅干							+4.5	75	(6)
冻水果							−15/−23	80~90	(6~12)
芦笋	94	−2.0	3.89	1.93	314	7.5	+2/0	85~90	21~28
干蚕豆	13	−1.7	1.26	1.01	42	7.5	+0.7	70	(6)
蘑菇	91.1	−1.0	3.89	1.97	302		+2/0	80~85	7~14
包装冻蔬菜							−18/−24		(6~12)
冰块			4.19	2.09	335	6.2	−4	80	
蜂蜜	18		1.47	1.09	61	8.1	+1	75	(6)
麦片	10	−1.7	1.09			9.4	+2/+1	65	(6)
果子汁	36		2.68				−15/−23	80~90	(2~8)
听装果子汁	36	−2.2	2.63			6.2	+1	80	(1~4)
血浆						5.6	+3.3	75	(2)
包装烟叶							+1	75	(6)
花			1.76	1.13			+1.1	85	14
皮毛							+1	60	(6)
啤酒		−2	3.77	1.88	301	10.6	0~+5		(6)

3. 呼吸热

生物材料贮存时会因为呼吸作用而发热，这种现象称为生物材料的发热性质。从设备的设计角度看，需要了解发热过程造成的影响，以便确定所需的冷却能力。

生物材料的呼吸过程可用下式描述。

$$C_6H_{12}O_6 + 6O_2 \longrightarrow 6CO_2 + 6H_2O + 2835.3kJ$$

因此，测得 CO_2 含量即可确定发热量。所需的冷却能力可用下式计算。

$$Q = mc\Delta T \qquad (7\text{-}18)$$

式中，Q 为冷却系统吸收的热量；m 为材料的质量；c 为材料的比热容；ΔT 为材料的温度变化。

表 7-22 是不同含水率时高粱的呼吸热，可见含水率愈高，呼吸作用愈强，发热量愈大。很多生物物料都有类似高粱的这种性质。

表 7-22　不同含水率时高粱的呼吸热/(J/h·kg)

温度/℃	含水率(湿基)/%	时间间隔/h				
		0~24	24~48	48~72	72~96	96~120
4.5	18		3.7	3.7	3.7	
	21		20.3	20.3	19.3	

温度 /℃	含水率 （湿基）/%	时间间隔/h				
		0～24	24～48	48～72	72～96	96～120
15.6	18	14.7	13.8	15.7	17.5	
	21	169.5	217.4	288.3	345.4	
27.8	18	66.3	67.2	93.0	182.4	321.5
	21	621.7	915.6	1308.0	2040.2	2893.2
37.8	18		119.7	134.5	409.0	
	21		1233.3			

三、过热蒸汽及其应用

当水被加热至沸腾时产生蒸汽，因其蒸汽压与所处环境压力相当，称之为饱和水蒸气，

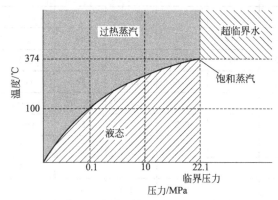

图 7-24　不同压力和温度的各种蒸气

它的温度与压力呈一一对应关系。若将饱和水蒸气在不增加压力情况下进一步加热，就可得到温度与压力不呈对应关系的比饱和温度更高的过热水蒸气。不同压力和温度的各种蒸汽如图 7-24 所示。

过热水蒸气与饱和水蒸气相比，其水分子运动更为激烈，同一容积中水分子的数量更少，被认为是干燥状态下的水蒸气。它同时具有如同热空气一样可以使物质加热干燥和如同饱和水蒸气一样若接触到比其温度远低的物质时又能冷凝成水的两种性质。过热蒸汽具有以下优点：①过热蒸汽的热容量大，具有极好的热传导性；②加热初期在被加热体表面发生水的凝结，之后凝结水被干燥；③可实现低氧环境中的加热；④可在常压下实现高温加热，安全性高；⑤设备共用性高、处理对象广泛。通过改变过热蒸汽温度，可对食品原料进行烧烤、熏蒸、干燥、炸制等各种不同的加工处理，用于调理食品加工、食品干燥、食品的膨化加工、酿造原料的预处理、粉体原料杀菌、脱臭、钝（灭）酶等，也可广泛应用于肉类、水产类、野菜类、水果类、面包类、点心类、面类以及坚果类等不同食品原料的加工处理。

阅读与拓展

◇查世彤，马一太，魏东. 食品热物性的研究与比较 [J]. 工程热物理学报，2001，22（3）：275-277.

◇谢晶，施骏业，瞿晓华. 食品热物性的多项式数学模型 [J]. 制冷，2004，23（4）：6-10.

◇谢晶，蔡楠. 食品热物性参数计算软件的开发 [J]. 计算机科学，2008，35（4A）：69-71.

◇关志强，蒋小强. 食品热焓和比热容的经验计算公式 [J]. 食品工业，2006，（3）：55-58.

◇杨洲，罗锡文，李长友. 稻谷热特性参数的试验测定 [J]. 农业机械学报，2003，34（4）：76-78.

◇周祖愕，赵世宏，曹崇文. 谷物和种子的热特性研究 [J]. 北京农业工程大学学报，1988，8 (3)：31-39.

◇李春胜，王金涛. 论玻璃化转变温度与食品成分的关系 [J]. 食品研究与开发，2006，27 (5)：32-34.

◇华泽钊，李云飞，刘宝林. 食品冷冻冷藏原理与设备 [M]. 北京：中国轻工业出版社，1999.

◇汪立军，李里特，张晓峰等. 利用 DSC 对大豆蛋白质热变性的研究 [J]. 中国农业大学学报，2001，6 (6)：93-96.

◇黄友如，华欲飞，裘爱泳. 差示扫描量热技术及其在大豆蛋白分析中的应用 [J]. 粮油加工. 2004，2：58-61.

◇张敏，陈健华，赵惠忠等. 微热探针法测量果蔬热导率中电桥电压的影响研究 [C]. 中国机械工程学会包装与食品工程分会 2010 年学术年会论文集，2010：7.

◇钟志友，张敏，杨乐等. 果蔬冰点与其生理生化指标关系的研究 [J]. 食品工业科技，2011 (02)：76-78.

◇张敏，钟志友，杨乐等. 果蔬比热容的影响因素 [J]. 食品科学，2011 (11)：9-13.

◇张敏，卢佳华，杨乐等. 采后果实表面对流换热系数测定 [J]. 农业机械学报，2011 (10)：149，150-153.

◇陈健华，张敏，车贞花等. 不同贮藏温度及时间对黄瓜果实冷害发生的影响 [J]. 食品工业科技，2012 (09)：394-397.

◇张敏，钟志友，赵惠忠等. 番茄果实热导率测试装置参数实验 [J]. 农业机械学报，2009 (S1)：93-96.

◇张敏，张雷杰，杨乐等. 食品热物性参数非稳态测试技术的研究进展 [J]. 食品工业科技，2010 (06)：404-407.

◇张敏，杨乐，赵惠忠等. 球形果蔬在冷藏过程中内部温度场的试验研究 [J]. 河南农业大学学报，2010 (05)：576-579.

◇聂芸，苏景荣，邓娟等，冷冻干燥技术在食品工业中的应用 [J]. 农产品加工学刊，2013 (2)：46-48.

◇胡宏海，张泓，张雪. 过热蒸汽在肉类调理食品加工中的应用研究 [J]. 肉类研究，2013，07：48-52.

◇赵建东，杨瑞金. 过热水蒸气在食品工业中的应用 [J]. 食品工业，1996，01：53-54.

◇黄志好. 高压蒸汽和过热蒸汽在食品加工中的应用 [J]. 食品工业科技，1986，02：45-50.

◇张国琪. 用电磁感应加热和用光加热的电饭锅 [J]. 电机电器技术，1996，02：9-10.

思考与探索

◇蛋白质、碳水化合物、脂肪、维生素、色素、酶、微生物(细菌、放线菌、真菌、病毒)的热特性及其应用。

◇食品热特性与其组分的关系。

◇热特性在食品加工中的应用。

第八章 食品的光学特性与颜色

光学是研究光（电磁波）的行为和性质，以及光和物质相互作用的物理学科。传统的光学只研究可见光，现代光学已扩展到对全波段电磁波的研究。光是一种电磁波，在物理学中，电磁波由电动力学中的麦克斯韦方程组描述；同时，光具有波粒二象性，需要用量子力学表达。在高等物理中将光学分成几何光学（以光是一种光线为基础的物理光学）、波动光学（以光是一种波动为基础的物理光学）、量子光学（以光是一种粒子为基础的物理光学），而在初等物理中将光学分成几何光学、波动光学。一般生活中提到的光学是初等物理的分类标准。

食品物料不仅对可见光，而且对波长范围更广的电磁波有复杂的反应。光线照射物料时，一部分被物料表面所反射，其余部分经折射进入物料组织内部。进入物料中的光，一部分被吸收变为热能，一部分散射到四面八方，其余部分穿过物料。食品物料对光的反射、吸收、透过和光致发光的性能，称为食品物料的光特性。不同种类的物料，具有不同的光特性。物料光特性可应用于粒度测量、品质评价、化学分析、等级区分、成熟度、安全性和新鲜程度的判别等。光特性是食品、农产品品质快速无损检测技术领域研究的核心内容之一。

在人们的生活中，每天都接触到各种颜色，而颜色是什么，怎样测量它，却不是一个能够简单回答的问题。近代科学技术和生产的发展更迫切地提出了这个问题，在 20 世纪初科学家开始研究这个问题，并逐步形成了一门新兴的学科——色度学。色度学是一门涉及物理学、视觉心理、心理物理等交叉研究领域的学科，色度学研究的是如何度量物体的颜色特性和具体的颜色特性的定量表征等问题。

食品的主要原料来自于农产品和禽畜制品，绝大多数的农产品是在自然条件下生长的，它们的叶、茎、秆、果实等在阳光的抚育下，形成了各自固有的颜色。这些颜色受到辐照、营养、水分、生长环境、病虫害、损伤、成熟程度等诸因素的影响，会偏离或改变其固有的颜色。换言之，人们可以通过农产品的颜色变化，识别、评价植物或果实及它们的品质特性（包括内部的成分含量，如糖度、酸度、淀粉、蛋白质等）。如生长良好的稻麦是绿色的，当缺乏营养或发生干旱时，植株从叶梢开始慢慢发黄，黄色的面积越大，情况越严重，因此，黄色面积和绿色面积的区分与计算其比值，成为定量评价稻麦田间管理的一个指标，这比经验估计测量更具有科学性；未成熟果实到成熟果实的颜色变化、果实腐烂处形成褐斑，因此可以利用成熟果实的色泽判断其成熟度，从未成熟的果实中或果树的枝叶里，找出熟果，从好的果实中选出腐烂的果实；碾过的大米与糙米的颜色差别，优质米与腹白、垩白、未成熟米、虫斑、霉变米的颜色差别等指标都是大米碾磨度、分选优质米的量化指标；破碎的花生米粒、玉米粒，青红辣椒、番茄的蒂和果实的区分等是根据食品和农产品的颜色来做到的。

食品表面的颜色在加工前、加工中和加工后都会发生物理性质和化学性质的变化。规范的加工工艺过程控制、精选的加工原料、规定的添加剂的使用都影响食品的表面颜色。在食品的存放过程中，表面的颜色也会发生变化，而这种变化往往是和食品的品质有着密不可分的联系。也就是说，食品表面的颜色是反映其质量的一个重要指标。中国的饮食文化中讲究的是"色、香、味、形"，在这四者之间"色"排在第一位，可见食品的颜色在人们心目中的地位是何等重要。事实上，食品的颜色不仅仅是迎合消费者的嗜好，它还从一个侧面反映出食品的新鲜度、贮藏时间、水分、主要营养组分含量、加工工艺和烹饪水平等质量指标，所以农产品和食品的颜色特性也是评价其品质的一个重要指标。

第一节　光的基本性质

一、光的本性

很久以前，人们就对光学现象进行了研究，认识到光有直线传播的特点，结合对光在介质面反射与光折射性质的了解，掌握了成像的基本规律。这些都属于几何光学的范围。

关于光的本性和传播等问题，也很早就引起人们的注意。古希腊哲学家们曾提出下面的看法：太阳和其他一切发光和发热的物体发出微小的粒子，这些粒子能引起人们对光和热的感觉。而在 17 世纪，关于光的本性问题，有两种不同的学说。一派是牛顿所主张的微粒说，认为光是从发光体发出的而且以一定速度向空间传播的一种微粒，并用这种观点对反射和折射定律作了解释；另一派是惠更斯所提倡的光的波动说，认为光是在媒质中传播的一种波动，但光到底是一种什么波动，概念还是不清楚，该观点可解释光的干涉、衍射及偏振等现象。1860 年麦克斯韦电磁理论建立后，才认识到光是一种电磁波，从而本质上证明了光和电磁波的统一性，并很好地说明光在传播过程中的发射、偏振以及光在各向异性介质中的传播现象。

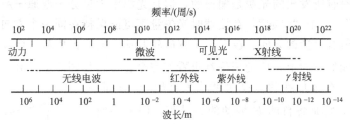

图 8-1　电磁波按波长的分类及各波长区域的名称
波长与频率两者都用对数标尺

在电磁波谱中，一般把波长 250～340nm 之间的电磁波称为紫外线，波长在 380～780nm 之间的电磁波称为可见光，波长在 0.78～1000μm 之间的电磁波称为红外线。其中把 0.78～2.50μm 称为近红外区；2.5～40μm 称为中红外区；40～1000μm 称为远红外区，具体的电磁波谱的划分如图 8-1 所示。

二、光的单色性

具有单一波长的光称为单色光。在可见光区域，不同波长的单色光通过人的视觉器官反映出不同的颜色。人眼对不同波长的可见光的感受性是不同的，从长波长开始分别为红、橙、黄、绿、青、蓝、紫。具体的波长对应的颜色关系如图 8-2 所示。紫外线和红外线由于不在人眼睛觉察范围内，因此，无颜色可言。

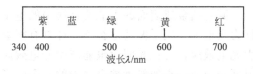

图 8-2　颜色与光谱的关系

人眼对同样功率辐射的可见光的敏感程度不同，在特别情况下，人眼的感受范围可扩大到近红外线和紫外线部分。用高能量辐射照射眼睛，视觉范围可扩大到 312.5nm 的紫外线

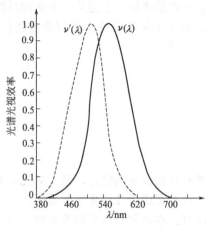

图 8-3　明视觉与暗视觉
光谱光视效率曲线

一端及 1150nm 的红外线一端。通过对许多人进行测试证明，正常视觉的人由光亮环境到黑暗环境时，对不同波长的视觉感受也发生变化。1924 年国际照明委员会（Commission Internationale de L'Eclairage，简称 CIE）规定了明视觉曲线 $[\nu(\lambda)]$。1951 年 CIE 又规定了暗视觉的等能光谱相对亮度曲线，简称暗视觉曲线 $[\nu'(\lambda)]$。CIE 正式推荐的明视觉光谱光视效率曲线 $[\nu(\lambda)]$ 和暗视觉光谱光视效率曲线 $[\nu'(\lambda)]$ 为两条近似对称的圆滑钟形曲线（图 8-3）。

在光学实验和光学原理的应用中，常常需要使用具有一定波长的单色光，人们可以从复合光的光谱中将单色光分离出来。常用的分离方法有棱镜法、平面光栅法、干涉滤光片法、迈克尔逊干涉法、声光可调法等。

三、光的偏振性和相干性

光是横波，光矢量 $\vec{E}$ 和光的传播方向相垂直。如果光矢量 $\vec{E}$ 在一个固定平面内只沿着一个固定方向做振动，这种光称作线偏振光或面偏振光（简称为偏振光）。偏振光的振动方向和传播方向所形成的面称为振动面，和振动方向相垂直而包含传播方向的面称为偏振面。一个分子在某一瞬时所发出的光源是偏振的，但是光源中大量分子或原子所发出的光是间歇的，一个"熄灭"，一个"燃起"，在接替时光矢量不可能保持在同一个方向，而是以极快的不规律的次序取所有可能的方向，没有一个方向较其他方向更占优势。所以，自然光是非偏振的，在所有可能的方向上，$\vec{E}$ 的振幅都可看作完全相等，如图 8-4 所示。

光在空间是具有叠加性的。设两束单色自然光在空间相遇处的 $\vec{E}$ 振动，将是各自的 $\vec{E}$ 振动的矢量和。但是要使相重叠的光束能产生干涉现象，亦即在空间形成稳定的明暗相间的干涉条纹，就要困难得多，因为正如物理学中有关机械波动中讨论的，相干波必须同频率、同振动方向、同周相或有恒定周相差等条件。但是如前所述，光源中各个分子或原子的状态变化并不相同，原子或分子的发光又具有间隙性，所以来自两个光源的光波是不满足相干条件的，即使利用同一光源的两个不同部分也不可能产生相干

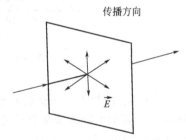

图 8-4　光矢量与传播方向的关系

光波。只有从同一部分发出的光通过某些装置后，才能获得符合相干条件的两束光。

四、光的离子性

照射到金属表面的光能使金属中的电子从表面逸出，这个现象称为光电效应，这种电子称为光电子。光子像其他粒子一样具有能量，光电效应证实了光的粒子性。不仅紫外线能产生光电效应，可见光照射也能产生光电效应。在光电效应中，光以料子（即光子）的形式照射到金属上，它的能量被金属中的某个电子全部吸收，电子吸收光子的能量后，动能增加，如果电子的动能足够大，可以克服内部对它的引力，从金属表面逸出，成为光电子。利用光电效应可以把光信号转变为电信号，目前有各种类型的光电器件。

五、光的反射、折射、散射及光的吸收规律

1. 光的反射和反射定律

如图 8-5 所示，一束平行光沿 BA 方向照射在垂直表面 DE 上，一部分光从表面沿 AF 方向反射出来；一部分光透过表面改变方向沿 AC 发生光的折射现象。与 AD 表面垂直的 NN' 称为法线。

反射定律指出：入射光线与反射光线及法线同在一平面内，并且入射角 i 与反射角 γ 相等。

反射光能量和入射光能量之比称作反射率 R。

$$R = E_f/E_0 \tag{8-1}$$

式中，R 为反射率；E_f 为反射光的能量；E_0 为入射光的能量。

2. 光的折射和折射定律

一束平行光由一介质进入另一介质时，将改变其进行方向，这种现象称作光的折射。产生这种现象的原因是由于光在不同介质中的传播速度不等。

如果以光在真空中的速度为标准，则光在其他介质中的相对速度定义为：光在真空中的速度与光在介质中的速度之比。此比值称为绝对折射率，通常用 n 表示。由于光在任何透明物质中的速度都小于光在真空中的速度，因此所有介质的绝对折射率均大于 1，介于水的折射率（不包括空气）1.33 与金刚钻的折射率 2.42 之间。

当光线由一介质进入另一介质，例如由空气进入玻璃，由玻璃进入水等，以该两介质中的光速比值表示其速度的

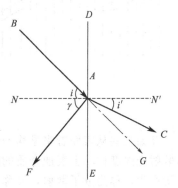

图 8-5　光与介质的相互作用

改变更为方便，即由一介质进入另一介质的相对折射率等于第二介质的绝对折射率与第一介质的绝对折射率之比。通常称高折射率介质为"密"介质，低折射率介质为"稀"介质。

折射定律指出：入射光线、折射光线与法线三者同在一个平面内，入射光线与折射光线各在法线的一侧，入射角正弦与折射角正弦之比。用数学表达式表示折射定律有下列公式成立。

$$\frac{\sin i}{\sin i'} = \frac{n'}{n} \tag{8-2}$$

式中，n'/n 为第一介质到第二介质的相对折射率，对两介质和某波长光而言，此值为常数。

光由光密介质进入光疏介质时，当入射角 θ 增加到某值时，折射线沿表面进行，即折射角为 90°，则该入射角 θ 称为临界角。临界角是一个很重要的物理量。若入射角大于临界角，则无折射，全部光线均反射回光密介质，此现象称为全反射。全反射应用于光纤通信、光学仪器的光路方向的改变（反射元件）、介质折射率测量（如阿贝折射仪）。

3. 光的散射

光波投到一般物体表面（非光学表面）时，由于物体的外形尺寸远大于光波的波长，因而产生漫射（又称漫反射），这是常见的现象。当光波投到细小质点上的时候，根据惠更斯原理，从质点表面上各点激发次级子波，进而形成同样波长的光波向各方向散开，如图 8-6 (a) 所示。这种现象称为光的散射现象。散射物质对入射光没有经过共振吸收作用，所以此种现象不是共振辐射，而是直接从被照射物体的微粒表面"反射"而来，但是它又不服从反

射定律，所以它又不完全是反射光。事实上，光的散射与反射和衍射有着密切的关系。例如光波投入混浊介质（含有许多悬浮微粒的透明物质）时，由于介质中有许多物质的外形尺寸大于波长的微粒呈无规则的分布，则有部分光波被散射，散射光波将绕过微粒两边，向各方发散，类似于单晶衍射现象。然而，混浊介质中，由于悬浮微粒的存在，破坏了介质的光学均匀性，此呈现为散射现象。这种光的散射现象称为延德尔（Tyndall）散射。如图8-6（b）所示，在一杯清水中加入几滴豆浆，成为混浊透明介质，光沿 x 轴方向通过时，在 y 轴方向可以看到杯中有光亮散发出来，这就是属于延德尔散射的一个实例。

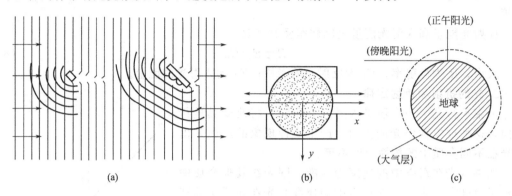

图 8-6　延德尔散射现象

又如某些从表面看来是均匀纯净的介质，当有光波通过时，也会产生散射现象，只是它的散射光强度比不上混浊介质的散射光强。这种散射现象是由外形尺寸小于光波长的介质分子所产生，称为分子散射，又称瑞利散射。例如大气中的空气分子，对太阳光中的蓝色光波散射特别显著［图8-6（c）所示］，所以呈现蔚蓝色天空。可见散射光强度与波长的四次方成反比，称为瑞利定律。由此可知白光中的短波成分的散射效应较为显著，波长越大散射越不显著。所以空气分子对蓝色光的散射特别显著，对太阳光的散射呈现蔚蓝色。

4. 光的吸收与吸收定律

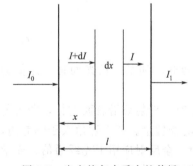

图 8-7　光在均匀介质中的传播

一束光线与介质发生作用时，除发生光的反射现象和折射现象，还将发生光的吸收现象。对大多数介质当光在介质中经过一段距离后，部分光能转化为热能、电能或化学能形式。换言之，光已被物质吸收。关于光的吸收机理，涉及到物理光学、生物光学等其他领域的理论，有的甚至尚未完全搞清楚。在解释光的吸收产生光电效应时，波动光学的理论不能解释，此时光更多地反映出粒子性。

朗伯（Lamber）能量定律给出了光在均匀物质中通过一距离时，到达该处的光能中将有同样比例的能量被该层物质所吸收（图8-7），数学表达式为：

$$dI / I = -\alpha_a dx \qquad (8\text{-}3a)$$

即

$$I = I_0 e^{-\alpha_a l} \qquad (8\text{-}3b)$$

式中，α_a 为物质的光吸收系数；I_0 为入射光能量，J；I 为到达距离 l 处的光能量，J；l 为光透过物质的距离，mm。

考虑物质的不均匀性和光的反射现象，朗伯定律可改写成：

$$I = I_0 e^{-(\alpha_a + \alpha_s)l} = I_0 e^{-\alpha l} \qquad (8\text{-}4)$$

式中，α_s 为散射系数，是物质组成和波长的函数；α 为物质的衰减系数。

第二节　颜色的基本表征系统

一、颜色的分类和特性

颜色可分为非彩色和彩色两大类。颜色是非彩色和彩色的总称。非彩色是白色、黑色和各种深浅不同的灰色。它们可以排列成一个系列，由白色渐渐到浅灰，到中灰，再到深灰，直到黑色，该系列叫做白黑系列。白黑系列中由白到黑的变化可以用一条垂直线表示，一端是纯白，另一端是纯黑，中间有各种过渡的灰色。纯白是理想的完全反射的物体，其光反射率等于1；纯黑是理想的无反射的物体，其光反射率等于零。在现实生活中，并没有纯白和纯黑的物体。氧化镁只能接近纯白，黑绒的颜色接近纯黑。白黑系列代表物体的光反射率的变化，在视觉上是明度的变化。愈接近白色，明度愈高，反之，愈接近黑色，明度愈低。

彩色是指白黑系列以外的各种颜色。彩色有三种特性：明度、色调、饱和度。

（1）明度

彩色光的亮度愈高，人眼就愈觉得明亮，或者说有较高的明度。彩色物体表面的光反射率愈高，它的明度就愈高。

（2）色调

色调是彩色彼此相互区分的特性。可见光不同波长的辐射在视觉上表现为各种色调，如红、橙、黄、绿、蓝等。光源的色调取决于辐射的光谱组成对人眼所产生的感觉。物体的色调取决于光源的光谱组成和物体表面所反射（透射）的各种波长辐射的比例对人眼所产生的感觉。

（3）饱和度

饱和度是指彩色的纯洁性。可见光谱的各种单色光是最饱和的彩色。当光谱色掺入白光成分愈多时，就愈不饱和。当光谱色掺入白光成分达到很大比例时，在眼睛看来，它就不再成为一个彩色光，而成为白光了。

物体颜色的饱和度取决于该物体表面反射光谱的选择程度。物体对光谱某一窄波段的反射率很高，而对其他波长的反射率很低或没有反射，表明它有很高的光谱选择性，这一颜色的饱和度就高。

非彩色只有明度的差异，而没有色调和饱和度这两种特性。

二、颜色方程

1854 年格拉斯曼（H. Grassman）将颜色混合现象总结成颜色混合定律。

人的视觉只能分辨颜色的三种变化：明度、色调、饱和度。在由两个成分组成的混合色中，如果一个成分连续地变化，混合色的外貌也连续变化。由这两个规律导出了两个定律：

（1）补色律

每一种颜色都有一个相应的补色。如果某一颜色与其补色以适当的比例混合，便产生白色或灰色；如果二者按其他比例混合，便产生近似比重大的颜色成分的非饱和色。

（2）中间色律

任何两个非补色相混合，便产生中间色，其色调取决于两颜色的相对数量，其饱和度取决于二者在色调顺序上的远近。

颜色外貌相同的光，不管它们的光谱组成是否一样（即出现同色异谱），在颜色混合中具有相同的效果。即：凡在视觉上相同的颜色都是等效的。由这一定律导出颜色的代替律。

（3）代替律

相似色混合仍相似。如果颜色 $A=$ 颜色 B；颜色 $C=$ 颜色 D，那么：

$$颜色 A+颜色 C=颜色 B+颜色 D \qquad (8-5)$$

代替律表明，只要在感觉上颜色是相似的，便可以互相代替，所得的视觉效果是相同的。设 $A+B=C$，如果没有 B，而 $X+Y=B$，那么 $A+(X+Y)=C$。这个由代替而产生的混合色与原来的混合色在视觉上具有相同的效果。

以 (C) 代表被混合的颜色，以 (R)，(G)，(B) 分别代表产生混合色的红、绿、蓝三原色，又以 R、G、B 分别代表红、绿、蓝三原色的数量（三原色的数量称为三刺激值），则可写出颜色方程：

$$(C)\equiv R(R)+G(G)+B(B) \qquad (8-6)$$

式中，"$\equiv$"号表示匹配，即视觉上相等。

三、三原色定律

实验证明，用红、绿、蓝三种基本颜色可以混合出其他的各种颜色。组成各种颜色的三种基本色称为三原色。实验同时还证明，这三原色不一定必须是红、绿、蓝，也可以是其他的三种基本颜色，只要三种基本颜色中的任何一种颜色不能由另外两种颜色混合得到即可。而红、绿、蓝三原色产生其他颜色最为方便，所以红、绿、蓝是最优选的三原色。

四、几种常用的颜色表征系统

1. 色坐标与色度图

对颜色进行定量化分析属于色度学的范畴。色度学中，不直接用三原色数量（R，G，B 具体的数值）来表示颜色，改用三原色各自在 $R+G+B$ 总量中的相对比例表示。三原色各自在 $R+G+B$ 总量中的相对比例叫做色度坐标。某一特定颜色的色度坐标 r，g，b 为：

$$r=\frac{R}{R+G+B},g=\frac{G}{R+G+B},b=\frac{B}{R+G+B} \qquad (8-7)$$

由于 $r+g+b=1$，所以只用 r 和 g 即可表示一个颜色。某一特定颜色 (C) 的方程可写成：

$$(C)\equiv r(R)+g(G)+b(B)$$

在颜色匹配实验中，使用特定的白光（如日光色白光）作为标准，另外选择三个特定波长的红、绿、蓝三原色进行混合，直到三原色光以适当比例匹配标准白光。这时三原色光的亮度值不一定相等，但可以把每一原色光的亮度值作为一个单位看待，三者的比例定为 1：1：1 的等量关系。换言之，为了匹配标准白光，三原色的数量 R、G、B 相等，即 $r+g+b=1$。将标准白光 (W) 的三刺激值代入式(8-7)，其色度坐标：

$$r=\frac{1}{1+1+1}=0.333, \quad g=\frac{1}{1+1+1}=0.333, \quad b=\frac{1}{1+1+1}=0.333 \qquad (8-8)$$

因而：$(W)\equiv 0.333(R)+0.333(G)+0.333(B)$。

标定某具体颜色，还可以在色度图上用色度坐标定出它的位置。麦克斯韦 (J. C. Maxwell) 首先提出用一个三角形色度图表示颜色，所以这一色度图叫做麦克斯韦颜色三角形。该色度图是一个直角三角形的平面坐标图（图 8-8）。三角形的三个角顶分别代表 (R)，(G)，(B) 三原色（1 单位红原色、1 单位绿原色、1 单位蓝原色），色度坐标 r

和 g 分别代表 R 和 G 在 $R+G+B$ 总量中的相对比例。在三角形色度图上没有 b 坐标，因为 $r+g+b=1$，所以色度坐标 $b=1-(r+g)$。因而只须给出 r 和 g 两个坐标就够用了。由三原色光等量相加产生的标准白光（W）的色度坐标为 $r=0.333$，$g=0.333$。现在国际上正式采用了麦克斯韦颜色直角三角形作为标准色度图。

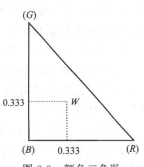

图 8-8　颜色三角形

2. CIE 标准色度学系统

（1）CIE1931-RGB 系统

外界的光学辐射作用于人眼睛，产生颜色感觉。因而物体的颜色既取决于外界物理刺激，又取决于人眼的视觉特性，颜色的测量和标定应符合人眼的观察结果。为了标定颜色，首先必须研究人眼的颜色视觉特性。然而，不同观察者的颜色特性多少是有差异的，这就要求根据许多观察者的颜色视觉实验，确定一组为匹配等能光谱色所需的三原色数据，即"标准色度观察者光谱三刺激值"，以此代表人眼的平均颜色视觉特性，用于色度学计算标定颜色。国际照明委员会于 1931 年制定了 CIE1931 标准色度观察者光谱三刺激值。1931 年 CIE 采取两人的平均结果定出匹配

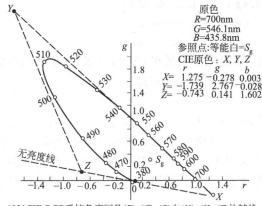

原色
$R=700\text{nm}$
$G=546.1\text{nm}$
$B=435.8\text{nm}$
参照点：等能白=S_g
CIE原色：X, Y, Z

	r	g	b
$X=$	1.275	-0.278	0.003
$Y=$	-1.739	2.767	-0.028
$Z=$	-0.743	0.141	1.602

1931CIE-RGB系统色度图及$(R),(G),(B)$向$(X),(Y),(Z)$的转换
图 8-9　CIE1931-RGB 系统光谱三刺激值的色度图

等能光谱色的 $\bar{r}$、$\bar{g}$、$\bar{b}$ 光谱三刺激值，三刺激值的函数叫做"CIE1931-RGB 系统标准色度观察者光谱三刺激值"，简称"CIE1931-RGB 系统标准观察者"。图 8-9 是根据 CIE1931-RGB 系统标准观察者光谱三刺激值所绘制的色度图。

在色度图中，偏马蹄形曲线是光谱轨迹。应注意，光谱轨迹很大一部分的 r 坐标都是负值。CIE1931-RGB 系统采用 700nm、546.1nm 和 435.8nm 作为 (R)、(G)、(B) 三原色，B 系统规定用等量的 (R)、(G)、(B) 匹配等能白光，匹配等能白光的 (R)、(G)、(B) 三原色单位亮度比率为 1.000：4.591：0.060；它们的辐亮度比率为 72.096：1.379：1.000。CIE1931-RGB 系统的 $\bar{r}$、$\bar{g}$、$\bar{b}$ 光谱三刺激值是从实验得出的，本来可以用于色度学计算，标定颜色。但是由于用来标定光谱色的原色出现负值，计算起来极不方便，又不容易理解。因此，1931 年 CIE 讨论推荐一个新的国际通用色度学系统——CIE1931-XYZ 系统。

（2）CIE1931-XYZ 系统

1931 年 CIE 在 RGB 系统的基础上，改用 3 个设想的原色 (X)、(Y)、(Z) 建立了一个新的色度图——CIE1931-XYZ 色度图。

建立 CIE1931-XYZ 系统主要基于下述 3 点考虑。

① 为了避免 CIE1931-RGB 系统中的 $\bar{r}$、$\bar{g}$、$\bar{b}$ 光谱三刺激值和色度坐标出现负值，就必须在 (R)、(G)、(B) 三原色的基础上另外选择三原色，由这三原色所形成的三角形色度图能包括整个光谱轨迹；也就是这三原色在色度图上必须落在光谱轨迹之外，而不能在光谱轨迹的范围之内。这就决定了选用三个设想的原色 (X)、(Y)、(Z) [(X) 近似于红原色，(Y) 近似于绿原色，(Z) 近似于蓝原色]。这三个新原色在 RGB 色度图上的位置如

图 8-8 所示，它们虽不真实存在，但 X，Y，Z 所形成的虚线三角形却包含了整个光谱轨迹。因而在这个新系统中，光谱轨迹上以及轨迹以内的色度坐标都为正值。

② 光谱轨迹 540～700nm 在 RGB 色度图上基本是一段直线，用这段线上的两个颜色相混合可以得到两色之间的各种光谱色。新的 XYZ 三角形的 XY 边应与这段直线重合。这样，在这段直线光谱轨迹上的颜色只涉及（X）原色和（Y）原色的变化，而不涉及（Z）原色，使计算方便。

③ 规定（X）和（Z）的亮度为 0，XZ 线称为无亮度线。无亮度线上的各点只代表颜色，没有亮度，但 Y 既代表色度，也代表亮度。这样，用 X、Y、Z 计算色度时，因 Y 本身又代表亮度，就使亮度计算较为方便。

为了使用方便，XYZ 三角形经过转换成为麦克斯韦直角三角形，即目前国际通用的 CIE 色度图。在 CIE1931-XYZ 色度图中仍然保持 RGB 系统的基本性质和关系。对某一波长 λ 的光谱刺激，$r(\lambda)$、$g(\lambda)$、$b(\lambda)$ 与 $x(\lambda)$、$y(\lambda)$、$z(\lambda)$ 色度坐标的关系式为：

$$\left.\begin{array}{l} x(\lambda)=\dfrac{0.4900r(\lambda)+0.3100g(\lambda)+0.2000b(\lambda)}{0.6669r(\lambda)+1.1324g(\lambda)+1.2006b(\lambda)} \\[3mm] y(\lambda)=\dfrac{0.1769r(\lambda)+0.8124g(\lambda)+0.0106b(\lambda)}{0.6669r(\lambda)+1.1324g(\lambda)+1.2006b(\lambda)} \\[3mm] z(\lambda)=\dfrac{0.0000r(\lambda)+0.0100g(\lambda)+0.9900b(\lambda)}{0.6669r(\lambda)+1.1324g(\lambda)+1.2006b(\lambda)} \end{array}\right\} \tag{8-9}$$

用式(8-9) 求出 CIE1931-RGB 色度图中同一波长光谱刺激在 CIE1931-XYZ 色度图中的色度点，然后将各点连接，即成为 CIE1931-XYZ 色度图的光谱轨迹。

（3）CIE1964-XYZ 补充色度系统

在大视场观察条件下（>4°），由于杆状细胞的参与以及中央凹黄色素的影响，颜色视觉发生一定的变化。这主要表现为饱和度的降低，以及颜色视场出现不均匀的现象。因此，为了适合 10° 大视场的色度测量，CIE 在 1964 年又另规定一组"CIE1964 补充标准色度观察者光谱三刺激值（颜色匹配函数）"和相应的色度图。这一系统称为"CIE1964 补充标准色度学系统"。

CIE1964 补充标准色度观察者光谱三刺激，简称"CIE1964 补充标准观察者"，它的光谱色度图如图 8-9 所示。

将 CIE1931 色度图与 CIE1964 补充色度学系统色度图比较（图 8-10），二者的光谱轨迹在形状上很相似，仔细比较就会发现，相同波长的光谱色在各自光谱轨迹上的位置有相当大的差异。例如，在 490～500nm 一带，两张图上的近似坐标值在波长上相差达 5nm 以上。只在 600nm 处的光谱色有大致相近的坐标值。1931 的 2°视场和 1964 的 10°视场两张色度图上唯一重合的色度点就是等能白点。

（4）孟塞尔色度学系统

孟塞尔（A. H. Munsell）所创立的孟塞尔颜色系统是用颜色立体模型表示表面颜色的一种方法，它用一个三维空间的类似球体模型把各种表面色的三个基本特性：色调、明度、饱和度全部表示出来。在立体模型中每一部各代表一个特定的颜色，并给予一定的标号。目前国际上已广泛采用孟塞尔颜色系统，作为分类和标定表面色的方法。

孟塞尔的颜色立体模型像个双锥体，它的中央轴代表无彩色，即中性色的明度等级。从底部的黑色过渡到顶部的白色共分成 11 个在感觉上等距离的灰度等级，称为孟塞尔明度值。某一特定颜色与中央轴的水平距离代表饱和度，称为孟塞尔彩度。它表示具有相同明度值的颜色离开中性色的程度。中央轴上的中性色的彩度为 0，离开中央轴越远，彩度数值越大。

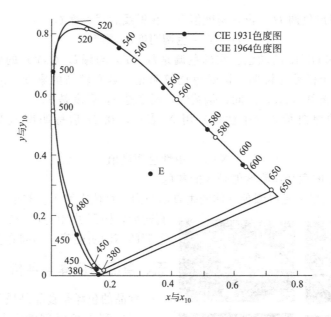

图 8-10　CIE1931 与 CIE1964 色度图的比较

由中央轴向水平方向投射的角代表色调。图 8-11 孟塞尔颜色立体模型水平剖面是孟塞尔颜色立体模型的水平剖面，它的各个中心角代表 10 种色调。其中包括 5 种主要色调红（R）、黄（Y）、绿（G）、蓝（B）、紫（P）和 5 种中间色调黄红（YR）、绿黄（GY）、蓝绿（BG）、紫蓝（PB）、红紫（RP）。每种色调又可分成 10 个等级，每种主要色调和中间色调的等级都定为 5。

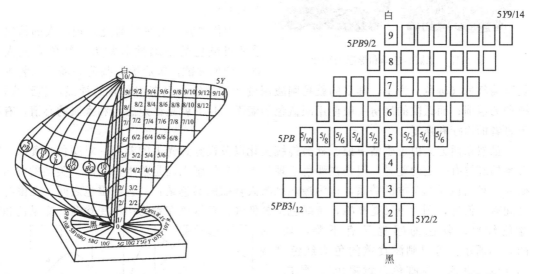

图 8-11　孟塞尔色度系统　　　　图 8-12　孟塞尔颜色立体的 Y-PB 垂直剖面

孟塞尔颜色立体水平剖面上表示 10 种基本色。如图 8-12 所示，它含有 5 种原色：红（R）、黄（Y）、绿（G）、蓝（B）、紫（P）和 5 种间色：黄红（YR）、绿黄（GY）、蓝绿（BG）、紫蓝（PB）、红紫（RP）。在上述 10 种主要色的基础上再细分为 40 种颜色，全图册包括 40 种色调样品。

任何颜色都可以用颜色立体上的色调、明度值和彩度这三项坐标来标定，并给以标号。

标定的方法是先写出色调 H，再写明度值 V，在斜线后写彩度 C。

$$HV/C = 色调明度值/彩度$$

例如标号为 10Y8/12 的颜色：它的色调是黄（Y）与绿黄（GY）的中间色，明度值是 8，彩度是 12。这个标号还说明，该颜色比较明亮，具有较高的彩度。3YR6/5 标号表示：色调在红（R）与黄红（YR）之间，偏黄红，明度是 6，彩度是 5。

对于非彩色的黑白系列（中性色）用 N 表示，在 N 后标明度值 V，斜线后面不写彩度。

$$NV/ = 中性色明度值/$$

例如标号 N5/ 的意义：明度值是 5 的灰色。

《孟塞尔颜色图册》是以颜色立体的垂直剖面为一页依次列入。整个立体划分成 40 个垂直剖面，图册共 40 页，在一页里面包括同一色调的不同明度值、不同彩度的样品。

图 8-13　菜椒的色泽和形态的变化

五、食品的色泽与评价

食品的色泽是食品品质评价中重要指标之一。可以利用色泽判断食品的新鲜度、成熟度、加工精度、品种特征及其变化。如蛋糕的新鲜程度，面包的加工质量，食用油的纯度，饮料的氧化变化，面粉的等级，蔬菜的新鲜度，果实的成熟度，大米的加工精度，优质米与腹白、垩白、未成熟米、虫斑、霉变米的分选，品种区分等。图 8-13 是菜椒的色泽和形态的变化。

现代的颜色心理学研究发现，人的情绪与感情对颜色的依赖性非常大。红色会使人兴奋，增加食欲，饭店等一些公共场所的装饰一般以偏红色（暖色）为主，其目的就是刺激用餐者的情绪，兴奋用餐者的神经，达到欢快、祥和的氛围；而医院的病房一般使用淡蓝色的墙面，目的就是稳定患者和家属的心情，有利于患者的治疗和恢复。

虽然东西方人由于生活习惯、社会传统文化以及视觉感光上的差异，对颜色与食欲之间关系的理解有一定的差异，但是在颜色心理学上的总体感觉还是基本相同的。美国的 Birren 研究了食品色泽和食欲的关系，认为最能刺激人食欲的颜色是：红色到橙色之间，在橙与黄之间有一低峰，到黄色又是高峰，黄绿色又是低峰。黄绿色在食物中不受欢迎；冷绿色和青绿色较好；紫色的感觉又有下降，如图 8-14 所示。可以刺激食欲的色为红色、赤红色、桃色、咖啡色（黄褐色）、乳白色、淡绿色、明绿色，蓝绿色的食品不多见。对食欲不利的色被认为是紫红、紫、深紫、黄绿、黄橙、灰色。

不同波长的单色光与介质发生相互作用时会发生不同的物理现象。比如，当中午的太阳光（白色的复合光）照射到某一

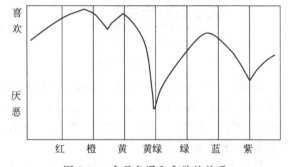

图 8-14　食品色泽和食欲的关系

物体上后，就会使被照物体呈现出一定的颜色特性。同时，透过物体后的太阳光也会呈现出某种颜色，这种呈现颜色的原因是因为物体并不是对所有波长的单色光都是一样的反射、折射、散射和吸收作用，常常会发生选择性反射、选择性折射、选择性散射和选择性吸收现象。选择了哪段波长的光谱发生了反射，就显示出哪些波长段中的光谱颜色。同样，对于食品的吸收过程也是这样，选择性吸收了哪些波长段的光谱，就显示出没有这种这些波长段下的光谱颜色。实际上，食品呈现什么颜色，属于反射光谱分析的范畴，透过食品后呈现的颜色属于透射光谱分析的范畴。所以，要检测食品的表面颜色总是采用光的反射检测模式，要检测透过食品后呈现的颜色总是采用光的透射检测模式，通过分析反射光谱或透射光谱的组成，按色度学中表征颜色的方法，可以分别计算出 X、Y、Z 三刺激值分量，计算出亮度和白度等一系列颜色的表征参数，从而全面地评价食品的颜色特征。由此可知，食品的颜色特性的检测其实就是食品在可见光范围内的光特性的检测。

第三节 食品光特性检测模式及系统

一、食品光学特性及检测模式

1. 食品的光学特性

食品光学特性是指食品对投射到其表面上的光产生反射、吸收、透射、漫射或受光照后激发出其他波长的光等的性质。物料是由许多微小的内部中间层组成的，不同物料的物质种类、组成不同，因而在光学特性方面的反映也不尽相同。

当一束光射向物料时，大约只有 4% 的光由物料表面直接反射，其余光入射到物料表层，遇到内部网络结构而变为向四面八方散射的光。大部分散射光重新折射到物料表面，在入射点附近射出物料，这种反射称之为"体反射"。小部分散射光较深地扩散到内部，一部分被物料所吸收，一部分穿透果实。被吸收的多少与物料的性质、光的波长、传播路径长度等因素有关。对某些物料来说，部分吸收光转化成荧光、延迟发射光等。因此，离开物料表面的光就由如下几种组成：直接反射光、体反射光、透射光和发射光（图 8-15），当入射光 I_0 作用于物料上时分别产生。

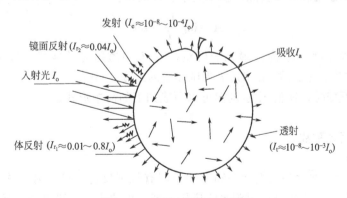

图 8-15 光与水果的相互作用

（1）体反射 I_{r_1} 该反射是由物料内容物不均匀而产生的反射，也称漫反射，I_{r_1} 为体反射光能量。

（2）镜面反射 I_{r_2} 该反射是由入射光、入射表面和反射定律所确定的方向上的反射光，

I_{r_2} 为镜面反射光能量。

（3）吸收 I_a　该吸收是内部组织对光有选择的吸收，I_a 为吸收的光能量。

（4）透射 I_t　该部分的光是入射光透过物料而出射的光，I_t 为透射光能量。

（5）发射 I_e　该部分的光指物料吸收光能量后又转化为特定波长的光能量而发射出来，主要是延迟发光（DLE）和荧光发光，I_e 为发射光能量。

根据能量守恒和转化定律：

$$I_o = I_{i_1} + I_{r_2} + I_a + I_t + I_e \tag{8-10}$$

常用光密度 OD $[OD = \log(I_o / I_t)]$ 来表示入射光能对透射光能的比值大小。物料的光透过度越低，则光密度越高。对于某种食品物料，一束平行的入射光 I_o 投射到物料上产生的反射光 I_r、透射光 I_t、吸收光 I_a 和发射光 I_e 的频谱分布和强弱与物料的种类和结构等性质有密切关系，具有强烈的选择性，利用这一原理可判别食品质量。

2. 食品光特性检测模式

利用食品与农产品的光学特性检测的模式主要有：透射和反射检测两种模式。一般透射检测是把待测样品置于光源和探测器之间，探测器所检测的是透过样品的光；反射光谱检测是把探测器与光源置于待测样品的同一侧，探测器所检测的是被样品以各种方式反射回来的光。

（1）透射模式

透射光谱检测模式如图 8-16 和图 8-17 所示，主要适用于清澈透明的液态食品，如酒类、饮料等，有些比较均匀的混合液态食品也可以采用漫透射的检测方法检测其光学特性，如牛奶及牛奶制品，纯天然果汁等液态食品。

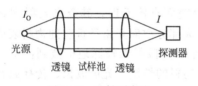
图 8-16　透射测定法

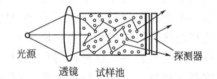
图 8-17　漫透射测定法

透光能量与液态食品的各种组分（浓度）之间符合朗伯-比尔（Lambere-Beer）定律，吸收光程需要根据被检测液态食品的基本光学特性决定。

$$A = \log \frac{I_o}{I} = \varepsilon c l \tag{8-11}$$

式中，A 为吸光度；I_o 为入射光的能量，J；I 为透射光的能量，J；ε 为摩尔吸光系数；c 为试样的浓度，g/L 或 mL/L；l 为试样池的厚度，mm。

当光程固定不变时，朗伯-比尔定律可以写成如下的简单形式。

$$A = Ec \tag{8-12}$$

式中，E 为消光系数。

（2）反射模式

如图 8-18 所示，按食品表面状态和结构不同有规则反射、漫反射和透入漫反射 3 种不同情况。在实际分析工作中漫反射测定法应用最多，可适用于一般表面状态的食品、粉末试样等。

若有一束光投向由粉末组成的漫反射体，经与物质相互作用（包括反射、吸收、透射、衍射等）后，部分光会以各种方式反射回来，如图 8-19 所示（分别用 S、D 表示镜面反射和漫反射）。图 8-19（a）中各箭头的宽度表示随入射深度（光程）的不同，反射光相应衰减程度的变化情况。图 8-19(b) 表示光和样品相互作用的情况。漫反射光则是光源光和样品内部分子发生相互作用后的光，因此负载了样品的结构和组成信息，可以用于分析。

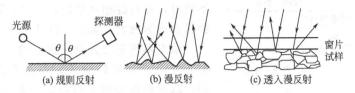

图 8-18　常用的 3 种食品表面反射光谱检测方法

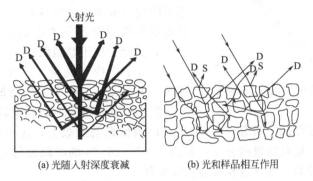

(a) 光随入射深度衰减　　　　(b) 光和样品相互作用

图 8-19　粉末样品对光的漫反射示意图

漫反射光的能量强度取决于样品对光的吸收，以及由样品的物理状态所决定的散射，漫反射光与样品组分含量不符合朗伯-比尔定律，因此需要研究漫反射光谱参数与样品浓度的关系，才能把漫反射光谱应用于定量分析。

（3）荧光

荧光现象是指当一种波长的光能照射物体时，可以激发被照射物发出不同于照射物波长（其他波长）的光能。

通常将高能量的紫外线作为激励光源，通过光学系统照射到待检测的食品物料上，由于其某些化学成分（如叶绿素）和某些微生物（或霉菌）在紫外线的激励下会发出荧光，物体发出的荧光（或磷光）的波长与强度与物体的构成、某些成分的含量以及激励紫外线的频率（波长）与强度（振幅）等外界因素有关。分子由基态激发到激发态，所需激发能可由光能、化学能或电能等供给。若分子吸收光能而激发到高能态，在返回基态时，发射出与吸收光相等或不相等的辐射，这一现象称为光致发光。最常见的两种光致发光现象是荧光和磷光。虽然荧光和磷光的光致发光过程的机理不同，但通常可从现象上加以区分。荧光是在激发后马上发生，当激发光停止照射后，发光过程几乎立即停止（$10^{-9} \sim 10^{-6}$ s），而磷光则将持续一段时间（$10^{-4} \sim 10^{-2}$ s）。荧光分析和磷光分析就是基于这类光致发光现象而建立起来的分析方法。

除了紫外线光源外，其他光源也可激发荧光。根据荧光物质在激发光照射下所发出的波长不同，荧光又可分为 X 射线荧光、紫外线荧光、可见光荧光和红外线荧光。用于食品与农产品快速检测的荧光，主要由紫外光源激发的。

根据发射荧光的粒子的不同，荧光可分为原子荧光和分子荧光，这里主要介绍分子荧光。

分子在基态时通常具有多对自旋成对的电子。根据泡利不相容原理，在一个轨道上的这两个电子的自旋是相反的。电子的自旋状态可以用自旋量子数 s 表示，$s = \pm \dfrac{1}{2}$。由于自旋对的结果，电子自旋总和是零。如果一个分子所有自旋是成对的，那么这个分子所处的电子能态称为单重态，即 $2s + 1 = 1$，以 s_0 表示。当基态分子配对电子的一个电子吸收光辐射而

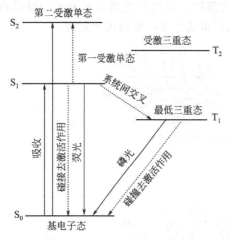

图 8-20 荧光和磷光产生过程示意图

被激发的过程中，通常它的自旋不变，则激发态称为激发单重态，以 S 表示。如果激发态的电子自旋不成对，即自旋相互平行，$s=1$，则 $2s+1=3$，这种状态称为激发三重态，以 T 表示。

激发单重态与激发三重态的性质明显不同。单重态分子是反磁性分子，而三重态分子是顺磁性的；激发单重态的平均寿命约为 10^{-8} s，而激发三重态的平均寿命长达 $10^{-4}\sim10^{-2}$ s 以上；基态单重态到激发单重态的激发容易发生，为允许跃迁，而基态单重态到激发三重态的概率只相当于前者的 10^{-6}，实际上属于禁阻跃迁。

当分子吸收了能量，跃迁到高一级的能态 S_1 或 S_2（图 8-20）。处于激发态的分子是不稳定的，它首先通过碰撞将多余的能量转移给其他分子，以极快速度无辐射跃迁至同一能态（S_1 或 S_2）的最低振动能级上，这一过程称为振动弛豫。处于激发单重态最低振动能级的分子，若以 $10^{-9}\sim10^{-6}$ s 的时间发射光量子回到基态的各振动能级，则产生荧光，这一过程称为荧光发射。

在荧光的产生过程中，由于存在各种形式的无辐射跃迁，损失了部分能量，故它们的最大发射波长都向长波方向移动，尤以磷光波长移动最多，而且它的强度也相对较弱。

（4）延时发光

人们发现所有的光合作用生物都能发生一种"后发光"。例如植物被光照一段时间后放到暗处，能继续发出微弱的红光，这种后发光叫作"延时发光"，也叫"滞后荧光"，它与激发光去掉之后就停止的"瞬发荧光"是有区别的。这两种类型的发光具有相同的光谱分布。延时发光是一种荧光发光现象，它与食品和农产品的诸多生命活动密切相关，如氧化代谢、细胞分裂、细胞凋亡、生长调节、光合作用等。因此农产品中的叶绿素含量将直接影响延时发光的产生状态。虽然现在仍不能完全阐明延时发光的机理，但可以确定的是它不仅与光合作用的原初反应、电子的传递以及光合磷酸化等过程有密切关系，而且延时发光也是随光合作用而产生的。

（5）食品的光扩散现象

食品的大多数既非透明物质，又非全反射的镜面物体，而是半透明体。因此当光线射到食品上时，不仅一部分被反射，一部分被吸收，还有一部分被扩散。扩散现象不仅对透光性有影响，而且对反射特性也有影响。光不仅能量发生变化，而且光能传播的方向也发生复杂变化，对番茄用单色光进行局部照射时，番茄的透光强度和透光方向都会发生变化。

二、食品光学特性检测系统

一个完整的光学特性检测系统主要由光源（辐射源部分）单元、光学光路、光电检测单元、电子电路、数据采集单元、数模转换单元、数据处理单元、计算机控制、数据输出和存贮单元等组成。不管是常规的光谱检测仪器，还是应用于生产实际的专用光学特性检测仪器，光源、分光部件和探测器都是不可缺少的 3 个最主要的单元，在选择时需要关注的内容较多，下面讨论这 3 个单元各项主要指标，以供选择时参考。

1. 光源（辐射源）

发射可见光的器件称为光源，现在已经把发射紫外线和红外线的器件也泛称为光源。光源的种类繁多，形式多样。在光电检测技术中经常见到的有以下 4 类光源：①热辐射光源，即由物体温度升高而发光的光源，如太阳、黑体、白炽灯和卤钨灯等；②气体放电光源，即电流通过气体（包括金属蒸气）而发光的光源，如荧光灯、汞灯、氙灯等；③固体发光光源，如场致发光灯、半导体发光二极管等；④激光器。

（1）辐射源或光源的特征参数

表征辐射源的主要特征参数如下。

① 辐射效率和发光效率　在给定的 $\lambda_1 \sim \lambda_2$ 波长范围内，任一辐射源发出的辐通量与产生这些辐通量所需的电功率之比，即为该辐射源在规定光谱范围内的辐射效率。任一光源所发出的光通量与产生这些光通量所需的电功率之比，就是该光源的发光效率，它的单位是 lm/W。

② 辐通量的光谱分布　为了描述辐射源所发出的光谱中各种波长上辐通量的分布情况，引入辐通量的光谱分布术语。在实际使用中常采用辐通量的"相对光谱分布"，这是因为离光源的远近变化会改变辐通量的绝对值，但它的相对值基本不变，因此用相对光谱分布更能说明问题。相似地，可用光通量的光谱分布或相对分布来说明在光源可见光区的光谱分布情况。

③ 辐射强度分布　一般说来，点辐射光源的辐射强度分布是均匀的；与方向无关，其他形式的辐射源的辐射强度与 θ 角（中心垂线与方向的夹角）存在一定的关系，该关系曲线称为辐射源的辐射强度分布。有时我们希望辐射源的辐通量集中在有限的 θ 角以内。如用于导航、导向和舞台上使用的探照灯就希望将辐射源的辐通量控制在尽量小的角度内。

④ 分布温度　辐射体在某一波段范围内辐射的相对光源分布，等于或近似黑体在某一温度辐射的相对光源分布，这一温度就称为该辐射体的分布温度。

⑤ 色温　辐射源的色温是指黑体在发射出与辐射体有相同色表时的温度，由于某一种色表可以由不相同的光谱产生，所以色温不能说明有关辐射源的光谱分布。

⑥ 显色指数　采用不同光色的光源照射物体时，物体显现的颜色（严格地说是指物体在人眼内产生的颜色感觉）是不同的。这种由光源决定被照物体的特性，称为光源的显色性。为了对光源的显色性作定量比较，引入显色指数的概念。把太阳光的显色指数定为 100，其他人造光源的显色指数均与之比较而定，其显色指数均小于 100。一般说来，显色指数在 100～75 属优等光源；在 75～50 属一般光源，但如降至 50 以下则认为属劣等光源。

⑦ 色表　用眼睛直接观测光源时所看到的颜色称为光源的色表。例如白炽灯的色表呈红黄色，氙灯的色表呈白色等。

（2）热辐射光源

热辐射光源主要是靠物体加热（主要用电能加热）到白炽状态而发光，只要物体的温度高于绝对零度，它就能发射热辐射。物体在低温（小于 400℃）时，发射出不可见的红外辐射，当物体温度升到 550℃，会发射出少量波长较长的暗红光，随着物体温度的继续升高，还会发射出橙红光、橙黄光，当温度高于 1500℃时，波长更短的绿蓝光及小部分紫外线开始发射，物体将呈白色。热辐射光源均遵守有关黑体辐射的定律。

① 太阳　太阳辐射从大气外向地球表面传输时受到各种因素的衰减，主要有臭氧的吸收、分子的瑞利散射以及氧气和二氧化碳等物质的吸收。图 8-21 描述了在标准海平面上太阳的光谱辐照度曲线。

布朗在地球表面所做关于太阳辐照度的广泛测量结果表明，当天空晴朗且太阳位于天顶时，在大海的水平面上所产生的光照度为 $E_v = 1.24 \times 10^5 \text{lx}$。

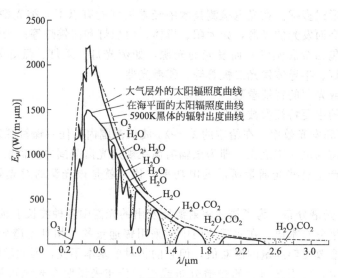

图 8-21　太阳的光谱照度曲线

② 白炽灯　白炽灯是由灯丝和抽成真空或充有惰性气体的玻璃泡组成的。光辐射通量通常是由电加热的钨丝发出的，工作时的分布温度在 $2000 \sim 3000K$ 范围内，钨丝的熔点约为 $3600K$。白炽灯的光通量和使用寿命在很大程度上取决于电压。根据各种需要，白炽灯有大量的品种可供选用。白炽灯的发光效率很低，约为 $10 \sim 20 lm/W$，发射效率在 50% 以下。白炽灯辐通量的光谱分布为连续分布。

③ 卤钨灯　卤钨灯是利用 1959 年发现的卤钨循环原理制成的新型光源，它的发光原理与白炽灯是一样的。一般充入灯泡内的是卤族元素的化合物，如溴化氢等。当灯处于工作状态时，在靠近玻璃泡的低温区域，卤族原子与钨原子化合形成无色的挥发性卤化钨，随着灯内气体的对流，卤化钨扩散到炽热区的灯丝附近，卤与钨受热分解成卤族原子和钨原子，而钨重新沉积到灯丝，结果蒸发出来的钨又被送回到灯丝上。卤族原子再被气流带到玻璃泡的低温区，并与蒸发出来的钨去化合。卤素和钨的这类反应是循环进行的，即化合—分解—化合，因此被称为卤钨循环原理。

（3）气体放电光源

利用气体放电原理制成的光源称为气体放电光源。制作时在灯中充入发光用的气体，也可以是液体或固体，但在高温时也将变成气态。在电场作用下激励出电子和离子，气体变成导电体。当离子向阴极、电子向阳极运动时，从电场中得到能量，当它们与气体原子或分子碰撞时，会激励出新的电子和离子。由于这一过程中有些内层电子会跃迁到高能级，引起原子的激发，受激发原子回到低能级时就会发射出可见辐射或紫外、红外辐射。这样的发光机制被称作气体放电原理。

气体放电光源具有下列共同的特点有：发光效率高、结构紧凑、寿命长、光色适应性强等特点，因此。气体放电灯具有很强的竞争力，因而它发展得很快。

目前，常见的气体放电灯有汞灯（包括低压汞灯、高压汞灯、超高压汞灯）、荧光灯、钠灯、氙灯、金属卤化物灯。

2. 分光（色散）器件

在光学特性检测中，许多场合需要使用单色光源（单一波长的辐射），将复合光分解成单色光的器件称为分光器件。

常用的色散器件有滤光片、棱镜、光栅、迈克尔逊干涉仪和声光可调（AOTF）滤光器等器件。

（1）滤光片

能够过滤掉某波长段光谱的器件叫做滤光片。滤光片按作用原理可分为吸收式、干涉式、反射式、组合式等多种。按滤光片的光谱特性，可分为带状滤光片和截止滤光片两类。图 8-22 为带状滤光片的光谱特性。图中 T_{max} 为最大透射率，λ_0 称为中心波长，它是对应于最大透射率 T_{max} 的波长。$\Delta\lambda_{0.5}$ 称为半宽度，$\Delta\lambda_{0.1}$ 称为光谱宽度。

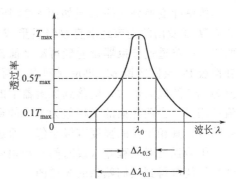

图 8-22　带状滤光片的光谱特性

在滤光片中，干涉滤光片的发展最引人注目，目前从紫外到中红外整个光谱区的干涉滤光片都可以制造。现代的干涉滤光片已发展到采用几十层的膜系结构。制造薄膜用的材料有介质、金属和半导体等。窄带干涉滤光片最窄的光谱宽度现在已可达 0.1nm 左右。

（2）棱镜

利用棱镜作为色散元件的光谱仪器已经没有生产和使用的单位了。但棱镜色散作为最早的色散方法，我们理应了解，棱镜色散的原理是不同波长的光谱的相对折射率不同，但这种方法的波长分辨率太低。

（3）光栅

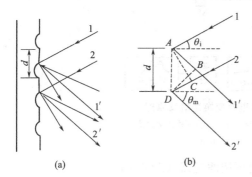

图 8-23　反射式平面衍射光栅分光的光路示意图

光栅有透射式光栅和反射式光栅两种形式，目前透射式光栅在光谱仪器中已不再使用。图 8-23 为反射式平面衍射光栅分光的光路示意图。当平行光线射到光栅上时就会发生衍射现象，光线向四周散射，如图 8-23（a）所示。图中 d 为划痕的间距，叫光栅常数，它的倒数 $1/d$ 表示每单位长度上所含划痕的数量，称为光栅的划痕密度。分析两条相邻平行入射光线 1 与 2 及它们的两条平行衍射光线 $1'$ 与 $2'$，如图 8-23（b）所示。图中 θ_i 为入射光线与光栅平面法线间的夹角，称为入射角；θ_m 为衍射光线与光栅平面法线间的夹角，称为衍射角。光线 $11'$ 与 $22'$ 的光程差 Δ 为：

$$\Delta = AB - CD = d(\sin\theta_m - \sin\theta_i)$$

由波动光学知，相干光束干涉后得到最大值的条件是：

$$\Delta = \pm k\lambda = d(\sin\theta_m - \sin\theta_i)$$

式中，λ 为光的波长；k 为正整数。符合这个条件时在焦面上得到亮线，光线相互加强。

随着光栅刻划技术的改善和进步，光栅已广泛应用在光谱仪器中，除平面光栅外，还有凹面光栅。反射式光栅可以在整个光学光谱区应用。

（4）迈克尔逊干涉仪

早在 1902 年迈克尔逊就曾经提出用干涉图的基波转换成光谱信息的设想，但直到 1949 年英国天文物理学家费尔杰特首先通过数学计算方法把干涉图转换成光谱图，1966 年快速傅里叶变换计算方法的建立和计算机性能的提高才真正实现了迈克尔逊的设想，1970 年以后傅里叶变换光谱仪器才真正发展成为商品。

傅里叶变换分光的原理如图 8-24 所示，光学系统的核心部分是一台迈克尔逊干涉仪。从光源 O 发出的光束经准直物镜后形成平行光，由半透明半反射的平板分束器将光束分成两路，一路透过分束器投射到可动平面镜 M_1 后被反射回来，另一路在分束器上反射后，经补偿板 P_2 及固定镜 M_2 再反射回来，两路光束又合并在一起并产生干涉。当两光束的光程差为 $\lambda/2$ 的偶数倍时，则落到探测器上的相干光相互叠加产生明线，其相干光的强度有最大值；相反，当两光束的光程差为 $\lambda/2$ 的奇数倍时，则落到探测器上的相干光将相互抵消，产生暗线，其相干光的强度有极小值。通过连续改变干涉仪中反射镜位置，可在探测器上得到一个干涉强度对光程差（或时间）和辐射频率的函数图。通过计算机对干涉图进行快速傅里叶变换就可得到人们熟悉的光谱图。

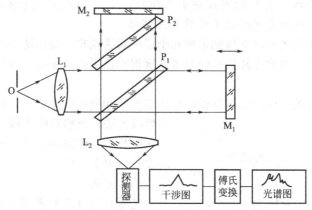

图 8-24　迈克尔逊干涉仪及傅里叶变换光谱仪原理
O—光源；L_1，L_2—透镜；M_1—可动反射镜；M_2—固定反射镜；
P_1—半透半反分束器；P_2—补偿板

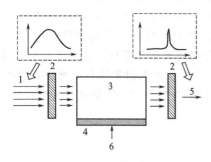

图 8-25　AOTF 调制单色光示意图
1—入射光；2—偏光镜；3—TeO_2 晶体；
4—压电换能器；5—出射光；6—高频源

（5）声光可调滤光器（AOTF）

用声光可调滤光器作为分光器件，是 20 世纪 90 年代光谱仪器最突出的进展。AOTF 是利用超声波与特定的晶体作用而产生分光的光电器件。其工作原理虽然早在 20 世纪 30 年代初就得到实验证实，但直到最近十几年才在国防和工业领域中得到越来越广泛的应用。与其他几种分光器件相比，AOTF 采用声光调制产生单色光，通过超声射频的变化实现光谱扫描，光学系统无移动部件，波长切换快、重现性好，程序化的波长控制使这类仪器的应用具有更大的灵活性。

当改变射频信号的频率时，光学通带的中心 λ_0 也将相应改变，因此，连续改变超声波频率就能实现衍射光波长的快速扫描。图 8-25 为 AOTF 产生可调单色光示意图。

3. 探测器

在光学特性检测中，探测器是将光信号转变成其他形式（主要是电信号）的器件。探测器的各种技术参数直接影响到检测系统的灵敏度和稳定性，合理地选择探测器是组成光学特性检测系统的关键问题之一。随着科学技术的不断进步，高质量、高精度的光电探测元件不断出现，特别是半导体制造工艺的进步，给人们组建光学特性检测系统创造了较大的空间。常用的探测器有光电倍增管、光敏电阻、光电二极管、光电三极管和光电池等。

（1）探测器的品质因素

探测器的品质因素可用来表征探测器的性能，同时又能用来比较同类探测器或不同类探测器的性能参数。

① 光谱响应率

光谱响应率是探测器的输出电压（电流）与入射到探测器上的单色光辐通量（光通量）之比。光谱响应率也可解释为入射到探测器上的单位辐通量所产生的探测器输出电压（电流）。此值愈大，意味着探测器愈灵敏。

② 量子效率

单色辐射的量子效率是探测器输出的光电子数与入射到探测器表面的光子数之商，也就是单个光子产生的光电子数，它应小于1。

③ 光谱响应率函数（曲线）

探测器的光谱响应率表示该探测器的响应率与波长的关系。图 8-26 是两种典型的光谱响应率函数曲线。一种是硅光电池的典型曲线，所能响应的最长波长称为长波限或红限，而这种探测器称

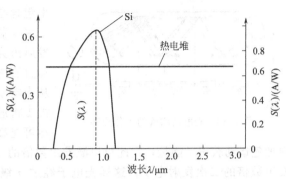

图 8-26　两种典型的光电探测器的光谱响应率函数

为选择性探测器。如果此曲线按峰值波长响应率归一化，用图中右边的单位表征，那么又可称为相对光谱响应率函数。另一种是热电堆的光谱响应率函数，它基本上与波长无关，这种探测器称为非选择性探测器。

④ 响应率（积分响应率）

响应率是探测器的输出信号与入射的辐通量比值，由于采取不同的辐射源，甚至具有不同色温的同种辐射源所发出的光谱辐通量分布也不同，因此提供数据时应指明采用的辐射源和色温。

⑤ 线性

在许多光度和辐射度学的测量中，最重要的要求之一是探测器的线性，其定义在规定范围内探测器的输出电量精确地正比于输入量的这种性能。线性也可以理解为在规定的范围内探测器的响应率是常数。这一规定范围内被称为线性区。

⑥ 时间常数

当用一个辐射脉冲照射探测器时，如果这个脉冲的上升和下降时间均很短，可以认为是方波 ［图 8-27(a)］，从探测器得到图 8-27(b) 所示的电输出波形。由于探测器的惰性出现上升弦和下降弦。我们把从零上升到 63% 峰值所需的时间称为探测器上升时间常数，而把从峰值下降到 37% 峰值所需的时间称为下降时间常数，两者往往是相等的，因此统称为探测器的时间常数 τ。

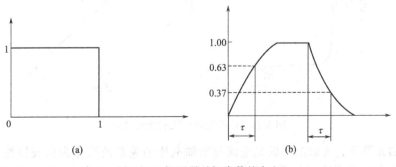

图 8-27　探测器时间常数的定义

（2）光电倍增管

虽然 20 世纪 40 年代以来半导体光电器件得到了迅猛发展，以其低廉的价格、稳定的性能和使用电路简易的特点代替了光电管的大多数应用和光电倍增管的部分应用，但是以光电发射原理为基础的光电倍增管仍在下列领域保持绝对的优势，即探测弱光信号和探测高频或脉冲的弱信号，因此它仍然是一个重要的探测器件。

光电倍增管使用范围受到限制的主要原因是：光电倍增管的光谱响应范围比较窄，一般为 $0.5\sim1.1\mu m$；要求 $500\sim2000V$ 的高稳定供电电源，需要屏蔽。

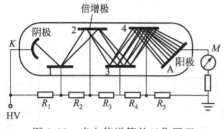

图 8-28　光电倍增管的工作原理

光电倍增管的工作原理如图 8-28 所示。它是由包含在真空管内的光电阴极、电子光学系统、电子倍增器和阳极组成的。光电阴极接收弱光信号并发射出光电子，1、2、3、…、n 是倍增极，在施加直流电源并经分压电阻 R_1、R_2、R_3…分压后，从光电阳极、倍增极到阴极，电位逐级提高。倍增极 1 将通过电子光学系统把光电阴极发射的电子以尽可能高的收集率聚集起来，由于这些电子在电场中加速运动获得了能量，因此可以激发出数倍的二次电子，这些电子打到倍增极 2 上又能激发出数倍的二次发射电子，这样光电子经过 n 级倍增极的放大，往往可放大 $10^5\sim10^8$ 倍。这 n 级倍增极组成电子倍增器，起着低噪声放大电子束的作用，阳极 A 则把放大了的电子束收集起来向外输出。

（3）光敏电阻

半导体光电导是指半导体受辐照后电导率变化的现象。具有光电导效应的物体称为光电导体。光电导体两端镀上电极就成为光敏电阻，又称光导管。

光敏电阻具有体积小、偏置电压低、光谱响应范围宽的特点。它的时间常数一般为 $10^{-7}\sim10^{-2}s$，特制的可达 $10^{-10}s$。

在紫外和可见光区，光敏电阻的优点不突出。在红外区它的响应率较高、力学性能好，因此得到广泛应用，是一种很重要的红外探测器。

图 8-29 是典型的 CdS 光敏电阻在直角坐标中的光电特性曲线。从图中可见，随着光照的增加，阻值迅速下降，然后逐渐趋向饱和。但在对数坐标中的某一段照度范围内，电阻与照度的特性曲线基本是直线。

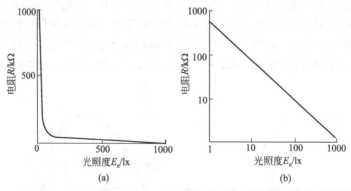

图 8-29　CdS 光敏电阻的光电特性

在一定的光照下，光敏电阻的光电流与所加电压的关系曲线称为伏安特性。一般来说，光敏电阻的伏安特性为线性关系。光敏电阻的时间常数与光照度、工作温度有明显依赖关系，并且上升时间往往不同于下降时间。光敏电阻的特性受工作温度的影响很大，只要温度略有变化，它的响应率、光谱响应函数、峰值波长、长波限等都将发生变化，而且这种变化缺乏一定的规律，这是光敏电阻的一大缺陷。因此为提高其性能的稳定性、降低噪声和提高探测率，采用专门的冷却装置是十分必要的。

第四节　光谱检测技术

一、近红外光谱技术

近红外区域是指波长在 780～2526nm 范围内的电磁波，是人们最早发现的非可见光区域，距今已有 200 多年的历史。20 世纪初，人们采用摄谱的方法首次获得了有机化合物的近红外光谱，并对有关基团的光谱特征进行了解释，预示着近红外光谱（near infrared spectroscopy，NIR）有可能作为分析技术的一种手段得到应用。由于缺乏仪器基础，20 世纪 50 年代以前，近红外光谱的研究只限于少数几个实验室中，且没有得到实际应用。20 世纪 50 年代后，随着简易型近红外光谱仪器的出现以及 Norris 等人在近红外光谱漫反射技术上所做的大量工作，掀起了近红外光谱应用的一个小高潮，近红外光谱在测定农产品（包括谷物、饲料、水果、蔬菜、肉、蛋、奶等）的品质（如水分、蛋白质、油脂含量等）方面的研究得到广泛重视。由于这些应用都基于传统的光谱定量方法，当样品的背景、颗粒度、基体等发生变化时，测量结果往往产生较大的误差。20 世纪 80 年代以后，随着计算机技术的迅速发展，带动了分析仪器的数字化和化学计量学学科的发展，化学计量学方法在解决光谱信息的提取及减少背景干扰方面取得良好效果，加之近红外光谱在检测技术上独有的特点，使人们重新认识了近红外光谱的价值，它在各领域中的应用研究陆续开展。

近红外光谱分析技术具有：可直接测量颗粒状、粉末状、糊状、不透明试样、流动试样甚至完整的样品而无需对样品做严格的预处理，该技术分析成本低、速度快、精度高、数据可靠和没有化学污染，便于实时监测和在线分析等优点。当传统的质量检测技术难以适应生产需要时，该技术作为一种新型的质量检测方法逐渐受到越来越多人的关注。

1.近红外光谱法的原理

在近红外光谱区域内（$0.78\sim2.0\mu m$），除了具有电磁波和物体作用时表现的一般特性（透射、漫反射、吸收等）以外，最大的特点是这一光谱区域为含氢基团（—OH、—SH、—CH、—NH 等）的倍频和合频吸收区。由于动植物食品和饲料的成分大多由这些基团构成，基团的吸收频谱表征了这些成分的化学机构。例如食品和农产品的常见成分水、脂肪、淀粉、蛋白质的吸收频谱反映出基团—CH 的特征波峰。根据这些基团特征波出现的位置、吸收强度等，可以定性、定量地描述某种成分的化学结构。在已知化学结构的基础上，可检出某种成分，并确定其含量，因此这段光谱对食品、农产品有特殊的意义。

物质对红外线的吸收，除极少数例外，都是由结合键连接的两个原子间简正伸缩振动的谐波或结合振动的吸收引起的，其中大部分都与物质中的氢原子的简正伸缩振动有直线相关关系。也就是当光波频率与分子构造中原子结合振动频率相同或是倍数关系时，该波长的波就被吸收。

近红外吸收光谱主要是由于基频振动的泛频（$0.78\sim2.0\mu m$）吸收所致。基频振动有一系列的泛频吸收带，随着泛频级数的升高，谱带的强度逐渐减小。组频吸收是由于多个振动能级的同时跃迁引起的，同时跃迁的能级愈多，吸收带的强度愈低。大多数近红外光谱吸收带是由 X—H（X＝C、D、N、S、P）键的伸缩振动和弯曲振动的谐振和泛频吸收引起的。另外一些重要的近红外吸收带是由氢键、羟基、碳氮键、碳碳键及金属卤化物引起的。

近红外光谱区最常见的谱带有：O—H、N—H 和 C—H 键基频的组频和第二、三泛频吸收带。氢键的形式将改变 X—H 键的力常数，从而使吸收带位置发生变化，并且谱带变宽。鉴于组频是由于多个基频加合所致及泛频起因于多于一个能级差的振动能级跃迁，氢键的形成对组频和泛频的影响将较对基频的影响大。

近红外光谱所包含的信息与键强、化学物种、电介性及氢键有关。对固体样品，近红外光谱还包含有散射、漫反射、镜面反射、折射及反射光的极化等信息。光谱中也将有与氢键及水合氢离子有关的信息。

2. 近红外光谱的测定方法

近红外光谱的测定方法主要有：透射光谱法和反射光谱法。透射光谱法（多指短波近红外区，波长一般在 700～1100nm 范围内）是指将待测样品置于光源与检测器之间，检测器所检测的光是透射光与样品分子相互作用后的光（承载了样品的结构与组成信息，如图 8-30 所示）。

被测物质是透明的物质（溶液），物质（溶液）内部只发生光的吸收，没有光的反射、散射、荧光等其他现象发生时，其吸光度遵循朗伯-比尔定律。

$$A^*(\lambda)=\lg[I_0(\lambda)/I_t(\lambda)]=\lg[1/T^*(\lambda)]=\varepsilon cd \tag{8-13}$$

式中，$A^*(\lambda)$ 为被测物的吸光度（或称绝对吸光度）；$I_0(\lambda)$ 为入射光强度；$I_t(\lambda)$ 为透射光强度；$T^*(\lambda)$ 为透射比；ε、c、d 为摩尔吸光系数、被测物质浓度和光程长度。

在近红外光谱实际测量中，被测物是放在样品池中，在界面间会发生反射，且大多数物质都是非透明液体，所以会导致光束的衰减。为了补偿这些影响，采用在另一等同的吸收池中放入标准物质（也称为参比）与被分析物质的透射强度进行比较。将入射光 $I_0(\lambda)$ 分别照射标准溶液和试验溶液，分别测得透射光强度为 $I_s(\lambda)$ 和 $I_t(\lambda)$，引入了相对透射比 $T(\lambda)$ 概念。

$$T(\lambda)=I_t(\lambda)/I_s(\lambda) \tag{8-14}$$

仿照式(8-13)可计算出：

$$A(\lambda)=\lg[I_s(\lambda)/I_t(\lambda)]=\lg[1/T(\lambda)] \tag{8-15}$$

式中，$A(\lambda)$ 为相对吸光度，应用时通称吸光度。

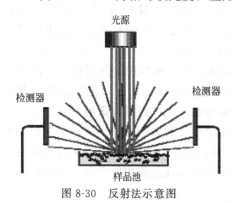

图 8-30　反射法示意图

反射光谱法（多指长波近红外区，波长一般在 1100～2500nm 范围内）是指将检测器和光源置于样品的同一侧，检测器所检测的是样品以各种方式反射回来的光（图 8-30）。物体对光的反射又分为规则反射（镜面反射）与漫反射。规则反射指光在物体表面按入射角等于反射角的反射定律发生的反射；漫反射是光投射到物体后（常是粉末或其他颗粒物体），在物体表面或内部发生方向不定的反射。应用漫反射光进行的分析称为漫反射光谱法。

3. 近红外光谱的检测步骤

与所有的利用农产品的物理特性检测食品和农产品的品质一样，这些方法都属于间接检测方法，所有间接检测法都是建立在标准的法定检测数据基础上的，从理论上讲，虽然多种利用物理特性的检测方法快速方便，但精度是不会超过法定的标准检测方法。其主要原因是采用物理特性的检测方法需要建立物理量与待测指标之间的数学关系——定标模型。建立无损检测方法的流程如图 8-31 所示。具体的操作步骤如下。

① 选择合理的检测系统和检测系统的参数设定。

② 收集包括可能出现的所有状态的样本，一般需要量在 50～80 个，其中一部分用作定标方程的建立，另一部分用作对定标方程的检验。

③ 按统一的检测方法对全部样本进行物理信息的测定。

④ 按国家标准或行业标准用法定的化学方法测量全部样本的待测成分的含量。

⑤ 运用化学计量学方法建立定标样本化学测量值与物理检测数据之间的定标方程。

⑥ 将预测样本的物理检测数据代入定标方程计算出待测成分的理论计算值。

⑦ 进行预测样本的预测计算值与化学测量值之间的误差计算与分析，若误差不能达到预定的要求，则需要改变定标方程的建立方法，返回到第⑤步重新建立定标方程。

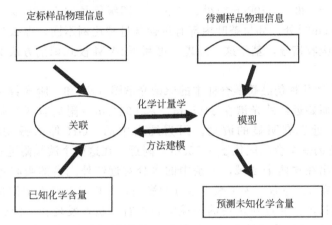

图 8-31　建立无损检测预测模型的步骤

4. 在食品、农产品品质分析中的应用

近红外光谱已广泛应用于食品、农产品的品质分析中，目前常见的应用如表 8-1 所示。

表 8-1　食品、农产品品质分析中的常见应用

类别	品种	成分
谷物	小麦、大豆、玉米、豌豆、高粱、大米	水分、蛋白质、糖分、氨基酸、脂肪
果蔬	鲜果、果汁、干果、鲜菜、干菜	水分、维生素、色素、纤维素、糖分
肉制品	肉糜、香肠、腊肠	蛋白质、氨基酸、脂肪
禽蛋	鸡蛋、鸭蛋	新鲜度
饮料	葡萄酒	酒精
食品	各种加工食品	水分、蛋白质、糖分、氨基酸、脂肪
经济作物	咖啡豆、核桃、花生	水分、脂肪、咖啡碱

由于名优茶具有价格高，产品的利润空间大，在一定程度上导致了我国的茶叶市场特别是名优茶市场存在以次充好、以假乱真的现象。利用真伪茶叶在近红外光谱吸收峰的不同，可将其区分开。

试验中所用的正品碧螺春样本的出产日期都为 2004 年 5 月，出产地为江苏。伪品碧螺春样本是模仿碧螺春的加工工艺制作而成的，所有伪品碧螺春样本的出产日期集中在 2004

年 5—7 月，出产地分别为江苏、安徽、湖南和江西等地。为使取样均匀，试验前按照四分法原则，随机称取（5±0.5）g 作为一个样本。一共选取 228 个茶叶样本，其中，138 个样本作为训练集（包括 30 个正品碧螺春样本），剩余的 90 个样本作为预测集（包括 25 个正品碧螺春样本）。

试验所用的近红外检测系统主要是近红外光谱仪（Nexus 670 FT-IR，美国 Nicolet 公司）。扫描范围：11000～3800cm^{-1}；扫描次数：64 次；分辨率：4cm^{-1}。试验时，保持室内的温度和湿度基本一致，将样本倒入样品杯中，充分压实。每一个样本分别采集 4 次，取 4 次采集的平均值作为该样本的原始光谱数据。

虽然真伪碧螺春茶的外形可以达到完全相似，但是它们的内部大多有机物（如多酚类、植物碱类、氨基酸、蛋白质以及纤维素等）含量与比例受到诸如地理位置、气候土壤状况以及采摘时间等因素的影响，与真碧螺春茶总是存在一定的差别。这些有机物的含氢基团（如—CH、—OH、—SH 和—NH 等）在近红外区域都能产生倍频与合频吸收，它们的一级倍频近红外光谱带位于 7200～5500cm^{-1} 处；二、三、四级倍频位于 12800～8300cm^{-1} 处；合频位于 5000～4000cm^{-1} 处。如果茶叶内部有机物含量和比例不同，那么它们在近红外光谱上就表现出不同的吸收信号，基于这一原理，可利用 SVM 模式识别方法对真伪碧螺春茶进行鉴别。

图 8-32 是正品和几种伪品碧螺春样本的原始光谱图（a）和一阶导数光谱图（b）。从图中可以看出茶叶的原始近红外光谱在 5155cm^{-1} 和 6944cm^{-1} 附近有两个明显的吸收峰，一阶导数光谱在此附近也有明显的波动。因为纯水中的—OH 伸缩振动的一级倍频位于 6944cm^{-1} 附近，它的一个合频区位于 5155cm^{-1} 附近，在这两个波长附近是水分吸收的敏感区。从图中可以看出在这两个区域，干茶中的水分对近红外光谱的吸收峰影响很大。试验中，干茶的含水率在 5% 左右，为了减少水分的影响，分析时选择光谱波长范围尽量避开水分吸收峰的特征波长区。通过对选用的各段波长进行分析，发现在一级倍频区选用 6500～5300cm^{-1} 范围内的光谱数据避开了水分的影响，且取得了较好的试验结果。

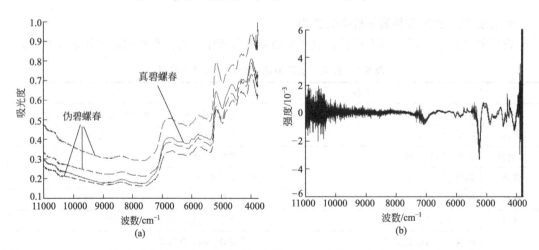

图 8-32　茶叶的原始光谱（a）图和一阶导数光谱（b）图

试验中，由于茶叶样本粒径的大小、均匀度及密实度不能保证完全一致，其相应的近红外光谱会受到一定影响。因此，需要对样本的原始光谱数据进行预处理。光谱的预处理方法很多，包括多元散射校正（MSC）、标准归一化（SNV）、一阶导数和二阶导数等，通过分析对比发现，SNV 的预处理效果明显优于一阶导数和二阶导数，略优于 MSC。最终采用了

SNV 预处理方法。

　　茶叶中许多有机物的含氢基团都能在近红外区域产生倍频与合频的吸收，因此，茶叶样本的近红外光谱数据间存在大量的相关性，造成大量的信息冗余。在建立模型中，这些冗余信息的介入会使模型的预测性能降低。主成分分析（PCA）是把多个指标化为几个综合指标的一种统计方法，它沿着协方差最大方向由多维光谱数据空间向低维数据空间投影，各主成分向量之间相互正交。通过选择合理的主成分既可以避免建模中的信息冗余，又不会过多地丢失光谱信息，同时在分析数据中也达到简化的目的。模型在训练过程中，主成分数的多少对模型的预测性能有一定的影响。

　　试验将训练和预测时的误判数作为衡量模型优劣的一个指标，主成分数对模型的影响如图 8-33 所示。从图 8-33 可以看出，在主成分数为小于 11 时，训练集和预测集模型的误判数都随着主成分数的增加而减少。但是，当主成分数大于等于 11 时，随着主成分数的增加，训练时模型的误判数基本保持不变，而在预测时误判数却有上升趋势。因为主成分数达到 11 时，此时的累计方差贡献率为 99.86%，这 11 个主成分因子已经几乎能全部反映光谱的总体信息。因此，由前 11 主成分因子建立的模型最佳。根据以上的分析，选用 6500～5300cm^{-1} 范围内的光谱数据，经过标准化（SNV）预处理，提取 11 个主成分因子，以 138 个样本的 11 个主成分信息构成 $X_{138×11}$ 的矩阵作为 SVM 的输入因子。在训练算法的设计过程中，根据上述的分析，研究选用径向基函数（RBF）作为 SVM 的核函数，在惩罚常量 $C=100$，核函数的宽度参数 $\delta=0.5$ 的条件下，进行训练以建立鉴别模型。该模型对训练集样本的回判鉴别率达到 93.48%，对预测集样本的预测鉴别率达到 84.4%。

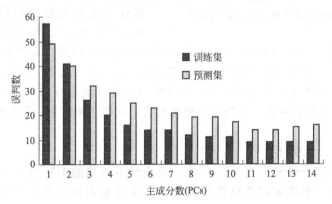

图 8-33　训练和预测时模型的误判数与主成分数的关系

二、紫外-可见光谱技术

1. 紫外-可见光谱原理

　　紫外吸收光谱和可见吸收光谱都属于分子光谱，它们都是由于价电子的跃迁而产生的。利用物质的分子或离子对紫外和可见光的吸收所产生的紫外可见光谱及吸收程度可以对物质的组成、含量和结构进行分析、测定、推断。

　　物质 M（原子或分子）吸收紫外-可见光被激发到激发态 M*，通过辐射或非辐射的弛豫过程回到基态，弛豫也可通过 M* 分解成新的组分而实现，这个过程称为光化学反应。值得注意的是 M* 的寿命一般都非常短，所以在任何时刻其浓度可以忽略不计。并且所释放的热量往往也无法测量。故除光化学分解发生外，吸光度的测量具有对所研究体系产生扰动最小的优点。

由于物质的紫外-可见吸收光谱取决于分子中价电子的跃迁，导致分子的组成不同，特别是价电子性质不同，则产生的吸收光谱也将不同。因此，可以将吸收峰的波长与所研究物质中存在的键型建立相关关系，从而达到鉴定分子中官能团的目的；更重要的是，可以应用紫外-可见吸收光谱定量测定含有吸收官能团的化合物。

2. 紫外-可见分光光度计测试方法

紫外-可见分光光度计可设计成单光束、双光束、双波长分光光度计及多道分光光度计四种类型。

（1）单光束分光光度计

该类分光光度计用同一单光束依次通过参比池和试样池，以参比池的吸收度为零，测出试样的吸收值。以 752 型仪器为例，其波长范围为 200～1000nm，氢灯为紫外光源，钨灯为可见光源，光栅为色散元件，检测器有紫敏光电管（适用于波长 200～625nm 范围）及红敏光电管（适用于波长 625～1000nm 范围）。吸收池配有玻璃与石英制作的两种，分别适用于可见光区和紫外光区。单光束分光光度计是一类较精密、可靠、适用于定量分析的仪器，可用于吸收系数的换算测定。

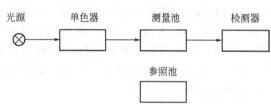

图 8-34　单光束分光光度计的光路示意图

图 8-34 是单光束分光光度计的光路示意图，其构造相对简单，操作方便，但其缺点是要求光源及检测系统必须具有高度的稳定性，且无法进行自动扫描，每一波长改变都需要校正空白。属于此类分光光度计的还有上海分析仪器厂生产的 751 型、753 型、天津光学仪器厂生产的 WFD-8 型、英国的 Unican SP500 型、美国的 Beckman DU 以及日本岛津出品的 QV-50 等。

另外，只适用于可见光区的简易分光光度计如 721 型、722 型、RX-727 型等也属于单光束分光光度计，这类分光光度计只有一个光源（钨灯或卤钨灯），工作波长范围为 330～830nm。色散元件为玻璃棱镜，检测器采用光电管，仪器结构简单，价格低廉，但单色光纯度较差。

（2）双光束分光光度计

双光束光路是被普遍采用的光路，图 8-35 为日本岛津的 UV-2100 型双光束分光光度计的光学线路。从单色器射出的单色光，用一个旋转扇面镜（又称斩光器）将它分成两束交替断续的单光束，分别通过空白溶液和样品溶液后，再用同一个同步扇面镜将两束光交替地投射于光电倍增管，使光电管产生一个交变脉冲信号，经过比较放大后，由显示器显示出透光率、吸收度、浓度或进行波长扫描，记录吸收光谱。扇面镜以每秒几十转到几百转的速度匀速旋转，使单色光能在很短时间内交替地通过空白溶液和样品溶液，可以减少因光源强度不稳而引入的误差。测量中不需要移动吸收池，可在随意改变波长的同时记录所测量的光度值，便于描绘吸收光谱。这类仪器常见的有上海第三分析仪器厂出品的 740 型，英国的 Unican SP700、SP 1700、SP 1800 型，日本的日立 200-20 以及岛津 UV-2100 等。

（3）双波长分光光度计

在上面介绍的单波长分光光度法测量中，是用两个吸收池，其一装参比溶液，在选定的波长下调其透光度为 100%（即吸光度 $A=0$），然后再测量试样溶液的吸光度。当试液中含有两种吸收光谱互相重叠的成分时，用这种单波长分光光度计单独测量待测成分的吸光度就很困难，必须进行萃取分离或加掩蔽剂等才能完成测定。另一方面，由于必须使用两个吸收池，吸收池的差异常会影响测量的精度，使测定更微量的成分受到了限制。双波长分光光度计则克服了上述缺点，其方框图如图 8-36 所示。

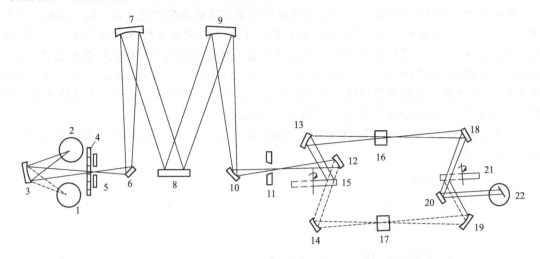

图 8-35 岛津 UV-2100 型双光束分光光度计的光学线路图
1—钨灯；2—氘灯；3—凹面镜；4—滤光片；5—入射狭缝；6,10,20—平面镜；
7,9—准直镜；8—光栅；11—出射狭缝；12～14，18，19—凹面镜；
15,21—扇面镜；16—参比池；17—样品；22—光电倍增管

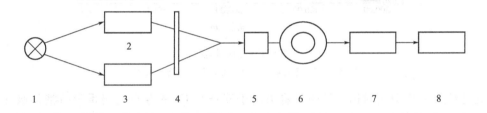

图 8-36 双波长分光光度计的方框图
1—光源；2,3—单色器；4—切光器；5—吸收池；6—检测器；7—电子控制系统；8—数字电压

从光源发出的光分成两束，分别经过各自的单色器 2、单色器 3 后，得到波长为 λ_1 和 λ_2 的两束单色光。借切光器调制，这两束光以一定时间间隔交替照射装有试样溶液的吸收池。经检测器的光电转换和电子控制系统的工作，在数字电压表上显示出 λ_1 和 λ_2 的透光差值 ΔT，或是显示两者的吸光度差值 ΔA。

根据比尔定律，试样溶液在两个波长 λ_1 和 λ_2 的透光差值 ΔA 与溶液中待测物质的浓度成比例。双波长分光光度法可将待测成分吸收光谱的任意波长设为零点，测定它与任意其他波长间的吸光度差值。

（4）多道分光光度计

多道分光光度计是在单光束分光光度计的基础上，采用多道光子检测器。多道分光光度计具有快速扫描的特点，整个光谱扫描时间不到 1s。为追踪化学反应过程及快速反应的研究提供了极为方便的手段，可以直接对经液相色谱柱和毛细管电泳柱分离的试样进行定性和定量测定。但这类型仪器的分辨率只有 1～2nm，且价格较贵。

3. 在蛋黄中苏丹红检测中的应用

红心鸭蛋具有良好的抗氧化和抑制肿瘤的作用，在普通鸭蛋中添加苏丹红制造人为的"红心鸭蛋"则对人体有很大的伤害，重则可致癌。通过紫外分光光度法可测试人为制造红心鸭蛋的苏丹红，从而保证食品安全。

实验材料与仪器：新鲜鸭蛋（市售），苏丹红 IV 标准样品，石油醚、丙酮，均为分析纯。紫外-可见分光光度计（TU-1810，北京普析通用仪器有限公司）。

实验步骤：新鲜鸭蛋清洗、晾干，敲蛋后取出蛋黄用玻璃棒搅碎搅匀，量出体积，以体积比为 2∶1 的石油醚和丙酮为提取剂，料液比为 1∶4，在室温条件下（26℃以上）进行提取，每次提取 60min，连续提取 3 次，合并提取液。提取液用化学分析定性滤纸过滤 1 次，量取提取液体积，运用紫外-可见分光光度计在波长为 200～700nm 范围内，光谱带宽 1nm，间隔 1mm 的条件下进行光谱扫描。扫描曲线及数据分别运用波长差法和一次微分法进行分析，以达到对样品蛋黄液中苏丹红 IV 定性、定量的目的。

在波长为 200～700nm 范围内分别对纯蛋黄液、苏丹红 IV、加标样品进行光谱扫描，如图 8-37 所示。

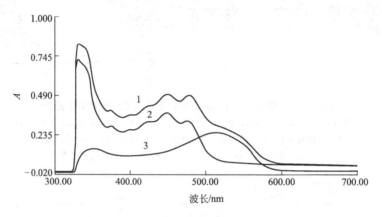

图 8-37　加标样品
1—纯蛋黄＋苏丹红 IV；2—纯蛋黄；3—苏丹红 IV

通过对图 8-37 分析对比，可明显看出由于苏丹红 IV 的存在使鸭蛋蛋黄液的吸光值在 510～610nm 的波长范围内发生了显著的变化。这种变化是纯鸭蛋蛋黄液本身所不具有的。纯鸭蛋蛋黄液本身在 510～610nm 的波长范围内吸光值差（ΔA）很小，但是当加入标准苏丹红 IV 后，样品在这一波长范围内的吸光值差（ΔA）明显增大，表明（ΔA）增大是由苏丹红 IV 引起的。由此可见，通过对被检测样品和纯鸭蛋蛋黄液的光谱扫描曲线的直观对比观察，就可以判断出被检测样品中是否含有苏丹红 IV。在 546nm 和 606nm 两个波长处，纯鸭蛋蛋黄液的吸光度差值为 0.014，加标样品纯蛋黄和苏丹红的吸光度差值较大，大约是前者的 13 倍。通过紫外分光光度曲线在这两个波长处的差异，初步确定该方法检测红心蛋中的苏丹红是可行的。

三、荧光特性的检测技术

1.荧光检测技术原理

根据荧光物质在激发光照射下所发出的波长不同，荧光又可分为 X 射线荧光、紫外线荧光、可见光荧光和红外线荧光。这里主要介绍由紫外线激发产生的可见荧光用于食品与农产品快速无损检测原理和实例。

任何能发出荧光的物质都具有两种特征光谱，即激发光谱和荧光光谱。用不同波长的单色光激发荧光物质使之发光，然后测定每一波长的激发光所产生的荧光强度，并以激发光波长 λ 为横坐标，荧光强度 I 为纵坐标作图，便可得到荧光物质的激发光谱。实际上，激发光谱就是荧光物质的表观吸收光谱。荧光激发光谱可供鉴别荧光物质及荧光测定时选择适宜的激发光之用。激发光谱表明不同波长的激发光产生荧光的相对效率。激发光谱中最高峰的波长，能使荧光的物质发出最强的荧光。

固定激发光波长和强度，而让物质所发射的荧光通过单色器分光，以测定不同波长时荧光强度，以荧光的波长λ为横坐标，荧光强度I为纵坐标作图，便得到荧光光谱。又称荧光发射光谱。荧光光谱表示该物质所产生的荧光中各种不同波长的组分所占的相对强度，荧光光谱的形状与激发光波长无关。一般地讲，气态、蒸气态的荧光物质的荧光表现为线状光谱；液态和固态的荧光物质表现为带状光谱。

2. 在检测柑橘损伤中的应用

传统的检测柑橘损伤果的方法是柑橘在传送带上向前移动和滚动过程中，通过人目视进行的。但由于人的疲劳和柑橘损伤程度及大小不同，时常有漏检的情况。随着劳动力费用的增加和分级自动化的发展，自动检测损伤水果以及分级机械的研制已成为农产品生产和加工中的重要课题。

在常用白色日光灯下，目视可检出受损伤的柑橘，而用CCD摄像机摄取的图像有时很难清晰地区别正常部和损伤部，这是受损柑橘的正常部和损伤部的颜色差别不大的缘故，但在紫外光源下可利用图像检测。其原理是在柑橘果皮的细胞里含有被称为精油的物质，当该物质从破损的细胞中漏出果皮表面受到紫外线照射时，在波长560nm处发出很强的荧光，而正常部的荧光强度很弱。这样就产生了正常部与损伤部的辉度差，利用正常部与损伤部的荧光发光强度的不同，通过计算机进行数据处理后即可以进行柑橘的分级。

图8-38是精油发射的荧光光谱，图8-39是柑橘损伤部位发射的荧光光谱。在波长510～650nm间精油和柑橘损伤部位发射的荧光光谱的变化趋势是相同的，峰值波长几乎相等，由此可以得出精油就是柑橘荧光的发光体。激发波长不同，产生的荧光的峰值和强度也不同。为了使精油发出更强的荧光，需要选择最佳激发波长。试验证明，当激发光谱采用220nm和365nm两处波长时，精油发出的荧光达到峰值，因此这两个波长为最佳激发波长。

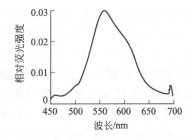

图8-38　精油发射的荧光光谱

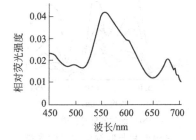

图8-39　柑橘损伤部位发射的荧光光谱

柑橘的正常部分和损伤部分之间的荧光强度差是进行损伤果检测的重要参数之一，该荧光强度差越大越容易区分。图8-40是对一个正常部分和损伤部分的荧光分别进行检测得到的光谱图，在波长500～600nm范围内，损伤部分比正常部分的荧光强度起伏大，平均值高于正常部分，特别是在550～570nm间更为明显。

柑橘的成熟度与自身的表面颜色有关，可以按柑橘的表面颜色程度来评价成熟度。成熟果的表面颜色是全橙红色，半成熟果的表面颜色为橙红色和绿色各一半，未成熟果的表面颜色为全绿色。由图8-41可以看出，柑橘发出的荧光的强度按成熟果、半成熟果、未成熟果依次减弱，且峰值波长逐渐变小。其原因可以被认为随着柑橘的成熟，精油逐渐增多，果皮一旦破损，露出表面的也多，荧光也随之变强。另外，成熟度不同，峰值波长也随之变化，反映出光的颜色也在变化。

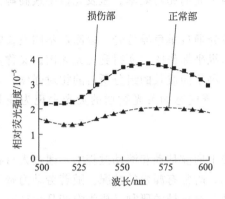

图 8-40　柑橘正常部与损伤部的光谱

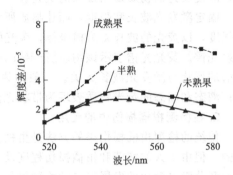

图 8-41　柑橘不同成熟度的荧光光谱

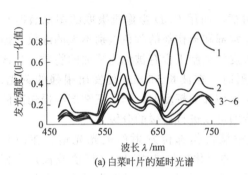

(a) 白菜叶片的延时光谱

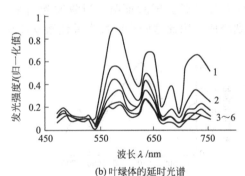

(b) 叶绿体的延时光谱

图 8-42　白菜叶片与叶绿体的延时光谱
曲线 1~6 分别为光照停止
20s、30s、40s、50s、60s、70s 后的光谱

通过上面的分析，我们可以利用柑橘在紫外线激发下发射出的荧光光谱的峰值波长的位置和峰值的强弱，对柑橘的表面是否发生损伤以及损伤面积的大小进行定性和定量的检测，为进一步进行分级操作提供依据。

四、延时发光法检测技术

人们发现所有的光合作用生物都能发生一种"后发光"。例如植物被光照一段时间后放到暗处，能继续发出微弱的红光，这种后发光叫做"延时发光"，也叫"滞后荧光"，它与激发光去掉之后就停止的"瞬发荧光"是有区别的。延时发光是一种荧光发光现象，它与食品和农产品的诸多生命活动密切相关，如氧化代谢、细胞分裂、细胞凋亡、生长调节、光合作用等。因此农产品中的叶绿素含量将直接影响延时发光的产生状态。虽然现在仍不能完全阐明延时发光的机理，但可以确定的是它不仅与光合作用的原初反应、电子的传递以及光合磷酸化等过程有密切关系，而且延时发光也是随光合作用而产生的。

图 8-42 是白菜叶片、叶绿体的延时发光光谱随时间的变化情况。试验的过程如下，样品经过 60W 白炽灯照射 2min 后放入样品室，暗置 20s 后开始记录。从图中可以看出，叶片与叶绿体的延时发光光谱很相似，二者在 485nm、580~590nm、650nm、685nm、725~735nm 附近都有较强的峰，发光强度随时间很快衰减，但光谱分布基本保持不变。叶片与叶绿体之间发光光谱的一致性说明叶片的延时发光主要来自叶绿体。

通过延时发光谱的分析技术检测茶叶中残留叶绿素的 DLE 强度来鉴定茶叶的品质、利用番茄、青辣椒、黄瓜等绿色植物 DLE 的强度来检测这些植物的成熟度和新鲜度的研究已经有多篇论文报道。

第五节　图像检测技术

一、可见光成像技术

1. 概述

可见光成像技术是指在人眼可以直接感知的电磁波波长范围内（400～780nm），通过图像摄取装置将被摄取目标转换成图像信号，并进行相应处理的一种技术。首先，通过各种运算来抽取目标的特征，如面积、数量、位置、长度，再根据预设的允许度和其他限定条件输出结果，包括尺寸、角度、个数、合格/不合格、有/无等，实现自动识别功能，达到控制现场的设备动作的目的。因此，常用于替代人工视觉，应用在大批量工业生产过程中，提高生产效率和生产的自动化程度。

可见光成像系统通常由光源、镜头、成像芯片、图像采集卡（或简称为采集卡）、计算机等部分组成。光源发射器发出光波照射在受检产品上，经反射、折射或透射后进入光学镜头分光处理，光信号经成像芯片转换为模拟图像信号，再经采集卡转换成数字信号。计算机接收到图像的数字信号后，将其存入内存储区，通过相应的图像处理软件，分析图像信息。

图像处理技术基本可分为两大类：模拟图像处理和数字图像处理。数字图像处理是目前普遍使用的图像处理方法。数字图像处理一般采用计算机实时处理，因此也称为计算机图像处理。其优点是处理精度高，处理内容丰富，可进行复杂的非线性处理，变通能力较强，一般来说只要改变软件就可以改变处理内容。但在进行复杂的图像处理时，处理速度比较慢，特别是分辨率及精度对处理速度有较大影响，精度及分辨率越高，处理速度越慢。

目前，可见光成像技术已经广泛应用于水果、蔬菜、肉、比萨饼、奶酪和面包等食品和农产品的质量检测和评价中，可以概括为以下几个方面。

（1）在尺寸和形状外观检测中的应用

外观尺寸是食品、农产品分级的重要依据。利用可见光成像技术结合图像处理方法可以通过检测周长、面积、窝眼的方位和孔积率等外形尺寸参数，判断受测物的信息。此外，产品形状也是外观尺寸检测的重要方面，特别是水果，其形状优劣是分级的重要指标。在国内外，已有根据膨化食品、鸡蛋、苹果等食品、农产品的外形特征，相应开发的可见光成像处理系统，实现了这些产品的自动化检测。

（2）在颜色检测中的应用

颜色是食品、农产品质量评价的重要特征，利用可见光成像系统对其色泽做出评价，可以克服人眼的疲劳和差异。通过颜色特征的差异可以识别鲜桃的缺陷；区分霉变大豆等。焙烤食品的质量控制是加工过程的关键环节，以前只能依靠人工定性判断，现在可以利用可见光成像技术检测面包或其他焙烤食品的颜色，一些食品技术人员也尝试利用可见光成像技术检测比萨饼的颜色来达到控制质量的目的。

（3）在纹理特征检测中的应用

彩色常规成像技术结合图像处理可以获得膨化食品断面的彩色图像，并对图像进行纹理分析，从而对膨化食品质量进行评价。牛肉纹理特征与嫩度之间存在较强的对应关系，通过彩色常规成像技术结合纹理分析方法可以分析牛肉的品质。

（4）在表面缺陷和损伤检测中的应用

表面缺陷和损伤的检测一直是食品、农产品分级的难题，通过可见光成像技术结合相应的图像处理方法，可快速检测这些形态特征。比如利用基于神经网络分类器的立体颜色直方图可以分析鸡胴体全身缺陷。破损鸡蛋易受外界微生物的入侵，导致新鲜度降低，甚至腐败变质，破损鸡蛋的剔除是蛋制品加工流程的重要环节，利用可见光成像技术结合形态分析方法可检测鸡蛋的破损。此外，利用可见光成像技术也可检测大米颗粒的爆腰率、表面虫蛀缺陷等特征。

（5）在成分检测中的应用

可见光成像技术在食品、农产品成分检测方面的应用也很多，比如根据比萨饼底部的数字化图像的颜色特征来判断赖氨酸含量；运用数字图像处理技术分析面包横断面大小均匀性、厚壁度和面包心亮度等特征，判断乳化剂在面包焙烤中的作用。可见光成像技术也可用来评价奶酪熔化和褐变，这种新型非接触方式被用来分析烹调时 cheddar（切达干酪）和 mozzardla（一种意大利干酪）的特性。结果表明，这种方法可以提供一种客观简便的途径分析奶酪的功能性质。

2. 可见光成像系统与设备

普通的可见光成像系统由图像的采集部件、图像的处理部件（计算机）、图像的输出部件三部分组成，如图 8-43 是比较典型的可见光成像系统示意图。

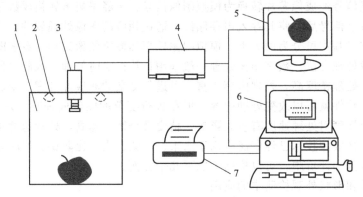

图 8-43　可见光成像系统示意图

1—光源箱；2—光源；3—摄像机；4—采集卡；5—监视器；6—计算机；7—图像输出

图像采集部件的作用是采集受测物的原始模拟图像数据，并将模拟信号转换成数字信号。可见光成像系统常用的图像采集部件有摄像机加图像采集卡（或简称采集卡）、图像扫描仪以及数码摄像机等。

（1）摄像机和图像采集卡

可见光成像系统采用的摄像机分为电子管式摄像机和固体器件摄像机。根据光图像转换成电子图像的不同原理，电子管式摄像机可以分成光电子发射效应式和光导效应式两种类型，由于电子管式摄像机的重要元件是电子管，所以体积相对固体器件摄像机要大得多。目前普遍采用的固体器件摄像机是 CCD 类型的，CCD 摄像机是由电荷耦合元件组成的图像探测器，它将景物通过物镜成像在一块电荷感应光板（电荷耦合探测器）上，用感应光板上的感应电压模拟景物的亮度变化。由于 CCD 实现了光电转换及扫描，因此体积小、重量轻、结构紧凑。摄像机的参数有空间分辨率、灰度分辨率或颜色数、快门参数、最低照明度等。根据快门速度，可分为静止和实时摄像机。摄像机需要和视频图像采集卡配合使用，配合时，要考虑两者参数的优化问题。

采集卡可以将摄像机采集的模拟图像信号转换成数字信号，即计算机可以处理的信号。根据图像采集的速度，采集卡可以分为：中速采集卡和实时采集卡。中速采集卡和实时采卡的采集速度都为 40 帧/s 左右，前者瞬时可采集 1 帧图像，后者能连续采集多帧图像，可以获得任何活动目标的运动过程，一般用于流水线上物品定时采样。

（2）图像扫描仪

图像扫描仪也是一种获取图像，并将之转换成计算机可以显示、编辑、存储和输出的数字格式的设备。是一类适合于薄片介质，如纸张、照片（胶片）、插画、图形、树叶、硬币、纺织品等物体的图像数字化的设备。其空间分辨率较高，一般在 1200dpi 以上。但是，由于采用的是机械扫描方式采集数据，因此采集速度不如 CCD 摄像机快。

（3）数码摄像机

数码摄像机是近年来出现的数字化产品。将图像采集和数字化部件集成在同一机器上，使其输出的信号能直接为计算机所识别。数码摄像机使图像的采集部件和主机的连接更具有通配性，而且由于其携带方便，有相应的存储器，因此更适于现场数据采集。

在现代成像系统中，图像处理工作通常由计算机完成，计算机的扩展槽上插有带帧存体的采集卡，图像处理的过程通常包含从帧存体取数据到计算机内存、处理内存中的图像数据和送数据回图像存储三个步骤。

图像的输出是图像处理的最终目的，即为人或机器提供一幅更便于解释和识别的图像。因此，图像输出也是图像处理的重要内容之一。图像的输出有两种，一种是硬拷贝，另一种是软拷贝。其分辨率随着科学技术的发展而提高，至今已有 2048×2048 的高分辨率的显示设备问世。通常的硬拷贝方法有照相、激光拷贝、彩色喷墨打印等多种方法；软拷贝方法有CRT 显示、液晶显示器、场致发光显示器等几种。

3. 可见光成像技术在鸡蛋裂纹识别中的应用

禽蛋在生产、加工和销售过程中容易产生裂纹，微生物经常从裂纹处入侵，使鸡蛋新鲜度快速下降，腐败变质，导致经济损失。因此，为了便于鸡蛋的安全流通，需将裂纹鸡蛋检测剔除。鸡蛋的裂纹特征在其投透射图像中可显现出，可通过可见光成像技术结合图像处理方法检测鸡蛋裂纹。

试验材料为附近农场购买的当日新鲜柴鸡蛋，大小均匀，蛋形基本一致，蛋壳颜色接近褐色，经人工仔细检测无裂纹 88 个。试验前将鸡蛋清洗干净，然后通过物性仪（TA-XT2i，英国）进行准静态压缩造裂纹，从而产生 88 个裂纹鸡蛋。

将受测鸡蛋置于照暗箱中的顶部，光源从卤素灯中发射出，采用 CCD 摄像头采集鸡蛋的透射图像，并进行相应的滤波去噪，A/D 转换，传输到计算机中进行处理。在图像采集过程中，为了得到清晰的鸡蛋图像，对 CCD 摄像机的光圈、焦距进行调节，并通过微调摄像机焦距，使得样本的图像能够被 CCD 摄像机清晰地捕获。采集的鸡蛋图像格式为 BMP，640×480 大小的 RGB 彩色图像。

图 8-44(a) 为采集到裂纹鸡蛋的原始透射图像，该图像通常背景黑暗，主体区域通红，裂纹区域透光度大于非裂纹区域，表现为一狭长的亮线或明亮的区域。为处理方便，将原始RGB 彩色图像转化为灰度图，在灰度图中，裂纹区域较为明显 [图 8-44(b)]，但在拍摄图像的过程中不可避免地在目标及其背景图像上会出现粉尘颗粒，镜头斑点，以及图像采集、量化、传输过程中产生多余的点和线，称为噪声，主要表现为孤立群点和孤立线。这些噪声的存在对裂纹区域的提取有较大的影响，因此有必要对其进行去除噪声的预处理。中值滤波是一种非线性滤波技术，能抑制图像中的部分脉冲噪声。图 8-44(c) 为采用 3×3 矩形窗口进行中值滤波操作处理后的裂纹鸡蛋图像。再采用基于颜色的阈值分割法提取的鸡蛋目标区域，取像素占总像数 0.02 的灰度级为阈值分割点，对相同灰度等级的像素数目进行统计，分割后裂纹及噪声区域为白色，背景为黑色 [图 8-44(d)]。由于鸡蛋样本形状的影响，鸡

蛋小头或大小两头部分，其灰度值较高，阈值分割后会产生大的噪声干扰区域，不能很好地提取出裂纹区域，因此采用形态学中的腐蚀对白色灰度区域进行连接［图 8-44(e)］。根据鸡蛋裂纹的形态和特征，选取合适的结构元素进行 Top-Hat 变换后［图 8-44(f)］，再经过阈值处理二值化［图 8-44(g)］，由图中可见，鸡蛋裂纹的基本线条形状保留下来，但由于裂纹本身具有缝合性以及去噪处理的影响，裂纹线条出现许多断点，可以通过形态学膨胀连接，在此选用纵向性的结构元素进行处理［图 8-44(h)］，图中裂纹区域和噪声区域都有所增强，裂纹区域是线条形态，其长度比噪声区域大，因此可用区域的面积即区域像素个数代替区域长度识别并提取裂纹。采用八连通将所有区域标定出来后，计算出各个区域的面积，提取面积最大的区域，并分割出来如图 8-44(i) 所示。

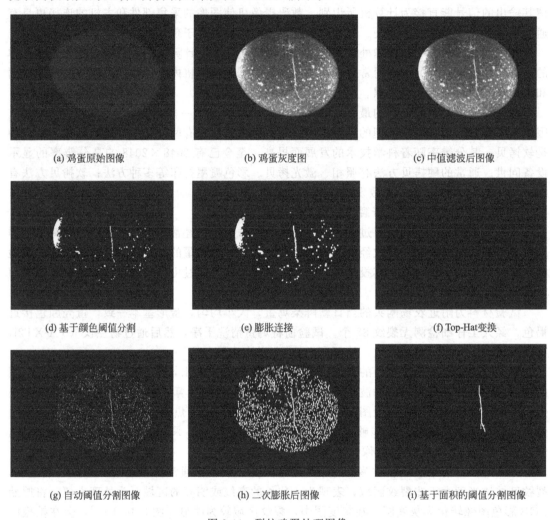

(a) 鸡蛋原始图像　　　　　　　(b) 鸡蛋灰度图　　　　　　　(c) 中值滤波后图像

(d) 基于颜色阈值分割　　　　　(e) 膨胀连接　　　　　　　　(f) Top-Hat变换

(g) 自动阈值分割图像　　　　　(h) 二次膨胀后图像　　　　　(i) 基于面积的阈值分割图像

图 8-44　裂纹鸡蛋处理图像

由于完好鸡蛋表面也存在一些斑点噪声，在蛋壳表面的图像形成部分白色区域。比较了大部分完好和裂纹鸡蛋经上述图像处理后的面积区域，发现大部分裂纹鸡蛋提取的裂纹特征像素面积≥40，完好鸡蛋则反之。因此，选取 40 作为像素面积分界值来判别裂纹区域。

对 88 个完好鸡蛋和 88 个裂纹鸡蛋通过上述方法判别结果如表 8-2 所示。88 个完好鸡蛋样本中，有 8 个被误判为裂纹蛋，88 个裂纹鸡蛋则有 20 个被误判为完好蛋，试验鸡蛋的总体识别率为 84.1%。

表 8-2　鸡蛋裂纹的识别结果

鸡蛋类型	样本数量	识别结果		总识别率
		完好	裂纹	
完好	88	80	8	84.1%
裂纹	88	20	68	

二、光谱成像技术

1. 光谱图像的基本概述

光谱成像技术（spectral imaging）是 20 世纪 80 年代发展起来的新技术，集中了光学、光电子学、电子学、信息处理、计算机科学等领域的先进技术，把传统的二维成像技术和光谱技术有机地结合在一起。高光谱图像技术具有超多波段、高的光谱分辨力和图谱合一的特点。1983 年，第一台光谱成像设备 AIS-1 在该实验室研制成功，显示出其在定量研究方面的巨大潜力。加拿大、澳大利亚、法国、德国等国家也竞相投入大量资金进行高光谱图像技术的研制和应用研究，刚刚开始该技术主要用于空间遥感领域，现已拓展到医疗诊断、药物和食品分析等领域，并在光谱图像的数据获取、光谱标定、三维数据重建、数据处理分析和模式识别等方面都有较大发展。

光谱成像技术集图像分析和光谱分析于一身，它在食品、农产品质量与安全检测方面具有独特的优势。光谱图像是一个三维数据块，它指在特定光谱范围内，利用分光系统同时获得一系列连续波长下的二维图像所组成，如图 8-45 所示。在每个特定波长下，光谱数据都能提供一个二维图像信息，而同一像素在不同波长下的灰度又提供了光谱信息。其中，图像信息能表征农产品的大小、形状和颜色等外观特征，光谱信息能反映农产品内部结构、成分含量等特征信息。由此可见，光谱成像技术能对农产品的内外品质特征进行可视化分析。

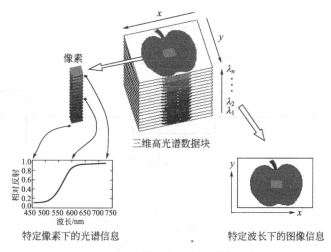

图 8-45　光谱图像三维数据块格式

随着科学技术的发展，成像光谱的光谱分辨率的精度越来越高，根据光谱分辨率的不同将光谱图像分为多光谱图像、高光谱图像和超光谱图像。一般认为，光谱分辨率在 $10^{-1}\lambda$ 数量级范围内的图像称为多光谱（multi-spectral）图像，光谱分辨率在 $10^{-2}\lambda$ 数量级范围内的图像称为高光谱（hyper-spectra）图像，光谱分辨率在 $10^{-3}\lambda$ 数量级范围内的图像称为超光谱（ultra-spectral）图像。根据检测的精度和要求不同，一般选用不同分辨率的光谱成像技术。通常情况下，针对食品、农产品质量与安全的检测，一般选用高光谱成像技术。因此，本书后续章节所列的光谱成像技术特征主要指高光谱成像技术。

随着光谱分辨率的提高，高光谱图像能够记录的农产品品质信息越来越丰富，应该说非常有利于进行农产品品质检测，但在实际应用中并非如此简单。高光谱图像具有许多独有的特点，这些特点与人们固有的有关图像的先验知识差异很大，对高光谱图像或光谱的感性知识缺乏，使利用高光谱图像进行农产品品质检测的效果与人们的期望值高有不小的距离。

高光谱图像检测的优点是，能借助丰富的光谱信息实现农产品内外品质的全面检测。在这方面人们曾提出过许多不同的方法，这些方法主要可以分为两类。

（1）基于光谱空间的检测方法：这类方法在高光谱图像检测中属于比较传统和常用的方法。常用的光谱匹配、混合光谱分解等方法均属于此类方法。这类方法需要预先知道检测对象品质指标的实测光谱参数，然后与高光谱图像中提取的光谱参数进行匹配，进而通过模式识别技术得到检测对象的品质。这类方法存在光谱重建和光谱变化等不确定性问题，因此，利用这类方法进行农产品品质检测时，除了要解决农产品的光谱重建问题外，如何更好地提高检测对象光谱吸收特性也是关键。

（2）基于特征空间的检测方法：另一类高光谱图像检测的思想是从特征空间的分布规律出发，通过提取同一检测对象图像上不同品质指标呈现的不同分布特性（比如不同的统计参数等），进而实现检测对象的品质检测与识别。这类方法首先需要分析检测对象不同品质指标表现出的特征及其与背景特征间的分布差异，然后通过相应的特征提取方法突出图像中的检测对象结构，最后再通过图像分割算法提取检测对象的品质指标。

基于特征空间的高光谱图像检测方案主要有两种。第一种是直接在原始特征空间中进行检测操作，其方案可用图 8-46 表示。由于在高维空间中分析数据存在许多问题，因此，这一方案很难充分体现高光谱图像信息量大的优势。第二种是基于特征提取与选择的方案，即利用特征提取或选择方法将原始数据映射到低维特征子空间中，然后再进行检测。该方案可用图 8-47 表示。

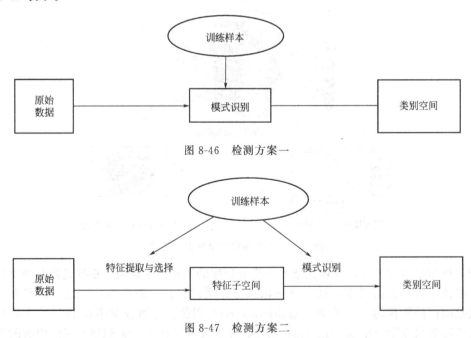

图 8-46　检测方案一

图 8-47　检测方案二

在方案二中，高光谱图像检测的关键取决于以下两个环节。第一是特征提取或选择算法。这是最重要的环节，如何能在特征子空间中体现检测指标的本质特性，是能否提高检测精度的关键，许多文献在这方面做了大量研究。第二是检测与分类算法。理论上讲，传统的机器学习算法（统计模式识别、神经网络等）在高光谱图像分析中应该仍然可用，但这些方法需要大量的样本来训练分类器，这在高光谱图像分析中通常是无法满足的。因此，研究适用于小样本的机器学习方法，是高光谱图像检测的一个重要研究方向。如近几年发展起来的支持向量机学习方法，研究了改善其小样本情况下的分类精度问题。

2. 光谱成像的方式

光谱成像检测技术的硬件组成主要包括光源、CCD 摄像头、装备有图像采集卡的计算机和单色仪。光源的波谱范围可以在紫外（200～400nm）、可见光（400～760nm）、近红外（760～2500nm）以及波长大于 2500nm 的区域。摄像头能接受从物体表面反射或透射来的光，并通过 CCD 传感器把光信号转换成电信号。CCD 传感器分为线列（一次曝光获得一维图像信号）和面列（一次曝光获得二维图像信号）两种，后者比前者的成本高。图像采集卡把 CCD 得到的模拟信号转换成数字信号，并通过计算机显示出来。单色仪用来获得特定波长的光，特定波长的光可通过滤波器（滤波片）和图像光谱仪两种方式获得。因此，两种不同的单色仪提供了两种组建高光谱图像检测系统的方法。

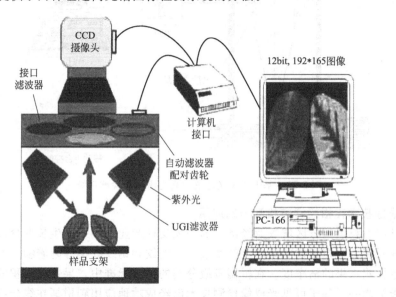

图 8-48　基于滤波器的高光谱图像检测系统

（1）基于滤波片式光谱成像系统

基于滤波器或滤波片的高光谱图像检测系统如图 8-48 所示。这种方法所采用的成像装置主要由 CCD 摄像头和可用于波长选择的元件组成。常用的波长选择元件有窄带滤波片、液晶可调式滤镜、声光可调式滤镜等。高光谱图像获取方法是：通过连续采集一系列波长条件下的样品二维图像（图 8-49），对应每个波长 K_i（$i=1$，2，3，…，n；其中 n 为正整数）就有一幅二维图像（横坐标为 x，纵坐标为 y），从而得到三维图像块（x，y，K）。

（2）基于图像光谱仪式光谱成像系统

基于图像光谱仪的高光谱图像检测系统如图 8-50 所示。这种成像装置主要由 CCD 摄像头和图像光谱仪组成。

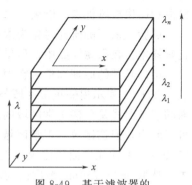

图 8-49　基于滤波器的
高光谱图像系统获得
的图像数据示意图

CCD摄像头采用线列或面列探测器作为敏感元件。工作时，图像光谱仪将检测对象反射或透射来的光分成单色光源后进入CCD摄像头。该系统采用"扫帚式"成像方法得到高光谱图像：线列或面列探测器在光学焦面的垂直方向作横向排列完成横向扫描（x轴向），可以获取对象在条状空间中每个像素在各个波长下的图像信息；同时在检测系统输送带前进过程中，排列的探测器就好像刷子扫地一样扫出一条带状轨迹从而完成纵向扫描（y轴向），综合横纵扫描信息就可得到样品的三维高光谱图像数据。在农产品品质与安全性检测时，检测生产线行进方向的样本尺寸不受CCD摄像头拍摄区间大小的限制。

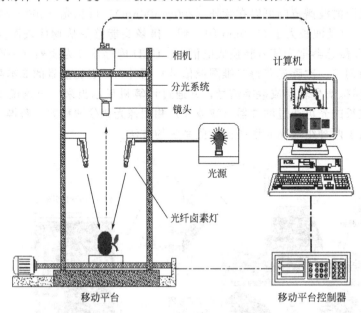

图 8-50　基于图像光谱仪的高光谱图像检测系统

3. 光谱成像技术在柑橘锈斑检测中的应用

柑橘现已成为我国南方区域农业经济中的一大支柱产业。在果实生长发育过程中，受到潜隐性病毒的侵害，会在柑橘的表皮上产生痕斑、网纹和锈蜡蚁类等附着物，形成柑橘表面的果锈，严重影响水果的洁净度。在柑橘等级分类的国家标准中，果锈总面积的大小是柑橘分级的重要指标之一。基于可见光成像检测技术已经成功地应用到柑橘在线分级，但由于果锈和正常区域的色差不大，容易造成可见光成像检测系统的漏判。高光谱图像技术集成光谱检测和图像检测优点，能满足水果的果锈检测的需要。

试验所采用的研究对象为永春柑橘，共100个柑橘样本，包括50个果锈样本和50个的正常样本。在果锈样品中，尽量保证果锈形状及总面积大小各不相同。

由高光谱的原理知道，在对于柑橘图像上的每个像素点，都存在不同波长下的光谱信息。图8-51表示柑橘正常区域与果锈区域在408～1117nm范围内的光谱曲线，图中，最上面的三条曲线是柑橘正常区域的光谱曲线，下面的三条是柑橘果锈区域的光谱曲线。从图中可以看出，损伤区域与正常区域的光谱曲线在波长550～750nm之间区别较大，而在550～750nm以上的光谱曲线比较接近，且呈现较高的噪声水平。因此，在后期的数据处理过程中，选取550～750nm范围内的高光谱图像数据进行分析。

为了减少噪声和数据冗余，并降低数据处理过程中的运算量，将标定后的图像块在光谱轴方向每5个像素取平均值，在条状空间（x轴方向）中选取281～800范围内的像素，以保证样品图像完整为准，这样就得到一个$520 \times Y \times 56$的图像块，从而大大减少了数据量。

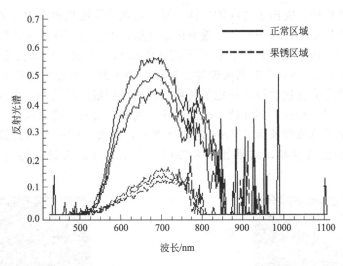

图 8-51　样品正常区域和果锈区域的光谱曲线

由于高光谱图像数据量大以及相近波长之间的强相关性，因此选择哪两个波长进行比值很关键。波段之间的相关性越小，波段比值图像的信息量就越大，所以必须寻找合适的特征波长。Sheffield 指数（Sheffield index，SI）可以很好地用来确定用于波段比的最佳波段，如式(8-16)所示。

$$SI = |Cov_{p \times p}|　　　　　　　　　　(8-16)$$

式中，$|Cov_{p \times p}|$ 为协方差矩阵中任意一个 p 阶行列式，行列式的值 SI 越大，表明其对应的两个波段的相关性就越小。

为了寻找波段比的两个最佳波段，选择 $p = 2$。分别计算各种波段组合的 SI 值，并进行排序。表 8-3 列出了最大的五个 SI 值及其对应的波段组合。由表 8-3 可知，最大的 SI 值所对应的波段组合的波长分别为 625nm 和 717nm（图 8-52），说明这两个波长的相关性最小，因此确定这两个波段为最佳波段，即为本试验要寻找的特征波长。

表 8-3　最大的五个 *SI* 值及其对应的波长组合

SI 值排序	1	2	3	4	5
SI 值/10^{-6}	6.762	6.731	6.724	6.702	6.695
波长组合/nm	625 和 717	621 和 717	618 和 717	618 和 714	625 和 721

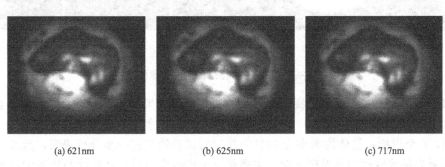

(a) 621nm　　　　　　　(b) 625nm　　　　　　　(c) 717nm

图 8-52　特征波长图像

将上述两个特征波长图像作比值变换，图 8-53(a) 是 717nm 波长下的图像除以 625nm 波长下图像（对应像素的灰度值相除），再进行归一化函数处理后得到的相对强度图像。在得到的相对强度图像中，突出了边缘的果锈区域，而在特征波长图像中几乎辨认不出该果锈区域。显然经过比值变换后的图像表征效果比较理想，但同时存在很大的背景噪声，因此需要提取柑橘的轮廓，构建掩膜，然后利用该掩膜作用相对强度图像来去除背景噪声。图8-53(b)是提取波长在625nm下的图像轮廓，显然它得不到一个完整的轮廓。如果使用相关性很强的两个波段作为比值波段，作比值变换，就能得到很好的效果，因为相关性很强的两个波段的吸收率必定很相近，其比值一般集中在1左右，而对于背景噪声，它们的比值就有明显的差异。本试验选取波长为625nm的特征波长，以及它的一个邻近波长（621nm）作为比值波段，进行比值变换，结果如图8-53(c)所示，可以看到它得到的图像轮廓比较完整。

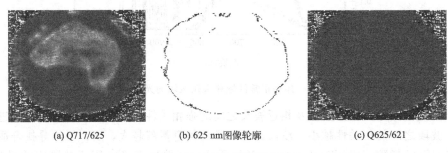

(a) Q717/625   (b) 625 nm图像轮廓   (c) Q625/621

图8-53　波段比运算后的图像

为了去除背景噪声，首先要构建掩膜，因此要对图8-53(c)进行处理：首先对其进行轮廓提取，然后进行填充，最后建立掩膜，该掩膜是由0值和1值组成的一个二进制图像，结果如图8-54(b)所示。接下来使用此掩膜作用到图8-54(a)：对于与掩膜上1值区域相对应的图8-54(a)的区域不做任何处理，而将与掩膜上0值区域相对应的图8-54(a)的区域的亮度值赋值为0，从而去除了大部分的背景噪声，接着再进行线性拉伸，结果如图8-54(c)所示。然后进行阈值分割，结果如图8-54(d)所示。最后做相应的形态学变换，处理结果如图8-54(e)所示。这样就完成了整个目标区域的检测。

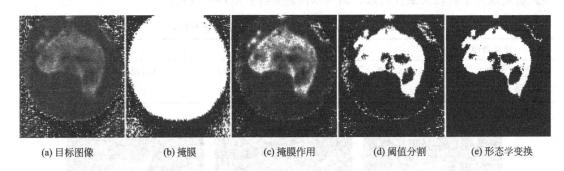

(a) 目标图像   (b) 掩膜   (c) 掩膜作用   (d) 阈值分割   (e) 形态学变换

图8-54　柑橘果锈特征提取的图像处理

按照以上步骤，对100个柑橘样本进行检测，检测结果如表8-4所示。从表8-4中可看出，50个正常柑橘样本有48个样本被正确检测，2个误检；50个果锈柑橘样本有44个被正确检测，6个误检；总体检测率为92％。通过对试验结果进一步分析表明，造成将正常柑橘样本误判为果锈柑橘的原因很复杂，主要是由于比值变换后，在边缘与背景的临界处引进了一定的噪声，经进一步地处理后，未将这些噪声完全消除，从而被误判为果锈；而将果锈柑橘误判为正常柑橘的原因一般都是因为柑橘上的果锈区域过小，在图像处理算法上容易将这些过小的区域被腐蚀掉，从而造成误检。

表 8-4　柑橘果锈的检测结果

样本类别	样本数	检测结果		总体检测率
		正常柑橘	果锈柑橘	
正常柑橘	50	48	2	92%
果锈柑橘	50	6	44	

三、X 射线成像技术

1895 年伦琴发现了 X 射线，为了纪念他，人们将 X 射线又叫做"伦琴射线"。X 射线是一种波长很短的电磁波，波长范围为 0.001～10nm，介于紫外线与 γ 射线之间，光子能量在 $1.2 \times 10^2 \sim 1.2 \times 10^6$ 电子伏特之间，比可见光的大得多，表现出明显的粒子性和很强的穿透性。与其他电磁波一样，X 射线能产生反射、折射、散射、干涉、衍射、偏振和吸收等现象。根据其能量大小分为硬 X 射线和软 X 射线。硬 X 射线能量较大，穿透力较强，常用于检测厚度大，密度大的材料；软 X 射线能量较小，穿透力较弱，农产品品质检测中常采用软 X 射线。

X 射线产生原理为当灯丝被通电加热至高温时（达 2000℃），产生大量的热电子，在高压作用下被加速，高速轰击到靶面，部分动能转变为辐射能，以 X 射线的形式放出。X 射线穿透受测物，部分射线与物料发生作用导致强度衰减。射线穿过被检测物后，携带物体内部信息，进入线阵探测器，经闪烁晶体屏转换为可见光，可见光再经光电转换器转换为电信号后，由图像采集卡进行 A/D 转换和一定的预处理，输入计算机存储，供后续处理。X 射线成像流程图如图 8-55 所示。

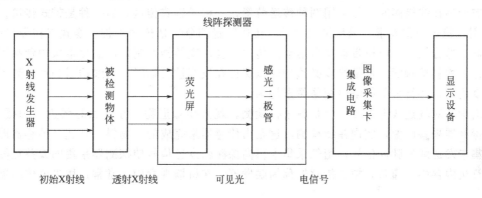

图 8-55　X 射线成像流程图

X 射线的穿透能力很强，其图像能直观地反映食品及农产品内部的缺陷、结构组织变化等品质状况，应用 X 射线可检测如畜产品骨头残留，苹果的碰伤、腐烂及水心病，马铃薯、西瓜内部的空洞，柑橘中的皱皮，农产品的病虫害等缺陷。X 射线成像技术在农畜产品内部品质检测方面有很大的应用潜力，越来越受到重视。

1. X 射线检测装置

X 射线检测装置通常包括 X 射线发生器、X 射线探测器、机械传动装置、射线防护装置、图像采集卡、主控计算机、图像采集及处理软件等部分组成。X 射线成像检测实验装置如图 8-56 所示。

X 射线发生装置用来产生和控制检测物料所需要能量，它由高压发生器、X 射线管、X 射线控制器几部分组成。其中，X 射线管是 X 射线源的核心，其基本结构是一个高真空度

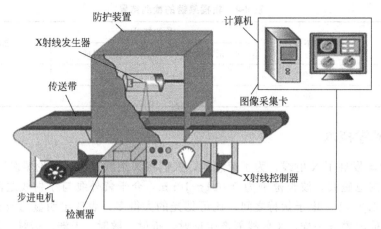

图 8-56　X 射线成像检测实验装置

的二极管，由阴极、阳极和保持高度真空的玻璃外壳构成。探测器接收穿透被检物料的 X 射线，通过荧光屏将接收到的 X 射线转换成可见光，探测器单元中的感光二极管受到可见光的照射，产生电压信号，该信号经过集成电路（ASIC）的处理变成数字信号传送至计算机。

线阵检测器通过数据电缆信号线以及 RS232 端口与图像采集卡连接。图像采集卡使用主控计算机的主板 PCI 插槽，通过 PCI 总线与主控计算机通讯。图像采集卡向检测器发送信号采集命令。系统配置图像采集卡，图像采集模块调用图像采集卡厂商提供的驱动程序和动态链接库。

农产品在线检测时一般采用两种传送装置，一种是辊式传送，另一种是带式传送。考虑到 X 射线稳定成像要求，采用带式传送。传送装置部分包括传送皮带、变频三相异步电机、变频器三部分构成。电机带动皮带运动，传送速度由变频器控制。传送皮带采用食品级包装塑料作为物料接触面，皮带厚度必须均匀以保证在没有被检物时，射线透射到达检测器的射线强度均匀，逐行采集的空白图像像素均匀。

由于要对输送线上的每一个物料进行检测，就必须知道物料在什么时候进入拍摄范围，以便探测器采集图像，实现在线检测，这是由传感器来完成的，物料一到达，传感器即向图像采集卡发送触发脉冲信号，图像采集卡再向探测器发送信号使探测器采集图像并把图像传到计算机内存中。通常，把该传感器称为触发器。在机器视觉中，常常选用光电传感器来做触发器。

为了保证整个系统的可靠性，选用的触发器必须具备很好的稳定性。如选用光纤放大器作为触发器。光纤放大器是光电传感器的一种。它是利用光纤的特性研制而成的传感器，在投光部、受光部上连接光纤，由光纤单元和放大器单元构成。由于检测部（光纤）中完全没有电气部分，所以具有很强的抗电磁干扰性能。因 X 射线的辐射给人体带来一定的安全隐患，在 X 射线检测系统周围必须设计射线防护装置以防止其对人体的伤害。

2. X 射线在水心果检测中的应用

苹果的品质指标主要包括等级规格指标、理化指标和卫生指标三类，其中苹果质量等级指标指苹果的外观、尺寸及机械损伤，包括果形、色泽、果梗、果面缺陷、碰压伤、磨伤、药害、腐烂、褐变、水心等。有的发生在外部，有的发生在内部，由于内部品质无法在苹果表面表征出来，通常只能采用抽样破坏性检测方法，该方法随机性大，不能有效代表大批量产品品质，而且破坏性检测需要破坏大量检测样本，经济损失大。因此，选择适当的无损检测方法检测苹果内部品质，对农产品的品质进行全面检测具有重要的指导意义。

3. 在食品、农产品检测中的应用

　　X射线的穿透能力强，其衰减程度与待检材料的密度、厚度、组分密切相关，因此透射X射线图像在一定程度上能反映待检材料的理化性质。苹果的碰伤、腐烂、褐变、水心等都源于苹果的结构变化，采用X射线成像技术结合图像处理技术可检测苹果的内部品质。本文就采用X射线成像技术检测碰伤、腐烂、褐变和水心等缺陷做一介绍。

　　试验材料来自甘肃省静宁县某农场红富士苹果，从赤道部位垂直于果梗-果萼轴切开，人眼检测内部品质，其中碰伤果6个，褐变、腐烂果3个，水心果37个，正常果47个。

　　设置不同的管电流、管电压，采集多幅图像。通过对比，确定苹果X射线图像采集参数：X射线发生器管电压、管电流分别为70kV、0.75mA；检测器积分时间2.22ms；扫描速度18.02cm/s。采集图像时，将苹果果梗-果萼轴与X射线平行，垂直于传送带和X射线线阵探测器。

　　苹果图像采用3×3的高斯滤波器滤波去噪。去噪后的苹果图像如图8-57所示（为突显各种病害特征，分别对图像做了相应的灰度变换）。

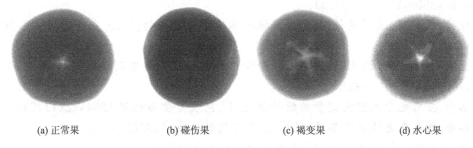

(a) 正常果　　　　　(b) 碰伤果　　　　　(c) 褐变果　　　　　(d) 水心果

图 8-57　苹果 X 射线图像

　　基于对所采集的图像进行高斯滤波去噪，研究进一步对各种水果进行分析处理。苹果碰伤后，其密度和含水量变化能在X射线图像上反映出，在图像边缘碰伤区域灰度值相对较高，且变化较大。因此，先通过边缘算子获取图像的边缘，作为苹果图像的分析区域，再在此区域内，提取水心果特征区域，再对其进行巴特沃斯高通滤波器锐化，图像增强和阈值分割，可得到如图8-58的图像。在图像中，水心苹果和正常苹果的特征和清晰的区分出。

 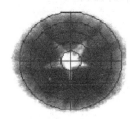  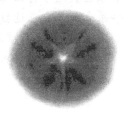

(a) 水心果二值图像的边缘图像　　(b) 图像区域划分　　(c) 局部阈值分割出的水心区域　　(d) 水心标记图像

图 8-58　水心苹果分割序列图像

阅读与拓展

◇陈斌,黄星奕.食品与农产品质无损检测新技术[M].北京:化学工业出版社,2004.

◇应义斌,韩东海.农产品无损检测技术[M].北京:化学工业出版社,2005.

◇赵杰文,陈全胜,林颢.现代成像技术在食品、农产品检测中的应用[M].北京:机械工业出版社,2011.

◇赵杰文,陈全胜.现代成像技术在食品质量与安全检测中的应用[J].食品科学,2011,33(Z1):46-50.

◇吴迪,孙大文.计算机视觉技术在食品工业中的应用[J].食品科学,2011,33(Z1):22-35.

◇任珂,屠康,潘磊庆等.青花菜贮藏期间颜色变化动力学模型的建立[J].农业工程学报,2005,21(8):146-150.

◇汪琳,应铁进.番茄果实采后贮藏过程中的颜色动力学模型及其应用[J].农业工程学报,2001,17(3):118-121.

◇李娜,董文宾,魏新军等.紫外-可见分光光度法快速检测蛋黄中苏丹红IV的研究[J].食品工业科技,2009,12(30):397-400.

◇蔡健荣,王建黑,陈全胜等.波段比算法结合高光谱图像技术检测柑橘果锈[J].农业工程学报,2009,25(1):127-131.

◇蔡健荣,王建黑,黄星奕等.高光谱图像技术检测柑橘果锈[J].光电工程,2009,36(6):26-30.

◇陈全胜,赵杰文,张海东等.基于支持向量机的近红外光谱鉴别茶叶的真伪[J].光学学报,2006,26(6):933-937.

◇张裕中.应用光学原理检测食品物料质量[J].包装与食品机械1994,12(1):29-33.

◇张裕中.光电色选技术及其应用[J].粮食与饲料工业,1995(2):1-5.

◇张麟.光电色选机及其应用[J].农机与食品机械1997(5):24-27.

◇刘绍刚,吴守一,方如明等.计算机控制的农产品光特性检测系统[J].农业工程学报,1992,8(3):97-103.

思考与探索

◇颜色和光学特性在食品加工和品质检测中的应用。

◇粮食加工中色选技术。

◇食品、农产品品质的快速无损检测技术。

◇现代食品检测技术。

第九章　食品的电磁学特性

第一节　概述

和其他物质一样，食品也是由电子、质子和中子组成，也具有一定的电磁性质，但是，食品的基本用途是为人类提供营养和物理、化学性感官感受。长期以来，人们对食品的电学性质关注相对较少。很长一段时间电磁技术在食品工业中的应用主要限于动力能源和外加热能源。随着电磁技术的发展，源于机电、医疗、通讯等的电磁加工和电磁检测技术越来越多地被应用于食品工业中，食品的电磁学性质也越来越受到人们的重视。

食品的电磁学特性归纳起来主要有介电性质、电导性质和荷电性质，它们都可以应用于食品的分析检测和加工中。

(1) 介电性质。可以用于加热、检测。例如介电水分测试仪、高频波、微波、红外加热和干燥。

(2) 电导性质。可以用于加热、检测。例如电导水分测试仪、欧姆加热。

(3) 荷电性质。可以用于静电场加工，包括清洗净化、分离（选）、熏制、喷粉、成型、防霉。利用荷电性质和动电现象，可以进行食品的分析测试和分离纯化，包括电渗透、电渗析、电泳、电浮选等。

一、研究食品电磁学特性的意义

食品的分离、分析、保藏和加工都是利用了组分间性质的差异性。如利用食品各组分的沸点差异进行蒸馏分离；利用食品中各组分的密度差异进行了沉降、离心和分选、分离等。不同的食品和食品原料有不同的电磁性质，很多场合下利用这些差异进行食品分析、分离和加工具有一些其他分离和加工方法不能比拟的优点。

(1) 食品的电磁性质具有响应快、检测方便、一般情况下不损害待测物体，易于自动化的特点，是食品工业的自动化生产和控制的一个重要手段。

(2) 利用不同食品或者同一食品不同组分之间电磁性质的差异进行食品的分离（选）、加工，往往具有很高的效率，对食品的污染小，易于控制，利于生产高质量的产品。

(3) 采用外加电场，干预某些食品内的电生化反应和生物电场来保鲜食品，具有低能耗、高卫生安全性的特点。

二、电磁学特性分类

食品的电学性质可以分成两大类，一类是主动电特性，另一类是被动电特性。主动电特性主要是指食品材料中由于存在某些能源而产生的电特性，主要表现为生物电势。由于主动电特性一般很微弱，需要很精密的仪器检测，因此在食品的加工和检测中应用较少。现在有研究表明，生物电势可能对食品的保鲜有重要的影响。食品的被动电特性主要指食品在外加电磁场下的行为，它是食品化学和物理结构所决定的固有性质，例如食品材料的电导率、介电常数、介电松弛、静电起电性质等。

食品的磁学性质一直研究很少，有人提出对饮用水进行磁处理后可以赋予其特殊的活性，但是目前还需要更多的实验研究加以证实。食品原料很少表现宏观的磁性质，有报道称磁场处理可以改变水和食品的某些性质，可以用于食品的分离纯化，但有待进一步研究证实。

第二节　食品的电磁学特性

一、引言

食品也是由普通的化学物质组成，表现出一定的电磁学性质。但是食品和普通物理学上研究的对象有所不同，食品往往是由多种物质构成的混合物，不同组分有不同的电磁学性质。食品的电磁学特性是食品电磁加工和电磁测试的基础。本节分别介绍相关的电学基础知识，食品中主要组分如水、淀粉、蛋白质、电解质等，食品的物理性状、几何性状与其电学性质之间的关系。

二、电导特性

从导电的程度看，一般物体可以粗分为两类：导体和绝缘体。如果令一个导体同时和电势不相等的两个导体接触，就可以观察到有一定量的电荷流过导体，直到平衡重新建立为止。如果绝缘体处在同样的情况下，就几乎观察不到电荷的流动。但是，导体和绝缘体的差别只是程度上的差别而已。同样情况下，一般金属建立平衡所需的时间非常短，约为$10^{-10}\sim10^{-9}$s，对于通常的绝缘体如玻璃、陶瓷，则需要的时间非常长，达到数天甚至数月。

导体可以分为第一类导体和第二类导体，金属是第一类导体，主要通过自由电子导电。盐、酸、碱的水溶液是第二类导体，又称电解质，它们没有自由电子，却有可以自由运动的正负离子，在外界电场作用下，这些离子能够做定向运动。

绝缘体的分子或原子内的电子，包括外层电子，受核吸引力的约束极强，一般不能脱离它所从属的原子，因此，在通常的电力条件下，绝缘体基本上不能导电。绝缘体也有为数极少的自由电子，在通常情况下，显示程度不同的微弱导电性，但在某些条件下，绝缘体的导电能力会发生显著变化，例如在强电力作用下，绝缘体也可以变成导体。

一般情况下，金属类物质不属于食品，但金属是食品加工设备的主体材料，其电学性质对食品加工也有重要的影响。有些食品中含有一定数量的离子，可以通过离子的定向运动导电，一般情况下，可以认为食品由电解质溶液和电介质（绝缘体）成分组成。在直流电场中，电解质可以导电，电介质不导电，在交流电场中，电介质也具备一定的导电性，其导电性与电场的频率有关。下面分别就食品的不同成分的电导性质作一些简要介绍。

水的电导性质。一般食品中都含有一定的水分，因此水的性质对食品的电学性质有重要的影响。纯净的水是不导电的，但是食品中的水往往含有一定量的离子，因此在直流电场和低频交流电场中食品中的水也具有一定的导电性。

小分子电解质的电导性质。食品中小分子电解质如柠檬酸、谷氨酸钠、氯化钠等在水中可以发生离解。其导电性质与一般的电解质区别不大。

离子型高分子化合物的电导性质。食品中离子型高分子化合物主要为多糖和蛋白质。脱甲氧基果胶、黄原胶、海藻酸钠、阿拉伯胶等属于离子型碳水化合物。蛋白质是由氨基酸经过肽键连接而成的，分子中往往带有一定量的羧基和氨基，因而蛋白质都属于离子型高分子。在不同 pH 值溶液中，蛋白质分子可以带上不同的电性，在酸性介质中，蛋白质以正离子状态存在；在碱性介质中，蛋白质以负离子形态存在。在等电点时，蛋白质分子整体不呈现电性。离子型高分子化合物在水溶液中具有一定的导电性。其导电机理可以分成两类：一是离子型高分子自身的移动，另一种是离子型高分子自身不移动，液体发生移动。

非电解质类食品组分的电导性质。食品中往往含有大量的非电解质物质如淀粉、蔗糖、油脂，它们的导电性很微弱。

三、电阻及电阻率

食品电阻和电阻率是描述食品物料传导电流性能的物理量。由于食品物料一般都含有一定的水分，因此，食品物料的电阻和电阻率与食品物料的水分、温度都有关。一般说来，温度升高，食品物料的电阻和电阻率增大。

电阻率和物料中自由电子（电荷）数成反比，由于食品物料的自由电子（电荷）数远比金属材料的要少，因此食品物料的电阻率比一般金属导体的要高得多。食品往往是不均匀材料，有些食品还含有一定的空气，食品的电阻和电阻率不仅与水分含量和温度有关，而且和测定时试样的放置方向有关。电阻是一个绝对量，而电阻率则是一个相对量，电阻率可用一个公式表示如下。

$$p = R\frac{S}{l} \tag{9-1}$$

式中，R 为电阻，Ω；S 为截面积，m^2；l 为长度，m。

在较高温度和温度变化范围不大时，可以用下面的经验式表示。

$$p_t = p_0(1+a_t) \tag{9-2}$$

式中，p_t 为温度 $t℃$ 下的电阻率；p_0 为 0℃ 时材料的电阻率；a_t 为电阻的温度系数。

四、电导和电导率

电导和电导率也是描述物体传导电流性能的物理量。它们分别是电阻和电阻率的倒数。物体的电导为通过该物体的电流与该物体上所施加的电压的比值。对于直流电路而言，这个数值就是电阻的倒数，其单位为 S。电导率则是电阻率的倒数，其单位为 S/m。电导率描述物质的基本特性，电导描述具体物体的导电性能，它不仅与该物体的电导率有关，而且与该物体的形状，测量点有关。

五、介电特性

电介质就是绝缘体。其特征就是其中的电子都被紧紧地束缚在它们所属的母原子周围，不能离开，因此，在通常的电场作用下，不会导电，但是在电场的影响下，正负电荷的位移将在电介质内形成电偶极子，电偶极子激发的电场叠加于原电场，从而改变原电场的情况。

1.电介质的极化

电介质可以分为气体电介质、固体电介质和液体电介质。气体电介质和液体电介质又可以分为无极分子电介质和有极分子电介质两类。

无极分子电介质在无外加电场时，介质内的原子或分子本身不具备电偶极矩。如二氧化碳，其正负电荷中心都相互重合，整个分子的电矩为零。当受外电场作用时，这些分子或者原子中的正负电荷中心发生相对位移，整个分子成了电偶极子。位移的大小和电场强度成正比。这时电介质内各体积元中分子偶极矩的矢量和不等于零，显示电性，这个过程称为电介质的位移极化。当外电场撤去时，分子中的正负电荷重心又恢复重合，整块电介质又消失电性。这种极化也称为电子位移极化。在高频电场中只有发生电子位移才有效，所以称为光学极化。

有极分子在无外加电场时，介质内的分子也具有电偶极矩。水分子，氯化氢，氨就是几个典型的例子。在通常情况下，由于分子做不规则热运动，电介质中各偶极矩的取向完全杂乱，各体积元内分子偶极矩的矢量和等于零。当外加电场作用于有极分子电介质时，每个分子都受到力矩的作用，分子电矩转向电场方向。这种在电场作用下，有极分子电介质的分子偶极将沿着电场方向排列起来，结果使得各体积元内分子电矩的总和不等于零，这个过程称为取向极化。有极分子在电场中，分子中的电子相对于原子核也发生位移，也就是说，有极分子电介质也发生电子位移极化，但是电子位移极化常常比取向极化小得多，实验上可以将它们区分开。

对于固体电介质，除了上述两种极化机制外，还可能发生离子性位移极化。例如离子晶体氯化钠，钠离子在电场作用下沿着电场方向移动，而氯离子则沿着相反的方向移动，这种正负离子的相对位移也使晶体显示电性。

2. 介电常数

为了帮助了解介电常数的概念，这里先简要介绍一下电容。电容的特点就是储存电荷（电能），电容器是储存电荷的容器，电容可由两片金属片组成，中间再隔以绝缘物质。两个金属片称为极板，中间的物质称为介质。电容器对直流电的阻力无穷大，即具有阻隔直流电的作用，但对交流电的作用受频率的影响，即相同容量的电容器对不同频率的电流呈现不同的阻隔作用（容抗）。电容器通过它的充放电来工作，加载在电容器极板的电流频率越高，电容器对交流电的容抗即阻力越小。

实验表明，当电容器充满某种均匀介质时，电容器的电容将增大。如果真空中电容器用 C_0 表示，充满介质后电容用 C 表示，其比值为：

$$\frac{C}{C_0} = \varepsilon'_\gamma \geqslant 1 \tag{9-3}$$

式中，ε'_γ 为电介质的相对介电常数，也称相对电容率，是一个纯数，它只与电介质的性质有关。

平行板电容器间有电介质时，它的电容变为：

$$C = \varepsilon'_\gamma C_0 \tag{9-4}$$

$$C = \frac{\varepsilon_0 \varepsilon'_\gamma S}{d} \tag{9-5}$$

式中，$\varepsilon = \varepsilon_0 \varepsilon'_\gamma$，为电介质的电容率或称为介电常数或者介电常量；$\varepsilon_0$ 为真空介电常数；S 为电极的面积；d 为电极的距离。

表 9-1 中列出了常见食品成分的介电常数。

表 9-1 常见食品成分的介电常数

成　　分	介电常数	介质损耗系数 $\tan\delta$	介质损耗因数 $\varepsilon\tan\delta$
水(30℃,3000MHz)	77	0.15	11.5
水(25℃)			12.3
水(55℃)			4.62
水(85℃)			3.1

成分	介电常数	介质损耗系数 $\tan\delta$	介质损耗因数 $\varepsilon\tan\delta$
冰($-12℃$,3000MHz)	3.2	0.00095	0.003
碳水化合物	3～5		
蛋白质	4～6		
空气	1		
脂肪	2～5		
马铃薯(2450MHz)	4.5	0.2	0.9
豌豆(2450MHz)	2.5	0.2	0.5
菠菜(2450MHz)	13	0.5	6.5
苹果(含水率86%,23℃,2500MHz)	43	0.21	9.03
胡萝卜(含水率86%,23℃,2500MHz)	57	0.32	18.24
黄瓜(含水率96%,23℃,2500MHz)	63.5	0.20	12.7
桃子(含水率89%～91%,23℃,2500MHz)	51～62	0.31	15.8～19.2
马铃薯(含水率80%,23℃,2500MHz)	52～54	0.32～0.37	16.6～20
西瓜(含水率91%,23℃,2500MHz)	59	0.26	15.34
小麦粉(8%含水率)	2.6	0.03	0.078
木材(硬干)	3		0.09
木材(软干)	5	0.065	0.325
聚苯乙烯	2.6～30	0.0002～0.0004	0.00052
聚氯乙烯	3～5	0.025～0.05	0.075～0.25
聚乙烯	2.3	0.0005	0.012
纸			0.16
玻璃			0.05
陶瓷			0.085

3. 介质损耗

一般食品导电性弱，属于电介质。电介质的束缚电荷在电场中发生极化，如果电场为静电场，那么极化摩擦消耗的能量是很低的，电场消耗的能量大部分被储藏下来。若电场为交变电场，则电介质中的束缚电荷会随之不断地取向，分子间发生碰撞和摩擦而将电能转化为热能。这部分能量损耗称为介质损耗，也称作介电损耗。电介质在交流电场中吸收的电能可以表示为：

$$E = UI\cos\phi = E(E/x_0)\cos\phi \tag{9-6}$$

式中，E 为吸收的能量；U 为有效电压，$U = 0.707U_{max}$，V；I 为有效电流，$I = 0.707I_{max}$，A；$\cos\phi$ 为交流电的功率因素；x_0 为容抗，$x_0 = 1/(2\pi fC)$，O；f 为电场频率，Hz。

单位时间内单位体积介质放出的热能 Q 为

$$Q = 55.6 \times 10^{-14} fE^2 \varepsilon\tan\delta \tag{9-7}$$

式中，Q 为电场消耗的功率，W，即单位时间内单位体积介质放出的热能，W/cm^3·s；f 为电场频率，Hz；E 为电场强度，V/cm；ε 为介质的介电常数；$\tan\delta$ 为介质损耗角的正切；$\varepsilon\tan\delta$ 称为介质损耗因数，是反映材料介电性质的参数。它不是一个常数，和电场频率以及材料结构有关。常见食品介质损耗系数和介质损耗因数如表 9-1 所示。

4. 阻抗和复电容

一般食品既不是完全意义上的导体，也不是完全意义上的绝缘体，而是介于导体和绝缘体之间。在一般的交变电场中，由于食品的电阻、电容会产生能量损失。能量损失可以分成两个部分，一是来源于电阻的电导损失，这部分损失转化成热量，另外一部分则来自于电介质的不断极化运动而产生的热量。因此，食品可以看成由电阻和电容组成的串联或者并联复合等效电路，如图 9-1 所示。

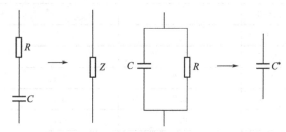

图 9-1 阻抗和复电容

一般情况下，可以把食品看成是由电容和电阻串联组合或者是并联组合的等效电路，其实，与食品的黏弹性一样，数学上，复杂的食品体系可以看成是电容和电阻的多种复杂组合的等效电路。实践表明，一般的食品可以很好地用电阻和电容的并联电路来等效表示。

在图 9-1 所示的并联电路两端施加交流电压 U，那么，电流将分别流过电阻和电容器。在此情况下，流过电阻的电流 I_R 以与所施加电压 U 相同的相位流过，消耗的能量转变成热能。另一方面，流过电容器的电流 I_C 则以与所施加电压 U 成 $90°$ 的相位流过，以电能形式贮存起来。所以，流过的全部电流 I 是 I_R 和 I_C 的矢量和，即 $I=I_R+I_C$。此时，图 9-2 中的 ϕ 被称为相位角，$\cos\phi$ 被称为功率因数，δ 被称为损耗角，$\tan\delta$ 被称为损耗正切，$\tan\delta=I_R/I_C=\varepsilon_\gamma''/\varepsilon_\gamma'$，它表示所消耗的能量与所蓄积的能量之比。

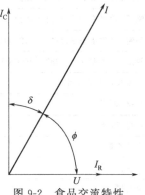

图 9-2 食品交流特性

通常所指的介电特性主要有三项，即相对介电常数 ε_γ'、相对介质损耗因数 ε_γ'' 和介质损耗角正切 $\tan\delta$。它们之间关系可用下式表示。

$$\varepsilon_\gamma^0=\varepsilon_\gamma'-j\varepsilon_\gamma''=|\varepsilon_\gamma^0|e^{-j\delta} \tag{9-8}$$

和

$$\tan\delta=\varepsilon_\gamma''/\varepsilon_\gamma' \tag{9-9}$$

式中，ε_γ^0 为复数相对介电常数；ε_γ' 为相对介电常数；ε_γ'' 为相对介质损耗因数；$\tan\delta$ 为介质损耗角正切；δ 为介质损耗角；j 为 $\sqrt{-1}$。

5. 介电松弛特性

电介质在外电场作用（或移去）后，会从瞬时建立的极化状态到达新的极化平衡态，把电介质极化趋于稳态的时间称为松弛时间。松弛时间与极化机制密切相关，是造成介质材料存在介质损耗的原因之一。

农产品或食品在交流电场中时，相当于在极性分子上施加交流电压，这时，偶极子就会随着电场的转动而取向，当电场频率增高到一定程度，偶极子追不上电场的变化，该取向就产生一个时间延迟。这时，I_C 值较小。此时复介电常数的实部就随之减少。这种随频率减少而减少的变化叫做耗散，而相反的增加变化叫做吸收，两者一并被称为松弛。

对于电场中的农产品和食品来说，除水中的偶极子之外，其他各种因素也能产生松弛现象。其中一个重要的因素就是农产品和食品的细胞构造。如图 9-3（a）所示，由于细胞膜（壁）的电阻和电容量很大，在低频情况下，电流只在细胞外液流过，此时，电阻非常大；

而在高频情况下，细胞膜（壁）间的电容量大，容抗小，细胞内液中也有电流流过，此时，电阻明显减少。由于这样的电阻变化起因于其组织的不均匀，所以，称之为构造耗散（β 耗散）。在生物组织中，除了 β 耗散之外，还存在着 α 耗散，γ 耗散 [图 9-3(b)]。α 耗散起因于细胞膜（壁）在低频条件下的变化，γ 耗散则源于高频条件下的变化，结构耗散（β 耗散）就位于其中间频率。这种电阻随着频率变化的性质在食品的检测和欧姆加热工艺中必须考虑。

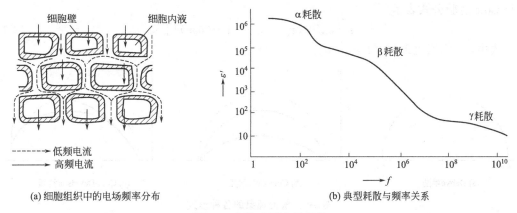

(a) 细胞组织中的电场频率分布   (b) 典型耗散与频率关系

图 9-3　细胞水平上的耗散

图 9-4 显示了引起电特性中松弛现象的各种因素及其所处的频率带。在实际测量中，观察到的是所有因素的综合效应，将这些综合效应视作串联或者并联电路或者多个串联、并联电路组成的复杂等效电路，就可以测量各种参数。测定电特性的松弛现象时，明确测定的频率很重要。

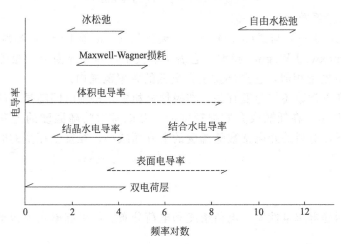

图 9-4　松弛现象的主要因素及其频率带

复介电常数 ε 的虚部 ε''_γ 与 ε 不同，它首先随着频率的增大而增大，再随着频率的增加而减小，中间有一峰值。在由 x 轴和 y 轴组成的复平面上，ε 和 ε''_γ 构成了如图 9-5(a) 所示的半圆曲线。

含有永久性偶极子的水中，可明显的观察到这样的变化，用 Debye 方程表示如下：

$$\varepsilon = \varepsilon_\infty + (\varepsilon_0 - \varepsilon_\infty)/(1 + i\omega\tau) \tag{9-10}$$

式中，ε_∞ 为频率很高（趋向无穷大）时的介电常数；ε_0 为频率很低（趋向于零）时的介电常数；τ 为松弛时间。

τ 具有时间单位，它表示偶极子的取向延迟时间，称松弛时间，$1/\tau$（松弛时间的倒数）是对应于图 9-5(a) 中圆弧顶点的频率（rad），$f=1/(2\pi\tau)$ 被称为松弛频率。

在纯净的水中，由于只有偶极子，所以，只有单一的松弛结构，用一个松弛时间表示。然而，在实际食品中，存在着如图 9-4 所示的各种松弛现象，其中很多都显示出与水不同的行为。例如：图 9-5(b) 中，复平面上的图形变成中心在 x 轴以下的圆弧，这样的圆弧可用 Cole-Cole 经验公式表示。

$$\varepsilon=\varepsilon_\infty+(\varepsilon_0-\varepsilon_\infty)/[1+(i\omega\tau)^\beta] \tag{9-11}$$

式中，β 为实验系数（$1>\beta>0$）。

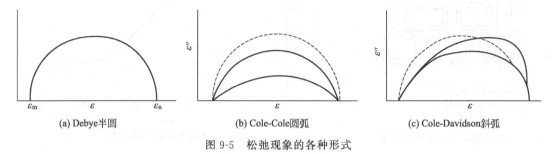

(a) Debye半圆	(b) Cole-Cole圆弧	(c) Cole-Davidson斜弧

图 9-5　松弛现象的各种形式

在此松弛结构中，存在一个松弛时间的分布，β 就表示了它的分布程度。研究表明，拥有细胞组织的生物材料在低频范围内的结构耗散，其中大多数被认为是遵从式（9-11）Cole-Cole 圆弧法则。

同样，对于图 9-5(c) 的斜弧，Cole-Davidson 提出了下式：

$$\varepsilon=\varepsilon_\infty+(\varepsilon_0-\varepsilon_\infty)/(1+i\omega\tau)^\alpha \tag{9-12}$$

式中，α 为实验系数（$1>\alpha>0$）。

当 $\alpha=1$ 时，式(9-13)与式(9-10) Debye 模型相同。α 越小于 1，圆弧越向外。

此外，还有 maxwell-Wagner 模型，它表示了发生在两层界面上的松弛现象，常见于乳浊液中。与 Debye 模型相似，它全部发生在更低的频率范围内。

生物材料的介电常数还与温度有关。在极性材料中，松弛时间随温度的增加而减小，对式(9-10)的实验显示，在耗散或介质损耗区内，介电常数将随温度的上升而增加。在没有介质损耗的条件下，材料的介电常数随温度的上升而减小，在发生相变的时候，介电常数还可能发生突变。

六、荷电特性

荷电特性包括静电起电性质、电荷密度和电荷分布。静电起电主要包括接触静电起电和离子化气体起电。

任何两种不同的物体或处于不同状态的同一种物体，发生接触-分离过程时，都会发生电荷的转移，即发生静电起电现象。只是有的起电过程极其微弱，有的过程中产生的静电荷被中和或转移，在宏观上不呈现出静电带电现象。接触起电大致可以分成固体起电、液体起电和粉体起电。

固体的接触起电可以分为金属与金属之间、金属与绝缘体之间和绝缘体材料之间的接触起电。最初，人们把静电起电叫做摩擦起电。实际上摩擦不是静电起电的必要条件，单纯的接触-分离过程就会使物体带电，但摩擦确实可以使接触起电的效应增强。摩擦过程实际上就是两个物体接触面上不同接触点之间连续不断地进行接触和分离过程。对于金属导体之间，只有最后分离的那一瞬间才对静电起电有作用，对于绝缘体来说，摩擦的整个过程都和静电起电有关。固体除了摩擦起电外，还有其他起电方式如剥离起电、破裂起电、电解起电、压电起电、热电起电、感应起电、吸附起电和喷电起电。影响固体静电起电的主要因素有：①物质的性质。包括物质内部的化学组织；物质表面的化学组成（污染、氧化、吸附）；分子结构、取向性、结晶性、物质的应变状态；被试验物体的形状、大小和空间位置。②环境因素。环境温度、环境湿度，物体周围气体介质的组分、气压、风速等。③物体的带电历史。

液体起电。液体在输送、喷射、混合、搅拌、过滤、混炼、液状物体喷涂等加工工序中，都会出现静电现象。液体起电主要包括冲流起电、液体中微粒的沉降起电、液体喷射起电、液体的冲击起电和液体的溅泼起电。

粉体起电。粉体是处在特殊状态下的固体。与大块的固体材料相比，粉体本身具有分散性和悬浮性两大特点。粉体带电的主要机理是处于快速流动或者抖动、振动等运动状态的粉体与管路、器壁、传送带之间的摩擦、分离以及粉体自身颗粒的相互摩擦、碰撞、分离，固体颗粒断裂、破碎等过程产生的接触-分离带电。

工业中，除了上述的接触起电方式外，还可以通过离子化气体使散粒物料起电。这是食品工业上静电加工起电的主要方法。常用的气体离子化方法有两种：被激电离法和自激电离法。被激电离法是利用电极间的电离剂（X射线、短波辐射、紫外线辐射和高温等）进行离子化的方法。当外部电离剂去掉后，离子化便会停止，产生的相反电荷离子又会重新结合。自激电离是使电路内电压达一定值，在静电场中使荷电粒子加速并与中性气体分子碰撞而产生电离的离子化过程。这样的气体碰撞电离可以在有外部激发源（电离剂）的情况持续进行。这种导电行为也称为气体的自持导电。

自激电离常利用非匀强电场的放电，当电压增大时，在最大电场强度发生气体离子化，近而进入稳定的电晕放电状态。当电场很不均匀时，局部的气体离子化放电可能使整个间隙电场强度消失。

电晕放电区内产生的离子，按与电场强度成正比的速度在电场内移动，即

$$\nu = \mu E \tag{9-13}$$

式中，ν 为离子漂移速度；μ 为离子淌度（在100V/m的电场强度中漂移速度）。

电场中正、负离子淌度并不相等。因此，负离子淌度为 $1.87 \times 10^{-2} \, \text{m}^2/(\text{V} \cdot \text{s})$，正离子淌度为 $1.35 \times 10^{-2} \, \text{m}^2/(\text{V} \cdot \text{s})$。也就是说正、负离子的漂移速度分别为

$$\begin{cases} \nu_+ = \mu + E \\ \nu_- = \mu - E \end{cases} \tag{9-14}$$

气体中发生的电离产生的总是有正负两种离子，正负离子对相遇时，又会重新结合成中性分子，在外电场作用下离子迁移到电极上，将与那里的异号电荷中和。

电离系统平衡时，产生的离子数由下式决定

$$n = \psi n_0^2 \tag{9-15}$$

式中，ψ 为再结合系数；n_0 为正（负）离子数。

因此，单位体积中同符号离子数为：

$$n_0 = (n/\psi)^{1/2} \tag{9-16}$$

实际电场离子化空气时，采用负的电晕放电。放电的两极由圆筒极和同轴的棒状芯极组成，产生电晕所需最小电压 U 由下式求出。

$$U = 31\delta(1 + 0.308/\sqrt{r\delta})r\ln(R/r) \tag{9-17}$$

式中，R 为外圆筒极半径；r 为棒极半径；δ 为 $0.392P/(273+t)$；P 为气体压力；t

为气体温度。

食品及其原料，特别是散料，在加工运输过程中，都可能产生静电，有些时候，静电对生产产生危害，必须采取措施进行防止。要消除静电，就需要静电消散。静电消散的主要途径是中和与泄漏，一种是通过空气，使物体上所带的电荷与大气中的异电荷中和，另一种是通过带电体自身与大地相连的物体的传导作用，使电荷向大地泄漏。必须指出的是，在静电泄漏过程中，由于静电具有电压高（可以高达数万伏）、电场强等特点，使得物体在传导静电并使其向大地泄漏时所表现出来的导电性能与通常意义上的导电性能不完全相同。

七、生物电

生物体内由于自身具有能量而产生的电位差称为生物电。一般将生物电分为三类：①损伤电位，指生物组织的完整部位与损伤部位之间存在的电位差；②膜电位，指生物组织或细胞膜的内外电位差；③动作电位，指当生物体受到刺激而兴奋时产生的电位变化。

生物电现象是生命活动的基本属性。在机体的一切生命过程中都伴随生物电的产生。所谓生物电现象是指生物体内产生的电位变化和电流传导及其与生命现象和功能的关系。在食品电学性质的研究中，一般把食品的主动电学性质称为生物电。由于生物电与生命有关，而且往往比较微弱，生物电很少用于食品加工，而主要是用于食品保鲜和检测方面。例如：种子发芽期间，在胚芽部位和其他部位间存在电位差。这种发芽电流，是检测发芽势的重要标志。发芽后的子叶带正电，根部带负电。细胞分裂越活跃和生长越旺盛的部位，电位越高。根据这种电位变化，可以测定食品原料的发芽情况。

既然生物体的生命活动都伴随着生物电的产生，通过外加电磁场，就可能影响生物体的生命活动，达到改造食品质构和保鲜的目的。

八、电磁辐射特性

1. 电磁波谱

不仅无线电波是电磁波，光、X 射线、γ 射线也都是电磁波。它们的区别仅在于频率或波长。光波的频率比无线电波的频率要高很多，光波的波长比无线电波的波长短很多；而 X 射线和 γ 射线的频率则更高，波长则更短。为了对各种电磁波有个全面的了解，人们按照波长或频率的顺序把这些电磁波排列起来，就是电磁波谱。

由于辐射强度随频率的减小而急剧下降，因此波长为 10^5 m 的低频电磁波强度很弱，通常不为人们注意。实际中用的无线电波是从波长约几千米（频率为几百千赫）开始。波长 3000～50m（频率为 100kHz～6MHz）的属于中波段；波长 50～10m（频率为 6～30MHz）的为短波；波长 10m～1cm（频率为 30～30000MHz）甚至达到 1mm（频率为 $3×10^5$ MHz）以下的为超短波（或微波）。有时按照波长的数量级大小也常出现米波，分米波，厘米波，毫米波等名称。中波和短波用于无线电广播和通信，微波用于电视和无线电定位技术（雷达）。

可见光的波长范围很窄，在 7600～4000Å（在光谱学中常采用 Å 埃作长度单位来表示波长，1Å＝10^{-8} cm），从可见光向两边扩展，波长比它长的称为红外线，波长大约从7600Å 直到十分之几毫米。红外线的热效应特别显著；波长比可见光短的称为紫外线，它的波长为 50～4000Å，它有显著的化学效应和荧光效应。红外线和紫外线都是人类看不见的，只能利用特殊的仪器来探测。无论是可见光、红外线还是紫外线，它们都是由原子或分子等微观客体激发的。近年来，一方面由于超短波无线电技术的发展，无线电波的范围不断朝波长更短的方向发展；另一方面由于红外技术的发展，红外线的范围不断朝波长更长的方向扩展。目前超短波和红外线的分界已不存在，其范围有一定的重叠。

X射线，它是由原子中的内层电子发射的，其波长范围约在$10^2 \sim 10^{-2}$Å。随着X射线技术的发展，它的波长范围也不断朝着两个方向扩展。目前在长波段已与紫外线有所重叠，短波段已进入γ射线领域。放射性辐射γ射线的波长是从1Å左右直到无穷短的波长。

电磁波谱（图9-6）中上述各波段主要是按照得到和探测它们的方式不同来划分的。随着科学技术的发展，各波段都已冲破界限与其他相邻波段重叠起来。目前在电磁波谱中除了波长极短（$10^{-4} \sim 10^{-5}$Å以下）的一端外，不再留有任何未知的空白了。

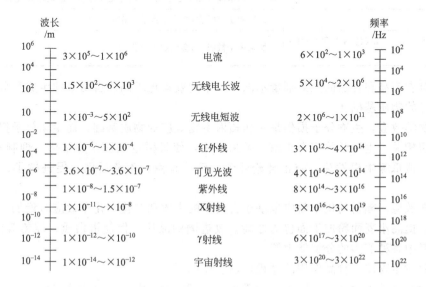

图9-6 电磁波谱

2. 电离辐射

电离辐射是一切能引起物质电离的辐射总称，其种类很多，高速带电粒子有α粒子、β粒子、质子，不带电粒子有中子、X射线以及γ射线。

α射线是一种带电粒子流，由于带电，它所到之处很容易引起电离。α射线有很强的电离本领，这种性质既可利用，也会带来一定破坏性，如对人体内组织破坏能力较大。由于其质量较大，穿透能力差，在空气中的射程只有几厘米，只要一张纸或健康的皮肤就能挡住。

β射线也是一种高速带电粒子流，其电离本领比α射线小得多，但穿透本领比α射线大，但与X射线、γ射线比，β射线的射程短，很容易被铝箔、有机玻璃等材料吸收。

X射线和γ射线的性质大致相同，是不带电、波长短的电磁波。两者的穿透力极强，要特别注意意外照射防护。各种电离辐射的吸收效果见表9-2。

表9-2 各种电离辐射的吸收效果

辐射类型与波长	辐射对物质的影响
长波(无线电波和微波)	水蒸气和气体被激发为旋转状态,如果场强大,液体和固体仅进行介质和电阻加热
远红外线	水蒸气被激发为旋转状态,液体发生氢键合振动,固体发生点阵振动

辐射类型与波长	辐射对物质的影响
红外线($2.5\times10^{-6}\sim2.0\times10^{-4}$ m)	在短波下,水蒸气和气体被激发到基本振荡旋转状态(而不是纯旋转),液体和固体发生基本的分子振荡
红外线($1.0\times10^{-6}\sim2.0\times10^{-4}$ m)	吸收削弱
近红外线($1.0\times10^{-7}\sim1.0\times10^{-6}$ m)	中子有足够的能量激发电子振荡,打破不太稳定的有机分子中的(如染料的变化)化学束缚(因此进行化学反应),产生荧光,从真空光电发射表面喷射出电子
可见光($3.8\times10^{-7}\sim7.6\times10^{-6}$ m)	人眼视网膜的可见颜色的激活,植物叶绿体部分减少二氧化碳量(在这一区域水蒸气几乎是透明的,使可见光辐射穿透地球大气层)
紫外线	如果中子被吸收,则会引起杀伤作用
低于 $1.0\sim10.0\times10^{-8}$ m(包括 X 射线和 γ 射线)	如果中子被吸收,会引起电离作用

辐射线对农产品和食品的照射剂量不同,产生的效果也不同。自由基的生成和分子的损伤是电离辐射的物质基础。

(1)生物学效应:生物分子损伤是一切辐射生物效应的物质基础,而生物分子损伤与自由基生成密切相关。生物学效应有杀菌、杀虫作用,使果树生长发育异常化,抑制马铃薯、洋葱、大蒜、地瓜等生根发芽,防止蘑菇开伞,延缓香蕉、番茄后熟,促进桃子、柿子成熟等。

(2)化学效应:辐射的化学效应也基于自由基的生成和变化。化学效应有增加干制食品的复水性能,提高小麦面粉加工面包的性能,改进酒的品质,促使蛋白质、淀粉等的变性,提高发酵饲料中各种酶类的分解能力等。

电离辐射对生物体、食品作用的过程可以表述如下。

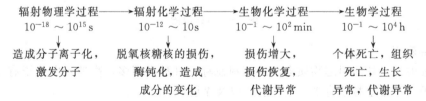

九、微波特性

食品材料由极性分子和非极性分子组成,在高频微波电磁场作用下,极性分子从原来的热运动状态转向依照电磁场的方向交变而排列取向,产生类似摩擦热,在这一微观过程中交变电磁场的能量转化为介质内的热能,使介质温度出现宏观上的升高,由此可见微波加热是介质材料自身损耗电磁场能量而发热。对于金属材料,电磁场不能透入内部而是被反射出来,所以金属材料不能吸收微波。水是吸收微波最好的介质,所以凡含水的物质必定吸收微波。有一部分介质虽然是由非极性分子组成,但也能在不同程度上吸收微波。而玻璃和陶瓷传递微波,吸收很少。因此可以在家庭微波炉中使用玻璃和陶瓷容器解冻、加热和烹调湿的食品。在食品加工厂有时也用微波炉干燥或烹调食品。常用真空磁控管产生高能量微波。用固体装置或点阵真空管可以产生低能量的微波。微波场中物料吸收功率可以用式(9-7)表示。

微波可以透过被加热物体,但是会因为吸收而发生衰减,如果被食品吸收的入射波功率为 P_0,那么与食品表面距离 d 处的功率 P 为:

$$P = P_0 e^{-2ad} \tag{9-18}$$

式中，α 为衰减系数。

Decareau 和 Pestersan 给出了衰减系数 α 的计算公式，α 是物质电介质特性和自由空间波长 λ_0 的函数。

$$\alpha = \frac{2\pi}{\lambda_0} \left[\frac{\varepsilon'}{2} \left(1 + \frac{\varepsilon''^2}{\varepsilon'^2} \right)^{0.5} - 1 \right]^{0.5} \tag{9-19}$$

P 减少到 P_0 的 $1/e$ 处时，射入的波与被加热食品表面的距离定义为穿透深度。用 α 计算穿透深度 D_P。

$$D_P = \frac{1}{2\alpha} \tag{9-20}$$

十、电磁学特性的测定

1. 电导率测定

食品一般属于非均匀分散体系，由电解质和电介质成分组成，在直流电场中，导电主要由离子传导实现。在交流电场中，离子的导电性对介质损耗的影响可由下式表示：

$$\varepsilon_L'' = \varepsilon_c'' - \sigma / (2\pi f \varepsilon_0) \tag{9-21}$$

式中，ε_L'' 为偶极矩极化产生的介电损耗；ε_c'' 为介电常数的实测值；σ 为电导率；f 为测定电导率时所使用的电场频率。

交流电桥是测定电导率的经典方法。在电解质溶液中，阴阳离子在电场作用下向两极迁移，电解质溶液显然不能满足纯电阻条件，且电阻箱（电阻比例臂）亦很难视作纯电阻。故交流条件下，电桥平衡的条件应为各电阻的阻抗（包含电阻、电容和电感）。当交流电频率不太高时，电阻箱的电容和电感影响较小，现在通用的电源频率为 $1\sim4\,\mathrm{kHz}$，在此频率范围内，在不采用较严格的屏蔽措施前提下，仍可获得比较准确的结果。电导率测定电路示意图如图 9-7 所示。

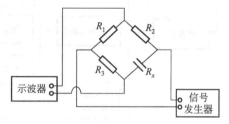

图 9-7　电导率测定电路示意图

2. 介电特性测定

电场中食品的电物性与电场频率有关，目前实践中使用的电场频率范围在 $0\sim10^{13}\,\mathrm{Hz}$ 之间。在如此宽的电场频带内，测定食品的电物性需要不同的方法。这些方法及其适合的电场频率带如图 9-8 所示。从图可以看出，各频率段所对应的电物性测定法可以有多种。选择测定方法时要考虑食品材料形状、性质特点、试样的尺寸和各向异性等。

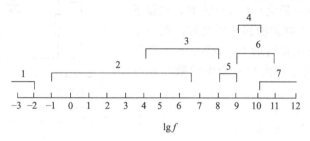

$\lg f$

图 9-8　电场频率域与电物性测定方法

1—冲击电流计法；2—电桥电路法；3—共鸣法；4—恒波法；

5—正面间隙同轴谐振器法；6—空洞谐振器法；7—导波管和光学法

（1）直流条件下介电常数的测定

静介电常数由冲击电流计法测定。它的原理是使被测容器带上静电荷，并精确的达到一定静电压，然后用冲击电流计进行放电测定，记录电流计的摆动。根据仪器的参数值，确定电容容量。如果电荷、电压及容量已知，就可以计算出静介电常数。这种方法最适于导电率不大的材料。

（2）交流条件下介电常数的测定

① 电桥电路法。电桥法是在低频下测量物料介电系数和介质损耗正切的主要方法。这种测定的原理主要是利用各种形式的惠斯顿电桥电路。测定时通常在 $1\sim10\mathrm{MHz}$ 的电磁波频率下进行。因为在这种情况下电极不会产生极化现象。

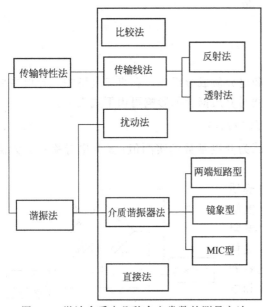

图 9-9　微波介质中几种介电常数的测量方法

具体测定方法是把被测试样作为一个桥臂，其他三个桥臂的阻抗是已知的，调节电桥达到平衡。根据平衡条件求出试样的并联等值电容和电阻，从而计算出试样相对介电常数和损耗角正切。

但这种方法会因为寄生（或残存）电容和电感引起不可忽视的误差。在 500kHz 以内的频率下，测定损失较小的介电体的介电常数，广泛使用精度较高的谢林（Schelling）电路。主要误差来自标准电桥元件的电感和残存电容，或电桥本身各元件之间或与地面之间产生的寄生电容。因此，要求对各元件进行严格的屏蔽。电桥各支路要有屏蔽膜，导线要接地。在变压器电桥开发的基础上，人们成功开发了阻抗测定法。这一方法可以避免其他交流电桥难以避免的问题。

② 微波介质复介电系数测定法。在高频电磁场中，介电常数是一个综合的量。通过测定装置的载样器几何尺寸、样品尺寸等与材料电参数之间的关系，可计算出材料的相对介电常数和损耗角正切值。微波介电性能参数测定有传输特性法和谐振法两大类型，如图 9-9 所示。

谐振法检测介电常数的方法是通过可调频率的振荡器激励 RLC 谐振电路加以实现的（图 9-10）。当回路加上电压 U 时，调节 C 使电路达到谐振（在某个频率下电流最大）$I_{\max}=U/R$，记录下此时的 Q_1、C_1；接入被测物料平板电容，调整电路达到谐振，同时记录此时的 Q_2、C_2、ε_r，然后根据下面的计算公式计算出相对介电常数和耗散的正切值。

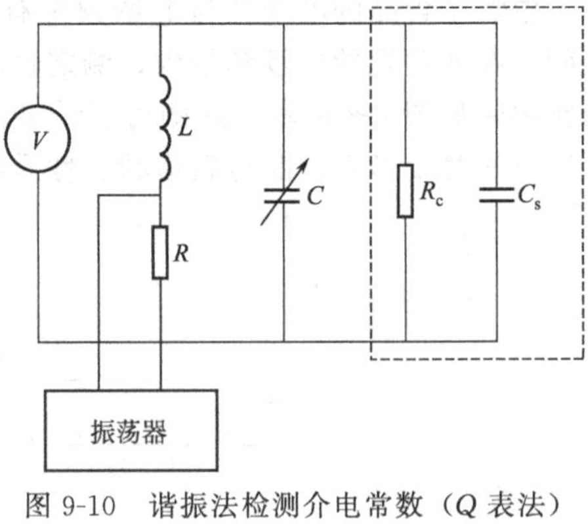

$$\varepsilon_r'=\frac{C_s d}{\varepsilon_0 A} \qquad (9\text{-}22)$$

图 9-10　谐振法检测介电常数（Q 表法）

$$\tan\delta=\frac{C_1}{C_1-C_2}\times\left(\frac{1}{Q_2}-\frac{1}{Q_1}\right) \qquad (9\text{-}23)$$

式中，C_s 为电容器的电容值，$C_s=C_2-C_1$，F；C_1 为加物料前的电容值；C_2 为加物料后的电容值；A 为电容器的平板面积，m^2；d 为平板电极间的距离，m。Q_1 为加物料前电路谐振时 Q 表指示值；Q_2 为加物料后电路谐振时 Q 表指示值。

谐振法检测介电常数的方法简单易行，但较难准确地检测出各种谐振频率下的介电常数。上述两种方法都存在物料不能充满极板，介电常数和极板间电容值不成正比关系，计算复杂等不足之处。

微波检测介电常数的方法分为时域检测法和频域检测法两种。时域检测法是通过检测反射系数来推算介电常数的方法，将时域检测得到的响应经傅里叶变换为频域中的响应。频域法检测是在频域范围内，用连续周期电磁波作为探测源，研究被测信号的稳态影响。其具体的方法又可分成波导法、谐振腔法和自由空间法等多种。

第三节　电磁学特性在食品分析检测中的应用

一、电磁特性在食品工程检测中的原理

可以用于食品检测的食品电特性主要有电阻特性和电容特性。这些特性主要与含水率、品种和测试频率等因素有关。很多干燥状态下的食品像电介质一样，其电阻值高达 $10^8\,\Omega$ 以上，而潮湿时，却像导体或半导体一样。因此，这就决定了食品既有电阻特性又有电容特性。根据食品的结构和生物膜电特性研究成果，RC 并联电路可作为谷物的等效电路。

交流电测量原理如图 9-11 所示。首先由信号发生器将交流信号输入 AC 端，并用频率计测量输入信号的频率，然后，用毫伏表同时测量出输入端电压 U_{AC} 和标准电阻 R_H 上的电压降 U_{BC}，再用相位计测量出 U_{AB} 与 U_{BC} 的相位差 θ。由电学和矢量知识可得：

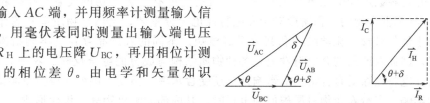

(a) 等效电路图

(b) 电压矢量图　(c) 电流矢量图

图 9-11　交流电测量原理图

$$\vec{U}_{AC} = \vec{U}_{AB} + \vec{U}_{BC},\ \vec{I}_H = \vec{I}_R + \vec{I}_C \qquad (9\text{-}24)$$

$$R = \frac{R_H\sqrt{U_{AC}^2 + U_{BC}^2 - 2U_{AC}U_{BC}\cos\theta}}{U_{BC}\cos(\theta+\delta)} \qquad (9\text{-}25)$$

$$C = \frac{U_{BC}\sin(\theta+\delta)}{2\pi f R_H\sqrt{U_{AC}^2 + U_{BC}^2 - 2U_{AC}U_{BC}\cos\theta}} \qquad (9\text{-}26)$$

$$\delta = \arcsin\frac{U_{BC}\sin\theta}{\sqrt{U_{AC}^2 + U_{BC}^2 - 2U_{AC}U_{BC}\cos\theta}} \qquad (9\text{-}27)$$

式中，R 为谷物的电阻，Ω；C 为谷物的电容，F；δ 为谷物的介电耗散角；f 为测试频率，Hz。

经转换，上式分别变为：

$$\rho = R\frac{S}{L} \qquad (9\text{-}28)$$

$$\varepsilon = \frac{CL}{\varepsilon_0 S} \qquad (9\text{-}29)$$

$$tan\delta = \frac{1}{2\pi\varepsilon_0 f\varepsilon\rho} \tag{9-30}$$

式中，ρ 为电阻率，Ω；ε 为介电常数，F/m；$tan\delta$ 为介电耗散正切；S 为测量容器截面面积，m^2；L 为电极之间距离，m。

二、电导特性在检测中的应用

利用谷物的电特性，可对其品质进行快速检测。如利用谷物含水率与电阻率及介电常数存在着指数关系，已研制出了电阻型和电容型谷物水分快速测定仪，大大方便了谷物的收购、贮藏和运输；利用谷物的电特性，还可进行谷物干燥过程的温度、湿度控制，以及在面粉加工过程中，向谷物加水量的控制，以保证干燥和面粉加工的品质。

谷物的电阻率主要与其含水率和测试频率有关。谷物的电阻率与其含水率的关系如下。

$$\ln\rho = -a_\omega\omega + C_\omega \tag{9-31}$$

式中，a_ω、C_ω 为实验常数。

由被测谷物的品种、容重、测试频率，环境的温度和湿度等因素决定，其值通过实验确定。由上式可看出：谷物的电阻随其含水率的增加以指数形式减少。这是因为谷物作为生命体，当含水率很低时，其细胞中的原生质呈凝胶状态，细胞中的离子运动十分缓慢，生命体的生理活动极其微弱。此时，细胞电阻很大，谷物的宏观电阻率也很大。随着谷物含水率的增加，细胞水势急剧上升。在水的作用下，谷物代谢加快，包括酶的活化与重新合成，细胞中的离子运动迅速增大，从而降低了细胞的电阻，谷物的宏观电阻率也随之迅速下降。

三、介电特性在检测中的应用

食品原料和食品一般都是吸湿性物质，它们的水分含量是其介电参数的重要因变量。此外介电参数还和交流电场的频率、物质的密度有十分密切的关系。在颗粒状农产品中，粒子/气隙混合物的容积密度对于介电特性也十分重要。当然，物质本身的介电特性还主要取决于他们自身的化学结构和其分子偶极矩。不同的农产品存在着不同结构、不同性质的基因，因此农产品的介电特性应是各种物质结构与成分的综合反映。农产品化学结构很复杂，其介电特性除受自身结构的影响外，还受含水率、温度、湿度、压力及测试部位等诸多因素的影响。当给农业物料层施加静电场时，其内部的无机物分子极化形成正、负离子。正离子和负离子在静电场作用下向阴阳两极移动，形成反电势，使测量的电流随时间按指数规律减小，即随时间增加电阻率也增加，此时出现电容效应，因而利用静电场测量不易实现物料介电参数的快速测量。

谷物的介电常数是在散粒集合条件下测定的。用特制的电容器与交流电测定法的仪器可以一次性测出谷物的电阻率、介电常数和耗散正切。谷物的介电常数，除与含水率有关外，还与检测的频率、谷物的品种和容重等因素有关。

有人做过谷物含水率与介电常数之间关系的研究认为，谷物的介电常数与其含水率之间存在如下关系。

$$\varepsilon = 1 + \exp(a_\varepsilon\omega + b_\varepsilon) \tag{9-32}$$

式中，a_ε、b_ε 为实验常数。

由上式可看出，谷物的介电常数在其含水率较低时，变化较小，随着含水率的增大，介电常数变化较大。其原因是当谷物的含水率较低时，谷物的细胞处于休眠状态，原生质呈凝胶态，这时，导电离子和水分子多以结合态存在，导致水分对谷物的介电常数影响较小。此时的介电常数与干态值接近。随着含水率的增加，谷物吸收水分，使其中细胞的原生质溶解，细胞膨胀，体积扩大，代谢速率增加，因而谷物的介电常数增加；另外，水的介电常数（71~81）远大于干物料的介电常数，所以，随着谷物含水率的增加，介电常数也增大。但谷物的介电常数随含水率的增加而增大并不是无限的，它同谷物的生理过程有着十分密切的关系。图 9-12 显示了小麦介质损耗角正切与水分含量和频率之间的关系。

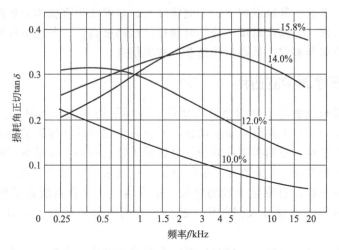

图 9-12　温度为 24℃时，小麦介质损耗角正切
与含水率和频率之间的关系

四、电泳在分离、分析中的应用

食品和食品中的杂质、污染物、微生物往往都带有电荷，将其溶液或者分散液置于电场中，这些带电的物质会发生移动。利用带电粒子在电场中移动速度不同而达到分离的技术称为电泳技术。

在确定的条件下，带电粒子在单位电场强度作用下，单位时间内移动的距离（即迁移率）为常数，是该带电粒子的物化特征性常数。不同带电粒子因所带电荷不同，或虽所带电荷相同但荷质比不同，在同一电场中电泳，经一定时间后，由于移动距离不同而相互分离。分开的距离与外加电场的电压和电泳时间成正比。

电泳已日益广泛地应用于分析化学、生物化学、临床化学、毒剂学、药理学、免疫学、微生物学、食品化学等各个领域。20 世纪 60—70 年代，随着滤纸、聚丙烯酰胺凝胶等介质相继引入电泳，电泳技术得以迅速发展。丰富多彩的电泳形式使其应用十分广泛。电泳技术除了用于小分子物质的分离分析外，最主要用于蛋白质、核酸、酶，甚至病毒与细胞的研究。由于电泳法设备简单，操作方便，具有高分辨率及选择性特点，已成为医学、食品安全检验中常用的技术。

五、质谱在检测中的应用

用高速电子束的撞击等不同方式使食品试样分子成为气态带正电离子。在高压电场（电压为 V）加速下，质量 m 的带正电粒子在磁感应强度为 B 的磁场中做垂直于磁场方向的圆周运动，其运动半径 r 与粒子的质荷比（m/e）有如下关系。

$$\gamma = \frac{\sqrt{2V}}{B}\sqrt{\frac{m}{e}} \tag{9-33}$$

显然质荷比大小不同的正离子将按不同的曲率半径依次分散成不同离子束。当连续改变加速板极电压或磁场时，就可将不同质量的粒子依次聚焦在出射狭缝上，通过出射狭缝的离子流碰撞在收集极上，然后被转化为光电信号记录成质谱图。根据质谱图的位置可进行定性和结构分析，而根据峰的强度可进行定量分析。

质谱分析法主要用于确定分子量，广泛用于有机物的分析，也可作为结构分析之用，是很好的定性分析的工具。其特点如下：①灵敏度高。目前用于有机物分析的质谱仪的灵敏度可达到100pg数量级；②操作简单，分析时间短，准确度高；③与色谱仪联用，对混合物试样可以同时进行分离和鉴定，从而可快速获取有关信息。

六、核磁共振在检测中的应用

核磁共振现象来源于原子核的自旋角动量在外加磁场作用下的进动。根据量子力学原理，原子核与电子一样，也具有自旋角动量，其自旋角动量的具体数值由原子核的自旋量子数决定。实验结果显示，不同类型的原子核自旋量子数也不同：质量数和质子数均为偶数的原子核，自旋量子数为0。质量数为奇数的原子核，自旋量子数为半整数。质量数为偶数，质子数为奇数的原子核，自旋量子数为整数。迄今为止，只有自旋量子数等于1/2的原子核，其核磁共振信号才能够被人们利用，经常为人们所利用的原子核有：^1H、^{11}B、^{13}C、^{17}O、^{19}F、^{31}P。

由于原子核携带电荷，当原子核自旋时，会由自旋产生一个磁矩，这一磁矩的方向与原子核的自旋方向相同，大小与原子核的自旋角动量成正比。将原子核置于外加磁场中，若原子核磁矩与外加磁场方向不同，则原子核磁矩会绕外磁场方向旋转，这一现象类似陀螺在旋转过程中转动轴的摆动，称为进动。进动具有能量也具有一定的频率。

原子核进动的频率由外加磁场的强度和原子核本身的性质决定，也就是说，对于某一特定原子，在一定强度的外加磁场中，其原子核自旋进动的频率是固定不变的。

原子核发生进动的能量与磁场、原子核磁矩以及磁矩与磁场的夹角相关，根据量子力学原理，原子核磁矩与外加磁场之间的夹角并不是连续分布的，而是由原子核的磁量子数决定的，原子核磁矩的方向只能在这些磁量子数之间跳跃，而不能平滑的变化，这样就形成了一系列的能级。当原子核在外加磁场中接受其他来源的能量输入后，就会发生能级跃迁，也就是原子核磁矩与外加磁场的夹角会发生变化。这种能级跃迁是获取核磁共振信号的基础。

为了让原子核自旋的进动发生能级跃迁，需要为原子核提供跃迁所需的能量，这一能量通常是通过外加射频场来提供的。根据物理学原理当外加射频场的频率与原子核自旋进动的频率相同的时候，射频场的能量才能够有效地被原子核吸收，为能级跃迁提供助力。因此某种特定的原子核，在给定的外加磁场中，只吸收某一特定频率射频场提供的能量，这样就形成了一个核磁共振信号。

NMR技术即核磁共振谱技术，是将核磁共振现象应用于分子结构测定的一项技术。对于有机分子结构测定来说，核磁共振谱扮演了非常重要的角色，核磁共振谱与紫外光谱、红外光谱和质谱一起被有机化学家们称为"四大谱"。目前对核磁共振谱的研究主要集中在^1H和^{13}C两类原子核的图谱。

对于孤立原子核而言，同一种原子核在同样强度的外磁场中，只对某一特定频率的射频场敏感。但是处于分子结构中的原子核，由于分子中电子云分布等因素的影响，实际感受到的外磁场强度往往会发生一定程度的变化，而且处于分子结构中不同位置的原子核，所感受到的外加磁场的强度也各不相同，这种分子中电子云对外加磁场强度的影响，会导致分子中不同位置原子核对不同频率的射频场敏感程度不同，从而导致核磁共振信号的差异，这种差异便是通过核磁共振解析分子结构的基础。原子核附近化学键和电子云的分布状况称为该原子核的化学环境，由于化学环境影响导致的核磁共振信号频率位置的变化称为该原子核的化学位移。

偶合常数是化学位移之外核磁共振谱提供的另一个重要信息，所谓偶合指的是临近原子核自旋角动量的相互影响，这种原子核自旋角动量的相互作用会改变原子核自旋在外磁场中进动的能级分布状况，造成能级的裂分，进而造成 NMR 谱图中的信号峰形状发生变化，通过解析这些峰形的变化，可以推测出分子结构中各原子之间的连接关系。

信号强度是核磁共振谱的第三个重要信息，处于相同化学环境的原子核在核磁共振谱中会显示为同一个信号峰，通过解析信号峰的强度可以获知这些原子核的数量，从而为分子结构的解析提供重要信息。表征信号峰强度的是信号峰的曲线下面积积分，这一信息对于 ^{1}H-NMR 谱尤为重要，而对于 ^{13}C-NMR 谱而言，由于峰强度和原子核数量的对应关系并不显著，因而峰强度并不非常重要。

早期的核磁共振谱主要集中于氢谱，这是由于能够产生核磁共振信号的 ^{1}H 原子在自然界丰度极高，由其产生的核磁共振信号很强，容易检测。随着傅里叶变换技术的发展，核磁共振仪可以在很短的时间内同时发出不同频率的射频场，这样就可以对样品重复扫描，从而将微弱的核磁共振信号从背景噪音中区分出来，这使得人们可以收集 ^{13}C 核磁共振信号。近年来，人们发展了二维核磁共振谱技术，这使得人们能够获得更多关于分子结构的信息，目前二维核磁共振谱已经可以解析分子量较小的蛋白质分子的空间结构。

核磁共振及其成像技术可以用于食品中油脂、碳水化合物、蛋白质、氨基酸、水分的分析。一般而言，食品工业是产量大、利润低的行业，食品加工企业不太愿意把资金投入到周期长的食品基础研究中。相对而言，商业用的 NMR 仪比其他一般仪器要昂贵得多，限制了此种仪器在食品领域中的普及和用于食品研究的 NMR 仪的开发。但许多发达国家的大型食品公司联手共同投资进行此领域的基础研究，为 NMR 仪推广使用提供了很大的可能性。随着 NMR 技术的完善和提高，仪器新功能不断开发及成本不断降低，NMR 技术在食品中有较好的应用前景。

七、太赫兹（THz）技术在检测中的应用

THz 辐射是指波长在 0.03～3mm，频率在 0.1～10THz，典型中心频率为 1THz 的电磁波，位于微波和红外波段之间。长期以来由于缺乏有效的产生和探测手段，THz 波科学技术发展滞缓。近十几年来，随着超快激光及其相关技术的迅速发展，连续可调的 THz 脉冲波的产生已经不再困难，THz 波段应用技术在生物、医疗、环境、农业等领域的研究也在逐步展开。国际科技界公认，THz 波段是一个非常重要的尚未开发的前沿领域。

THz 波段光子的电磁能量大约在 1～10meV，正好和分子转动能级之间跃迁的能量大致相当。分子之间弱的相互作用（如 DNA 氢键的延伸）、核酸大分子的骨架振动（构型弯曲）、偶极子的旋转和振动跃迁以及晶体中晶格的低频振动吸收频率都对应于 THz 波段范围。大多数极性分子如水分子、氨分子等对 THz 辐射有强烈的吸收，许多有机大分子（DNA、蛋白质等）的振动能级和转动能级之间的跃迁也正好在 THz 波段范围。物质的 THz 光谱（包括发射、反射和透射光谱）包含有丰富的物理和化学信息，研究光谱的吸收和色散特性可以用来做化学物（生物样品）的探测和识别。和 X 射线相比，THz 光子能量极低（比 X 射线的光子弱 10^7～10^8 倍），THz 辐射不会在生物组织中引起光损伤及光化电离，因此特别适合于对生物组织进行活体检查。和无线电波相似，THz 波能够穿透大多数干的介电材料（塑料、陶瓷、衣物、纸箱、木材、脂肪、骨头、冰、各种粉末、干的食物等），THz 透视技术能获得比 X 射线技术更好的对比度。和光波一样，THz 波能够在空气

中传播，也被金属、固态物体、人体等反射。由于这些独特的性质，在化学物、生物质检测、无标记基因检测、食品无损检测、农产品分析和质量控制等方面，THz波检测技术已经显示出巨大的优势。

在农产品和食品的分析研究中，光谱分析和成像技术是两个不可缺少的重要手段。如可见光荧光光谱、傅里叶变换红外光谱（FTIR）、紫外吸收光谱、X射线成像分析等，涉及的波段几乎覆盖整个电磁波谱。相对于红外波段，THz辐射的优势在于，其波长比红外波段长，因而物体的散射比红外波段要小，有利于物体成像；THz辐射能透射大多数非极性物体，而只有极少的物体对红外辐射是透明的。利用THz波光谱的独特性质，对农产品或食品进行THz成像和光谱分析，有可能获得其他方法不易获得的信息。THz光谱和成像技术作为一种新型的快速、无损、低廉的检测技术，有可能成为红外、X射线等检测分析的互补技术，在农产品、食品检测领域获得广泛应用。

水分测量对农产品和食品处理工业是非常需要的，但到目前还没有非常有效的监测方法。由于水在太赫兹波段有非常明显的分子间振动（氢键的拉伸和弯曲），水对太赫兹辐射有非常强的吸收。利用太赫兹波的自由空间传播特性和能穿透非金属等物料，低散射、低侵入、对极性水分子强吸收的性质，太赫兹光谱可用来高灵敏探测物体的微小含水量。利用THz波对肉制品中的瘦肉与脂肪穿透能力不同这一特性，可以对肉制品进行质检。基于THz技术的水果内部品质无损监测研究也在展开。利用THz频率段生物分子的指纹谱特征，可以用来检测生物分子，鉴别细菌孢子和有毒化合物。小生物样品的THz谱显示出典型的特征共振性质，而且对分子结构的微小区别非常敏感。

八、电子鼻

人的嗅觉形成过程大致可分为三个部分：①气味分子经空气扩散到达鼻腔，与嗅觉细胞表皮纤毛上的G受体结合蛋白作用，产生信号；②信号在嗅觉细胞神经网络和嗅球中经一系列加工放大后输入大脑；③大脑接受输入的信号做出识别判断，而大脑的判断识别功能是由孩提时代至长大不断与外界长期接触的过程中学习、记忆、积累、总结而形成的。

电子鼻模拟人的嗅觉器官，因而其工作原理与人的嗅觉形成相似，也包括三个部分：①气味分子被人工嗅觉系统中的传感器阵列吸附，产生信号；②生成的信号经各种方法加工处理与传输；③将处理后的信号经模式识别系统做出判断（图9-13）。电子鼻的工作可简单地归纳为：传感器阵列、预处理电路、神经网络和各种算法、计算机识别。

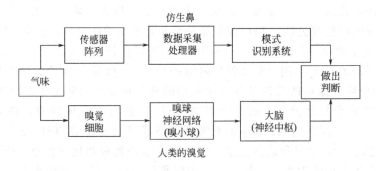

图9-13 人的嗅觉和电子鼻的三个组成部分

一个典型的电子鼻主要由三部分组成，如图9-14所示：①样品处理器，有气味物样品通过管子由真空泵吸入到由一阵列传感器所组成的一个小腔室中管子由塑料或不锈钢制成；②气体传感器阵列，气体传感器是电子鼻的关键部分，当有气味物暴露于一组传感器阵列时，有气味物（混合气味物）将和一阵列传感器相互作用，并产生瞬间响应，依据传感器的种类和特征，会在几秒或几分钟内达到稳定状态；③信号处理系统，也被称为模式识别系统，由气味传感器阵列所获得的气味信息，要经过预处理电路并进行特征提取。

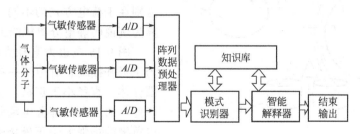

图 9-14　电子鼻原理结构图

电子鼻可以识别食品和农产品的霉变，如在肉品检测中的应用。在食品加工中，最常用的传感器是金属氧化物半导体传感阵列，它是由金属氧化物半导体气敏传感器组成。在肉类工业中，电子鼻主要对肉类食品的挥发气味进行识别和分类，最终对产品进行质量分级和新鲜度判别。根据对象目的不同，气敏传感器阵列及分析方法也不同。表 9-3 列出了电子鼻在食品工业中的一些应用。

表 9-3　食品工业中电子鼻的应用

应用	列阵形式	应用	列阵形式
咖啡的混合咖啡的分类	金属氧化物	肉的新鲜度	场效应管
咖啡的烘干程度	金属氧化物	谷物的质量	电化学
威士忌的分类	压电晶体	香料	压电晶体
啤酒的分类	金属氧化物	可乐	金属氧化物
啤酒中的异味	聚合物	果酱	金属氧化物
鱼的新鲜度	金属氧化物	奶酪	聚合物

第四节　电磁学特性在食品加工中的应用

一、静电分离

静电分离的原理是根据物料在静电场中受到不同电场力、离心力和重力的综合作用，而形成不同的运动轨迹，从而达到分离的目的。在静电分离中，离心力和重力主要用来强化分离过程，影响静电分离的关键因素是电场力，而影响电场力的因素就是电场强度和物料的荷电性质。影响荷电性质的主要因素有物料的电导性质、介电性质、几何性质和化学组成等。即使物料在起电过程中带上了相同的电荷，也可能由于物料的静电耗散能力不一样，使得物料达到静电场区时，荷电量也可能不相同。因此利用食品物料荷电性质的不同，可以实现静电分离。

静电分离是电力分级中的一种。目前电力分级机主要有极化型静电分级机、介电型电力分级机、电晕型静电分级机和摩擦型静电分级机 4 种。前两者利用的是极化带电的原理，其区别在于极化型静电分级机采用静电场分离，而介电型电力分级机采用的则是交变电场分离。电晕型静电分级机采用电晕带电，静电场分离。摩擦型静电分级机采用摩擦带电，静电

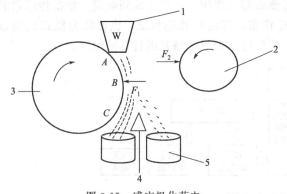

图 9-15　感应极化荷电

1—料斗；2—负极；3—正极；4—分离板；5—容器

场分离。还有其他不同起电方式的电力分级如感应型电力分级等。

不同静电分离的原理是一样的，主要区别在于荷电方式的不同。下面以茶叶分离为例说明静电分离机的工作过程。

图 9-15 左边为直径大的金属圆柱体，为正极并接地，右边为一接负高压的金属圆柱体，直径小于正极，所以它的曲率大一些，曲率大的部分电场强度大一些，所以负极的场强大于正极场强，是个非匀强电场。

当茶混合物（W）在高压静电场中的荷电区（AB 段）因感应和极化而荷电后，因正极滚筒向右旋转，茶混合物继续向下方运动而进入分离区（BC 段），荷电的茶混合物会受到静电正、负极的排斥或吸引。但由于负极直径小、曲率大，正极直径大，曲率小。所以负极电场强于正极，即不均匀电场力 $F_2 > F_1$，它们的合力 $F = F_1 + F_2$，但因为有重力 F_g 存在，于是茶混合物实际上按电力和重力的合力方向 P 运动，即向负极这边偏斜下落（图 9-16）。虽然，茶叶和茶梗都会在上述静电场中向负极这边偏移，但导电性较强的茶梗自由电子较多，因感应的自由电荷量和因极化的束缚电荷量较多，又因为物体在静电场中的作用等于电荷量乘场强（即：$F = q \times E$），当场强一定时，电荷量越大，受作用力也越大。因而茶梗偏向负极最多，茶叶则由于内含物的不同，自由电子少于茶梗，入静电场后荷电量较少，受电场力较小，向负极偏斜小些，在分离板引导下，梗叶得以分开。

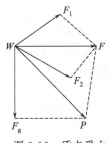

图 9-16　质点受力运动情况

下面，就茶梗和茶叶在静电场中的受力情况进行定量分析。茶梗和茶叶在静电场中，将受到电力和机械力的共同作用。电力有库仑力 F_1、不均匀电场力 F_2；机械力有重力 F_g、离心力 F_v。

（1）库仑力：$F_1 = qE$（q 为茶叶带电量，E 为所处场强）。

（2）不均匀电场力：茶梗和茶叶在电场中被极化或感应极化而成一电偶极子时，电选机的不均匀电场将它们吸到电场强度大的区域，此吸力称不均匀电场力。

$$F_e = \alpha V E^{\frac{d_e}{d_x}} \tag{9-34}$$

式中，α 为茶叶极化率；V 为茶叶质点的体积；E 为茶叶质量所处场强；$\frac{d_e}{d_x}$ 为电场梯度。

根据以上分析，茶梗和茶叶分离的必要条件如下。

（1）茶梗分离条件：$F_1 + F_g < F_2 + F_v$

（2）茶叶分离条件：$F_1 + F_g + F_v > F_2$

二、静电熏制

静电熏制有多种方式，其原理也非常简单。如图 9-17(a) 所示，为了使自持离子化稳定，工业上利用导线电极和平板电极所产生的非匀强电场。在电晕电极（能动极）与正的极板之间存在一个与制品大小无关的非匀强电场。在能动极附近，由于电场强度最大，产生电晕放电，于是从下方送来的熏烟成分在这里发生离子化。负离子的淌度较正离子的淌度大，所以电晕极采用负极。在电晕域内形成的离子被烟粒子吸附，并使烟粒子荷电。荷电的烟粒子在电场中定向运动，与肉制品碰撞沉积于它的表面。图 9-17（b）的电熏烟方式，由于制品本身成了受动电极，电晕极放在两侧，这样很难保证稳定的非匀强电场。因此，制品上锐角突出部分就可能沉积过量的烟物质，而形成黑白壳并引起反电晕发生。

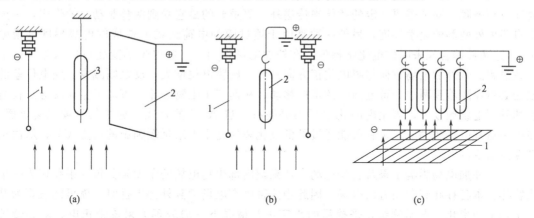

图 9-17　静电熏制的原理与主要方式
1—电晕电极；2—受动电极；3—制品

　　图 9-17（c）是先将烟在离子化网格内离子化，然后漂向制品沉积。此法的缺点是在距离子化网格较近的地方，制品容易烟熏过度。电熏制加工的特点是高效率。在中等烟密度条件下，熏制速度非常迅速（2～5min）。但缺点是不能起到通常烟熏那样的干燥效果，所以电熏后还要配以微波或远红外处理。

三、静电成型及撒粉装置

　　静电场主要用于食品散料的操作，除了应用于散料分离、烟熏外，还可以应用成型和撒粉操作。成型和散粉操作与分离、烟熏基本一样。为了更好地实现成型和散粉操作，需要设计专用的装置。一种典型的静电成型装置如图 9-18 所示，装置由一组料斗、供料器、原料计量器（配量盐、砂糖、发酵粉、酵母液等）和静电喷洒器、植物油的计量及电喷洒器组成。所有的电喷洒器都与高压电源的负极连接。首先植物油滴成为荷电粒子，在电场中飞向加热转筒表面，形成油层。然后，面粉和其他原料液滴形成的荷电粒子，在电极之间的空间内交叉混合，喷向转筒表

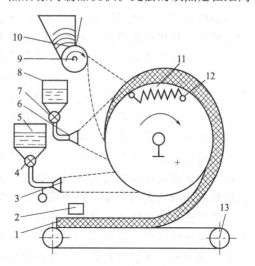

图 9-18　静电带状制品的静电成型装置
1—制品；2—切断器；3,6,9—植物油、盐、
砂糖、发酵粉或酵母液等的静电喷洒器；
4,7—自动计量器；5—容器；8—料罐；
10—补充料斗；11—电热器；
12,13—传送带

面，形成一定厚度的带状料坯。转筒不仅作为电场的正极，而且还是用电热丝加热的加热体。转筒在转动过程中使喷洒在其上的原料成型、加热、胀发、干燥，最后被切断成为成品。

　　类似的装置也被用来完成在鱼、肉和其他制品表面撒粉（面包屑）的加工操作。

四、高压静电场处理

给果蔬类食品施加一个高压静电场，可以起到食品保鲜的作用，据研究，高压静电场的保鲜作用可能基于如下三个方面的作用。

一是电场改变了果蔬细胞膜的跨膜电位，影响了生理代谢。一般认为，在水溶液中离子要穿过细胞膜，除了需要一定的载体来传递外，更重要的是它受到两种驱动力的作用，一种来自膜内外两侧的化学梯度，另外一种是由于透过膜的电荷运动所造成的电势梯度（膜电位）。这两种综合起来叫做电化学梯度。在外加电场作用下，膜电位的变化可以认为是一个电致过程。若外加电场方向与膜电位正方向一致，则膜电位增大，反之则减少。膜电位差的改变必然伴随着膜两边的带电离子的定向移动，从而产生生物电流，带动了生化反应。在适宜的外部电场激励下，氧化磷酸化水平的提高将促进 ATP 的合成，加快其生理代谢过程，在另一适宜电场激励下，也可能通过降低氧化磷酸化水平来延缓细胞的新陈代谢，从而达到保鲜的目的。

二是外加电场影响了果蔬自身电场。从果蔬内部生物电场的角度来分析，果蔬作为一个生物体，本身存在着它固有的电场，因此当这种固有电场遭到外部干扰时，就可能表现为某种生理上的变化。根据测试，采摘后的果实正常情况下一般表现为果皮带正电，果心带负电，但是当果实的周围加上高压电场后，果皮与果心的带电情况却由于发生电场感应而得到了加强。

三是外加电场影响了水的结构及水和酶的结合状态。在液态水中，水分子由于电偶极子间的静电引力，经常形成由 2~3 个水分子组成的团。当形成团时，各个水分子（偶极子）间的静电相互作用能降低，电势能转变成水分子杂乱运动的动能即热能。当这些团与其他团或者单个水分子碰撞时，有可能分裂成较小的团或者单个分子，分裂过程中，热能转变成电势能。当水处于平衡态时，团的形成与分裂过程的效果相互抵消。水与其他物质一样存在固有频率，当外加引起谐振的能量场时，水也能引起谐振，而水的这种谐振现象极有可能引起水的结构的改变，使它成为活化水。影响果蔬生理反应的主要是果蔬内酶的活性，而酶蛋白周围的水分子不仅是果蔬生存的条件，更是果蔬细胞的重要组成部分。水结构上的任何变化有可能引起果蔬生理上的改变。当外加静电场作用于酶周围的水分使其结构发生变化时，在一定条件下可能改变水与酶的结合状态，使酶的活性不能发挥出来，从而失去活性。酶的失活就可能影响果蔬的生理代谢过程，达到保鲜的目的。

另外在一定条件下，高静压电场可以产生一定量的空气离子和臭氧，其中的负离子具有抑制果蔬新陈代谢、降低其呼吸强度、减慢酶的活性等作用；而臭氧是一种强氧化剂，除具有杀菌能力外，还能与乙烯、乙醇和乙醛等发生反应，间接对果蔬起到保鲜作用。

高压静电场果蔬保鲜有如下几个方面的优点。①经济、节能。由于静电场中电流十分微小，只有 $0~10\mu A$，而且高电压在无电流时，电场能保持很长时间。因此，耗能很少，可节省资源。②操作灵活。按照实际要求调节开关，即可达到所要求的条件。可随时解除高压，随时启闭高压装置装卸产品。③静电保鲜是简单的物理过程，无药物残留，不会造成二次环境污染。但高压静电场保鲜也有缺点：电压较高，具有一定的危险性；对环境湿度要求较高，湿度太大电场容易击穿空气，造成电场短路和操作的停顿，所以环境湿度要控制。

五、静电的危害和消除

由于静电是普遍存在的，而且静电的放电是一种随机过程，因此，它的作用往往为人们所忽视，但是它给生产造成的危害却是惊人的。食品生产中往往使用很多粉料和散粒料如面粉、糖分等，在生产中采用一定的静电消除措施非常重要。

静电安全防护可以采用如下措施。①控制静电起电率和电荷积聚，防止危险电源的形成。静电起电率是指单位时间物体上电荷的增加量。要减少静电起电率，可以通过减少物体间的摩擦，控制物体之间接触分离的速度和次数，同时减缓物体运动变化的速度。尽量减少接触物体间的接触面积，减少接触压力。物体表面保持清洁、光滑；合理搭配使用摩擦带电序列中位置靠近的材料。食品粉体物料输送中，管道材质应该与被输送的粉体在摩擦带电序列中相距较近，如果被输送的是几种物质的混合物，则管道材料应选用摩擦电导序列中位于混合物各组成成分中间的物质；条件允许时，尽量采用静电导体材料的管道并静电接地。输送速度要控制在规定值以下；输送管道直径尽量大；管道内壁要平滑，不应该在管内装设网格之类的障碍物；严禁外来金属导体混入而成为对地绝缘体的导体。②增大电荷消散速率防止电荷积聚。适当提高环境的相对湿度，在静电危险场所中尽量采用静电导体材料或静电耗散材料，并进行合理的静电接地和搭接，使物体保持有电荷泄露的良好通道；使用抗静电剂，使物体表面电阻率减少；在必须使用绝缘材料的场所，可使用离子风等静电消除器。③采用综合防护加固技术。

六、电渗析

电渗析是在直流电场作用下，电解质溶液中的离子选择性的通过离子交换膜，从而得到分离的过程。它是一种特殊的膜分离操作，所使用的离子交换膜只允许一种电荷的离子通过而将另一种电荷的离子截留，阳离子交换膜只允许阳离子通过，阴离子交换膜只允许阴离子通过，两种膜成对交替平行排列，膜间空间构成一个个小室，两端加上电极，施加电场，电场方向与膜平面垂直，图 9-19 以氯化钠溶液为例简要地说明了电渗析过程中阳离子和阴离子的运动情况。由阳离子交换膜和阴离子交换膜分隔出来的浓缩室和淡化室也是交替存在，从浓缩室和淡化室分别引出两股物料就成为电渗析分离的两股产品。

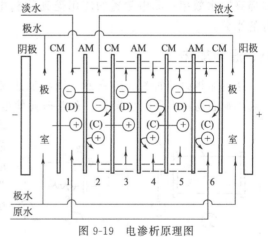

图 9-19　电渗析原理图
CM—阳模；AM—阴模；C—浓水隔板；D—淡水隔板

电渗析器中交替排列着许多阳膜和阴膜，分隔成小水室。当原水进入这些小室时，在直流电场的作用下，溶液中的离子就做定向迁移。阳膜只允许阳离子通过而把阴离子截留下来；阴膜只允许阴离子通过而把阳离子截留下来。结果将这些小室的一部分变成含离子很少的淡水室，出水称为淡水。而与淡水室相邻的小室则变成聚集大量离子的浓水室，出水称为浓水。从而使离子得到了分离和浓缩，水便得到了净化。

电渗析和离子交换相比，有以下异同点。①分离离子的工作介质虽均为离子交换树脂，但前者是呈片状的薄膜，后者则为圆球形的颗粒。②从作用机理来说，离子交换属于离子转移置换，离子交换树脂在过程中发生离子交换反应。而电渗析属于离子截留置换，离子交换膜在过程中起离子选择透过和截阻作用。所以更精确地说，应该把离子交换膜称为离子选择性透过膜。③电渗析的工作介质不需要再生，但消耗电能；而离子交换的工作介质必须再生，但不消耗电能。

与分子的尺寸比较，用于电渗析的离子交换膜孔径很小，所以一般认为电渗析采用的离子交换膜为致密膜，膜上弯曲的微孔非常适合 Li^+、K^+、Na^+ 等离子的去除。由于电渗析在分离和膜清洗的时候不需要添加化学试剂，不像离子交换需要定期的再生，能很好地和上、下游操作衔接，容易实现大规模连续化的操作，所以电渗析被广泛地用于脱盐、脱酸和一些氨基酸的分离、蔗糖汁中除去糖蜜离子、甜菜糖汁进行脱盐等。

七、电渗透脱水

物料在与极性水接触的界面上，由于发生电离、离子吸附或溶解等作用，使其表面带有正电或带有负电。带电颗粒在电场中运动（电泳和电渗透），或带电颗粒运动产生电场（流动电势和沉降电势）统称为动电现象。在电场作用下，带电颗粒在分散介质中做定向移动称为电泳，电泳主要用于蛋白的分离和悬浊液中颗粒的沉降；在电场作用下，带电的分散相固定，带有反电荷的分散介质通过多孔性固体做定向移动称为电渗透。电渗透的速度可以用下式计算：

$$U_E = \frac{\varepsilon \xi E}{k \pi \mu} \times \left(\frac{1}{300}\right)^2 \qquad (9\text{-}35)$$

式中，U_E 为脱水浆料层中液体电渗透流速；ε 为液体的介电常数；k 为粒子形状系数；μ 为液体黏度；E 为脱水层电场强度；ξ 为极板间的电位差。

电渗透脱水的主要特点有：①电渗透脱水的驱动力不同于机械过滤的压榨力，过滤介质不会受到严重的破坏和堵塞；②通过调整电渗透的电压和电流，很容易控制脱水的速度和效率；③用于胶体中的水分脱除效率很高；④电渗透脱水容易与机械脱水相结合，进一步提高脱水效率；⑤电渗透的应用受到物料电特性的影响；⑥电渗透理论上不能脱除所有的水分。

八、通电加热

通电加热原理如图 9-20 所示，欧姆加热又叫通电加热、电阻加热、电加热等。其原理是利用食品物料本身电导损失、介电损耗使电能转化为热能。食品物料不仅包含的种类繁多，而且其组成结构也非常复杂，它们中大多数是由电介质、导体和电解质以各种形式组合成的复合体。通常将物体通入电流时，物体作为载流导体而产生的热量称为焦耳热。但当利用交流电流时，尤其是利用高频电流时，其产生的热并不限于焦耳热，还有在交变电场中电介质的极化运动产生的热损耗。把食品物料看成一个电路模型，必须同时考虑它的电阻和电容特性：带电荷离子的传导，可以看成一个电阻模型，偶极子的极化可以看成一个电容。

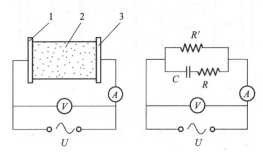

图 9-20　通电加热原理示意图
1,3—电极；2—食品物料；R'—阻抗；
C—电容；R—相当于介电损耗的阻抗

欧姆加热按照发热机理可分为阻抗欧姆加热和介电欧姆加热。理论上，利用直流电加热食品就是单纯的阻抗欧姆加热，但是利用直流电不仅会引起食品成分的电解变质，还会使电极很快发生电解腐蚀，所以欧姆加热一般采用交流电。在工频条件下，由于电场的变化而产生的介电加热可以忽略，此时电加热也可以认为是单纯的阻抗欧姆加热。如果物料不导电以及食品处于干燥状态或水分极低时，欧姆加热不适用。采用低频交流电加工食品物料时，产生的热量可以用下面公式表示。

$$u = |\Delta V|^2 \sigma \tag{9-36}$$

式中，u 为产热速度，W/m^3；ΔV 为电压梯度；σ 为电导率。

由上式可知，在电压稳定时，热量产生的速度与食品物料的电导率成正比。因此电导率在加热过程中起关键作用。很多食品或原料都含有水分，而且在这些分散体系中也同时含有各种电解质，所以电导率都比较大，可以利用欧姆加热。忽略食品内部的热传导，通电加热时，食品各部分的加热速度为：

$$\frac{dT}{dt} = \frac{(\Delta V)^2}{R C_p \rho} \tag{9-37}$$

式中，C_p 为各部分物料比热容，$J/(kg \cdot ℃)$；ρ 为物料密度，kg/m^3；R 为电阻，Ω；ΔV 为任一点处的电位梯度，V/m；T 为温度，$℃$；t 为时间，s。

在使用高频交流电加热时，物料受到两端电极电压的作用而发生极化。极化分子随电场的转动相互摩擦而产生热量，使电能转化为热能，这和微波加热的机制类似。食品物料在电场中的极化，不仅受电场的影响，还和电场的频率有很大的关系。其中介电损耗率 ε'' 与材料单位时间的发热量 W 的关系为：

$$W = \frac{1}{2} f \varepsilon'' S \frac{u_o^2}{d} \tag{9-38}$$

式中，f 为电流频率；S 为电极面积；d 为电极间距离；u_o 为交流等效电压；ε'' 为介电损耗率。

影响欧姆加热的因素归纳起来有电导率、电场频率、固体颗粒的几何形状、液体的黏度等。电导率是影响欧姆加热的主要因素之一，它自身又受温度、电压梯度、电解质浓度、食品的组成成分、固体颗粒的几何形状、物料的组织结构以及交流电频率和波形有关。在食品加工过程中，电导率随着温度的变化而变化。研究发现，部分食品的电导率与温度的关系呈线性关系，另外一些则呈非线性关系。

由于欧姆加热主要用于加热固体或者含有固体的食品物料体系。固体的形状对加热的影响不容忽视。固体颗粒往往是不均匀的，而且在欧姆加热中，用于悬浮或者运载固体的液体的电导及其电导的温度函数都可能与固体颗粒不同，因此，固体颗粒的几何特征如大小、形状、在电场中的取向、相对液体的含量都对欧姆加热有一定的影响。对固液两相欧姆加热行为的研究表明，达到同样高的温度，颗粒越大，所需的加热时间越多；颗粒越小，加热越快。随着固体含量的增加，达到相同温度的加热时间也随之增加。还有研究显示，两相食品体系固液加热速率的不同与各自的电导率以及体积含量有关，低浓度时固体的加热速率相对较慢，而高浓度时，固体颗粒的加热速率比液体要快。

与电场成平行或垂直两种情况下的颗粒加热速率与周围液体的加热速率有时并不相同，这可能是因为，当颗粒垂直于电场时，可以认为颗粒与流体之间成更有效的串联关系，从而当固体的电阻相对较大的情况下，固体的加热速率就比流体快。当固体颗粒的长宽比较大时，其方向对加热有影响，方形和球形颗粒没有方向问题。在连续流体中固体的方向分布取决于一系列因素的相互作用，如连续流体的剪切作用、其他颗粒的限制以及颗粒最初的方向。圆柱形颗粒比立方形颗粒更易于沿流动方向平行排列，伸长性颗粒的这种趋势更明显，固体的浓度过高，或是颗粒尺寸太大，颗粒在流体中的转动受到限制，不利于颗粒取向的重新排列。同时，流体的流速有利于颗粒的平行排列取向。对于有一定生长方向的食品，即各向异性食品，颗粒与电场的相对方向对加热的影响可能更大。

通电加热的优点主要包括：①能够较精确控制产品的加热温度及升温速率；②由于热量

是在物料内部产生的，因此没有加热面，加热体系受热较均匀；③当切断电源后加热过程没有滞后现象，热损失非常低。

欧姆加热虽然具有很大的发展潜力，但是欧姆加热中还存在一些问题。①电极腐蚀及电解反应。欧姆加热过程中，在理想情况下，电能只用于热量的产生，不发生电极与溶液表面之间的电化学反应。在此过程中，$50\sim60\,Hz$ 的低频交流电同直流电一样，电极腐蚀和电解反应都可能发生。根据电化学反应原理，电极材料的性质对欧姆加热过程的电化学作用有很大的影响。选择合适的电极材料如钛电极、镀铂电极和使用高频电流，可以降低感应电流，减少电极腐蚀和电化学反应。②加热的均匀性。食品物料是一个复杂的非均质体系，各部分电导率都会不同，在通电时内部电流能否均匀分布，成为影响加热是否均匀的关键。如脂肪、油、空气、乙醇、骨、冰等，因为这些物质属于绝缘体，不被欧姆加热，所以必须通过热传导获得热量，这就容易造成局部过热。细胞结构的食品物料，细胞外液、细胞壁和细胞质的电导率都不同，也造成加热的不均匀性。通过改变电流的频率，使物料的阻抗发生改变，达到均匀加热的目的。利用传统加热物料到 $60\sim70\,℃$ 破坏细胞壁的结构，使物料的电导率一致，也可以提高加热的均匀性。在含有淀粉的颗粒流体加热过程中，采用预热使淀粉提前胶凝，保持颗粒的悬浮，使加热均匀；为提高加热的均匀性，还可以通过加热熔化和驱除物料中的非导电性物质脂肪、将颗粒浸泡在与介质电导率相同的盐或酸溶液中，提高颗粒的电导率，也利于加热的均匀。减少颗粒尺寸，也是解决均匀性差的一个重要方法。因此利用欧姆加热加工食品，对原料进行预处理和选择合适的加工条件有时能起到较好的效果。③加热速度的控制。食品通电加热时，食品的阻抗会发生变化，根据食品的阻抗变化来调节通电条件，控制加热速率，是欧姆加热实用化难关之一。通过建立数学模型，可以设计和控制欧姆加热过程，确保食品的品质和安全。但是有限的测定点不足以描述整个物料的温度分布从而准确确定欧姆加热体系的数学模型。有报道称，MRI（核磁共振成像）不仅能够实现无损、实时在线测量，并且获得任一层面的空间信息，因此其非常适用于监测悬浮颗粒样品在欧姆加热过程中的温度变化，快速测定欧姆加热过程中的温度，构建温度瞬时分布图，提高了欧姆加热的数学模型的预测的准确度，为加快欧姆加热的工业化进程提供依据。

九、微波加热

微波是一种高频率的电磁波，其频率范围约在 $300\sim300000\,MHz$（相应的波长为 $100\sim0.1\,cm$）。它具有波动性、高频性、热特性和非热特性四大基本特性。微波能够透射到食品物料内部使偶极分子和蛋白质的极性侧链以极高的频率振荡，引起分子的电磁振荡等作用，增加分子的运动，导致热量的产生。微波还能够对氢键、疏水键和范德华力产生作用，使其重新分配，从而改变蛋白质的构象与活性。

微波加热的特性如下。①选择性加热：物质吸收微波的能力，主要由其介质损耗因数来决定。介质损耗因数大的物质对微波的吸收能力就强，相反，介质损耗因数小的物质吸收微波的能力也弱。由于各物质的损耗因数存在差异，微波加热就表现出选择性加热的特点。物质不同，产生的热效果也不同。水分子属极性分子，介电常数较大，其介质损耗因数也很大，对微波具有强吸收能力。而蛋白质、碳水化合物等的介电常数相对较小，其对微波的吸收能力比水小得多。因此，对于食品来说，含水量的多少对微波加热效果影响很大。穿透性微波比其他用于辐射加热的电磁波，如红外线、远红外线等波长更长，因此具有更好的穿透性。微波透入介质时，由于介质损耗引起的介质温度的升高，使介质材料内部、外部几乎同时加热升温，形成体热源状态，大大缩短了常规加热中的热传导时间，且在条件为介质损耗因数与介质温度呈负相关关系时，物料内外加热均匀一致。②热惯性小：一方面，微波对介质材料是瞬时加热升温，能耗也很低。另一方面，微波的输出功率随时可调，介质温升可无惰性的随之改变，不存在"余热"现象，极有利于自动控制和连续化生产的需要。

微波的加热优点如下。①加热迅速，均匀。不需热传导过程，且具有一定的自动热平稳性能，避免过热。②加热质量高，营养破坏少，能较好地保持食物的色、香、味，减少食物中维生素的破坏。③安全卫生无污染，对食品的杀菌能力强。因为微波能被控制在金属制成的加热室内和波导管中工作，所以微波泄露被有效的抑制，没有放射线危害及有害气体排放，不产生余热和粉尘污染。既不污染食物，也不污染环境。微波杀菌除了热效应之外还可能有生物效应，许多病菌在微波加热不到100℃时就全部被杀死。④节能高效。由于含有水分的物质极易直接吸收微波而发热，没有经过其他中间转换环节，因此除传输损耗外几乎无其他损耗。⑤具有快速解冻功能。在微波场中，冻结食品从内到外同时吸收微波能量，使其整体发热，容易形成整体均一的解冻，从而能缩短解冻时间，迅速越过−50～0℃这个易发生蛋白质变性、食品变色变味的温度带，保持食品的品质不致下降。

十、微波萃取

微波萃取在理论方面尚不成熟，除了微波加热使温度升高，加速被分离物质的溶解外，归纳起来还有：①细胞破碎机理。微波射线自由透过对微波透明的溶剂，到达植物物料的内部维管束和腺细胞内，细胞内温度突然升高，连续的高温使其内部压力超过细胞壁膨胀的能力，导致细胞破裂，细胞内的物质自由流出传递至周围的溶剂中被溶解；②选择性萃取机理：物质的介电常数、比热、形状及含水量的不同，各物质吸收微波能的能力不同，其产生的热能及传递给周围环境的热能也不同，这种差异使萃取体系中的某些组分或基体物质的某些区域被选择性加热，从而使被萃取物质从基体或体系中分离出来，进入介电常数小、微波吸收能力差的萃取剂中。不同种类的物质在不同微波条件下其耗散因子（$\tan\delta$＝介电损耗/物质的介电常数）的变化规律不同，通过控制微波辐射频率和功率改变$\tan\delta$，可使某种萃取组分微波吸收达到最大，从而实现提高萃取速率和选择性的目的。此外，微波的非热效应也可能影响微波萃取，但需要进一步证实。

影响微波萃取的主要因素有萃取溶剂种类及其体积、萃取温度、萃取时间、萃取压力、微波功率、基体含水量及其物理结构等。

十一、微波溶样（微波消解）

微波溶样也称微波消解。微波消解样品是近年来发展的一种新型的、有前途的样品预处理技术，它结合高压消解和微波快速加热两方面的性能，具有传统方法无可比拟的优越性，样品消解速度快，消解完全彻底，回收率高，密闭消解系统使易挥发元素损失减少。

用来加热消解的微波频率通常在2450MHz，即微波产生的电场正负信号每秒钟可以变换24.5亿次。当对一个样品施加微波时，样品内微观粒子的取向极化和空间电荷极化与微波电场的变化速率相当，可产生介电加热，即通过微观粒子的这种极化过程将微波能转化为样品的热能。这种加热的特点是可以在不同深度同时加热，不仅使加热更快速，而且更均匀，从而大大缩短了处理样品所需的时间，节约能源，改善加热质量。采用密闭增压的微波消解系统，不仅保持了微波消解的优点，同时使样品在高温高压下，表面层搅动破裂，不断产生新的样品表面，增大了样品与溶剂接触面积，加快了消解速度。

十二、微波干燥与膨化

微波干燥主要是基于微波对水分子的加热。当待干燥的湿物料置于高频电场时，由于湿物料中水分子具有极性，则分子沿着外电场方向取向排列，随着外电场高频率变换方向（如50次/s），水分子会迅速转动或做快速摆动。又由于分子原有的热运动和相邻分子间的相互作用，使分子随着外电场变化而摆动的规则运动受到干扰和阻碍，从而引起分子间的摩擦而产生热量，使其温度升高。微波干燥与普通干燥法的主要区别在于，微波干燥属于内部加热干燥法，电磁波深入到物体内部，使物料内、外部都能均匀加热干燥。

微波膨化的原理与微波干燥的原理是一样的。物料内部水分受到微波加热后，温度迅速升高汽化，产生一定的压力，在食品内部形成一定形状和大小的气泡，使食品发生膨化。要实现微波膨化，被加热的物料的流变性质和水分含量必须满足一定的要求。如果微波膨化配合真空或者高压，则对物料的水分、组成要求可以有所放宽。

十三、微波催陈

微波对白酒有催陈作用，它可提高酒质，除去酒的暴杂味，使之绵软柔和，这是微波能量被物质吸收后产生的热效应和化学效应的共同结果。微波催陈酒类技术对酿酒行业来说，不仅能在缩短存坛期，节省仓储面积和资金积压方面有着巨大的经济效益，而且还能减少存坛期的挥发损失。微波场的作用是：①通过高频电磁场使酒中的极性分子和水高频极化，重新组合，使独立的难溶的分子集团有机融合，相互渗透，加快了醇化过程；②在酒体中微波转换为热能，提高了自身的温度，创造出加速醇化的物理环境；③微波场在酒这一丰富的有机、无机体系中能引发和加速许多醇化所需的化学反应。

十四、微波烘焙

微波加热是一种内加热方式，微波能穿透到物体内部，使物体表面和一定深度的内部同时升温，达到快速烘焙。传统的烘焙方式需要将食物置于一个已预热的环境之下，而微波加热食品并不需要预先将食物所处的环境加热，且加热的时间也较传统的方式短得多。不需预热和加热快速，使加热效率大大提高，同时节省了时间和能源。另外，短时间加热能够使食物中的营养成分得到较多的保留和使制品中水分的损失大大减少，使食物的原有风味和口感得到保证。

对焙烤来说，微波这种内加热机制带来了一些缺点：①食物表面的温度未能充分升高，美拉德反应或焦糖化反应不充分，食物一般不能像传统的烘焙食品那样呈现诱人的金黄色；②对食物加热时间的准确度要求高，加热时间稍微延长，就会产生过度加热的后果；③加热不均匀性问题。

应用微波焙烤的最大缺点就是不利于表皮的形成和上色。这是因为食物表面暴露在周围的未被加热的冷空气之中以及水分的蒸发使表面温度低于食物内部的温度，从而食物表皮的形成较慢，甚至只呈原有的白色或灰白色，由于没有焦糖化作用，不能够产生烘焙特有的香味和金黄色泽。解决的方法是将传统的烘焙手段和微波技术联合使用，先微波、后烘焙，或同时使用微波和烘焙。这样做同样保留了微波加热时间短的优势，又可以弥补表面形成和褐变方面的不足。通常的做法是先用微波加热食物至基本成熟，再用高温烤几分钟，这样就可基本达到传统烘焙的效果，而时间、空间和设备投资方面却比传统方法节省得多。

食品中的风味物质多数是一些易挥发的有机物，如醛、酮、酯和杂环化合物等。这些物质的形成需要一定的温度和时间，微波的快速加热不利于风味物质的形成。生产中可以采用适当的食品添加剂和配方来解决。

十五、微波和高频解冻

解冻是指冻结时食品中形成的冰晶溶化成水的过程。从提供热的方式来看，有两类解冻方法：①由温度较高的介质向冻结品表面传热，热量由表面逐渐向中心传递，即所谓的外部加热法；②高频、微波、通电等加热方法使冻结品各部位同时加热，即所谓的内部加热法。对于外部加热解冻，常用的方法有：空气解冻法，一般采用 $25\sim40$℃ 的空气和蒸气混合介质解冻；水解冻，一般采用 $15\sim20$℃ 的介质浸泡式解冻；热金属面接触解冻。这些解冻方法的原理都是依靠加热介质与冷冻物料之间的传热来实现解冻。对于传热解冻来说，物料处于温度较高的介质中，冻品表面的冰首先解冻成水，随着解冻的进行，冰层的溶化逐渐向内伸。由于水的导热系数比冰的小很多，解冻速度随着解冻的进行而逐渐减慢，解冻食品在 $0\sim5$℃ 温度带中停留的时间长。因此，对于传热解冻普遍存在着解冻时间长（几个小时至几十个小时），物料表面温度高，易变色，营养成分损失大，微生物污染严重，产品质量较低等缺陷。内部加热解冻法主要有：高频波（$10\text{kHz}\sim300\text{MHz}$）、微波（$300\text{MHz}\sim300\text{GHz}$）和通电加热解冻。高频波加热和微波加热解冻的原理是一样的，都是利用物料的介电特性，即极性分子在电场的作用下运动，自身产生热量；通电加热解冻是利用物料的电导特性，自身产生热量。内加热解冻的优点：解冻时间短、不受季节的限制、食品受杂菌污染少等。

外加电场的频率越高，分子的摆动就越快，产生的热量就越多。外加电场的电场强度越大，分子的振幅就越大，产生的热量就越多。物料在高频波和微波场中所产生的热量的大小还与物料的种类及成分有关，即与物料的介电常数和损失角正切有关。高频波和微波加热时，单位体积的食品物料单位时间内所吸收的能量可以用式(9-7)计算。

当高频波和微波照射到物料上时，除部分反射外，高频波和微波将穿透食品物料的表面，直接把能量传到物料的内部。

高频波和微波在物料中的穿透深度可用式(9-20) 计算。但工业上常用半衰深度来表示高频波和微波的穿透能力。所谓半衰深度是表示电场强度衰减至一半时的深度。半衰深度为穿透深度的 0.35 倍，可用下式计算：

$$D_{1/2}=\frac{3.31\times10^7}{f\sqrt{\varepsilon'\tan\delta}} \tag{9-39}$$

式中，f 为高频波和微波的频率。

工业解冻用的高频波为 13156MHz，微波一般用 915MHz。在微波加热解冻时，由于其半衰深度较小，物料的表面温度和中心温度差别大，物料表面局部解冻，冰转化成水，水的介电常数比冰的大很多倍，在溶化成水的部分吸收的微波能多，容易造成该部分的过热现象。而对于高频波加热解冻，其半衰深度远大于微波的半衰深度，表面温度和中心温度差别小，水和冰的损失系数差别也小，解冻时温度分布较均匀。所以高频波能用于厚大物料进行解冻，并且解冻后的品质更高。

由水与冰在高频波下的介电损失比以及高频波的半衰深度可知，高频波比微波更适用于厚大食品的解冻，温度更加均匀；与外部传热解冻相比，高频波解冻还具有：解冻时间短，生产设备能实现生产线；可对包装食品解冻，因此可防止细菌的繁殖；节省空间，不使用水，没有废水排除问题；滴液损失少；作业环境优良，容易实现 HACCP 等特点。所以理论上高频波解冻比微波解冻有更好的应用前景。

十六、远红外线加热

远红外加热中主要涉及两个因素：一是食品对远红外的吸收，二是产生与食品吸收相匹配的辐射设备。

远红外加热的原理：电磁波入射到物体后，发生三种情况，一是被发射，二是透过，三是被吸收。当入射物体分子或者原子团的固有频率与入射电磁波一致时就会发生吸收，电磁波中远红外被吸收后，能量转变成热能。

为了保证远红外较高的加热效率，被加热物体必须对远红外有较多的吸收，这也就是说被加热的固有频率必须有部分落在远红外区域内。通过红外光谱可以测定不同物质的红外吸收谱图。研究发现，水的 O—H 键伸缩振动和转角振动动分别对应 $2.7\mu m$ 和 $6.1\mu m$ 的波长，淀粉和纤维素在 $2.7\mu m$ 处也有相似的吸收峰。在 $2\sim20\mu m$ 的远红外波长范围内，大部分食品原料都对远红外辐射有较高的吸收率。因此，远红外被广泛应用于食品的加热中。

远红外辐射可能对食品中水与其他物质分子和其他物质分子间的互相结合、交联有促进作用。例如，在挂面制造中，用远红外干燥，不仅干燥效率高，而且可以促进面筋的水合作用，使制品比普通方法的口感滑润，更加筋道。用远红外处理酒，可以使酒的陈放时间大大缩短，味道更香醇。

根据式(9-39)可知，远红外的透过深度与频率有关，由于远红外是光波段波长最长的电磁波，它也是光波中加热深度最大的光波，其深度达到 $1\sim2mm$，对于提高加热速度和加热均匀性有很大的意义。

远红外线加热有以下优点：①食品不必接触热源或传热介质就可以直接得到加热；②在食品周围保持低温状态下，可对食品进行加热；③加热可以不受食品周围气流影响；④加热速度快、效率高；⑤在热辐射电磁波中，远红外的光子能量级比起紫外线、可见光线都要小。因此，一般只会产生热效果，不会引起物质的化学变化，所以可以减少加热过程中营养成分或色香味的损失。

要产生相匹配的红外辐射，加热元件至关重要。以碳化硅为热基体的元件是最先发展起来的红外加热元件。随后发展了金属管-辐射涂料加热元件，乳白石英远红外加热元件，随着远红外加热的普及，开发高效率的远红外加热元件也越来越重要。

十七、电离辐照(射)技术应用

电离辐射，是辐射源放出射线，释放能量，使受辐射物质的原子发生电离作用的一种物理过程。电离辐射线有不同种类，如高速不带电粒子流构成的 α 射线，带电粒子流构成的 β 射线，电磁波谱中的 X 和 γ 射线，都是能引起物质发生电离作用的电离辐射线。各种频率和波长的电磁波谱如图 9-21 所示。

辐射对食品及其他生物物质的化学效应，至今还有许多机理未弄清楚，但一般认为，电离辐射的基本过程可分为直接作用和间接作用。直接作用是物质形成离子、激发态分子或分子碎片。间接效应是辐射直接作用形成产物间的相互作用，生成与原始物质不同的化合物，间接效应还与温度等其他条件有关。

一般食品中都含有水，水分子对辐射很敏感，接受射线能量后，首先被电离激活，随后产生中间产物，如水合分子、氢原子自由基、羟基自由基、氢原子、羟基原子、过氧化氢分子等，在有氧气存在的条件下，还可能形成过氧化氢自由基。水辐射后的最终产物是氢气和过氧化氢。水的辐射产物对食品和其他生物物质辐射效应有着重要的影响，因为它们可以和其他有机体的分子接触而进行反应。

射线照射到食品中的蛋白质分子，很容易使它的二硫键、氢键、盐键、醚键断裂，破坏蛋白质的三级、二级结构，改变蛋白质的物理性质。射线照射引起蛋白质的化学变化主要有：脱氨、放出二氧化碳、巯基氧化。

一般来说，饱和脂肪是稳定的，不饱和脂肪容易发生氧化。辐射脂类的主要作用是使脂肪酸长链中—C—C—键外断裂。辐射对脂类所产生的影响可分为三个方面：理化性质的变化；受辐射感应而发生自动氧化；发生非自动氧化性的辐射分解。脂肪酸酯和某些天然油脂在受 50kGy 以下剂量照射，品质变化极少，但其可能成为异臭的发生源，如肉类风味变化，牛奶产生蜡烛味，鱼类产生异臭。辐照可促使脂类的自动氧化，有氧存在时，其促进作用更明显，从而促进游离基的生成，使氢过氧化物和抗氧化物质分解反应加快，生成醛、醛酯、含氧酸、乙醇、酮等。饱和脂类在无氧状态下辐照时会发生非自动氧化性分解反应，产生 H_2、CO、CO_2、碳氢化合物、醛和高分子化合物。不饱和脂肪酸也会产生类似的物质，其生成的碳氢化合物为链烯烃、二烯烃、二烯烃和二聚物形成的酸。磷脂类的辐射分解物也是碳氢化合物类、醛类和酯类。对含有脂肪的食品辐照时也鉴定出了过氧化物、酯类、酸类、和碳氢化合物等，这与天然脂肪和典型脂肪的情况相同。但是应注意的是，与刚照射后相比，这种影响多出现于贮藏期中。

碳水化合物一般来说相当稳定，只有在大剂量照射下才会引起氧化和分解。在食品辐射保藏的剂量下，所引起的物质性质变化极小。辐照对单独存在时的糖类的影响如下：单糖只有在 C4 上发生氧化产生糖酮酸；低分子糖类：旋光度降低、褐变、还原性和吸收光谱变化、产生 H_2、CO、CO_2、CH_4 等气体；多糖类：熔点降低、旋光度降低、褐变、结构和吸收光谱变化，如直链淀粉黏度下降（淀粉降解）；果胶：植物组织受损（解聚）。射线引发的碳水化合物自由基可用于碳水化合物的接枝变性中。

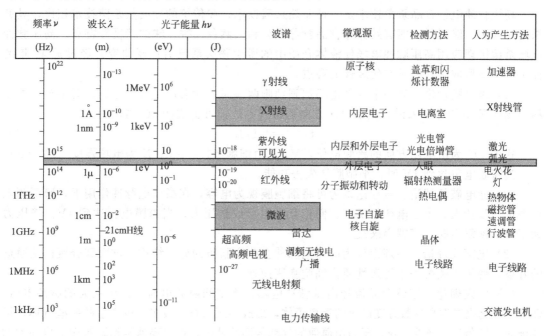

图 9-21　各种频率和波长的电磁波谱

维生素是食品中重要的微量营养物质。维生素对辐照食品的敏感性在评价辐照食品的营养价值上是一个很重要的指标。水溶性维生素中以维生素 C 的辐射敏感性最强，其他水溶性维生素如维生素 B_1、维生素 B_2、泛酸、维生素 B_6、叶酸也较敏感，维生素 B_5（烟酸）对辐射很不敏感，较稳定。脂溶性维生素对辐射均很敏感，尤其是维生素 E、维生素 K 更敏感。纯维生素对辐射敏感，但在食品中与其他物质同时存在时，其敏感性降低。

食品中的其他物质如酶也会受到射线的影响。但在复杂的食品体系中酶容易受到保护，钝化这些酶需要相当大剂量的辐射。因此在食品辐照保鲜中需要考虑酶的钝化问题。

食品辐射处理取决于保藏的目的。由于食品种类不同，食品腐败变质的因素也不一样，根据食品处理后所要求达到的保藏期，常有三种方式：辐射阿氏杀菌、辐射巴氏杀菌、辐射耐贮杀菌。

(1) 辐射阿氏杀菌（辐射完全杀菌）。足以使微生物的数量减少到零或有限个数，在后处理没有污染的情况下，以目前方法检不出腐败微生物，也没有毒素检出，可长时间保藏。一般使用高剂量 $10\sim50kGy$，肉类特别是牛肉，高剂量会产生异味，此时可在冷冻温度 $-30℃$ 以下辐射。因为异味形成大多是化学反应，因冷冻时水中的自由基流动性减少，可防止自由基与肉类形成分子的相互反应。

(2) 辐射巴氏杀菌（消毒）。足以降低某些有生命力的特定非芽孢致病菌（如沙门氏菌）的数量，用现有方法检不出。这种方法因食品中可能有芽孢菌存在，因此不能保证长期贮存。必须与其他保藏方法如低温或降低水分活度等结合。另外，若食品中已存在大量微生物（繁殖）也不能用该法处理。因为辐射不能除去产生的微生物毒素。辐射剂量 $5\sim10kGy$。

(3) 辐射耐贮杀菌。足以降低腐败菌数量，延缓微生物大量增殖出现的时间（防止繁殖）。用于推迟新鲜果蔬的后熟期，提高耐贮期。辐射剂量 $<5kGy$。我国规定可以采用辐射进行处理的食品包括：畜禽肉类、水产品、蛋类、果蔬类、谷物及其制品。

十八、高压脉冲电场技术应用

高压脉冲电场食品杀菌技术是一种非热杀菌技术，和传统的食品热杀菌技术相比，具有杀菌时间短、能耗低、能有效保存食品营养成分和天然色、香、味的特征等特点。高压脉冲电场杀菌机理应用高压脉冲电场使液体介质中的微生物失活已有广泛研究。经过近 40 年的探讨，主要形成了几种具有代表性的观点。

(1) 跨电膜理论。当一个外部电场加到细胞两端时，就会产生跨膜电位。对半径 r 处于均匀场强 E 中的球形来说，其沿电场方向的跨膜电位，可由式(9-40)得出：

$$U(t)=1.5rE \tag{9-40}$$

式中，U 为沿电场方向的跨膜电位，V；r 为细胞半径，μm；E 为电场强度，kV/mm。

当跨膜电位达到1V时，细胞膜便失去功能。

(2) 介电破坏理论。该理论认为可将细胞膜视为电容，在高压电脉冲作用下，膜两侧电位差进一步变大，由于电荷相反，它们相互吸引形成挤压力，当跨膜电位达到1V，挤压力大于膜的恢复力时，膜就会破裂。

(3) 电穿孔理论。该理论认为高压电脉冲会改变脂肪的分子结构和增大部分蛋白质通道的开度，使细胞膜失去半渗透性质，细胞膨胀而死。

(4) 空穴理论。液体食品流经高压脉冲电场，当主间隙放电时，产生强大的脉冲电流，使液体气化成温度高达数万度以上的等离子体，形成高压通路。或多或少产生的一些气体，形成极薄"气套"包围着火花，压力由薄薄的气套传递给液体，产生高速绝热膨胀而形成强大的超声液压冲击波。放电终了瞬间，气套处形成空穴，由于压力突然减少，液体又以超声速回填空穴，形成第 2 个超声回填空穴冲击波。正是由于这种高压脉冲能量直接转换成的冲压式机械能，引起液体食品中微生物细胞内部的强烈振动和细胞膜破裂等现象，从而产生杀菌效应。

归纳起来，这些机理认为电场对微生物的作用主要表现在场的作用和电离作用两个方面。对于高压脉冲电场杀死菌体的作用，国内外许多学者还提出多种其他的机制模型：如电磁机制模型、类脂物阻塞模型等，但是这些机制需要进一步通过试验得到验证。图 9-22 为高压脉冲电场杀菌的原理图。

影响高压脉冲电场杀菌的主要因素如下。

(1) 电场强度。电场强度在各因素中对杀菌效果影响最明显，如增加电场强度、对象菌的存活率明显下降。试验表明：电场强度从 5kV/cm 增至 25kV/cm 时，杀菌对数曲线斜率增加 1 倍；介质电导率提高，脉冲频率上升，脉冲宽度下降，若脉冲数目不变，杀菌效果将下降。

(2) 脉冲数。脉冲数增加杀菌效果明显提高。

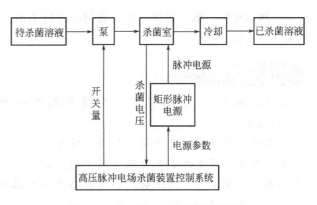

图 9-22　高压脉冲电场杀菌原理图

(3) 脉冲形状。脉冲的形状通常使用方形波，指数衰减波和交变波，其中方形波效果最好，指数次之，交变处理系统最差。

(4) 处理时间。杀菌时间是各次放电释放脉冲时间的总和。随着杀菌时间的延长，对象菌存活率开始急剧下降，然后逐渐平缓，最后增加杀菌时间亦无多大作用。

膏药脉冲电场杀菌中，若是食品电阻太大，电流就从电阻小的液体介质中通过而无法作用于食品。有些食品由几种物质组成（非匀质），各部分电导率不同，且非匀质食品的电特性经过脉冲处理后会改变，因此不适宜高压脉冲电场处理。电导率与杀菌效果一般呈同向变化。但也有研究发现，在其他参数不变的情况下，介质的电导率对杀菌效率影响不大。

十九、脉冲磁场杀菌技术的应用

生物体对于磁场是可透过性的，因其磁导率与真空条件下的 μ_0 相近，瞬态磁场在生物体内将产生感应电流及高频热效应。在脉冲磁场的作用下，由于脉冲时延短，磁场的变化率很大，将激励起细胞内的感应电流。研究表明，脉冲磁场对细胞的效应取决于细胞的种类和大小，不同种类、大小的细胞对脉冲场强的承受程度不同。磁场对细胞产生生物效应作用的机理主要有两方面。

(1) 细胞在磁场下运动时，如果细胞所做运动是切割磁力线的运动，就会导致其中磁通量变化并激励起感应电流，这个电流的大小、方向和形式是产生细胞生物效应的主要原因。此感应电流越大，生物效应越明显。当细胞处于脉冲场时，可认为是静止不动的，穿过细胞的磁通量为 $\varphi = SH(t)$，其中 $H(t)$ 是随时间变化的磁场值，S 是磁场垂直穿过细胞的截面。由于磁场的瞬间出现和消失，必然在细胞内产生一瞬变的磁通量，即 $\mathrm{d}\varphi/\mathrm{d}t$。瞬变的磁通量在细胞内激励起感应电流，此感应电流与磁场相互作用的力密度可以破坏细胞正常的生理功能。如果此细胞体积较大，相应产生的力密度亦大，故而大细胞易于死亡，小细胞则反之。

(2) 在磁场下，细胞中的带电粒子尤其是质量小的电子和离子，由于受到洛仑兹力的影响，其运动轨迹常被束缚在某一半径之内，磁场越大半径越小，导致细胞内的电子和离子不能正常传递，从而影响细胞正常的生理功能。细胞内的大分子如酶等则因在磁场下，所携带的不同电荷的运动方向不同而导致大分子构象的扭曲或变形，改变了酶的活性，因而细胞正常的生理活动也受到影响。

研究发现，磁场强度大于 2T 的交变磁场具有杀菌作用，磁流强度为 5～50T，频率为 5～500kHz 的单个磁脉冲可使微生物数目减少 2 个对数值。目前，国外已用交变磁场对酿造调味品如味精、醋、酱油、酒及乳制品进行杀菌，结果表明，其杀菌后的食品品质好，货架期明显延长。

阅读与拓展

◇陈斌，黄星奕. 食品与农产品质无损检测新技术［M］. 北京：化学工业出版社，2004.

◇应义斌，韩东海. 农产品无损检测技术［M］. 北京：化学工业出版社，2005.

◇刘钟栋编. 微波技术在食品工业中的应用［M］. 北京：中国轻工业出版社，1998.

◇郭文川，朱新华. 国外农产品及食品介电特性测量技术及应用［J］. 农业工程学报，2009（02）：308-312.

◇潘志民，刘晓艳，叶思平等. 我国高压脉冲电场技术在食品加工中的研究进展［J］. 轻工科技，2013（10）：21-22.

◇冯叙桥，王月华，徐方旭. 高压脉冲电场技术在食品质量与安全中的应用进展［J］. 食品与生物技术学报，2013，（04）：337-346.

◇赵伟，杨瑞金，张文斌等. 高压脉冲电场对食品中微生物、酶及组分影响的研究进展［J］. 食品与机械，2010（03）：153-157.

◇张璇，鲜瑶. 脉冲强光杀菌技术及其在果蔬上的应用［J］. 农产品质量与安全，2011（03）：44-47.

◇付浩，周蓉，周全，陈乐平. 脉冲磁场杀菌技术研究进展［J］. 江西科学，2014（01）：86-91，117.

◇李辉，袁芳，林河通等. 食品微波真空干燥技术研究进展［J］. 包装与食品机械，2011（01）：46-50.

◇李文最. 微波技术在食品分析中的应用与进展［J］. 中国卫生检验杂志，2006（01）：120-122.

◇雅琳，阚建全，周令国等. 电导率法快速检测煎炸油中极性化合物含量的研究［J］. 食品工业科技，2009，05：320-323.

◇李徐，刘睿杰，金青哲等. 介电常数在煎炸油极性组分快速检测中的应用［J］. 食品安全质量检测学报，2014，07：1918-1922.

思考与探索

◇食品电磁学特性在食品加工和检测中的应用。

◇食品仪器分析中常用的电磁学原理。

第十章 食品的声特性

食品的声学特性是指食品在声波的作用下的反射特性、散射特性、透射特性、吸收特性、衰减系数和传播速度及其本身的声阻抗与固有频率等，它们反映了声波与食品相互作用的基本规律。

第一节　声特性的基本概念和基本理论

一、声波的基本概念

1.基本概念

物体的机械性振动在具有质点和弹性的媒介中的传播现象称为波动，而引起人耳听觉器官有声音感觉的波动则称为声波（sonic wave）。从普通物理中已知声能是机械能的一种形式。声波的产生必须具有两个条件，一是声源，二是弹性介质。当声源发生振动后，周围的介质质点就随之振动而产生位移，在流体介质空间就形成介质的疏密，而形成了声波传播（图 10-1）。

当振动器表面向右振动时，介质质点受压缩，如图中 A、B、C 所示；当振动器表面向左振动时，就形成负压而产生稀疏，如图中 P、Q、R 所示。注意图中沿传播方向的声压变化，其平均值并不等于零，在空气中则为该处大气压，在水中则为该处静压力。

在无限均匀介质中，当声波发射后，观察其某一瞬间情况，如图 10-2 所示。

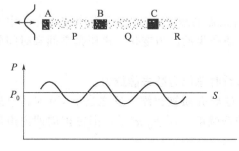

图 10-1　介质疏密形成声波传播

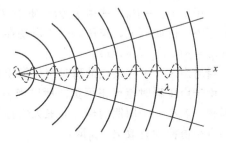

图 10-2　声波发射后某一瞬间情况

图中圆弧代表波阵面，波阵面是声场中振动相位相同的点所连成的面。图中所示是一特例，代表振动的瞬时峰值位置该处质点位移（ξ_0）最大。两个峰值间的距离是 λ，称为波长。用声射线（即声线）来表示声波传播的方向。从图上也可看出，远离声源处，波阵面的曲率很小，在有限范围内，波阵面近乎平面，声线近似平行线，波的性质也和平面波的性质相近。但要注意以下两点问题。

（1）声波传播并非介质质点本身的传播，而是质点振动形式的传播。所以必须把质点的振动速度（振速）和声波在介质中的传播速度（声速）区别开来。

（2）图 10-1 和图 10-2 用曲线代表波动的概念，和在电磁波、弦绳的振动中是完全不同的。后者质点的位移同其传播方向相垂直，故称横波。而流体介质中声波质点的位移同其传播方向相平行，故称纵波。故而在图10-1和图10-2中所画出的位移（ξ_0）垂直于x轴，仅仅是为了表意上的方便，不能混淆两者概念。

2. 声波分类

声波按其频率的高低，波阵面的几何形状以及质点的振动情况可有不同的分类。

（1）按频率分类

可听声波——可听声波是频率在人耳听觉高低极限间的声波，一般在$20 \sim 20000\,\text{Hz}$之间。

次声波——次声波是频率低于人耳听觉低极限的声波，一般为$20\,\text{Hz}$以下。具有传得远、容易绕过障碍物、无孔不入的特点。应用于预报地震、台风、海啸，检测核爆炸等方面。

超声波——超声波是频率超过人耳听觉高限的声波，一般为$20000\,\text{Hz}$以上。具有方向性好、穿透能力强、容易获得较集中的能量的特点。应用于测距、测速、清洗、焊接、粉碎等方面。

现代声学研究的范围已经扩展到$10^{-4} \sim 10^{14}\,\text{Hz}$。

（2）按波阵面的几何形状分类

平面声波——平面声波是波阵面为平行平面的声波。

球面声波——球面声波是波阵面为同心球面的声波。

柱面声波——柱面声波是波阵面为同轴柱面的声波。

（3）按质点振动情况分类

纵波（又称压缩波）——纵波是介质中质点振动方向与波的传播方向一致的波。如空气中的声波和海水中的声波。

横波——横波是介质中质点沿y轴方向位移，以波的形式沿x方向传播的波，如弦绳的振动波。

3. 声波基本物理量

声波所及空间称为声场，常用下列基本物理量描述声场。

（1）声压

声压$p = P - P_0$，式中P为介质中存在声波时某点的压强，P_0为没有声波时介质中该点的压强。由此可见，声压是由于声场存在而使介质产生的压力变化。声压是空间和时间的函数$p = p(x, y, z, t)$。

瞬时声压——在某点的瞬时声压等于在该点的瞬时总压力减去静压力。

由于声压瞬时值可正可负。所以当$p > 0$时，这时介质被压缩。反之当$p < 0$时，介质被稀疏。若在一个周期内声压的最大值称为声压的振幅度，用p_0表示，则在该周期内声压的均方根值称为有效值p_{eff}即：

$$p_{\text{eff}} = \sqrt{\overline{p^2}} = \sqrt{\frac{1}{T}\int_0^T p^2 \, dt} \tag{10-1}$$

对于简谐声波来说，声压的有效值和振幅间的关系为：

$$p_{\text{eff}} = \frac{P_0}{\sqrt{2}} \tag{10-2}$$

有效声压——在某点的有效声压是该点在一段时间中瞬时声压的均方根值（RMS）。在周期性声压的情况下，这段时间应取为周期的整倍数，对非周期性连续声波，这段时间应取得足够长，长到它的长度不再影响计算结果的程度。

声压的常用单位是微巴。在实际生活中，微风吹动树叶声，声压约为$0.001\,\mu\text{bar}$；在房间内大声讲话的声压约为$1\,\mu\text{bar}$；在距船舶$100\,\text{m}$处收到的船舶噪声声压约为$10 \sim 100\,\mu\text{bar}$。

（2）质点振速

质点振速是介质中某一无穷小的部分因声波通过而引起的相对于没有声波作用时的振动速度。常用的单位是 cm/s。振速以 $\vec{u}=\vec{u}(x, y, z, t)$ 表示。

（3）阻抗

声阻抗——介质在波阵面上一定面积上的声阻抗（Z_A）是这面积上的有效声压（P）与经过这面积的有效容积速度（U）的复数比，用式子表示声阻抗为：

$$Z_A = \frac{P}{U} \tag{10-3}$$

声阻抗的单位是 N·s/m⁵（MKS）。

声阻抗率——声阻抗率（Z_S）是介质中一点的有效声压对在该点的有效质点振速的复数比。单位是瑞利，即 N·s/m⁵（MKS）或达因·秒/厘米³（CGS）。所以瑞利即是 1N/m²。声压所产生 1m/s 的质点振速的声阻抗率。对于均匀无限理想介质中的平面声波，声阻抗率等于介质密度与声速的乘积（ρc），声阻抗率也称声特性阻抗，它和电学中一无限长无耗传输线中的特性阻抗相似。

（4）声功率与声强度

声功率是声源在一单位时间内辐射出的声能量，常用单位是瓦特。声强度是垂直于波阵面上的单位面积上的声功率，单位为 W/m²。

（5）声压级、声强级和声功率级

声压级（sound pressure level，SPL）——一个声波的声压级（以 dB 为单位）等于所测得的声波的有效声压 P，与基准声压 P_{ref} 的比值的常用对数乘以 20，即：

$$SPL = 20\log\frac{P}{P_{ref}} \tag{10-4}$$

常用的基准声压有两种 $P_{ref} = 2\times10^{-4} \mu bar$ 和 $P_{ref} = 1\mu bar$，前一种基准声压一般用在关于听觉测量以及空气中声级和噪声的测量，较少用于固体和液体中的声压级测量；后一种广泛使用于换能器的校准和液体中的声压级测量。这两种基准声压几乎整整相差 74dB，因此在使用时对基准声压必须说明。

声强级（IL）——一个声波的声强级（以分贝为单位）等于这声波的强度 I 与基准强度 I_{ref} 的常用对数乘以 10，即：

$$IL = 10\log\frac{I}{I_{ref}} \tag{10-5}$$

通常基准声强取 $10^{-12} W/m^2$。

声功率级（PWL）——一个声波的声功率级（以分贝为单位）等于声源辐射的声功率与基准声功率之比，取常用对数乘 10。

二、声波的基本理论

1. 质点及弹性体的振动系统

在弹性介质中要产生声波，则必须首先产生振动。设想由于某种原因，在弹性媒质的某局部地区激发起一种扰动，使这局部地区的媒质质点 A 离开平衡位置开始运动。这个质点 A 的运动必然推动相邻媒质质点 B，亦即压缩了这部分相邻媒质（图 10-3）。由于媒质的弹性作用，这部分相邻媒质被压缩时会产生一个反抗压缩的力，这个力作用于质点 A 并使它恢复到原来的平衡位置。另一方面，因为质点 A 具有质量也就是具有惯性，所以质点 A 在经过平衡位置时会出现"过冲"，以至又压缩了另一侧面的相邻媒质，该相邻媒质中也会产生一个反抗压缩的力，使质点 A 又回过来趋向平衡位置。可见由于媒质的弹性和惯性作用，

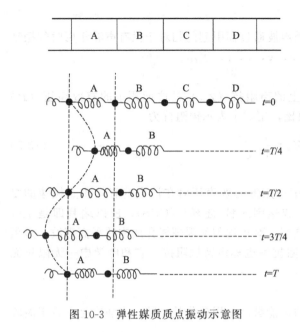

图 10-3 弹性媒质质点振动示意图

这个最初得到扰动的质点 A 就在平衡位置附近来回振动起来。由于同样的原因，被 A 推动了的质点 B 以至更远的质点 C、D 等也都在平衡位置附近振动起来，只是依次滞后一些时间而已。这种媒质质点的机械振动由近及远的传播就称为声振动的传播（或称为声波）。可见声波是一种机械波。

弹性媒质里这种质点振动的传播过程，十分类似于多个振子相互耦合形成的质量-弹簧-质量-弹簧……的链形系统中，一个振子的运动会影响其他振子也跟着运动的过程。图 10-3 表示振子 A 的质量在四个不同时间的位置，其余振子的质量也都在平衡位置附近做类似的振动，只是依次滞后一些时间。

2. 理想流体介质中声波波动方程

波动方程在研究声学问题中具有重要意义，它是描述波动的数学形式，同时也是计算声学问题的基本关系式。

从上述声波的物理过程我们已经看到，在声扰动过程中，声压 p、质点速度 v 及密度增量 ρ' 等量的变化是互相关联着的。声振动作为一个宏观的物理现象，必然要满足三个基本的物理定律，即牛顿第二定律、质量守恒定律及描述压强、温度与体积等状态参数关系的物态方程。运用这些基本定律，就可以分别推导出媒质的运动方程，即 p 与 v 之间的关系；连续性方程，即 v 与 ρ' 之间的关系；以及物态方程，即 p 与 ρ' 之间的关系。

为了使问题简化，必须对媒质及声波过程作出一些假设，虽然这些假设使结果的应用带来一定的局限性，但这些假设既可以使数理分析简化，又可以使阐述声波传播的基本规律和特性简单明了。这些假定如下。

① 媒质为理想流体，即媒质中不存在黏滞性，声波在这种理想媒质中传播时没有能量的耗损。

② 没有声扰动时，媒质在宏观上是静止的，即初速度为零。同时媒质是均匀的，因此媒质中静态压强 P_0，静态密度 ρ_0 都是常数。

③ 声波传播时，媒质中稠密和稀疏的过程是绝热的，即媒质与毗邻部分不会由于声过程引起的温度差而产生热交换。也就是说，我们讨论的绝热过程。

④ 媒质中传播的是小振幅声波，各声学参量都是一级微量，声压 P 远小于媒质中静态压强 P_0，质点速度 v 远甚小于声速 c_0，；质点位移 ξ 远小于声波波长 λ，媒质密度增量远小于静态密度 ρ_0。

现在先考虑一维情形，即声场在空间的两个方向上是均匀的，只需考虑在一个方向，例如，在 x 方向上的运动。

（1）运动方程

设想在声场中取一足够小的体积元如图 10-4 所示，其体积为 $S\mathrm{d}x$（S 为体积元的垂直于 x 轴的侧面的面积）。由于声压 P 随位置 x 而异，因此作用在体积元左侧面与右侧面上的力是不相等的，其合力就导致这个体积元里的质点沿 x 方向的运动。当有声波传过时，体积元左侧面处的压强为 P_0+p，所以作用在该体积元左侧面上的力为 $F_1=(P_0+p)S$，因为在理想流体媒质中不存在切向力，内压力总是垂直于所取的表面，所以 F_1 的方向是沿 x 轴正方向；体积元右侧面处的压强为 P_0+p+ $\mathrm{d}p$，其中 $\mathrm{d}p=\dfrac{\partial p}{\partial x}\mathrm{d}x$，为位置从 x 变到 $x+\mathrm{d}x$ 以后声压的改变量，于是作用在该体积元右侧面上的力为 $F_2=(P_0+p+\mathrm{d}p)S$，其方向沿负 x 方向；考虑到媒质静态压强 P_0 不随 x 而变，因而作用在该体积上沿 x 方向的合力

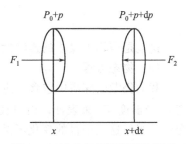

图 10-4　运动方程体积元示意图

为 $F=F_1-F_2=-S\dfrac{\partial p}{\partial x}\mathrm{d}x$。该体积元内媒质的质量为 $\rho S\mathrm{d}x$，它在力 F 作用下得到沿 x 方向的加速度 $\dfrac{\mathrm{d}v}{\mathrm{d}t}$，因此据牛顿第二定律有：

$$\rho S\mathrm{d}x\frac{\mathrm{d}v}{\mathrm{d}t}=-\frac{\partial p}{\partial x}S\mathrm{d}x \tag{10-6}$$

整理后可得：

$$\rho\frac{\mathrm{d}v}{\mathrm{d}t}=-\frac{\partial p}{\partial x} \tag{10-7}$$

这就是有声扰动时媒质的运动方程，它描述了声场中声压 P 与质点速度 v 之间的关系。

（2）连续性方程

连续性方程实际上就是质量守恒定律，即媒质中单位时间内流入体积元的质量与流出该体积元的质量之差应等于该体积元内质量的增加或减少。

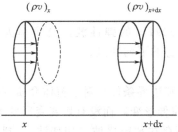

图 10-5　连续性方程体积元示意图

仍设想在声场中取一足够小的体积元，如图 10-5 所示，其体积为 $S\mathrm{d}x$，如在体积元左侧面 x 处，媒质质点的速度为 v_x，密度为 ρ_x，则在单位时间内流过左侧面进入该体积元的质量应等于截面积为 S、高度为 $(\rho v)_x$ 的柱体体积内所包含的媒质质量，即 v_xS；在同一单位时间内从体积元经过右侧面流出的质量为 $-(\rho v)_{x+\mathrm{d}x}S$，负号表示流出。取其泰勒展开式的一级近似，即 $-\Big[(\rho v)_x+$

$\dfrac{\partial(\rho v)_x}{\partial x}\mathrm{d}x\Big]$。因此，单位时间内流入体积元的净质量为 $-\dfrac{\partial(\rho v)}{\partial x}S\mathrm{d}x$（$\rho$、$v$ 都是 x 的函数，式中不再注下标 x）。另一方面，体积元内质量增加，则说明它的密度增大了，设它在单位时间内的增加量为 $\dfrac{\partial\rho}{\partial t}$，那么在单位时间内体积元质量的增加量为 $\dfrac{\partial\rho}{\partial t}S\mathrm{d}x$。由于体积元内既没有产生质量的源，又不会无缘无故地消失，所以质量是守恒的。因此，在单位时间内体积元的质量的增加量必然等于流入体积元的净质量，则：

$$-\frac{\partial(\rho v)}{\partial x}S\mathrm{d}x=\frac{\partial\rho}{\partial t}S\mathrm{d}x \tag{10-8}$$

整理后可得：

$$-\frac{\partial}{\partial x}\rho v = \frac{\partial \rho}{\partial t} \qquad (10\text{-}9)$$

这就是声场中媒质的连续性方程，它描述媒质质点速度 v 与密度 ρ 间的关系。

（3）物态方程

我们仍考察媒质中包含一定质量的某体积元，它在没有声扰动时的状态以压强 P_0、密度 ρ_0 及温度 T_0 来表征，当声波传过该体积元时，体积元内的压强、密度、温度都会发生变化。当然这三个量的变化不是独立的，而是互相联系的，这种媒质状态的变化规律由热力学状态方程所描述。因为即使在频率较低的情况下，声波过程进行得还是比较快，体积压缩和膨胀过程的周期比热传导需要的时间短得多。因此在声传播过程中，媒质还来不及与毗邻部分进行热量的交换，因而声波过程可以认为是绝热过程，这样，就可以认为压强 P 仅是密度 ρ 的函数，即 $P=P(\rho)$。因而由声扰动引起的压强和密度的微小增量则满足：

$$\mathrm{d}p = \left(\frac{\mathrm{d}p}{\mathrm{d}\rho}\right)_s \mathrm{d}\rho \qquad (10\text{-}10)$$

式中，下标"s"表示绝热过程。

考虑到压强和密度的变化有相同的方向，当媒质被压缩时，压强和密度都增加，即 $\mathrm{d}p>0$，$\mathrm{d}\rho>0$；而膨胀时压强和密度都降低，即 $\mathrm{d}p<0$，$\mathrm{d}\rho<0$。所以系数 $\mathrm{d}p/\mathrm{d}\rho$ 恒大于零，现以 c^2 表示，即 $\mathrm{d}p=c^2\mathrm{d}\rho$。

这就是理想流体媒质中有声扰动时的物态方程，它描述声场中压强 P 的微小变化与密度 ρ 的微小变化之间的关系。

关于完全弹性固体介质中弹性波传播规律、声波的辐射、散射和接收等基本理论可参阅相关文献和书籍。

三、超声波的应用基础理论

1. 超声波基本概念

超声波（ultrasonic wave，简称超声）是指频率大于 20kHz 的弹性波，当频率大于 10^9 Hz 时叫微波超声。超声波具有波动的普遍性质，也有自身的下列特点。

（1）超声波的波型

超声波在介质中传播的波型取决于介质本身的固有特性和边界条件，对于流体介质（空气、水等），当超声波传播时，在介质中只有体积形变（即拉伸形变）而没有切变变形发生，所以只存在超声纵波；在固态介质中，由于切变产生，故还存在超声横波（切变波）。超声波通过介质时大致表现为三种形式：压缩波、表面波和切变波。

在食品超声检测的应用中，压缩波是最常用的超声波形式，其他两种形式的超声波使用得比较少。这是因为压缩波在介质中的传递是通过介质的压缩和膨胀进行的，介质的结构在声波传递过程中未发生任何根本性的破坏。

（2）超声波的传播规律

超声波在弹性介质中传播时服从一定的传播规律，数学上用波动方程来描述。对于液体，一般可直接引用理想流体中声的波动方程；对于固体，要从固体中的应力、应变和虎克定律出发推导其波动方程。

（3）超声波在传播中的衰减

超声波在弹性介质中传播时，会发生能量的衰减，其产生原因可以分为三个方面：①由于波前的扩展而产生的能量损失；②超声波在介质中的散射而产生的能量损失，即散射衰减；③由于介质内耗所产生的吸收衰减。

（4）声源的声场特性

声源的声场特性是指声场中的声压分布及其指向性。大多数超声设备为脉冲式或连续式。脉冲技术因易于操作，测量迅速，不干扰生产且容易自动化而被广泛使用。连续式超声波主要用于精度要求极高的设备中，供专门研究使用。最简单且被广泛使用的超声波为脉冲式。

① 活塞声源的纵波声场：一般采用圆形压电晶片作为辐射超声波的声源，晶片两边涂有银层作为电极，利用逆压电效应在交变电压的激励下便使晶片振动，向周围介质辐射超声波，这种振动类似于活塞的往复振动，因而通常又称之为活塞声源，这种声源辐射纵波声场。

② 脉冲声源的纵波声场：脉冲波的频谱较宽，按富氏频谱分析可以分解为很多不同频率的正弦波，且脉冲越窄，频谱越宽。当其在频散介质中传播时，共能量的传播速度（即群速度）是频率的函数，所以由于各种不同频率成分的正弦波的传播速度的不同而使得整个脉冲波形在传播中产生畸变。当两个脉冲波在介质中某点相遇时，干涉效应减弱或不产生干涉，且脉冲宽度越窄，干涉效应越小。

2. 超声波检测原理

超声检测的典型实验装置包括：测量时使用的测样室、超声波发生器和计时器。脉冲发生器产生适当频率、振幅的电子脉冲。电子脉冲经超声波发送探头转变为超声脉冲，此超声波脉冲将传播到测样室的远距离端器壁，然后从此处返回。接着超声波发送探头又作为超声波接受器将超声波脉冲复原为电子脉冲，脉冲信号将在计时器上显示。因为超声波只有部分被吸收，部分被反射回，计时器将会显示一系列强度不同的信号。

通过介质的声速、衰减系数和声音阻抗等声参数可由返回的信号进行测定。每一个返回信号都比其前一个信号多传播了测样室长度（d）两倍的距离。通过测出两连续回波的间隔时间（t）可计算得声速：$C=2d/t$；衰减系数可由两连续回波的振幅计算出；声学阻抗可通过测定出超声波从介质表面反射回的波数与入射波数的比例计算出。超声波检测技术最为常用的两个测量参数是声速和振幅衰减，通过测出介质体系的超声波参数便可以对食品体系的各种性质进行分析检测。

（1）超声波的声速检测技术

当一个平面波通过介质时，超声波性质与介质的物理性质可用一个简单的数学式关联。

$$(k/\omega)^2 = \rho/E \tag{10-11}$$

式中，k 为介质的复合波数，cm^{-1}；ω 为角频率，$\omega=2\pi f$，f 为声波频率，Hz；E 为介质的弹性模量，MPa；ρ 为介质密度，kg/m^3。

声学均匀体系（大多数食品体系如水、分子溶液或油脂类，属于这类体系）的衰减很小，介质的物理性质 E 和 ρ 基本上与声波频率无关，动态和静态测定的数值相差很小。因此，令 $C=\omega/\kappa$，上式简化为：

$$C^2 = E/\rho \tag{10-12}$$

所以只要测出介质的声速，即可检测介质的物理性质。对固态介质，其弹性模量可表达为：

$$E = K + (4/3) \times G \tag{10-13}$$

式中，K 为体积弹性模量，MPa；G 为刚性模量，MPa。

对液态介质，由于不具有刚性或刚性很小（如凝胶），此时从式(10-12)和式(10-13)两式得到：

$$C^2 = K/\rho \tag{10-14}$$

即声速只取决于介质的体积弹性模量和密度。在 ρ 已知的情况下，通过声速的测定就可直接反映出介质的内部结构。

在超声波技术中，常使用绝热压缩率 β 表述介质的弹性和结构特点。事实上，$K=1/\beta$，即：$C^2=(\rho\beta)^{-1}$，由于不同介质（或介质在发生物理或化学反应前后）的组织结构不同，其绝热压缩率 β 亦不同，因而其物理性质和超声波性质均有所区别，所以通过检测超声波性质的区别和变化，可定性或定量检测介质的物理性质甚至是分子水平上的变化。

超声波检测技术的原理如图 10-6 所示。从信号发生器产生一个具有一定频率和振幅的脉冲电子波，在传至发送探头的同时，也传至时间计数器记录开始时间 T_1；脉冲电子波在发送探头被转化成相应频率的超声机械波通过样品压缩传递，被接收探头接收并再次转化成电子波，然后送至时间计数器记录停止时间 T_2；则 $\Delta T=T_2-T_1$ 即为超声波通过样品的时间。而样品的距离 d 可利用已知声速的物质准确测知，所以声速即可求出。

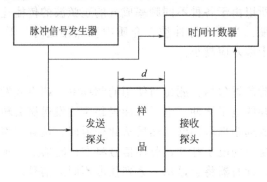

图 10-6　超声波检测技术的原理示意图

在两相的界面处，声波可能透过或反射，所以在测量中往往只使用一个探头（既作为发送，亦作为接收使用），此时测到的是声波到达某一选定界面后再反射折回探头的时间，即 $C=2d/\Delta T$。因为探头位置的移动操作是十分简便的，所以这种技术的操作费用极低，而且非常适于在线检测。

（2）超声波的衰减检测技术

当声波通过介质时，其振幅会出现减小，几乎所有物质均不同程度地会使超声波产生这种衰减。这种声波衰减主要是由于传递过程中声波能量发生吸收和散射。吸收的机理可能是声能在传递过程中被转化成了其他形式的能量。而散射则是当声波入射到一个介质的不连续处（如分散粒子的表面或其他两相界面）时，它会被散射而偏移入射波方向。在散射过程中超声波的能量形式并不发生改变，但由于被散射到其他方向以及相位发生了变化，所以接收器难以检测到这些能量。通常超声波在液态介质中的吸收表现为 3 种基本形式：热传导、黏滞耗散和分子弛豫。这些形式均反映了介质分子水平的性质及其相互作用，所以可以从衰减的程度对这些性质进行研究。在不均匀体系中散射是一个十分重要的超声波现象，体系的微结构以及许多物理性质均对超声波散射有着特定的影响。食品的许多体系均不同程度地存在散射，通过检测吸收和散射可以探知这些体系的性质和内部结构。

通过介质后振幅的衰减满足下列关系式：

$$A=A_0e^{-ad}$$

(10-15)

式中，α 为衰减系数；A 为声波通过介质后检测到的振幅；A_0 为初始振幅；d 为超声波通过的距离。衰减系数的测定与测量声速的原理相同，此时测量的参数是相邻回波的振幅及其变化。

（3）声学阻抗检测技术

当一超声波入射到两不同介质所形成的界面时，波的一部分被吸收传播，另一部分则被反射回。反射波的振幅（A_r）与入射波振幅（A_i）的比值记作反射系数（R）。

$$R = A_r/A_i = (Z_1 - Z_2)/(Z_1 + Z_2) \tag{10-16}$$

式中，Z 为声学阻抗（$Z = \rho c$），下标"1""2"分指不同介质。当介质与其周围环境的声学阻抗性质接近时，只有极少量的超声波被反射回来。相反，当两介质的声学阻抗差别大时，超声波大部分被反射回。超声显影技术即建立在超声波从声学阻抗性质不同介质的内部边界反射回这一原理上的。声速、衰减系数、声学阻抗均为超声波的基本物理参数，都依赖于介质的结构，组成等性质表现出来。因此通过测量声学阻抗可以获取食品体系的一些物理性质。

3. 超声波与物质之间的相互作用

超声波在物质介质中形成介质粒子的机械振动，这种含有能量的超声振动引起的与媒质的相互作用，可以归纳为热作用、机械作用和空化作用。

（1）热作用：超声波在媒质内传播过程中，其振动能量不断地被媒质吸收转变为热能而使其自身温度升高，当强度为 I 的平面超声波在声压吸收系数为 a 的媒质中传播时，单位体积 Q 媒质中超声波作用 t 秒产生的热量为 $Q = 2aIt$，即与媒质的吸收系数、超声波强度及辐照时间成比例。

（2）机械作用：超声波甚至是低强度的超声波作用都可使介质的质点交替压缩伸张，产生线形或非线形交变振动，引起相互作用的柏努利力、黏滞力等，从而增强介质的质点运动，加速质量传递作用。

（3）空化作用：在超声产生的压力波作用下，媒质中分子的平均距离随着分子的振动而变化，当对液体施加足够的负压时，分子间距离超过保持液体作用的临界分子间距，就会形成空穴，一旦空穴形成，它将一直增长至负声压达到极大值，但是在相继而来的声波正压相内这些空穴又将被压缩，其结果是一些空化泡将进入持续振荡，而另外一些将完全崩溃。

由于超声波的以上作用，可以产生以下效应：①力学效应，如搅拌作用、分散效应、破碎作用、除气作用、成雾作用、凝聚作用、定向作用；②热学效应如媒质吸收热引起的整体加热、边界处的局部高温高压等；③光学效应，如引起光的衍射、折射、声致发光；④电学效应如超声电镀、压电；⑤化学效应，如加速化学反应，产生新的化学反应物。究竟产生何种效应以及效应的强弱，与超声作用的参数及作用的对象密切相关，应视具体情况进行分析。

四、声学的主要分支学科及其应用技术领域

声学（acoustics）作为物理的一个分支是一门古老的学科，也是一门发展的学科。随着科学技术的发展，它已渗透到其他许多自然科学领域中，推动了许多边缘学科的新生和发展。

声学是研究声音的产生、传播、接收、作用和处理重现的学科。声音是一种机械扰动在气态、液态和固态物质中传播的现象，其频域宽广。声音在传播过程中还会引起物质的光学、电磁、力学、化学性质以及人类生理、心理等性质的变化，而它们反过来又将影响声音的传播。所以声学研究的范围很广，大致可分为以下 14 个"亚分支"：①物理声学；②水声学、海洋声学；③超声学、量子声学和声的物理效应；④机械振动和冲击；⑤噪声及其影响和控制；⑥建筑声学；⑦声信号处理、声全息技术；⑧生理声学；⑨心理声学；⑩语言通信；⑪音乐和乐器；⑫生物声学；⑬声学测量和仪器；⑭换能器、声音的产生和复制设备（表 10-1）。

表 10-1　声学分支与其他学科的关系

基础声学	声学分支	有关学科	
物理声学和理论声学(包括分子声学、微波声学以及各种物质振动和机械能辐射理论)	地震波	地球和大气物理	地学
	水声	海洋学	
	电声	电子、电讯、化学	工程技术
	冲击与振动噪声	力学	
		建筑	
	建筑声	文化艺术	文化、教育、艺术
	音乐声和乐器	音乐	
	语言声	语言	
	心理声	心理	生命科学
	听觉	生理	
	生物声	医药、医疗、仿生	

第二节　声特性在食品工业中的应用

食品声学特性随食品内部组织的变化而变化，不同食品的声学特性不同，同一种类品质不同食品的声学特性往往也存在差异，故根据食品的声学特性即可判断其内部品质的状况，并据此进行分类、分级。

目前，食品声学特性主要应用于食品的无损检测。食品声学特性的检测装置通常由声波发生器、声波传感器、电荷放大器、动态信号分析仪、微型计算机、绘图仪或打印机等组成。检测时，由声波发生器发出的声波连续射向被测物料，反射、散射或从物料透过的声波信号，被声波传感器接收，经放大后送到动态信号分析仪和计算机进行分析，即可求出食品的有关声学特性，并在绘图仪或打印机上输出结果。

一、食品的声学特性检测技术研究概况

利用食品的声学特性进行无损检测和分级是现代声学、电子学、计算机、生物学等技术在食品生产和加工中的综合应用。它具有适应性强、检测灵敏度高、对人体无害、使用灵活、设备轻巧、成本低廉、可在野外及水下等各种环境中工作和易实现自动化等优点，是一项正在飞速发展的新技术，在不少发达国家该技术经过近 30 年来的研究和发展，已逐步进入实际应用阶段。

1967 年有人首先研究发现香蕉的成熟度与杨氏模量有很好的相关性，并通过研究杨氏模量和其共振频率的关系测出了香蕉硬度随成熟度的变化关系；1968 年 Abbott 等建立了苹果的共振频率与弹性特性之间的关系；1972 年 Garrett 和 Furry 利用研究声波的传播速度测出了苹果的杨氏模量、密度和泊松比等机械特性；1975 年 Clark 发现声波通过西瓜的衰减时间和西瓜的硬度密切相关，并且衰减时间随着西瓜成熟度的提高而延长，在此研究的基础上，1976 年研制成功了西瓜成熟度测定仪；1980 年和 1981 年 Yamamoto 等利用声激励测出了部分水果的固有频率，他们的研究还表明水果的声学特性与杨氏模量、极限强度和硬度是显著相关的；1985 年 Arad 等研究发现用超声波检测甜瓜品质与用光电法、比重法、X 射线法相比具有很大的优越性；同年 Watts 和 Russell 用超声波测出土豆的内部缺陷。国外的

以上这些研究均表明了利用声学特性对食品品质（尤其是内部品质）进行无损检测的巨大潜力。

在我国，声波检测技术在工业和医学上的应用已比较广泛，而对该技术在食品生产和加工中的应用还未引起足够的重视，我们应充分利用发达国家已取得的经验，对食品的声学特性与其品质之间的关系进行深入的研究，以便应用该技术对食品进行无损检测和分级。

二、声学特性在食品品质检测中的应用

1. 利用声学特性检测西瓜的成熟度

图 10-7 是利用声学特性检测西瓜成熟度的装置原理图。该检测系统主要由物料台、声波传感器、放大器、记录仪、计算机和打印机等设备组成。

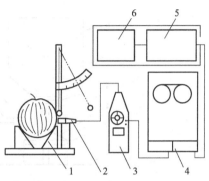

对实验的结果有影响的参数主要有：西瓜的质量 m、体积 V、密度 ρ、糖度 B_m 和果皮厚度 δ。图 10-8 是不同成熟度西瓜的打击音波曲线，未熟西瓜在打击瞬时，其音波振幅达到最大，随后急剧衰减，呈不规则的衰减波形。而适熟西瓜和过熟西瓜的最大振幅出现在打击之后的某一时刻，其波形上下对称，呈有规律的衰减。两者波形相比，过熟西瓜的音波持续时间比适熟西瓜的稍长。为定量比较不同成熟度的音波波形，可以分别计算出波形对称度 α 和对数衰减率 β。

图 10-7 试验装置示意图
1—物料台；2—声波传感器；3—放大器；
4—磁带记录仪；5—计算机；6—打印机

图 10-9 是西瓜的打击音波功率谱密度曲线。分析打击音波功率谱密度可知，未熟西瓜的打击音波含有多种频率成分，而且峰值频率 f_t 较高，约为 $164 \sim 280 \text{Hz}$，随成熟增加，f_t 逐渐减少，在收获适期，为 $132 \sim 164 \text{Hz}$，仅有一种频率成分。过熟果的 f_t 进一步减小到 $107 \sim 130 \text{Hz}$，在 f_t 上下，又出现一些较小的峰值。

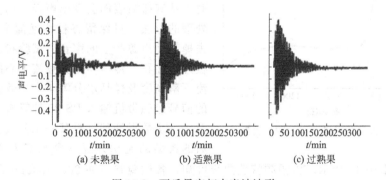

图 10-8 西瓜果实打击音波波形

2. 利用声压测定谷物的水分

谷物水分是影响谷物品质的重要因素，现在用来测量谷物水分的方法有蒸馏法、化学法、电测法、烘箱法、和近红外光谱分析法等，但没有一种方法可以做到连续、精确而又低成本对谷物含水率进行在线无损检测。G. Brusewitz 研究发现，声波中心频率在 $4 \sim 20 \text{kHz}$ 范围内时，谷物在一定时间域内的等效平均声压与谷物水分具有明显的线性关系（相关系数大于 0.95）。根据这一原理研制成功了一种低成本、可连续检测的声压式谷物水分测定仪，该测定仪的测量误差为 0.25%，非线性度为 1.1%，动态响应时间小于 7ms。

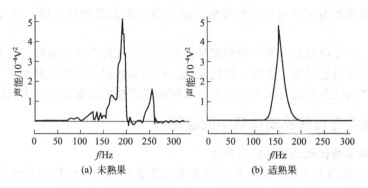

图 10-9　西瓜打击音波功率谱密度曲线

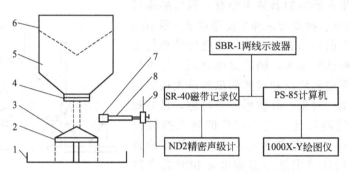

图 10-10　谷物水分检测系统结构简图
1—收集盒；2—落料盘；3—覆盖层；4—流量控制口；5—料仓；
6—淌板；7—传感器；8—调整机构；9—支架

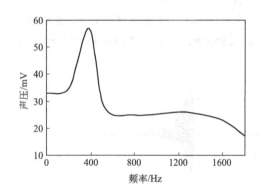

图 10-11　大豆的声级计与幅频的关系

谷物水分检测系统的组成如图 10-10 所示。以大豆为实验材料，试验证明，谷粒的物理结构、弹性和振动特性取决于其水分。谷粒在碰撞时，从其碰撞表面会发出声音。用传声器及数据处理的方法，只保留谷粒相互撞击产生的声音，去掉其他声源产生的声音。试验状态通过改变插板开口面积、传声器距大豆流中心的距离、大豆流下落高度及样品水分等 4 个参数获得。声级计的信号经磁带机输入 PS-85 计算机中作频谱分析及进一步数据处理。对某一水分大豆经平滑处理后的典型的流动大豆（含水率为 9.76%）声压频谱曲线如图 10-11 所示。由幅频特性曲线可知，各试验状态在 200～300Hz 频率范围内幅值最大，当大于 800Hz 后，声压的变化趋于平缓。

图 10-12 是不同水分大豆的声压幅频曲线。从图中可以看到随着大豆水分减小，幅频曲线上移。这表明在一定频率下，比较干燥的大豆有较大的声压幅值，且这种关系存在于整个频率范围。在 200～310Hz 频率范围内，几条曲线几乎平行，表明在这一段频率区间，任一频率点，就能确定唯一的水分-声压方程。同时，在该频率范围内，声压有最大幅值，表明幅值对水分变化有最大灵敏度。当中心频率为 250Hz，传声器距大豆流中心距离 90mm，插板开口面积 1200mm²，大豆下落高度 260mm 时，声压 V 与水分 m_c 之间的关系为：

$$V = 74.5472 - 1.7789 m_c$$

从上面的幅频曲线中可看出，频率对曲线的形状有重要的影响，而水分则使曲线在垂直方向上产生波动。

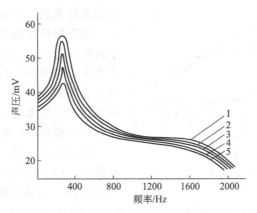

图 10-12　不同水分大豆的声压幅频曲线
水分：1—9.76%；2—11.05%；3—13.67%；
4—14.85%；5—15.62%

3. 利用测定共振频率确定苹果硬度

果品的声波特性，随内部果肉的变化而变化。一般来说，绿色果品比成熟的水果能更好地传递声波。同时，水果的固有频率随其成熟度的不同而变化。因此，常利用声波特性对食品进行非破坏性测量。

如图 10-13 所示，用线将苹果从根部吊起，使振动杆接触苹果，用音频发生器激振，检波器检测出 20～2400Hz 的声波频谱。结果发现，在大多数情况下有四个共振点，即 $f_n=1$、$f_n=2$、$f_n=3$ 和 $f_n=4$。同时发现 $f_n^2 m$ 与苹果的硬度有关。其中，f_n 为音频共振频率，m 为苹果的质量。随着贮藏期的延长，优质苹果有较高的 $f_n^2 m$ 值，软品质和低劣苹果的 $f_n^2 m$ 值较小。

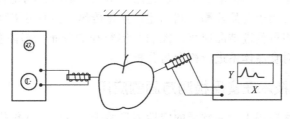

图 10-13　苹果的声波特性测定

4. 利用测定声波传播速度确定甜瓜的成熟度

随着甜瓜的成熟，声波在甜瓜中的传播速度和共振频率均将降低，而且两者的变化趋势完全一致。利用传播速度来确定甜瓜成熟度，既不需测定质量，也不需进行快速傅里叶变换。因此，与共振频率相比，声波传播速度是易测定的指标（图 10-14）。试验表明，在适宜食用的成熟甜瓜中，声波传播速度为 37～50m/s。

5. 利用声学冲击特性检测禽蛋品质

检测鸭蛋破损是鸭蛋加工过程中的一道重要工序。利用敲击鸭蛋不同部位产生的音频基频之间的差异，可以快速检测鸭蛋蛋壳的破损。该研究装置由敲击装置、声音采集和处理系统组成。敲击装置由尼龙塑料棒和橡胶圈组成，橡胶圈的材料和输送带的材料类似，被检测的鸭蛋放在橡胶圈上，用塑料棒敲击。声音采集和处理系统的核心是一台工控机，机内装有

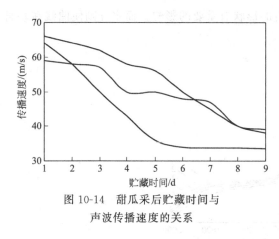

图 10-14　甜瓜采后贮藏时间与
声波传播速度的关系

声卡，声卡上连有一微型话筒用来拾取声音信号。检测鸭蛋破损的试验步骤为如下：分别抽取好壳蛋、破损蛋，将蛋卧放在橡胶圈上，用塑料棒敲击蛋的正中央 1 次，计算机录入此声音信号，并计算基音频率 f_1；敲击蛋小头，测得基音频率 f_2；敲击蛋大头，测得基音频率 f_3；求每枚鸭蛋 3 个基音频率间两两之差的最大值 f_d。实验得出，好壳鸭蛋的频差一般很小，而损壳鸭蛋的频差大。

值得注意的是在利用声学特性检测食品品质时，由于检测声波与外界噪声处于相同的频带内，运用常规的滤波器难以取得较好的效果，有人提出引入自适应滤波器，以克服噪声的影响，提高检测精度。当采用 16 个权重的自适应滤波器，进行了模拟机舱噪声的方法对实际检测到的声学特性信号进行自适应滤波，结果表明该方法可有效地克服噪声的影响。

第三节　超声波技术在食品工业中的应用

在食品工业中，超声波技术可分为两种类型。一是利用高能量超声波破坏处理对象的结构和组织，如生物细胞的破碎、化学反应的乳化等操作，这类技术所利用的超声波特征是频率较低（不超过 100kHz）、能量较高和其操作过程大多连续；另一类技术是利用低能量超声波对处理对象进行无损检测，其特点是频率较高（介于 0.1～0.2MHz）、能量较低和大多采用脉冲式操作。

超声技术不仅可用于食品提取、干燥、过滤、结晶、解冻、乳化和发酵等，食品生产环境的清洗、灭菌，还可用于食品检测。利用超声强化传热、传质可提高生产效率；利用超声的空化机制、机械作用可促进结晶成核，控制晶体粒径的分布，提高食品的品质等；另外，利用变参数超声可以对食品体系进行检测与分析。

一、低强度超声波技术在食品检测方面的应用

低强度超声波技术应用于食品领域的定性测量始于 20 世纪 40 年代，这项技术一直到最近才得到研究人员的重视，这主要由如下三方面原因促成：①食品工业界越来越重视形成一项分析检测复杂食品体系新技术，包括监控加工过程食品理化性质的变化，而超声波技术能够满足这些要求；②超声波仪器能实行全自动操作，检测快速，精度能满足食品分析的要求，且低强度超声波技术检测时不破坏体系的物化性质，同时不干扰生产实现在线操作，另外能应用于光学非透明体系，这弥补了光学检测仪的一些不足；③微电子技术的快速发展降低了超声波仪器设备的造价。

超声分析测量技术在食品工业中的应用主要基于可测量的超声波的几个主要特征参数（声速，衰减系数和声学阻抗）能反映食品体系物化特性参数（如组成，质构和流变学等物理性质）。这种关联关系可通过两种途径建立，一种途径是通过建立测定的超声波特征参数与食品物理参数的比例关系并绘制修正曲线，另一种途径为从理论上用方程描述超声波通过介质后发生的性质变化来对食品体系性质进行定性描述。

1. 测定食品物料的厚度

超声仪器设备能准确测定介质的厚度。将一超声波发送探头安放在待测介质原料的一端，并使脉冲超声波输送到待测样中。测出超声波脉冲穿过待检样并返回到探头的时间 t，则只要测出超声波在样品中的传播速度 c 就能确定样品的厚度（$d=ct/2$）。与其他技术比较而言，超声波测厚度时只要将仪器接近待检样的一个端面。因此，当使用传统技术较难测得待检样的厚度时，使用超声波测厚度较为方便。目前此技术已用于测定糖果中巧克力涂层厚度、肉的厚度、罐头中液层厚度以及蛋壳厚度等。

2. 探测食品中的杂质异物

食品加工过程中经常会被金属屑、玻璃碎片及木屑等杂质污染。这些杂质的存在严重影响到产品的品质，必须予以检出剔除。传统光学检测技术不能应用与光学非透明体系，此情况下使用超声波探测技术显得快捷方便。测定原理是将一超声波脉冲波导入检样中时脉冲将从所遇到的所有介质表面反射回来，由于杂质和产品成分声学阻抗存在明显差异，表现出来的超声波性质也明显不同，所以能将杂质检测出来。待检样中若存在玻璃等杂质时，通过测定超声波从该杂质反射回来和从样品室远端器壁反射回的时间差异能检测到该杂质，另外通过移动超声波发生器至样品周围的各个方向进行检测可进一步确定杂质的大小和位置。

3. 食品物料的流速测定

在许多食品加工操作中，控制食品物料流速的大小显得非常重要，科研人员已研制出一系列用来测量食品物料流经管子的流速，如 Doppler 流速计。超声波流速计的测量范围跨度很大，从每秒几毫米到几十米。这些超声波流量计一般测定的是物料的平均流速。最近研制成功的更为精密的流量计可被用来定性测定流体流经管子的截面状态参数。许多超声波流速计被用来准确测定流体中不同组分的流速而不是局限于测定单一流体的流速。

4. 食品组成的测定

食品品质的高低一定程度上取决于食品的组成、成分的搭配。超声波技术在测定食品组成方面潜力巨大。超声波技术测量食品组成的原理是各不同成分的超声波性质存在差异，如声速、衰减系数和声学阻抗。差别越大，越易鉴别食品的组成状况。比如，20℃时蔗糖溶液的浓度每增加 1% 则超声波在蔗糖溶液中的传递速度上升约 4m/s。由于测量溶液中速度低至 0.4m/s 超声波时较为简单，利用超声波技术可准确测量到浓度低达 0.1% 的糖液浓度。目前这项技术已成功用于测量各种不同果汁及饮料中的糖浓度。

5. 乳状液分层的检测

超声在食品工业另一日益广泛的应用是用来观测乳状液和悬浮液是否发生分层。一般情况下油的密度低于水的密度，这导致水包油液中的液滴向液面上浮起泡而分层，而油包水体系中的液滴相反会因沉淀而致使液体分层。上述起泡和沉淀的发生经常影响到一些产品的货架寿命。应用超声波技术测定声波在体系中的传播速度或衰减系数能给产品货架寿命的确定提供重要参考数据。运用合适的数学方程可将超声波参数转化为所需检测体系的理化性质，如粒子浓度，大小等。因而可有效监控复杂食品体系中的起泡和沉淀的发生。这一技术可完全自动化且能在肉眼无法看到的时候检测到。另外，此技术还被用于研究牛乳乳状液、果汁、人造奶油、啤酒泡沫及色拉奶油的稳定性。

6. 确定食用油的质量

食用油在烹调或加工过程中发生的化学变化将导致食用油变质，故使用一定次数后必须丢弃。那么，如何确定安全而又经济的丢弃时机呢？

黏度是衡量食用油质量的常用指标，随着使用次数的增加，分子降解和聚合物的形成将导致油的黏度增大，品质降低。R. E. Lacey（1994 年）的研究表明，超声波的传播速度将随着油的黏度增大而增加，并存在如下关系：

$$\mu = m\,\eta^{\frac{1}{3}} + b$$

式中，μ 为超声传播速度；η 为食用油的黏度；m 和 b 为回归系数。因此，可以利用超声波在油中的传播速度确定油的黏度，继而判断油的质量，决定是否应丢弃。

7. 低强度超声波技术的优缺点

低强度超声技术的主要优点是快速、精确，不具破坏性且能应用于非透明体系。易于实现在线监控食品加工过程。低强度超声波分析检测技术的最大缺陷是对气泡的存在非常敏感。介质中存在气泡将使超声波强度大为衰减，且气泡的存在会降低其他组分的超声波信号。另一缺点是要对体系的超声波性质进行理论预测则需获得体系的一系列热力学数据，如可压缩性、热容及热导率等。因此对一含未知热力学数据组分体系进行理论分析时存在较大限制。但是，使用超声波时能够对经验模式的校正处理，通过绘制可测定超声波参数对体系物理参数关系的修正曲线进行分析。

二、高强度超声波技术在食品工业的应用

1. 食品分离提取

在食品工业中，提取技术是一项非常重要的技术，比如动物、植物、微生物中活性物质或其他有用物质的提取，一些化学成分的分析等都离不开提取技术。如何有效地以尽可能短的时间提取出所需的目的物，是很多科研人员和生产单位关心的问题。应用超声技术来强化提取过程，可有效提高提取效率，缩短提取时间，节约成本，甚至还可以提高产品的质量和产量。

超声场强化提取油脂可使浸取效率显著提高，还可以改善油脂品质，节约原料，增加油的提取量。苦杏仁油的提取，传统方法采用压榨法和有机溶剂浸取法。将超声波应用于苦杏仁的提取，与传统方法相比，超声法提取方法简便，出油率高，生产周期短，不用加热，有效成分不被破坏，油味清新纯正，色泽清亮，操作时间缩短至不用超声的几十分之一。

超声提取蛋白质方面也有显著效果，如用常规搅拌法从经过变压或热处理过的脱脂大豆料胚中提取大豆蛋白质，很少能达到蛋白质总含量 30%，又难提取热不稳定的 7s 蛋白成分，但用超声波既能将上述料胚在水中将其蛋白质粉碎，也可将 80% 的蛋白质液化，且又可提取热不稳定的 7s 蛋白成分。

姜黄素是重要的天然色素之一，对比索氏浸提、循环浸取、加热浸取、机械搅拌浸取及超声场浸取姜黄素，超声场介入下浸取可明显加快传质速率，缩短浸取时间，提高姜黄素的浸出率，在天然物有效成分提取中，只要控制适量的能量输入就可以保证达到强化分离过程且不破坏提取物结构的目的。

超声提取技术在食品工业中的应用虽已进行许多研究，并且已经显示出其优势，但都是仅在实验室的规模，针对某些具体提取对象进行简单的工艺条件实验，离大规模工业化应用还有一定的距离，解决超声提取工程放大问题应是今后研究的方向之一。

2. 食品干燥

超声干燥与常规方法相比，可在较低的温度下进行，从而减少产品的氧化或降解作用，也不像高速气流干燥把物料吹得四处飞溅或给物料带来破坏作用。Boucher 采用超声波干燥蔗糖，可很快干燥到 1.2% 含水率，然后将蔗糖在超声下再处理 16min，将去除所有水分。

3. 钝化酶

一般情况下延长含酶体系与高强度超声波的接触时间，可以降低酶的活力，如降低胃蛋

白酶活力。这可能是由于高强度超声波能产生高压、高温，强剪切力作用使胃蛋白变性所致。但对有些酶促反应，短时间施以超声波作用能加速酶催化反应。这种作用很有可能是由于超声波使聚集的分子重新裂开分散，从而使酶更易充分接触底物而加速反应。

4. 超声杀菌

高强度超声波因能产生高压，强剪切力和高温而用于杀灭微生物。目前超声波杀菌技术已应用于食品工业。超声波杀菌与热处理加氯处理等杀菌技术配合使用时更有效。

5. 助滤，加速扩散

高强度超声波能促进分子穿过滤膜和多孔物质表面。超声波助滤和加速扩散的原理是高强度超声场条件下声流运动与液流运动互不干扰。加速扩散可缩短食品的干燥和复水时间。应用超声波通过不断清洗界面同样可缩短超滤和反渗透时间。

6. 超声嫩化

延长肉与超声波的作用时间可使肉获得明显的嫩化效果。应用超声波对肉进行处理可使肌纤维蛋白迅速释放，肌纤维蛋白主要对肉制品中各组分起粘连作用。因而超声波技术可改善肉制品持水性，嫩化度及凝聚能力等物理性质。

7. 改善结晶

物质只有当其温度低于自身熔点时才会发生结晶。高强度的超声波能降低结晶成核所需的凝固点。并改变晶体的大小、数量。高强度超声波产生了大量小气泡和不断变化波动的压力和温度，破坏了固液两相平衡。通过控制超声波的强度，作用时间及频率可达到改良晶体大小和含量。超声波改良结晶加工方法能成为改善许多食品性能的方法。如超声波对可食用蛋黄酱制品、冰激凌和巧克力口感的改良就是基于这一机理。试验表明将冷却的蔗糖溶液施以超声波作用能大大增加蔗糖结晶的数量。

8. 设备的清洗

超声的空化作用能在细胞壁与细胞液等非均相间产生微射流和局部高热、高压，这对细菌、病菌等微生物有强烈的杀灭作用，对非均相界面会因超声波振动的切向力和微射流等作用而使固相颗粒或板块破碎变细，从而可以很方便地起到杀菌和清除食品加工设备污垢的作用。

9. 高低强度超声波技术的应用展望

高强度超声波在食品加工过程中的应用带来了方法学上的创新，对传统的技术形成了有益的补充。超声波在提取、结晶、冷冻和过滤方面具有许多优势，采用这些超声波新技术可以缩短加工时间，提高加工效率。目前的超声波应用又分出了一些新的领域，包括刺激活细胞和酶，改进肉类加工和谷物处理方法等。尽管有些技术还局限于实验室内，应用于工业生产时会遇到一些实际困难，如大规模处理时难以找到合适的超声源。如果超声源制造领域和食品生产领域的工作者加强合作，在超声源、超声测量及超声波在食品加工中的应用等方面进行深入的研究，无论是从经济角度还是从学术角度都具有非常重要的意义。

阅读与拓展

◇陈斌，黄星奕. 食品与农产品质无损检测新技术 [M]. 北京：化学工业出版社，2004.

◇应义斌，韩东海. 农产品无损检测技术 [M]. 北京：化学工业出版社，2005.

◇应义斌. 农产品声特性及其在品质无损检测中的应用 [J]. 农业工程学报，1997，13（3）：208-212.

◇胡爱军，郑捷. 食品工业中的超声提取技术 [J]. 食品与机械，2004（04）：57-60.

◇孙力，蔡健荣，林颢等. 基于声学特性的禽蛋裂纹实时在线检测系统 [J]. 农业机械学报，2011，42（05）：183-186.

◇林颢，赵杰文，陈全胜等. 基于声学特性的鸡蛋蛋壳裂纹检测 [J]. 食品科学，2010，31（02）：199-202.

◇周平，蔡健荣，林颢. 基于声学特性的鸡蛋蛋壳强度检测的研究 [J]. 食品科技，2010，35（02）：237-240.

◇潘磊庆，屠康，赵立等. 敲击振动检测鸡蛋裂纹的初步研究 [J]. 农业工程学报，2005，21（4）：11-15.

◇王树才，任奕林，陈红等. 利用声音信号进行禽蛋破损和模糊识别 [J]. 农业工程学报，2004，20（4）：130-133.

◇杜功焕，朱哲民. 声学基础 [M]. 南京：南京大学出版社，2001.

◇何祚镛，赵玉芳. 声学理论基础 [M]. 北京：国防工业出版社，1981.

◇胡建恺. 超声检测原理和方法 [M]. 合肥：中国科学技术大学出版社，1993.

◇胡爱军，郑捷. 食品超声技术 [M]. 北京：化学工业出版社，2013.

思考与探索

◇超声技术在食品加工和检测中的应用。

参 考 文 献

[1] 赵学笃，陈元生，张守勤. 农业物料学 [M]. 北京：机械工业出版社，1987.

[2] 林弘通. 食品物理学 [M]. 东京：株式会社养贤堂发行，1989.

[3] 周祖锷. 农业物料学 [M]. 北京：中国农业出版社，1994.

[4] 金万浩等. 食品物性学 [M]. 北京：中国科学技术出版社，1991.

[5] 李里特. 食品物性学 [M]. 北京：中国农业出版社，2001.

[6] 李云飞，殷涌光等. 食品物性学 [M]. 北京：中国轻工业出版社，2005.

[7] 屠康等. 食品物性学 [M]. 南京：东南大学出版社，2006.

[8] 李玉振. 食品科学手册 [M]. 北京：中国轻工业出版社，1990.

[9] 哈斯，G D. 食品工程数据手册 [M]. 北京：中国轻工业出版社，1992.

[10] 前田安彦. 实用食品分析方法 [M]. 吉林：吉林大学出版社，1988.

[11] 日本食品工业学会，郑州粮食学院. 食品分析方法（上\下册）[M]. 成都：四川科学技术出版社，1986.

[12] 张有林. 食品科学概论 [M]. 北京：科学出版社，2006.

[13] 日本食品科学手册编辑委员会. 食品科学手册 [M]. 北京：中国轻工业出版社，1990.

[14] 扈文盛. 食品常用数据手册 [M]. 北京：中国食品出版社，1987.

[15] 李翰如，潘君拯. 农业流变学导论 [M]. 北京：中国农业出版社，1990.

[16] 中川鹤太郎. 流动的固体 [M]. 北京：科学出版社，1983.

[17] 刘骥等. 医用生物物理学 [M]. 北京：人民卫生出版社，1998.

[18] 袁观宇. 生物物理学 [M]. 北京：科学出版社，2006.

[19] 张泽宝. 医学影像物理学 [M]. 北京：人民卫生出版社，2005.

[20] 马文蔚，苏惠惠，陈鹤鸣. 物理学原理在工程技术中的应用 [M]. 北京：高等教育出版社，2001.

[21] 尉迟斌. 实用制冷与空调工程手册 [M]. 北京：机械工业出版社，2002.

[22] 商业部设计院. 冷库制冷设计手册 [M]. 北京：中国农业出版社，1988.

[23] 关军锋. 果品品质研究 [M]. 石家庄：河北科学技术出版社，2001.

[24] Bourne M C. Food texture and viscosity：concept and measurement 2nd Ed [M]. New York：Academic Press，March，2002.

[25] Moskowitz H R. Food texture：instrumental and sensory measurement [M]. New York：Marcel Dekker，Inc，1987.

[26] Sherman P. Food texture and rheology [M]. New York：Academic Press，1979.

[27] Blanshard J M V，Lillford P. Food structure and behavior [M]. New York：Academic Press，1987.

[28] Borwankar R，Shoemaker C F. Rheology of foods [M]. New York：Elsvier Applied Science，1990.

[29] 卢寿慈. 粉体加工技术 [M]. 北京：中国轻工业出版社，1999.

[30] 陆厚根. 粉体技术导论 [M]. 上海：同济大学出版社，1998.

[31] 陶珍东，郑少华. 粉体工程与设备 [M]. 北京：化学工业出版社，2003.

[32] 谢洪勇. 粉体力学与工程 [M]. 北京：化学工业出版社，2003.

[33] 王奎升. 工程流体与粉体力学基础 [M]. 北京：中国计量出版社，2002.

[34] 李凤生. 特种超细粉体制备技术及应用 [M]. 北京：国防工业出版社，2002.

[35] 张立德. 超微粉体制备与应用技术 [M]. 北京：中国石化出版社，2001.

[36] 李凤生等. 超细粉体技术 [M]. 北京：国防工业出版社，2000.

[37] 孙企达. 冷冻干燥超细粉体技术及应用 [M]. 北京：化学工业出版社，2006.

[38] 庄建桥. 粉体配料混合技术 [M]. 北京：科学技术文献出版社，2005.

[39] 郑水林. 超微粉体加工技术与应用 [M]. 北京：化学工业出版社，2005.

[40] 卢寿慈. 粉体技术手册 [M]. 北京：化学工业出版社，2004.

[41] 华泽钊，任禾盛. 低温生物医学技术 [M]. 北京：科学出版社，1994.

[42] 刘振海，畠山立子，陈学思. 聚合物量热测定 [M]. 北京：化学工业出版社，2001.

[43] 徐国华，袁靖. 常用热分析仪器 [M]. 上海：上海科学技术出版社，1990.

[44] 陈镜泓，李传儒. 热分析及其应用 [M]. 北京：科学出版社，1985.

[45] 陈则韶，葛新石，顾毓沁. 量热技术和热物性测定 [M]. 北京：中国科学技术大学出版社，1990.

[46] 冈小天. 生物流变学 [M]. 吴云鹏，陶祖莱译. 北京：科学出版社，1980.

[47] 陈克复等. 食品流变学及其测量 [M]. 北京：中国轻工业出版社，1989.

[48] 滕秀金，邱迦易，曾晓栋. 颜色测量技术 [M]. 北京：中国计量出版社，2007.

[49] 荆其诚等. 色度学 [M]. 北京：科学出版社，1979.

[50] 汤顺青. 色度学 [M]. 北京：北京理工大学出版社，1990.

[51] 何国兴. 颜色科学 [M]. 上海：东华大学出版社，2004.

[52] 陈斌，黄星奕. 食品与农产品品质无损检测新技术 [M]. 北京：化学工业出版社，2004.

[53] 应义斌，韩东海. 农产品无损检测技术 [M]. 北京：化学工业出版社，2005.

[54] 刘剑虹，赵家林，梁敏. 无机材料物性学 [M]. 北京：中国建材工业出版社，2006.

[55] 李云飞，葛克山. 食品工程原理 [M]. 北京：中国农业大学出版社，2002.

[56] 冯骉. 食品工程原理 [M]. 北京：中国轻工业出版社，2005.

[57] 吕新广，黄灵阁，曹国华. 包装色彩学 [M]. 北京：印刷工业出版社，2001.

[58] 张宪魁，王欣. 物理学方法论 [M]. 西安：陕西人民教育出版，1992.

[59] 张水华，孙君社，薛毅. 食品感官鉴评 [M]. 广州：华南理工大学出版社，2001.

[60] 吴其胜. 材料物理性能 [M]. 上海：华东理工大学出版社，2006.

[61] 赵杰文，孙永海. 现代食品检测技术 [M]. 北京：中国轻工业出版社，2008.

[62] 杨治良. 心理物理学 [M]. 兰州：甘肃人民出版社，1988.

[63] 杨治良. 实验心理学 [M]. 杭州：浙江教育出版社，2002.

[64] 北京大学化学系仪器分析教学组. 仪器分析教程 [M]. 北京：北京大学出版社，1997.

[65] 赵藻藩等. 仪器分析 [M]. 北京：高等教育出版社，1990.

[66] 林树昌，曾泳淮. 化学分析（仪器分析部分）[M]. 北京：高等教育出版社，1994.

[67] 刘钟栋. 微波技术在食品工业中的应用 [M]. 北京：中国轻工业出版社，1998.

[68] M. A. Rao, S. S. H. Rizvi. Engineering Properties of Foods [M]. M. Dekkerc，1986.

[69] 齐藤修，安玉发. 食品系统研究 [M]. 北京：中国农业出版社，2005.

[70] 方如明，蔡健荣，许俐. 计算机图像处理技术及其在农业工程中的应用 [M]. 北京：清华大学出版社，1999.

[71] 赵杰文，陈全胜，林颢. 现代成像技术在食品、农产品检测中的应用 [M]. 北京：机械工业出版社，2011.

[72] 张佳程. 食品质地学 [M]. 北京：中国轻工业出版社，2010.

[73] 刘福岭，戴行钧. 食品物理与化学分析方法 [M]. 北京：中国轻工业出版社，1987.

[74] 叶峻. 系统科学纵横 [M]. 成都：四川省社会科学院出版社. 1987.

[75] 杨春时. 系统论 信息论 控制论浅说 [M]. 北京：中国广播电视出版社. 1987.

[76] 鲁克成，罗庆生. 创造学教程 [M]. 北京：中国建材工业出版社. 1998.

[77] 刘晓青. 物理学与食品科学的相关性 [J]. 杭州教育学院学报，2000（04）：72-76.

[78] 陈元生，姜松，徐圣言. 超常环境因子对农业物料物性的影响 [J]. 农业工程学报，1996. 12 (3).

[79] 汪琳，应铁进. 番茄果实采后贮藏过程中的颜色动力学模型及其应用 [J]. 农业工程学报，2001 (3)：118-121.

[80] Ludger O. Figura, Arthur A. Teixeira. Food physics：physical properties-measurement and applications [M]. Springer-Verlag Berlin Heidelberg，2007.

附　　录

一、食品行业分类

本分类节选了 GB/T 4754—2011《国民经济行业分类》中食品行业的加工业和制造业分类内容。代码含义说明，例如：C1352，C 为门类代码，13 为大类代码，5 为中类顺序码，2 为小类顺序码，而 135 为中类代码，1352 为小类代码。行业（或产业）是指从事相同性质的经济活动的所有单位的集合。

C 制造业： 本门类包括 13～43 大类，指经物理变化或化学变化后成为新的产品，不论是动力机械制造，还是手工制作；也不论产品是批发销售，还是零售，均视为制造。建筑物中的各种制成品、零部件的生产应视为制造，但在建筑预制品工地，把主要部件组装成桥梁、仓库设备、铁路与高架公路、升降机与电梯、管道设备、喷水设备、暖气设备、通风设备与空调设备，照明与安装电线等组装活动，以及建筑物的装置，均列为建筑活动。本门类包括机电产品的再制造，指将废旧汽车零部件、工程机械、机床等进行专业化修复的批量化生产过程，再制造的产品达到与原有新产品相同的质量和性能。

C13 农副食品加工业： 指直接以农、林、牧、渔业产品为原料进行的谷物磨制、饲料加工、植物油和制糖加工、屠宰及肉类加工、水产品加工，以及蔬菜、水果和坚果等食品的加工。

C1310 谷物磨制： 也称粮食加工，指将稻子、谷子、小麦、高粱等谷物去壳、碾磨及精加工的生产活动。

C1320 饲料加工： 指适用于农场、农户饲养牲畜、家禽的饲料生产加工，包括宠物食品的生产活动，也包括用屠宰下脚料加工生产的动物饲料，即动物源性饲料的生产活动。

C133 植物油加工

C1331 食用植物油加工： 指用各种食用植物油料生产油脂，以及精制食用油的加工。

C1332 非食用植物油加工： 指用各种非食用植物油料生产油脂的活动。

C1340 制糖业： 指以甘蔗、甜菜等为原料制作成品糖，以及以原糖或砂糖为原料精炼加工各种精制糖的生产活动。

C135 屠宰及肉类加工

C1351 牲畜屠宰： 指对各种牲畜进行宰杀，以及鲜肉冷冻等保鲜活动，但不包括商业冷藏活动。

C1352 禽类屠宰： 指对各种禽类进行宰杀，以及鲜肉冷冻等保鲜活动，但不包括商业冷藏活动。

C1353 肉制品及副产品加工： 指主要以各种畜、禽肉为原料加工成熟肉制品，以及畜、禽副产品的加工。

C136 水产品加工

C1361 水产品冷冻加工： 指为了保鲜，将海水、淡水养殖或捕捞的鱼类、虾类、甲壳类、贝类、藻类等水生动物或植物进行的冷冻加工，但不包括商业冷藏活动。

C1362 鱼糜制品及水产品干腌制加工： 指鱼糜制品制造，以及水产品的干制、腌制等加工。

C1363 水产饲料制造： 指用低值水产品及水产品加工废弃物（如鱼骨、内脏、虾壳）等为主要原料的饲料加工。

C1364 鱼油提取及制品制造： 指从鱼或鱼肝中提取油脂，并生产制品的活动。

C1369 其他水产品加工： 指对水生动植物进行的其他加工。

C137 蔬菜、水果和坚果加工： 指用脱水、干制、冷藏、冷冻、腌制等方法，对蔬菜、水果、坚果的加工。

C1371 蔬菜加工

C1372 水果和坚果加工

C139 其他农副食品加工

C1391 淀粉及淀粉制品制造： 指用玉米、薯类、豆类及其他植物原料制作淀粉和淀粉制品的生产；还包括以淀粉为原料，经酶法或酸法转换得到的糖品生产活动。

C1392 豆制品制造：指以大豆、小豆、绿豆、豌豆、蚕豆等豆类为主要原料，经加工制成食品的活动。

C1393 蛋品加工

C1399 其他未列明农副食品加工

C14 食品制造业

C141 焙烤食品制造

C1411 糕点、面包制造：指用米粉、面粉、豆粉为主要原料，配以辅料，经成型、油炸、烤制而成的各种食品生产活动。

C1419 饼干及其他焙烤食品制造：指以面粉（或糯米粉）、糖和油脂为主要原料，配以奶制品、蛋制品等辅料，经成型、焙烤制成的各种饼干，以及用薯类、谷类、豆类等制作的各种易于保存、食用方便的焙烤食品生产活动。

C142 糖果、巧克力及蜜饯制造

C1421 糖果、巧克力制造：糖果制造指以砂糖、葡萄糖浆或饴糖为主要原料，加入油脂、乳品、胶体、果仁、香料、食用色素等辅料制成甜味块状食品的生产活动；巧克力制造指以浆状、粉状或块状可可、可可脂、可可酱、砂糖、乳品等为主要原料加工制成巧克力及巧克力制品的生产活动。

C1422 蜜饯制作：指以水果、坚果、果皮及植物的其他部分制作糖果蜜饯的活动。

C143 方便食品制造：指以米、面、杂粮等为主要原料加工制成，只需简单烹制即可作为主食，具有食用简便、携带方便，易于储藏等特点的食品制造。

C1431 米、面制品制造：指以米、面、杂粮等为原料，经粗加工制成，未经烹制的各类米面制品的生产活动。

C1432 速冻食品制造：指以米、面、杂粮等为主要原料，以肉类、蔬菜等为辅料，经加工制成各类烹制或未烹制的主食食品后，立即采用速冻工艺制成的，并可以在冻结条件下运输储存及销售的各类主食食品的生产活动。

C1439 方便面及其他方便食品制造：指用米、面、杂粮等为主要原料加工制成的，可以直接食用或只需简单蒸煮即可作为主食的各种方便主食食品的生产活动，以及其他未列明的方便食品制造。

C1440 乳制品制造：指以生鲜牛（羊）乳及其制品为主要原料，经加工制成的液体乳及固体乳（乳粉、炼乳、乳脂肪、干酪等）制品的生产活动；不包括含乳饮料和植物蛋白饮料生产活动。

C145 罐头食品制造：指将符合要求的原料经处理、分选、修整、烹调（或不经烹调）、装罐、密封、杀菌、冷却（或无菌包装）等罐头生产工艺制成的，达到商业无菌要求，并可以在常温下储存的罐头食品的制造。

C1451 肉、禽类罐头制造

C1452 水产品罐头制造

C1453 蔬菜、水果罐头制造

C1459 其他罐头食品制造：指婴幼儿辅助食品类罐头、米面食品类罐头（如八宝粥罐头等）及上述未列明的罐头食品制造。

C146 调味品、发酵制品制造

C1461 味精制造：指以淀粉或糖蜜为原料，经微生物发酵、提取、精制等工序制成的，谷氨酸钠含量在 80% 及以上的鲜味剂的生产活动。

C1462 酱油、食醋及类似制品制造：指以大豆和（或）脱脂大豆，小麦和（或）麸皮为原料，经微生物发酵制成的各种酱油和酱类制品，以及以单独或混合使用各种含有淀粉、糖的物料或酒精，经微生物发酵酿制的酸性调味品的生产活动。

C1469 其他调味品、发酵制品制造

C149 其他食品制造

C1491 营养食品制造：指主要适宜伤残者、老年人，含肉、鱼、水果、蔬菜、奶、麦精、钙等均质配料的营养食品的生产活动。

C1492 保健食品制造：指标明具有特定保健功能的食品，适用于特定人群食用，具有调节机体功能，不以治疗为目的，对人体不产生急性、亚急性或慢性危害，以补充维生素、矿物质为目的的营养素补充等保健食品制造。

C1493 冷冻饮品及食用冰制造：指以砂糖、乳制品、豆制品、蛋制品、油脂、果料和食用添加剂等经混合配制、加热杀菌、均质、老化、冻结（凝冻）而成的冷食饮品的制造，以及食用冰的制造。

C1494 盐加工：指以原盐为原料，经过化卤、蒸发、洗涤、粉碎、干燥、脱水、筛分等工序，或在其中添加碘酸钾及调味品等加工制成盐产品的生产活动。

C1495 食品及饲料添加剂制造：指增加或改善食品特色的化学品，以及补充动物饲料的营养成分和促进生长、防治疫病的制剂的生产活动。

C1499 其他未列明食品制造

C15 酒、饮料和精制茶制造业

C151 酒的制造：指酒精、白酒、啤酒及其专用麦芽、黄酒、葡萄酒、果酒、配制酒以及其他酒的生产。

C1511 酒精制造：指用玉米、小麦、薯类等淀粉质原料或用糖蜜等含糖质原料，经蒸煮、糖化、发酵及蒸馏等工艺制成的酒精产品的生产活动。

C1512 白酒制造：指以高粱等粮谷为主要原料，以大曲、小曲或麸曲及酒母等为糖化发酵剂，经蒸煮、糖化、发酵、蒸馏、陈酿、勾兑而制成的蒸馏酒产品的生产活动。

C1513 啤酒制造：指以麦芽（包括特种麦芽）、水为主要原料，加啤酒花，经酵母发酵酿制而成，含二氧化碳、起泡、低酒精度的发酵酒产品（包括无醇啤酒，也称脱醇啤酒）的生产活动，以及啤酒专用原料麦芽的生产活动。

C1514 黄酒制造：指以稻米、黍米、黑米、小麦、玉米等为主要原料，加曲、酵母等糖化发酵剂发酵酿制而成的发酵酒产品的生产活动。

C1515 葡萄酒制造：指以新鲜葡萄或葡萄汁为原料，经全部或部分发酵酿制而成，含有一定酒精度的发酵酒产品的生产活动。

C1519 其他酒制造：指除葡萄酒以外的果酒、配制酒以及上述未列明的其他酒产品的生产活动。

C152 饮料制造

C1521 碳酸饮料制造：指在一定条件下充入二氧化碳气的饮用品制造，其成品中二氧化碳气的含量（20℃时的体积倍数）不低于2.0倍。

C1522 瓶（罐）装饮用水制造：指以地下矿泉水和符合生活饮用水卫生标准的水为水源加工制成的，密封于塑料瓶（罐）、玻璃瓶或其他容器中，不含任何添加剂，可直接饮用的水的生产活动。

C1523 果菜汁及果菜汁饮料制造：指以新鲜或冷藏水果和蔬菜为原料，经加工制得的果菜汁液制品生产活动，以及在果汁或浓缩果汁、蔬菜汁中加入水、糖液、酸味剂等，经调制而成的可直接饮用的饮品（果汁含量不低于10%）的生产活动。

C1524 含乳饮料和植物蛋白饮料制造：指以鲜乳或乳制品为原料（经发酵或未经发酵），加入水、糖液等调制而成的可直接饮用的含乳饮品的生产活动，以及以蛋白质含量较高的植物的果实、种子或核果类、坚果类的果仁等为原料，在其加工制得的浆液中加入水、糖液等调制而成的可直接饮用的植物蛋白饮品的生产活动。

C1525 固体饮料制造：指以糖、食品添加剂、果汁或植物抽提物等为原料，加工制成粉末状、颗粒状或块状制品〔其成品水分（质量分数）不高于5%〕的生产活动。

C1529 茶饮料及其他饮料制造：指茶饮料、特殊用途饮料以及其他未列明的饮料制造。

C1530 精制茶加工：指对毛茶或半成品原料茶进行筛分、轧切、风选、干燥、匀堆、拼配等精制加工茶叶的生产活动。

二、食品工业基本术语

食品工业基本术语 **GB/T 15091—1994**

Fundamental terms of food industry

1 主题内容与适用范围

本标准规定了食品工业常用的基本术语。本标准适用于食品工业生产、科研、教学及其他有关领域。

2 一般术语

2.1 食品 food 可供人类食用或饮用的物质，包括加工食品、半成品和未加工食品，不包括烟草或只作药品用的物质。

2.1.1 动物性食品 food of animal origin（animal food） 动物体及其产物的可食部分，或以其为原料的加工制品。

2.1.2 植物性食品 vegetable food（plant food） 可食植物的根、茎、叶、花、果、籽、皮、汁，以及食用菌和藻类；或以其为主要原料的加工制品。

2.1.3 传统食品 traditional food 生产历史悠久，采用传统工艺加工制造，反映地方和/或民族特色的食品。

2.1.4 干制食品 dehydrated food 将动植物原料经过不同程度的干燥制成的食品。同义词：脱水食品。

2.1.5 糖制食品 confectionery 以糖、乳、油脂、谷物、果仁、豆类、水果为主要原料，添加香料或其他食品添加剂制成的含糖量较高的食品。同义词：糖食品。

2.1.6 腌制品 curing food 采用腌制（详见"腌制"条）工艺制成的食品。

2.1.7 烘焙食品 bakery 采用烘焙（详见"烘焙"条）工艺制成的食品。

2.1.8 熏制食品 smoking food 采用烟熏（详见"烟熏"条）工艺制成的食品。

2.1.9 膨化食品 puffed food（extruded food） 采用膨化（详见"膨化"条）工艺制成的食品。

2.1.10 速冻食品 quick-frozen food 采用速冻（详见"速冻"条）工艺制成的食品。

2.1.11 罐藏食品 canned food 将原料或半成品加工处理后装入金属罐、玻璃瓶或软包装容器中，经排气、密封、加热杀菌、冷却等工序，制成的商业无菌食品。同义词：罐头食品。

2.1.12 方便食品 convenient food（fast food，prepared food，instant food） 用工业化加工方式，制成便于流通、安全、卫生的即食或部分预制食品。

2.1.13 特殊营养食品 food of special nutrients 通过调整食品的营养素的成分和（或）含量比例，以适应某类特殊人群营养需要的食品。

2.1.13.1 婴幼儿食品 infant or baby food 适应婴幼儿生理特点和营养需要的食品。

2.1.13.2 强化食品 nutrient fortified food 经强化（详见"强化"条）工艺制成的食品。同义词：营养强化食品。

2.1.14 天然食品 natural food 生长在自然界，经粗（初）加工或不加工即可食用的食品。

2.1.15 模拟食品 imitation food 用人工方法加工制成的、具有类似某种天然食品感官特性，并具有一定营养价值的食品。同义词：人造食品。

2.1.16 预包装食品 prepackaged food 预先包装于容器中，以备交付给消费者的食品。

2.2 食品制造 food manufacturing 将食品原料或半成品加工制成可供人类食用或饮用的物质的全部过程。

2.3 食品加工 food processing 改变食品原料或半成品的形状、大小、性质或纯度，使之符合食品标准的各种操作。

2.4 食品工业 food industry 主要以农业、渔业、畜牧业、林业或化学工业的产品或半成品为原料，制造、提取、加工成食品或半成品，具有连续而有组织的经济活动工业体系。

2.5 食品资源 food resource 含有营养物质，对人和动物安全无害，可作为食品或食品原料的天然物质。

2.6 食品新资源 new resource for food 在我国新研制、新发现、新引进的，无食用习惯或仅在个别地区有食用习惯的，符合食品基本要求的物质。

2.7 原料 raw material 加工食品时使用的原始物质。

2.8 配料 ingredient 在制造或加工食品时使用的并存在（包括以改性形式存在）于最终产品的任何物质。包括水和食品添加剂。

2.8.1 主料 major ingredient（major material） 加工食品时使用量较大的一种或多种物料。

2.8.2 辅料 minor ingredient 加工食品时使用量较小的一种或多种物料。

2.8.3　食品添加剂　food additive　为改善食品的品质和色、香、味，以及为防腐和加工工艺的需要，加入食品中的化学合成物质或天然物质。

2.8.4　食品营养强化剂　food enrichment　为增强营养成分，加入食品中的天然或人工合成的，属于天然营养素范围的食品添加剂。

2.8.5　加工助剂　processing aid　加工食品时，为满足工艺规程或达到质量要求而加入的物质。加入的物质一般不存在于最终产品中，但难免有残留物或衍生物。

2.8.6　酶　enzyme　由活细胞产生的生物催化剂。它可以改变食品组织内的化学反应速度，而自身不起变化。

2.9　配料表　list of ingredients　将所有食品配料按加入量递减顺序而依次排列的一览表（清单）。

2.10　配方　formula　将食品所有配料的品名和相应加入量（或比例）列出的清单。

2.11　食品包装材料　packaging material for food　用于制造食品容器和构成产品包装的材料总称。

2.12　食品包装容器　food container　将食品完全或部分包装，以作为交货单元的任何包装形式（箱、桶、罐、瓶、袋等），也包括包装纸。

2.13　软包装　flexible package　充填或取出内装物后，容器形状可发生变化的定形包装。其材料一般为纸、塑料薄膜、纤维制品、铝箔及其复合材料等。

2.14　硬包装　rigid package　充填或取出内装物后，容器形状基本不发生变化的定形包装。其材料一般为金属、陶瓷、玻璃、纸箱、硬质塑料等。

2.15　食品标签　food labelling　预包装食品容器上的文字、图形、符号，以及一切说明物。

2.16　保质期　date of minimum durability　指在标签上规定的条件下，保持食品质量（品质）的期限。在此期限，食品完全适于销售，并符合标签上或产品标准中所规定的质量（品质）；超过此期限，在一定时间内，食品仍然是可以食用的。同义词：最佳食用期。

2.17　保存期　use-by date　指在标签上规定的条件下，食品可以食用的最终日期。超过此期限，产品质量（品质）可能发生变化，因此食品不再适于食用。同义词：推荐的最终食用期。

2.18　食品质量　food quality　食品满足规定或潜在要求的特征和特性总和。反映食品品质的优劣。

2.19　食品质量管理　food quality control　对确定和达到食品质量要求所必需的全部职能和活动。

2.20　食品质量监督　food quality supervision　根据国家有关法律、法规和标准（或合同），对食品质量及生产条件进行评价、分析、处理等活动。

2.21　食品质量检验　food quality inspection　检查和验证食品质量是否符合标准或有关规定的活动。

2.22　食品卫生　food hygiene（food safety）　为防止食品在生产、收获、加工、运输、贮藏、销售等各个环节被有害物质（包括物理、化学、微生物等方面）污染，使食品有益于人体健康、质地良好，所采取的各项措施。同义词：食品安全。

2.23　食品营养　food nutrition　食品中所含的能被人体摄取以维持生命活动的物质及其特性的总称。

2.24　食品成分　food composition　组成食品的各种物质组分。

2.25　食品分析　food analysis　用感官、理化或微生物学等方法，对食品的质量进行观察、测定和试验。

2.26　食品工业标准化　food industry standardization　在食品工业领域内，通过制定、发布和实施标准，达到统一，以获得食品工业的最佳秩序和良好社会效益。

2.27　食品标准　food standard　食品工业领域各类标准的总和，包括食品产品标准、食品卫生标准、食品分析方法标准、食品管理标准、食品添加剂标准、食品术语标准等。

2.27.1　食品产品标准　food product standard　为保证食品的食用价值，对食品必须达到的某些或全部要求所作的规定。食品产品标准的主要内容包括：产品分类、技术要求、试验方法、检验规则以及标签与标志、包装、贮存、运输等方面的要求。

2.27.2　食品卫生标准　food hygienic standard　为保护人体健康，对食品中具有卫生学意义的特性所作的统一规定。

2.27.3　食品厂卫生规范　hygienic code of food factory　为保证食品的安全，对食品企业的选址、设计、施工、设施、设备、操作人员、工艺等方面的卫生要求所作的统一规定。

2.27.4 食品分析方法标准 food analysing standard methed 对食品的质量要素进行测定、试验、计量所作的统一规定，包括感官、物理、化学、微生物学、生物化学分析。

2.28 良好加工规范 good manufacturing practice（GMP） 生产（加工）符合食品标准或食品法规的食品，所必须遵循的，经食品卫生监督与管理机构认可的强制性作业规范。GMP 的核心包括：良好的生产设备和卫生设施、合理的生产工艺、完善的质量管理和控制体系。同义词：GMP。

2.29 危害分析关键控制点 hazard analysis and critical control point（HACCP） 生产（加工）安全食品的一种控制手段；对原料、关键生产工序及影响产品安全的人为因素进行分析；确定加工过程中的关键环节，建立、完善监控程序和监控标准，采取规范的纠正措施。同义词：HACCP。

2.30 食品生产许可证 food production licence 由食品管理部门审核食品生产厂的生产条件和技术水平后，发给准予生产某种食品的证件。

2.31 食品产品合格证 food product qualification 由生产厂出示的表明某一食品产品经检验符合产品标准或有关规定的凭证。是食品产品质量保证文件的一种形式。

2.32 食品卫生许可证 food hygiene licence 由食品卫生监督机构，依照食品卫生法，按规定的程序对食品的生产、经营者进行食品卫生学全面检查，达到要求后颁发的许可证书。

2.33 食品卫生合格证 food hygiene qualification 由食品卫生监督机构，按照食品卫生标准，对食品或食品生产、经营者进行分析，达到标准后签发的凭证。

2.34 食品工业副产品 by-product of food industry 在食品生产过程中，附带生产出来的非主要产品；或者利用生产过程中的下脚料、废料经综合利用加工生产的产品。

3 产品术语

3.1 粮食 grain 谷物和豆类的种子、果实，薯类的块根、块茎，以及这些物质加工产品的统称。

3.2 粮食制品 cereal product 以粮食为主要原料，加工制成的食品。

3.3 肉制品 meat product 以畜禽的可食部分为主要原料，加工制成的食品。

3.4 食用油脂 edible oil and fat 可食用的甘油三脂肪酸脂的统称。分为动物油脂和植物油脂：一般常温下呈液体状的称油，呈固体状的称脂。

3.5 食糖 sugar 一般指用甘蔗或甜菜精制的白砂糖或绵白糖；食品工业用糖还有淀粉糖浆、饴糖、葡萄糖、乳糖等。

3.6 乳制品 dairy product 以牛乳、羊乳等为主要原料加工制成的各种制品。

3.7 水产品 sea food 以可食用的水生动植物（鱼、虾、贝、藻类等）为主要原料，加工制成的食品。

3.8 水果制品 fruit product 用栽培或野生鲜果（包括仁果类、核果类、浆果类、柑橘类、瓜类等）为主要原料，加工制成的各种制品。

3.9 蔬菜制品 vegetable product 以新鲜蔬菜为主要原料制成的食品。

3.10 植物蛋白食品 vegetable protein food 以富含蛋白质的可食性植物为原料，加工制成的各种制品。

3.11 淀粉制品 starch-based product 以淀粉或淀粉质为原料，经过机械、化学或生化工艺加工制成的制品。

3.12 蛋制品 egg product 以禽蛋为原料加工制成的各种制品。

3.13 糕点 pastry 以粮食、食糖、油脂、蛋品为主要原料，经调制、成型、熟化等工序制成的食品。

3.14 糖果 candy 以白砂糖或淀粉糖浆为主要原料，制成的固体甜味食品。

3.15 调味品 condiment（seasoning） 在食品加工及烹调过程中广泛使用的，用以去腥、除膻、解腻、增香、调配滋味和气味的一类辅助食品。如酱油、食醋、味精、香辛素等。

3.16 食用盐 edible salt（food grade salt） 以氯化钠为主要成分，用于烹调、调味、腌制的盐。分为精制盐、粉碎洗涤盐、普通盐及各种调味盐等。同义词：食盐。

3.17 饮料酒 alcoholic drink 乙醇含量在 $0.5\% \sim 65.50\%$ 的饮料。包括各种发酵酒、蒸馏酒及配制酒。

3.18 无酒精饮料 non-alcoholic drink（soft drink） 乙醇含量低于 0.5% 的饮料。包括碳酸饮料、果汁饮料、蔬菜汁饮料、乳饮料、植物蛋白饮料、饮用天然矿泉水、固体饮料和其他饮料等八类。同义词：无醇饮料、软饮料。

3.19 茶 tea 用茶树鲜叶加工制成，含有咖啡碱、茶碱、茶多酚、茶氨酸等物质的饮用品。

4 工艺术语

4.1 原料清理 raw material handling（raw material cleaning） 清除原料中夹带的杂质和原料表面的污物，所采取的各种方法或工序的统称。

4.2 原料预处理 pretreatment of raw material 为使原料适应加工要求，保证成品质量，在主要加工工序之前对原料安排的准备工序的统称。

4.3 酸处理 acid treatment 为适应加工工艺或改进品质，用有机酸或无机酸溶液浸泡、喷洒或直接加入原料、半成品、成品中的操作。

4.4 硫处理 sulphuring treatment 为防止原料褐变，达到漂白、防腐目的，用硫黄熏蒸或用亚硫酸溶液浸泡原料或直接添加含硫化合物的操作。

4.5 碱处理 alkali treatment 为适应加工工艺或改进品质，用碱溶液浸泡、喷洒或直接加入原料、半成品、成品中的操作。

4.6 粉碎 grinding 利用机械方法将固体物料分裂成为尺寸更小的操作。

4.6.1 破碎 cracking（crushing） 把块状或饼状物料分裂成为粒料的操作。

4.7 打浆 mashing 利用机械方法将水果、蔬菜制成浆料并分离出皮、籽核的操作。

4.8 搅拌 mixing 利用机械力、压缩空气或超声波，搅动、拌和物料，使之混合均匀、强化热交换的操作。

4.9 分离 separation 根据食品物料中不同物质的特性，使其分开的操作。

4.9.1 离心分离 centrifugal separation 利用离心力分离液相非均一体系的操作。

4.9.2 过滤 filtration 分离悬浮在液体或气体中的固体颗粒或分离出活的生物细胞的操作。

4.9.3 膜分离 membrane separation 利用流体中各组分对半透膜渗透率的差别，实现组分分离。根据过程推动力的不同，可分为以压力为推动力的膜过程（超滤和反渗透）和以电力为推动力的膜过程（电渗析）两类。

4.10 筛分 screening（sifting） 利用不同筛号的筛网，将物料按颗粒大小进行分离或分级的操作。

4.11 沉降 precipitation 利用颗粒与流体的密度差异，使悬浮在流体（气体或液体）中的固体颗粒下沉与整体分离的操作。靠重力作用实现沉降的称重力沉降；靠离心力作用实现沉降的称离心沉降。

4.12 浓缩 concentration 从溶液中除去部分溶剂的操作。是使溶质和溶剂的均匀混合液实现部分分离的过程。有常压加热浓缩、真空浓缩、冷冻浓缩、结晶浓缩等。

4.13 蒸馏 distillation 利用液体混合物中各组分挥发度的差别，使液体混合物部分气化，并使蒸汽部分冷凝，实现组分分离。

4.13.1 精馏 rectification（distilling） 利用回流使液体混合物得到高纯度分离的一种蒸馏方法。液体在精馏塔中，借气液两相互相接触，反复进行部分气化和部分冷凝，使液体混合物分离为纯组分。同义词：分馏。

4.14 蒸发 evaporation 将溶液加热至沸腾，使溶液中部分溶剂气化并排除的过程。

4.14.1 闪蒸 flash evaporation 为达到部分脱水的目的，利用高压、高温液体突然进入低压空间时产生的压力差，使液体在释放显热的同时，水分急剧汽化的过程。

4.15 离子交换 ion exchange 为达到分离、提纯或精制混合物的目的，利用离子交换剂与溶液中的离子发生的交换反应的过程。

4.16 吸附 adsorption 为达到分离目的，利用多孔性固体为吸附剂，处理液体或气体混合物，使其中的一种或数种组分被吸着于固体表面的过程。

4.17 吸收 absorption 采用加压或降温方法，使气体或气体中的组分溶解于液体的传质过程。

4.18 解吸 deabsorption 吸附的逆过程。使被吸附的气体或溶质从吸附剂中释放出来的过程。同义词：脱吸。

4.19 干燥 drying 从食品或食品物料中除去水分的过程。有自然干燥（晒干、风干）和人工干燥（常压加热干燥、真空加热干燥、红外线干燥、微波干燥、冷冻升华干燥等）。

4.20 脱水 dehydration 用人工方法，从食品或食品物料中除去水分的过程。同义词：人工干燥。

4.21 复水 rehydration 将脱水食品浸在水中，经过一定时间使之基本恢复脱水前的性质（体积、颜色、风味、组织等）的过程。

4.22 浸取 extraction 利用溶剂对物质溶解度的不同，将溶剂浸渍固体混合物，或加入液体混合物中，提取或分离组分的过程。同义词：浸出、萃取。

4.23 压榨 pressing 利用挤压力挤压出固体物料中所含液汁（包括水分、油、溶剂等）的过程。

4.24 乳化 emusifying 将两种互不相溶的液体（如油、水）混合，使之形成胶体悬浮液的操作。

4.25 均质 homogenizing 用机械方法将料液中的脂肪球或固体小微粒破裂（碎），制成液相（固液相）均匀混合物的过程。

4.26 发酵 fermentation 泛指利用微生物分解有机物，使之生成和积聚特定代谢产物，并产生能量的过程。

4.27 酿造 brewing 利用微生物的发酵作用，制造发酵食品（饮品）的过程。

4.28 糊化 gelatinization 将淀粉与水加热到一定温度，使淀粉粒溶胀、分裂、体积膨胀、黏度急剧上升，变成均匀黏稠糊状物的过程。

4.29 凝沉 retrogradation 淀粉糊化后，胶体性淀粉糊长时间缓慢冷却，重新形成淀粉粒的过程。同义词：回生。

4.30 液化 liquifying（liquefaction） ①物质从气态或固态变为液态的过程。②用淀粉酶水解淀粉，使其分子量变小、黏度急剧下降，成为液体糊精的过程。

4.31 糖化 saccharification（conversion） 利用淀粉酶或酸的催化作用，使淀粉分解为低分子糖（如低聚糖、葡萄糖等）的过程。按糖化剂（催化剂）的种类，有酸糖化法、酶糖化法和酸酶糖化法。

4.32 氢化 hydrogenation 通常指在一定条件和催化剂存在下，单质氢与化学元素或化合物产生的化学反应。氢化有两种方式：①氢加到具有双键或三键的化合物上；②氢化引起分子裂解。同义词：加氢。

4.33 嫩化 tenderization 采用机械、加酶或电能方法，处理肉类等原料或半成品，使其肌肉组织更为软嫩的过程。

4.34 软化 softening ①油料预处理工序之一。用调节水分和温度的方法提高油料的可塑性，获得最佳轧坯条件。②除去水中钙、镁离子，降低水硬度的过程。

4.35 营养强化 fortification（enrichment） 在食品中加入氨基酸、蛋白质、矿物质、微量元素或维生素，补充在加工过程中已损失或本身缺少的营养素，以提高食品的营养价值。

4.36 膨化 extrusion（puffing） 使处于高温、高压状态的物料，迅速进入常压，物料中的水分因压力骤降而瞬间蒸发，导致物料组织结构突然蓬松成为海绵状的过程。

4.37 精制 refining 用物理或化学方法除去混合物中的杂质及其他非需要成分，以获得高浓度、高纯度产品或使产品品质规格化的工艺过程。

4.37.1 精炼 refining 清除植物油中所含的固体杂质、游离脂肪酸、磷脂、胶质、蜡、色素、异味等一系列工序的统称。

4.38 烘焙 baking 将食品原料或半成品进行烤制，使之脱水、熟化的过程。同义词：烘烤、焙烤。

4.39 熏制 smoking 利用木材或木屑不完全燃烧时产生的含有酚、醛、酸等成分的烟雾处理食品，或直接添加烟熏剂，使产品具有烟熏食品特殊风味的过程。

4.40 保鲜 refreshment（refreshing） 采用冷藏、速冻、辐照、气调或添加食品添加剂等方法，使食品基本保持原有风味、形态和营养价值的过程。

4.41 冷藏 cold storage 在低于常温、不低于食品冰点温度的条件下贮藏食品的过程。

4.42 冻藏 frozen storage 在低于食品冻结点的条件下贮藏食品的过程。同义词：冻结保藏。

4.43 速冻 quick-freezing 采用快速冻结技术，使食品中心温度迅速降至-15℃以下的过程。

4.44 气调贮藏 storage in controlled atmosphere 在环境气体中的氧气、氮气、二氧化碳的配比及温度不同于正常大气的条件下贮存食品。同义词：CA贮藏。

4.45 干制保藏 drying preservation (preserved by dehydration；drying process) 采用自然干燥（晒干、风干）或人工干燥（常压加热干燥、真空加热干燥、红外线干燥、微波干燥、冷冻、升华干燥），对食品或食品原料进行脱水处理，使其水分降低到不致使食品腐败变质的程度，而达到食品保藏目的。

4.46 腌制保藏 curing preservation (preserved by curing process) 将食盐、酱或酱油、食糖或有机酸渗入或注射入食品组织内，脱去部分水分或降低水分活度，造成渗透压较高的环境，有选择地控制微生物繁殖，进行食品保藏或改善食品风味。同义词：腌制。

4.46.1 盐渍 salting 用食盐、浓盐溶液腌制食品；有时也将浓食盐溶液注入食品中。

4.46.2 酱渍 saucing 用酱或酱油腌制食品。

4.46.3 糖渍 sugaring 用食糖或食糖的浓溶液腌制食品。

4.46.4 酸渍 pickling 用一定浓度的有机酸溶液，或利用食品本身发酵产生的乳酸腌制食品。

4.46.5 糟渍 cured or pickled with fermented grains 用食盐处理食品，成咸坯后再用酒糟或醪糟进行腌制。

4.47 辐照保藏 irradiation preservation 利用适当的辐射源产生的辐射线能量，以安全剂量照射食品或食品原料，达到杀菌、杀虫、抑制发芽、推迟后熟目的的保藏方法。

4.48 化学保藏 chemical preservation 利用化学物质抑制食品中微生物的繁殖和酶的活性，或延缓食品内的化学反应速度，达到保藏食品目的的保藏方法。

4.49 成熟 ripening ①果蔬或谷物生长到适宜采摘、收获的程度。②牲畜屠宰后，由于肌肉发生一系列生化反应，变得柔软、多汁、风味更加鲜美的过程。

4.50 后熟 maturation 将脱离母体的植物种子或采摘后的果实、蔬菜，置于特定环境下，存放一定时间，使其更加成熟的过程。

4.51 灭菌 sterilization 杀死食品中一切微生物（包括繁殖体、病原体、非病原体、部分芽孢）的过程。

4.51.1 超高温瞬时灭菌 ultra high temperature short time sterilization 采用高温、短时间，使液体食品中的有害微生物致死的灭菌方法。该法不仅能保持食品风味，还能将病原菌和具有耐热芽孢的形成菌等有害微生物杀死。灭菌温度一般为 130～150℃。灭菌时间一般为数秒。同义词：UHT 灭菌法。

4.51.2 商业无菌 commercial sterilization 罐头食品经过适度热杀菌后，不含有致病性微生物，也不含有在通常温度下能在其中繁殖的非致病性微生物的状态。

4.52 消毒 disinfection 用物理或化学方法破坏、钝化或除去致病菌、有害微生物的操作。消毒不能完全杀死细菌芽孢。

4.52.1 巴氏消毒 pasteurization 采用较低温度（一般 60～82℃），在规定的时间内，对食品进行加热处理，达到杀死微生物营养体的目的。是一种既能达到消毒目的又不损害食品品质的方法。由法国微生物学家巴斯德发明而得名。同义词：巴氏灭菌。

4.53 接种 inoculation 在无菌条件下，将微生物移植到适宜生长、繁殖的培养基或活的生物体内的操作。

4.54 培菌 cultivation 在适宜的环境下，培养微生物的过程。

4.55 染菌 microbiological contamination (contamination) 食品被菌类侵染或在微生物纯培养中发现异菌的现象。

4.56 食品包装 food packaging (food packing, food package) 为在流通过程中保护食品产品，方便储运，促进销售，按一定技术方法而采用的容器、材料及辅助物的总体名称。也指为了达到上述目的而采用容器、材料和辅助物的过程中施加技术措施的操作。

4.56.1 真空包装 vacuum packing 将食品装入气密性包装容器，抽去容器内部的空气，使密封后的容器内达到预定真空度的一种包装方法。

4.56.2 充气包装 gas flush packaging (gas packing) 将食品装入气密性包装容器，用二氧化碳、氮气或其他惰性气体置换容器中原有空气的一种包装方法。

4.56.3 无菌包装 aseptic packaging (aseptic packing) 将经灭菌的食品，在无菌条件下充填入无菌包装容器中，在无菌条件下进行密封的一种包装方法。

5 质量、营养及卫生术语

5.1 营养素 nutrient 能促进身体生长、发育、活动、繁殖，以及维持各种生理活动的物质。通常分为蛋白质、脂肪、碳水化合物、无机盐（矿物质）、维生素、水和膳食纤维。

5.2 蛋白质 protein 多种氨基酸组成的长链状高分子化合物。

5.2.1 粗蛋白质 crude protein 食物中蛋白质与非蛋白质含氮物质之和。用凯氏定氮法测得的总氮量，一般乘以 6.25 即为粗蛋白质。

5.2.2 植物蛋白 vegetable protein 植物中所含的蛋白质，只含部分人体必需氨基酸。

5.2.3 动物蛋白 animal protein 动物中所含的蛋白质，含人体全部必需氨基酸。

5.3 蛋白质营养学评价 nutritional evaluation 根据食品中蛋白质被人体的利用程度，判断蛋白质的营养价值。

5.4 蛋白质变性 protein denaturation 蛋白质分子受物理因素或化学因素的影响，分子空间结构改变和性质发生变化的现象。

5.5 蛋白质互补 complementary action of protein 不同食物适当搭配，使各自所含蛋白质中缺少的必需氨基酸得以补偿，以提高蛋白质的总体营养价值。

5.6 氨基酸 amino acid 含有氨基的有机酸，是组成蛋白质的基本单位。

5.6.1 必需氨基酸 essential amino acid 人体必需但自身不能合成或合成速度不能满足机体需要，必须由食物供给的氨基酸。包括异亮氨酸、亮氨酸、赖氨酸、蛋氨酸、苯丙氨酸、苏氨酸、色氨酸、缬氨酸。此外组氨酸是婴儿的必需氨基酸。

5.7 脂肪 fat（oil and fat） 见"食用油脂"条。同义词：油脂。

5.7.1 粗脂肪 crude fat 食品中能溶于乙醚或石油醚的物质。除真脂肪外，还包括游离脂肪酸、磷脂类、色素、蜡等。

5.8 脂肪酸 fatty acid 有机酸中链状羧酸的总称。与甘油结合成脂肪。分为饱和脂肪酸和不饱和脂肪酸。

5.8.1 饱和脂肪酸 saturated fatty acid 直链上不含双键的脂肪酸。如软脂酸、硬脂酸。

5.8.2 不饱和脂肪酸 unsaturated fatty acid 直链上有一个或一个以上双键的脂肪酸。如亚油酸、亚麻酸、花生四烯酸等。

5.9 碳水化合物 carbohydrate 含醛基或酮基的多羟基碳氢化合物及其缩聚产物和某些衍生物的总称。是提供人体热能的重要营养素。

5.9.1 有效碳水化合物 effective carbohydrate 除膳食纤维以外的碳水化合物。包括单糖、双糖、多糖（淀粉、糖原）等。

5.9.2 粗纤维 crude fiber 植物性食品中基本不溶于有机溶剂，也不溶于稀酸、稀碱，且不能被人体消化、分解的物质。由纤维素、半纤维素和木质素组成。

5.9.3 膳食纤维 dietary fiber 植物性食品中含有的一些不能被人体消化酶分解，维持人体健康不可缺少的碳水化合物。主要包括纤维素、半纤维素、木质素、果胶等。

5.10 矿物质 mineral matter 维持人体正常生理功能所必需的无机化学元素，如钙、磷、钠、氯、镁、钾、硫、铁、锌等。

5.11 微量元素 trace element 人体必需的，数量级以微克或毫克计的痕量营养元素，如铁、硒、锌、铜、碘、硅、氟等。

5.12 维生素 vitamin 促进生物生长发育，调节生理功能所必需的一类低分子有机化合物的总称。分为脂溶性维生素和水溶性维生素。

5.12.1 脂溶性维生素 liposoluble vitamin（fat soluble vitamin） 溶于脂肪不溶于水的一类维生素。包括维生素 A、D、E、K。

5.12.2 水溶性维生素 water soluble vitamin 能溶于水的一类维生素，包括 B 族维生素和维生素 C。

5.13 营养需要量 nutrient requirement 能维持人体正常生理功能所必需的营养素的最低基本需要量。

5.14 每日推荐的营养素供给量（RDA） recommended daily nutrient allowance 人体为维持机体正

常生理功能和劳动能力，每日所需营养素的最低数量。

5.15 营养价值 nutritional value 食物中各种营养素含量多少及其被机体消化、吸收和利用程度高低的相对指标。

5.16 水分 moisture content 食品中所含水的质量占食品总质量的百分率。水在食品中的存在形式分为游离水和结合水。

5.17 水分活度 water activity 食品中水溶液的蒸气压与同温度下纯水蒸气压的比值。同义词：水活性。

5.18 热量 calorie 食物中碳水化合物、脂肪和蛋白质在人体内氧化、代谢时所释放的能量。同义词：热能。

5.19 固形物 solid content ①将食品中的水分排除后余下的全部残留物；②含有固、液两相物质的食品中的固体部分，不包括可溶性固形物。

5.19.1 可溶性固形物 soluble solid 食品中溶于水的物质。

5.19.2 不溶性固形物 insoluble solid 食品中不溶于水的物质。

5.20 食品污染 food contamination 在食品生产、经营过程中可能对人体健康产生危害的物质介入食品的现象。

5.20.1 生物性污染 biologic contamination 由有害微生物及其毒素、寄生虫及其虫卵、昆虫及其排泄物引起的食品污染。

5.20.2 化学性污染 chemical contamination 由各种有害金属、非金属、有机化合物、无机化合物引起的食品污染。

5.20.3 放射性污染 radioactive contamination 由人工辐射源或开采、冶炼、使用具有放射性物质时引起的食品污染。

5.21 重金属 heavy metal 密度大于5的金属。

5.22 微生物毒素 microbial toxin 微生物在食品中产生的有毒代谢产物和内毒素。

5.23 农药残留 residue of pesticide 积蓄在农作物或畜、禽、水生动植物体内的农药，导致食品中含有的特定物质。如农药衍生物、代谢产物，以及具有毒理学意义的混合物。

5.24 兽药残留 residue of veterinary drug 积蓄在畜、禽体内的兽药，导致动物性食品含有的特定物质。如母体化合物、代谢产物，以及与兽药有关的混合物。

5.25 食物中毒 food poisoning 人体因摄入含有生物性、化学性有害物质的食品；或把有毒、有害物质当作食品摄入后出现的不属于传染病的急性、亚急性疾病。

5.26 酸败 rancidity 油脂或食品中所含的脂肪，在贮藏期间受氧气、日光、微生物或酶的作用生成游离脂肪酸，并进一步被氧化、分解引起的变质现象。

5.27 腐败 spoilage 食品中的蛋白质、碳水化合物、脂肪被微生物分解导致食品变质，失去可食性的过程。

5.28 霉变 mould 食品受霉菌污染，导致发霉变质的现象。

5.29 褐变 browning 在加工或贮藏食品期间，食品中某些成分起化学反应或因酶的作用，致使食品变为褐色的现象。

5.30 食物安全毒理学评价 toxicological evaluation for food safety 通过动物实验及对人体的观察，阐明某一食物中可能含有的某种化合物的毒性及其对人体的潜在危害，以便对人类食用这一食物的安全性做出评价，并为制定预防性措施和制定卫生标准提供理论依据。

5.30.1 人体每日允许摄入量 acceptable daily intake（ADI） 人体终生每日摄入某种化学物质，对人体健康无任何已知不良效应的剂量。以相当人体每公斤体重的毫克数表示。

5.31 食品感官检验 sensory analysis（sensory evaluation） 用人体的感觉器官检查食品的感官特性。同义词：食品感官评价，食品感官分析，食品感官检查。

5.31.1 感官特性 organoleptic attribute 可由感觉器官感知的食品特性。如食品的色泽、滋味和气味、形态、组织等。

5.32 食品理化检验 food physical and chemical analysis 应用物理学和化学分析技术，对食品的质

量要素进行测定、试验、计量，从而判断食品的质量。

5.33 灰分 ash 食品经高温（550~600℃）灼烧后的残留物。

5.34 总糖 total reducing sugar 碳水化合物被无机酸或酶水解后，能还原斐林试剂的还原物质的总量。

5.35 还原糖 reducing sugar 能直接还原斐林试剂、生成脎的糖类。如单糖（葡萄糖、果糖）、双糖（麦芽糖、乳糖）。

5.36 酸度 acidity 通常指食品的酸性程度，或一碱分子中可被取代的羟基数。

5.37 总酸 total acid 食品中未离解的酸和已离解的酸的浓度之和。通常以某种有代表性的酸的百分浓度表示。

5.38 碘价 iodine value 100g 油脂起加成反应所需碘的克数。表示有机化合物不饱和程度的指标之一。

5.39 酸价 acid value 中和 1g 有机物质中所含游离脂肪酸所需氢氧化钾的毫克数。同义词：酸值。

5.40 过氧化值 peroxide value 100g 油脂中过氧化物的毫摩尔质量。

5.41 食品微生物学检验 food microbiological analysis 应用微生学实验技术，检查食品中微生物的生长、繁殖情况。

5.41.1 菌落总数 total plate count 1g 或 1mL 食品检样经一定条件培养后，所含细菌菌落的总数。

5.41.2 大肠菌群 coliform 在 37℃，经 24h 能使乳糖发酵、产酸、产气、需氧、兼性厌氧的革兰氏阴性无芽孢杆菌。

5.41.3 致病菌 pathogenic bacterium 能引起人类疾病的细菌。食品中常见的致病菌有沙门氏菌、志贺氏菌、病原性大肠埃希氏菌、副溶血性弧菌、肉毒杆菌等。同义词：病原菌。

5.42 抗生素 antibiotic 各种生物体在生命活动中所产生的（或用其他方法取得的），能选择性地抑制或影响它种生物机能，甚至杀死它种微生物的化学物质。

三、食品专业主要学术期刊

（一）国内学术期刊

1. 农业机械学报
2. 农业工程学报
3. 食品科学
4. 中国粮油学报
5. 园艺学报
6. 中国农业科学
7. 生物工程学报
8. 营养学报
9. 生理学报
10. 微生物学报
11. 生物化学与生物物理学报
12. 食品与机械
13. 食品科学技术学报
14. 江苏大学学报（自然科学版）
15. 食品与发酵工业
16. 中国食品学报
17. 中国农业大学学报
18. 食品与生物技术学报
19. 中国油脂
20. 水产学报
21. 现代食品科技
22. 光学学报
23. 光谱学与光谱分析
24. 仪器仪表学报
25. 分析化学
26. 食品安全质量检测学报

（二）国外学术期刊

1. Agriculture & Food Industry/农业与食品工业
2. Analytica Chimica Acta/分析化学学报
3. Analytical Chemistry/分析化学
4. British Journal of Nutrition/英国营养学杂志
5. Cereal Chemistry/谷类化学. 美国
6. Chemometrics and Intelligent Laboratory Systems/化学计量与智能实验室系统
7. Computer Vision and Image Understanding/计算机视觉与图像理解. 美国
8. European Food Research and Technology/欧洲食品研究与技术
9. Food Chemistry /食品化学
10. Food & Bioproducts Processing；Transactions of the Institution of Chemical Engineers：Part C/食品和生物制品加工

11. Food and Nutraceutical Biotechnology/食品与营养药物生物技术

12. Food Biotechnology/食品生物技术. 美国

13. Food Microbiology/食品微生物学. 英国

14. Food Quality and Preference/食品质量和嗜好

15. Food，Nutrition and Agriculture/食品、营养与农业

16. International Journal Food Sciences and Nutrition/国际食品科学营养杂志

17. International Journal of Computer Vision/国际计算机视觉杂志. 荷兰

18. International Journal of Food Science and Technology/国际食品科学与技术杂志. 英国

19. Journal of The Japanese Society for Food Science and Technology-Nippon Shok/日本食品科学技术杂志

20. Journal of Agricultural and Food Chemistry/农业化学与食品化学杂志. 美国

21. Transactions of the American Society of Agricultural Engineers/美国农业工程师协会汇刊. 美国

22. Journal of Cereal Science/谷物科学杂志

23. Journal of Dairy Science/乳品科学杂志. 美国

24. Journal of Food Biochemistry/食品生物化学杂志. 美国

25. Journal of Food Composition and Analysis/食品成分与分析杂志

26. Journal of Food Engineering/食品工程杂志

27. Journal of Food Quality /食品质量杂志

28. Journal of Food Safety/食品安全杂志. 美国

29. Journal of Food Science and Technology-Mysore/食品科学和关键技术杂志

30. Journal of Food Science/食品科学杂志. 美国

31. Journal of Texture Studies/质地研究杂志. 美国

32. Journal of the American Oil Chemists′ Society，with INFORM. （International News on Fats，Oils & Related Materials）/美国油脂化学家学会杂志. 美国

33. Journal of the Science of Food and Agriculture/食品科学与农业杂志. 英国

34. Postharvest Biology and Technology/采后生物学与技术

35. Transaction of the ASAE/美国农业工程学报. 美国

36. 食品と科学/食品与科学. 日本

37. 日本食品科学工学会志. 日本

表1 二项分布显著性表（$a=5\%$）

评价员数	成对比较检验（双边）	三点检验	二-三点检验和成对比较检验（单边）	五中取二检验
5	—	4	5	3
6	6	5	6	3
7	7	5	7	3
8	8	6	7	3
9	8	6	8	4
10	9	7	9	4
11	10	7	9	4
12	10	8	10	4
13	11	8	10	4
14	12	9	11	4
15	12	9	12	5
16	13	9	12	5
17	13	10	13	5
18	14	10	13	5
19	15	11	14	5
20	15	11	15	5
21	16	12	15	6
22	17	12	16	6
23	17	12	16	6
24	18	13	17	6
25	18	13	18	6
26	19	14	18	6
27	20	14	19	6
28	20	14	19	7
29	21	15	20	7
30	21	15	20	7
31	22	16	21	7
32	23	16	22	7
33	23	17	22	7
34	24	17	23	7
35	24	17	23	7
36	25	18	24	8
37	25	18	24	8
38	26	19	25	8
39	27	19	26	8
40	27	19	26	8
41	28	20	27	8
42	28	20	27	9
43	29	20	28	9
44	29	21	28	9
45	30	21	29	9
46	31	22	30	9
47	31	22	30	9
48	32	22	31	9
49	32	23	31	10
50	33	23	32	10

表 2 χ^2 分布显著性表

双边假设	显著性水平 a		
	0.10(10%)		0.05(5%)
单边假设	0.05(5%)		0.025(2.5%)
自由度	1	2.71	3.84
	2	4.61	5.99
	3	6.25	7.81
	4	7.78	9.49
	5	9.24	11.1
	6	10.6	12.6
	7	12.0	14.1
	8	13.4	15.5
	9	14.7	16.9
	10	16.0	18.3

表 3 《感官分析方法》国家标准

GB/T 10220	感官分析方法总论	GB/T 12315	感官分析方法 排序法
GB/T 10221	感官分析术语	GB/T 12316	感官分析方法 "A"-"非 A"检验
GB/T 12313	感官分析方法 风味剖面检验	GB/T 13868	感官分析 建立感官分析实验室的一般导则
GB/T 16290	感官分析 方法学 使用标度评价食品	GB/T 14195	感官分析 选拔与培训感官分析优选评价员导则
GB/T 16860	感官分析方法 质地剖面检验	GB/T 15549	感官分析 方法学 检测和识别气味方面评价员的入门和培训
GB/T 12312	感官分析 味觉敏感度的测定	GB/T 16291	感官分析 专家的选拔、培训和管理导则
GB/T 12311	感官分析方法 三点检验	GB/T 16861	感官分析 通过多元分析方法鉴定和选择用于建立感官剖面的描述词
GB/T 12310	感官分析方法 成对比较检验	GB/T 17321	感官分析方法 二、三点检验
GB/T 12314	感官分析方法 不能直接感官分析的样品制备准则	GB/T 19547	感官分析 方法学 量值估计法